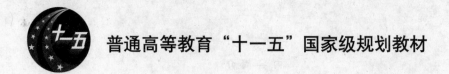
普通高等教育"十一五"国家级规划教材

重点大学计算机专业系列教材

数据库系统教程（第2版）

叶小平 汤庸 汤娜 潘明 编著

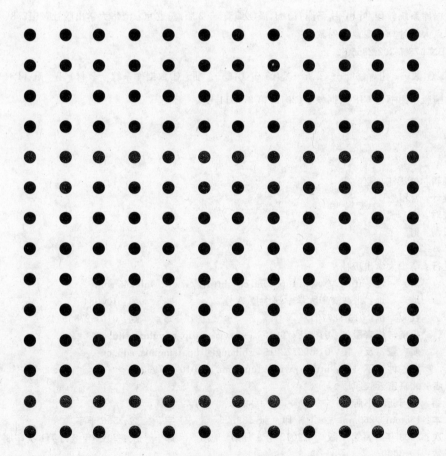

清华大学出版社

北京

内 容 简 介

本书是关于数据库系统与技术的基础教科书。全书共分 11 章,前 7 章为数据库系统的经典内容,主要介绍数据库学科领域中基本的概念、原理、技术和方法;后 4 章分别讲述分布式数据库、对象关系数据库、面向对象数据库和 XML 数据库。本书基本内容组织努力体现经典内容与主流技术的有机融合,其中,经典内容讲述注重逻辑性和系统性,主流技术论述注重技术背景和相互关联,避免泛泛而谈。

本书可以作为高等学校计算机专业或相关专业的数据库系统与技术课程基础教材,也可供有关科技人员和自学者学习参考。

图书在版编目(CIP)数据

数据库系统教程/叶小平,汤庸,汤娜,潘明编著. —2 版. —北京:清华大学出版社,2012.8
重点大学计算机专业系列教材
ISBN 978-7-302-28659-2

Ⅰ. ①数… Ⅱ. ①叶… ②汤… ③汤… ④潘… Ⅲ. ①数据库系统—教材 Ⅳ. ①TP311.13

中国版本图书馆 CIP 数据核字(2012)第 077011 号

责任编辑:魏江江 赵晓宁
封面设计:常雪影
责任校对:白 蕾
责任印制:何 芊

出版发行:清华大学出版社
   网 址:http://www.tup.com.cn,http://www.wqbook.com
   地 址:北京清华大学学研大厦 A 座   邮 编:100084
   社 总 机:010-62770175   邮 购:010-62786544
   投稿与读者服务:010-62776969,c-service@tup.tsinghua.edu.cn
   质 量 反 馈:010-62772015,zhiliang@tup.tsinghua.edu.cn
   课 件 下 载:http://www.tup.com.cn,010-62795954
印 装 者:北京密云胶印厂
经 销:全国新华书店
开 本:185mm×260mm   印 张:23.25   字 数:565 千字
版 次:2008 年 8 月第 1 版 2012 年 8 月第 2 版 印 次:2012 年 8 月第 1 次印刷
印 数:1~3000
定 价:38.00 元

产品编号:039979-01

出版说明

随着国家信息化步伐的加快和高等教育规模的扩大,社会对计算机专业人才的需求不仅体现在数量的增加上,而且体现在质量要求的提高上,培养具有研究和实践能力的高层次的计算机专业人才已成为许多重点大学计算机专业教育的主要目标。目前,我国共有16个国家重点学科、20个博士点一级学科、28个博士点二级学科集中在教育部部属重点大学,这些高校在计算机教学和科研方面具有一定优势,并且大多以国际著名大学计算机教育为参照系,具有系统完善的教学课程体系、教学实验体系、教学质量保证体系和人才培养评估体系等综合体系,形成了培养一流人才的教学和科研环境。

重点大学计算机学科的教学与科研氛围是培养一流计算机人才的基础,其中专业教材的使用和建设则是这种氛围的重要组成部分,一批具有学科方向特色优势的计算机专业教材作为各重点大学的重点建设项目成果得到肯定。为了展示和发扬各重点大学在计算机专业教育上的优势,特别是专业教材建设上的优势,同时配合各重点大学的计算机学科建设和专业课程教学需要,在教育部相关教学指导委员会专家的建议和各重点大学的大力支持下,清华大学出版社规划并出版本系列教材。本系列教材的建设旨在"汇聚学科精英、引领学科建设、培育专业英才",同时以教材示范各重点大学的优秀教学理念、教学方法、教学手段和教学内容等。

本系列教材在规划过程中体现了如下一些基本组织原则和特点。

(1) 面向学科发展的前沿,适应当前社会对计算机专业高级人才的培养需求。教材内容以基本理论为基础,反映基本理论和原理的综合应用,重视实践和应用环节。

(2) 反映教学需要,促进教学发展。教材要能适应多样化的教学需要,正确把握教学内容和课程体系的改革方向。在选择教材内容和编写体系时注意体现素质教育、创新能力与实践能力的培养,为学生知识、能力、素质协调发展创造条件。

(3) 实施精品战略,突出重点,保证质量。规划教材建设的重点依然是专业基础课和专业主干课;特别注意选择并安排了一部分原来基础比较好的优秀教材或讲义修订再版,逐步形成精品教材;提倡并鼓励编写体现重点大学计算机专业教学内容和课程体系改革成果的教材。

（4）主张一纲多本，合理配套。专业基础课和专业主干课教材要配套，同一门课程可以有多本具有不同内容特点的教材。处理好教材统一性与多样化的关系；基本教材与辅助教材以及教学参考书的关系；文字教材与软件教材的关系，实现教材系列资源配套。

（5）依靠专家，择优落实。在制订教材规划时要依靠各课程专家在调查研究本课程教材建设现状的基础上提出规划选题。在落实主编人选时，要引入竞争机制，通过申报、评审确定主编。书稿完成后要认真实行审稿程序，确保出书质量。

繁荣教材出版事业，提高教材质量的关键是教师。建立一支高水平的以老带新的教材编写队伍才能保证教材的编写质量，希望有志于教材建设的教师能够加入到我们的编写队伍中来。

教材编委会

第 2 版 前言

计算机系统基本功能是进行数据信息的存储管理和操作处理的。随着计算机应用领域的迅速扩大,数据信息类型日趋多样,数据量呈指数形扩展,对数据管理要求越来越高,相应数据操作也越来越复杂,因此,需要有一个系统软件来有效地承担起计算机数据管理的工作,这个系统软件技术就是数据库管理系统,或者不那么严格地讲就是数据库(系统)。

数据库系统诞生于 20 世纪 60 年代,迅速成长于 20 世纪八九十年代。进入 21 世纪的第一个十年,数据库系统的发展受到计算机应用更为强烈与持久的驱动,相关技术更趋成熟、研究层面更加深入、应用范围更为广泛。纵观数据库技术发展历程,首先可以看到,数据库技术的兴起与发展实际上是从一个基本侧面参与和见证了计算机技术从科学计算到事务管理再到网络应用的宏伟过程,而正是这个过程无可辩驳地奠定了计算机由"工程"到"技术"最终到"科学技术"的学科地位。另外,作为一种具有广泛应用背景的计算机技术,"计算机领域新技术的发展对数据库技术不断产生影响。数据库技术和其他计算机技术的相互结合、相互渗透,使数据库中新的技术内容层出不穷,数据库的许多概念、技术内容、应用领域不断发展和变化,建立和实现了一系列新型数据管理技术(教育部高等学校计算机科学与技术教学指导委员会编制.高等学校计算机科学与技术专业核心课程教学实施方案.北京:高等教育出版社,2009)。"这一切都使得数据库学科将永远保持强大的应用需求驱动和旺盛不衰的发展活力,计算机技术前行,数据库之树长青。另外,数据库作为一门学科,其思想和技术不仅渗透到计算机应用的各个层面,其本身就独立地带动一个计算机重要产业,数据库管理系统(DBMS)及其相关软件每年都带来数百亿美元的产值,DBMS 与 OS 和 OA 早已并立为计算机产业领域中三大支柱型系统软件。事实上,数据库技术是计算机科学技术发展最快的领域之一,也是应用最广泛的技术之一,它已经成为计算机信息系统与应用系统的核心技术和重要基础。也正因为如此,作为数据管理的最新技术和计算机科学的重要分支,数据库系统课程是计算机专业以及相关专业的核心课程和必修课程。

近年来,我们以教育部高等学校计算机科学与技术教学指导委员会颁布的《高等学校计算机科学与技术专业发展战略研究报告暨专业规范(试行)》(教育部高等学校计算机科学与技术教学指导委员会.高等学校计算机科学与技术专业发展战略研究报告暨专业规范(试行).北京:高等教育出版社,2009)等重要文件为教学改革指导思想,经过多轮次和多层面的数据库教学实践,广泛听取使用教材的教师、同行与同学们的意见与建议,对本书第1版进行了较多方面的修订。在保留第1版注重知识背景引入、强调内容整体联系、讲透知识点与困难点以及避免一般性泛泛讲解的特色基础上,对原教材中的内容和编排进行了修订。主要是去掉了某些非基础方面的内容(例如数据库中的数据存储等),强化了某些关键性的内容(例如SQL的多表查询和事务管理等),增加了经典数据库的较新技术(例如存储过程与并发控制中的意向封锁等),梳理了数据库技术中基本的发展性内容(例如对象数据库和XML数据库)。另外,还纠正了原教材中内容、文字与格式等方面的不周与疏漏。

在数据库教学实践中,我们体会到,一本合适的基础教材是响应教学改革的基本支撑和起始点。数据库基础教材需要将着重点放在经典内容的讲解上,经典内容不能改变,但讲授方式与思路可以创新。首先,教材要做到"有血有肉",也就是说,基本的概念要有引入背景的说明,重要的原理要有实际例子的配合与佐证,对于数据库技术也要尽量不做一般概述而是点到"要点"以及与已有知识的关联。其次,要注重知识框架的构建而不仅仅是知识内容的传授,例如课程内知识层面的划分、知识点的逻辑关联和课程间原理知识的融通递进。计算机课程的学习大致可分为理论原理、算法设计和程序实现三个层面,而其中两两层面之间的结合过渡尤为重要。一般而言,理论原理、算法设计以及两者的结合区是课程"重点",算法设计、程序实现以及两者的过渡部分是课程"难点"。对于"重点"内容,需要由结构联系着眼,从来源背景入手;对于"难点",则需要设计贴切实例,构建直观场境与框架。

我们要对本书所学习和参考的数据库著作与教材的作者们表示衷心感谢,还要对清华大学出版社的广大员工致以深切的谢意,感谢他们对本书出版的大力支持和辛勤工作。

限于时间和作者水平,本书疏漏之处在所难免,敬请专家、同行和广大读者不吝赐教。

作　者
2012年4月

第 1 版 前言

　　数据库技术产生于 20 世纪 60 年代,经历了格式化数据库(以层次和网状数据库为代表)、经典数据库(以关系数据库和后关系数据库为代表)和新型数据库(以对象数据库和 XML 数据库等为代表)的三代发展演变。四十多年来,数据库技术的重要性和意义已经被人们所认识和理解。首先,数据库技术已经形成相对完整成熟的科学理论体系,成为现代计算机信息处理系统的重要基础与技术核心,造就了 C.W.Bachman、E.F.Codd 和 J.Gray 三位图灵大奖得主;其次,数据库带动和形成了一个巨大的软件产业——数据库管理系统产品和相关技术工具与解决方案,对经济发展起着极大推动作用,表现出非凡的生产力效应;再次,数据库研究和开发领域的各项成就推动了其他众多计算机理论与应用领域的进步,对于这些领域的发展起到了巨大的支撑作用,成为各种计算机信息系统的核心内容与技术基础。

　　进入新世纪,数据库系统及应用技术越来越得到人们的重视,强化数据库基础教育与应用训练显得非常必要。IEEE/ACM 颁布的 CC2005(Computing Curricula 2005)将数据管理和实践列为大学计算机教学全部五个方向(计算机工程、计算机科学、信息系统、信息技术和软件工程)的必修内容。我国颁布的 CCC2002(中国计算机科学与技术学科教程 2002)和《高校计算机科学与技术专业公共核心知识体系与课程 2007》(以下简称为"核心知识体系与课程 2007")也将以数据库为基本内容的信息管理作为计算机专业教育全部四个专业(计算机科学专业、计算机工程专业、软件工程专业和信息技术专业)的核心课程内容。本书参照上述相关规范、文件精神,结合我们多年数据库课程教学实践编写而成。

　　参照"核心知识体系与课程 2007"中提出的核心课程实例和实际教学环境(主要是数据库原理教学时数限制),考虑到数据库学科的技术特征,我们在教学实践中强化数据库技术实验与实践的分量,将实践实验部分与原理部分适当剥离。第 1～9 章主要介绍数据库经典内容和基础内容,系统的数据库实验教学内容可以参考我们编写的姊妹篇《数据库技术实验教程》。第 1 章重点介绍数据库系统基本概念、数据模型和数据库模式结构,使学习者对将要学习的课程有一个概观认识与整体把握;第 2 章重点介绍关系数据模型构建和基本关系运算——关系代数；第 3 章主要介绍关系数据库标准语言 SQL 的基本内容和关系数据查询优化；第 4 章简要介绍 MS SQL Server 的基本构成与使用；第 5 章主要介绍关系数据模式规范化理论，其中对离散结构(数理逻辑)在模式理论中的应用给予了必要关注；第 6 章主要介绍重要的概念数据模型——ER 模型及其扩充，其中重点在于 ER 模型与关系模式转换；第 7 章介绍数据库中数据物理存储以及基于索引的查询技术；第 8 章主要介绍数据库安全性与完整性的基本概念和相应技术，重点在于参照完整性方法与技术；第 9 章主要介绍数据库事务概念与性质，以及事务在并发执行和故障处理中的基本技术。第 10~14 章是数据库领域中相对深入的内容。第 10 章主要介绍分布环境下数据库的管理和应用技术；第 11 章主要介绍不同于关系数据模型的面向对象数据模型及其相应数据库技术；第 12 章介绍基于面向对象方法的关系数据库扩充；第 13 章重点介绍 XML 数据模型和两种 XML 查询语言——XPath 和 XQuery，同时介绍两种基于 XML 的数据库技术——使能 XML 数据库和原生 XML 数据库技术；第 14 章简要概述数据库的新技术特征和发展趋势，为进一步学习数据库新技术奠定基础，同时本章也是作者编著的另一本教材主要内容的浓缩与升华(汤庸,叶小平,汤娜等.高级数据库技术与应用.北京：高等教育出版社,2008)。本书还给出两个附录,分别介绍了国外经典的数据库教材和国内相关数据库网站,供教师和学生参考。

本书可以作为大学本科计算机及信息科学与技术专业的基础教材,也可供有关人员参考或自修。按照我们的教学经验,如果侧重于数据库基础和原理,可以重点讲授第 1、第 2、第 3、第 5、第 6、第 8 章,选讲第 11 章和第 14 章,这些大约需要 45 学时,其余章节可以作为学生自学内容。如果侧重于数据库技术和应用,可以重点讲授前 8 章(带 * 内容可以不讲,只供有兴趣学生自学),此种情况大约需要 35 学时。如果作为自学材料使用,前 9 章是基本内容。

本书配有相应课件,另外还编写了学习指导书,提供全书的要点复习和全部习题参考解答以及有助于读者自学的其他内容。

本书由汤庸教授组织统筹,叶小平编写主要内容,汤庸编写第 14 章,汤娜、刘玉葆、万海、范昭赋等老师参加了本书讨论和部分内容的编写。本书与我们编写的《数据库系统实验指导教程》(清华大学出版社,2008)、《高级数据库技术》(高等教育出版社,2008)一同入选国家"十一五"国家级规划教材。我们在三部教材编写过程中,进行了必要的统筹安排,以期形成数据库课程链。

本书编写工作得到教育部-微软精品课程、"十一五"国家级规划教材等项目支持,编写过程中参考了较多的国内外相关专著、教材与文献资料,在此一并表示衷心感谢。我们还要感谢清华大学出版社的员工,他们为本书的出版付出了辛勤的劳动。

编写一本合适的基础教材并非易事,限于作者水平,本书疏漏之处在所难免,敬请专家、同行和广大读者不吝赐教。

作　者

2008 年 1 月于中山大学

目录

数据库系统概述　第 1 章

　　数据库技术诞生于 20 世纪 60 年代中期,经历了格式化数据库、关系数据库和新一代数据库等三代演变,现在已经由一种计算机应用的专门领域发展为现代计算环境下理论研究与实用技术的核心组成部分。作为计算机科学与技术领域中发展最快和应用最广的基本学科之一,数据库技术引领和带动着已具广泛市场规模且有巨大发展潜力的计算机软件产业——数据库管理系统及其相关产品迅猛发展,同时还培育出了三位图灵奖得主(C. W. Bachman(1972)、E. F. Codd(1978)和 James Gray(1998)),而图灵奖通常被认为是计算机领域中的诺贝尔奖。进入 21 世纪,数据库技术与网络技术、移动技术、智能技术以及信息服务技术相互融合,表现出更为旺盛的生命力。本书以关系数据库为主线,对数据库系统重要原理与基本技术进行简明而较为深入的介绍。本章主要介绍数据库系统学科中的一些重要概念、基本特点和主要内容。

1.1　数据库基本概念

　　世界上第一台真正意义上的电子计算机在 1946 年诞生于美国宾夕法尼亚大学的摩尔学院,其正式名称为 Electronic Numerical Integrator and Computer(ENIAC)。ENIAC 主要用于弹道计算、火力表测试以及科学研究。随着计算机理论研究的深入和计算机应用技术的发展,从 20 世纪 50 年代开始,计算机的主要应用由军事和科研领域逐渐扩展到行政和企事业部门。这种扩展的重要标志就是计算机主要使用范围由特定内容的科学计算转变到一般应用的数据及事务处理。伴随着这种转变的逐步深入,以数据处理为核心的数据库技术也逐渐发展成熟起来,成为计算机科学技术与应用中最为重要的领域之一。

1.1.1　数据与数据管理

　　数据(data)一词来自拉丁文 to give,表示"给"或"供给"的意义。由此引申,数据可看做给定的事实,并可从中推出新的事实。在信息时代,"数据"是人们广泛使用的一个术语,但也是一个元概念,难以进行精确定义。在计算机领域,还有实体、对象和信息等概念也是如此。对于此类概念,人们通常是从其可描述的特征上进行理解和把握。就"数据"而言,可从两个层面进行解读。首先是广义的层面,此时"数据"可看做描述客观实体特征的各种符号记录,例如,文字、图形、图像和声音等都是数据,这些数据不一定都与计算机关联,都可由计算机进行处理。其次是狭义的层面,此时,凡是能够通过数字化并由计算机进行处理的符号记录通常都可看做计算机意义上的"数据"。在计算机理论研究和技术应用中,人们通常是从这个角度来理解和界定"数据"范畴的。

数据本身的表现形式不一定能够完全表示出其基本含义,对于经过数字化处理的符号记录更是如此。例如49这个数据,可以表示中华人民共和国成立的"1949年",也可以表示某种编号的最后两位数字,还可以表示某个人的年龄。由此可知,数据需要进行必要的解释和阐述,这就是数据的语义。数据最基本的特征是其与语义的密不可分。

在计算机广泛应用的时代,数据为人们所广泛重视,主要是由于计算机本身对数据具有极其强大的"计算"能力,人们能够通过计算机系统对数据的基本处理来有效使用数据。数据处理是使用数据的中心问题。

一般而言,数据处理是从已有数据出发,经过适当加工得到新的所需要的数据。数据加工处理还可进一步分为数据计算和数据管理两部分。数据计算通常看做通过对已有数据进行特定意义下"运算"而获取新的数据,这些常规运算可以是加、减、乘、除等算术运算,也可以是"或"、"与"等逻辑运算。数据管理主要考虑数据的存储查询和对数据操作运行过程中的控制等,这是相对更高层面上的问题。在应用实践中,人们越来越明确地认识到对数据任何的有效使用(包括计算)都离不开对数据进行有效管理,特别是数据的结构化管理,这是因为在计算机系统内,数据和文件的简单堆积将缺乏基本的使用价值。因此,数据管理是数据处理过程的主要内容与核心部分。在这个意义上,数据处理本质上就是数据管理。

具体而言,数据管理主要是指数据收集整理、组织存储、维护传输和查询更新等数据操作,而任何数据管理系统产生发展以及在应用中所能提供的功能都取决于以下两方面因素。

(1) 实际应用的需求,即实践中对数据管理的要求达到什么程度。

(2) 承载平台的功能,即硬件功能是否强大,软件环境是否完善。

基于计算机的数据管理技术经历了"人工管理"、"文件系统管理"和"数据库系统"这样三个阶段,而这三个发展阶段正是基于上述两个方面产生和展开。

1. 人工管理阶段

在1946年计算机问世后的一段时间内,人们主要利用计算机进行科学计算,此时数据处理就是数据(数值)计算。随着计算规模的扩大,计算过程中数据管理与控制问题日益突出。数据管理基本课题在1953—1955年被人们显式提出并开始研究。在此期间,人们逐渐认识到,数据管理中有许多工作是机械的和重复的,而机械性的事情自然适合于机器来做,因此使用计算机管理数据就成为一种自然的考虑与趋势,由此进入数据的人工管理阶段。

1) 数据人工管理的特征

当时硬件状况是没有可供直接访问的磁盘等存储设备,外存只有卡片机和磁带机;没有键盘和鼠标,只有"开始"和"停止"等简单控制计算机的按钮。在软件环境中,没有通用操作系统,只有汇编语言;没有数据管理方面的软件,只有数据批处理方式。

在上述背景下，人工管理数据具有下述特征。

（1）基于应用程序管理数据。没有专门程序管理数据，设计算法时同时设计数据逻辑结构与物理存储结构。这种方式导致直接使用计算机"底层"管理数据，速度加快，效率提高。

（2）基于物理方式存取数据。由于数据内在物理结构与用户观点的逻辑结构相同，数据存储与数据使用直接对应，基于物理方式存取数据，物理手段是数据访问的唯一方法。

2）人工管理数据的缺陷

人工管理数据是人们借助计算机进行数据管理的首次尝试，在计算机应用发展上具有重要意义。但人工管理技术还存在以下缺陷。

（1）数据无持久性。由于数据主要用于科学计算，一般不需将数据长期保存，同时由于硬件存储设备限制，数据计算完毕需将所用数据清除。

（2）数据无独立性。由于数据逻辑结构与物理结构相同，没有相应软件系统完成数据管理工作，数据应用程序与数据物理存储互动性极强，一方变动就会导致另一方随动。

（3）数据无共享性。由于数据面向应用程序，一组数据只能对应一个程序。多个不同程序涉及相同数据时，必须各自定义，难以相互参照利用，造成程序之间大量数据冗余。

（4）用户负担沉重。由于应用程序管理数据，当数据的逻辑结果和物理结构变动时，必须对应用程序进行相应改变，使得用户的负担相当沉重。

人工管理阶段数据与应用程序间的对应关系如图 1-1 所示。

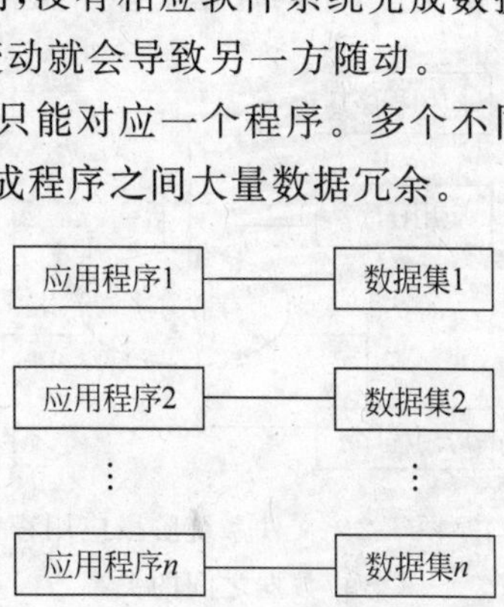

图 1-1 人工管理阶段数据与应用程序间的对应关系

2. 文件系统阶段

采用文件系统处理数据是从 20 世纪 50 年代中期到 60 年代中期，大约有十年的时间。在这期间，计算机不仅用于科学计算，同时也开始大量用于信息处理。由于信息量逐渐增加，数据存储、查询和维护已成为实际应用中的紧迫需要，随之促进数据结构和数据管理技术的兴起与发展。在这个阶段，硬件情形有了很大改进，出现了磁盘和磁鼓等直接存储设备。软件方面高级语言和操作系统相继出现，在操作系统中也有了专门的数据管理软件（一般称为文件系统），数据处理不仅有批处理的作业方式，还有共享的实时处理方式。

1）文件系统的基本特征

文件系统的基本特征是改变了数据与用户的直接对应，文件物理结构与逻辑结构实现初步分离；相对独立的数据管理软件进入操作系统，提供了从逻辑文件到物理文件的"访问手段"。

（1）用文件系统管理数据。作为专门的数据管理部件，文件系统在数据物理结构中增加了链接和索引形式，可对数据文件中的记录进行顺序访问和随机访问，提供各种例行程序对文件进行查询、修改、插入和删除等操作。

（2）数据持久保存。使用计算机进行数据处理中一个关键问题是需要对数据进行多次反复查询和更新操作，此时由于存储设备的进展，数据开始以文件形式长期保留在计算机外存当中。

（3）数据文件相互独立。改变了人工管理阶段"按（地）址存取"的方式，实现了"按（文件)名存取"。

(4) 数据可以被共享。一个应用程序可以使用多个数据文件,一个数据文件也可以被多个应用程序所使用。

2) 文件系统的缺陷

由于相应设备具有独立性,当改变存储设备时,可以不改变应用程序,因此,文件系统已经显现出数据管理的初级情形,但还未真正实现用户观点下数据内在逻辑结构独立于数据外部物理结构的要求。数据物理结构变动时,用户数据应用程序仍需要改变,应用程序具有"程序——数据"依赖性。

(1) 数据整体无结构。文件内部记录之间具有基本关联,但各文件之间却无必要联系,即局部有组织,整体无结构。

(2) 数据共享性较差。由于文件之间没有结构,缺乏联系,每个应用程序都有其对应的数据文件,相同数据在多个文件中重复存储。

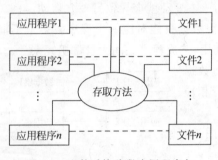

图 1-2　文件系统阶段应用程序与
数据之间的关系

(3) 数据独立性不足。由于文件只能存储数据,不能存储文件记录的结构表述,数据文件的基本操作都要依靠应用程序实现。

文件系统阶段应用程序与数据之间的关系如图 1-2 所示。

3. 数据库系统阶段

进入 20 世纪 60 年代中期,随着计算机应用领域日益拓展,计算机数据管理的规模越来越大,基于文件系统的数据管理技术无法满足实际应用广泛而又迫切的需要。在这一时期,计算机硬件技术得到飞速发展,大容量磁盘和磁盘阵列等基本的数据存储技术日益成熟。有效的存储硬件陆续进入市场,同时价格却在不断下降;许多厂家和公司竞相投入到数据管理技术的开发与研制当中,软件环境迅速完善。在迫切的实际需求和良好的硬、软件环境中,数据库系统应运而生。

20 世纪 60 年代后期发生了对数据库技术有着奠基作用的三个事件,它们标志着数据库系统作为基本手段的数据管理新时代的开始。

(1) 1968 年美国 IBM 公司推出数据库信息管理系统(Information Management System,IMS),这是一个基于层次模型的系统。

(2) 1969 年美国数据库系统语言协会(Conference On Data Systems Language,CODASYL)的数据库任务组(DataBase Task Group,DBTG)发表网状数据模型的 DBTG 报告。

(3) 1970 年美国 IBM 公司的研究人员 E.F.Codd 连续发表论文,提出关系数据模型及其相关概念,奠定了关系数据库的理论基础。

数据库系统阶段的基本特征是数据物理结构与数据逻辑结构"完全"分离,其关键技术是通过系统软件——数据库管理系统(DataBase Management System,DBMS)将所有应用程序中使用的数据汇集起来,按照一定结构进行组织和集成,实施统一管理与控制。数据库系统管理数据具有如下特征。

(1) 数据结构化。数据的高度结构化是数据库系统与文件管理系统的本质区别。数据库系统不仅要考虑数据项之间的联系,还要考虑数据类型之间的联系,实现了整体数据的结构化,数据不再针对某一项应用,而是面对所论及问题的整体。

(2)数据共享性。由于数据库系统从整体架构来描述数据,数据不再面向某个特定应用程序而是面向整个系统全局,同一个用户能够以不同应用目的访问同一数据,不同用户也能够同时访问同一数据,实现"并发访问"。数据共享具有以下优势:

① 可极大减少数据冗余,节省存储空间;

② 可避免和减少数据冗余引起数据不一致问题;

③ 易于增加新的应用,适应各个用户需求,增加数据库的弹性扩充。

(3)数据独立性。数据库用户只需关注数据库、数据文件和文件中属性名称等逻辑概念,不用过多考虑数据实际物理存储,实现数据存储与数据逻辑结构间的独立。同时,数据的逻辑定义和结构描述也从应用程序中分离出来,实现了应用程序与逻辑架构的独立。

(4)专门的数据管理系统。数据库是一个复杂的多级系统结构,需要一组软件提供相应的工具对数据进行有效管理和控制,达到保证数据安全性和一致性的基本要求。这样一组软件就是数据库管理系统。DBMS 性能随具体生产厂家不同而有所差异,但一般都具有数据并发控制、安全性保护、完整性检查和数据库故障恢复功能。

数据库系统阶段应用程序与数据间对应关系如图 1-3 所示。

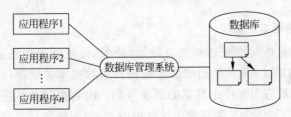

图 1-3　数据库系统阶段应用程序与数据间对应关系

综上所述,数据管理在其发展过程中,经历了人工管理、文件系统管理和数据库系统三个基本阶段,各个阶段按照相应背景和自身特点,遵循着数据物理结构与数据逻辑结构的"直接对应—初步分离—真正分离"的线索逐步推进和发展,使得数据管理技术不断发展完善。随着社会化技术的深化和应用领域的扩大,对数据管理的要求会越来越高,数据管理技术也将会出现新的局面。数据管理三个发展阶段总结如表 1-1 所示。

表 1-1　数据管理发展三个阶段

项　　目	人 工 管 理	文 件 系 统	数据库系统
产生与发展时期	1953—1956 年	1957—1967 年	1968 年至今
处理解决课题	科学计算	科学计算与数据管理	大规模数据管理
硬件环境	无直接存取设备	磁带、磁鼓等	大容量磁盘与磁盘阵列
软件环境	无操作系统	有操作系统和文件系统	复杂的数据管理系统
数据管理方式	批处理	批处理与联机实时处理	批处理、联机实时处理和分布式处理
数据管理执行者	用户自身	文件系统	数据库管理系统

项　目	人 工 管 理	文 件 系 统	数 据 库 系 统
数据对象	具体应用程序	具体应用背景	现实世界
数据逻辑结构	数据无结构	文件内有结构,文件间无结构	系统全局整体结构化(结构体现:数据模型)
数据共享	无共享	有共享,冗余度高	高度共享,较少冗余
数据独立	数据依赖程序	数据文件对应特定应用背景,独立性差	高度物理独立,较好逻辑独立
数据控制	应用程序自行控制	应用程序自行控制	DBMS 控制,表现为安全性控制、完整性控制、并发控制和故障恢复控制

1.1.2　数据库系统

"数据库"概念最早出现在 20 世纪 60 年代,当时美军为作战指挥需要将收集到的各种情报存储在计算机中,并且称之为"数据库"。起初只是将其简单看做一个存储数据文件的电子容器。随着数据管理技术的发展,人们沿用并逐步引申了数据库概念,给予这个名词更为合理与深层的意义。

1. 数据库系统的基本组成

数据库概念与数据持久性密切相关。数据"持久"性质是指数据进入数据库被 DBMS 接受后,用户只有向 DBMS 提出明确请求才能将其从数据库中删除,这实际上构成了数据库中数据与一般计算机应用程序中数据的基本区别。由数据持久性可得数据库基本概念:数据库(Database,DB)是一个长期存储在计算机内、有组织的和可共享的数据集合,它可以看做一个具有高度数据集成性质的电子文件柜,即基于计算机系统的持久性数据的"仓库"或者"容器"。数据库系统(DataBase System,DBS)是由数据库和数据库管理系统等组成的一个计算机系统。因此,从严格意义上讲,数据库和数据库系统是两个不同的概念,数据库应当是数据库系统的一个组成部分,而数据库系统应当包括更多的内容。事实上,数据库系统是由相应的计算机系统、数据库和数据库管理系统构成的一个复杂系统,其目标是存储数据并支持用户查询和更新相关数据信息。

1) 计算机系统

计算机系统包括硬件平台、软件环境和用户系统。

(1) 硬件平台。硬件平台是指数据存储和数据处理所必不可少的硬件设施,主要包括以下内容。

① 中央处理器和相应的主存:主要用于支持数据库系统软件的执行。

② 二级存储设备:主要包括相关的 I/O 设备(磁盘驱动器等)、设备控制器和 I/O 通道和必要的后备存储设备等。二级存储设备(大部分为磁盘)用来存放数据。

③ 网络:过去数据库一般建在单机上,现在较多建在网络中,从发展趋势来看,数据库系统今后以建在网络中为主,其结构形式又以客户机/服务器(Client/Server,C/S)方式和浏览器/服务器(Brower/Server,B/S)方式为主。

(2) 软件环境。软件环境包括操作系统、各种主语言和应用开发支撑软件等。DBMS

首先只有在操作系统支持下才能工作；其次为了开发应用系统数据库系统，需要各种主语言，例如程序设计语言（C、C++）以及 21 世纪以来与网络相关的 HTML 和 XML 等；再就是为应用开发所提供的高效、多功能交互式程序设计系统，如可视化开发工具（VB、PB、Delphi）等。

（3）用户系统。DBS 中的人也称为数据库用户系统。数据库用户系统由三类人员组成。

① 应用程序员。应用程序员负责编写具有批处理或者联机特征的数据库应用程序，这些程序通过数据库操作语句向 DBMS 发出访问数据库请求，使得最终用户完成对数据库的访问。

② 最终用户。最终用户通过联机工作站或者终端与数据库系统进行交互。进行交互的应用软件为数据库系统本身固有或应用程序员编写，无须用户自己动手。

③ 数据库管理员。由于数据库共享，数据库的规划、设计、维护和监视须由称之为数据库管理员（DataBase Administrator，DBA）的专人完成。DBA 工作职责主要包括以下几项。

a. 数据库设计（Database Design）：由于数据库的集成性与共享性，须有专人对多个应用的数据需求作全面规划、设计和集成，这是 DBA 的基本任务。

b. 数据库维护（Database Maintenance）：DBA 须对数据库中数据的安全性、完整性、并发控制及系统恢复进行实施与维护。

c. 改善系统性能：DBA 须随时监视数据库运行状态，不断调整内部结构，保持系统的最佳状态与最高效率。

2）数据库

作为存放数据的（电子）仓库，从自身组成结构上分析，数据库有两个组成部分：用户数据库和系统数据库。其中，用户数据库是终端用户所使用的各种数据的集成体，系统数据库也称为数据字典，是关于元数据（meta-data）的集成体。系统数据库记录数据库管理和运行时的各种数据，例如关于数据结构、数据类型、文件、记录、数据项、用户和程序等数据信息。通过系统数据库，人们能够有效管理和控制用户数据库。

3）数据库管理系统

数据库管理系统是有效建立和管理大量数据的大型专业化系统软件，其具有持久存储、程序设计接口和事务管理等强大功能，是管理和展开数据库应用的核心和中枢神经系统。SQL Server 和 Oracle 等都是常用的数据库管理系统。

数据库系统（DBS）实际上就是一个在计算机上可运行的、为应用系统提供数据并进行数据存储、维护和管理的系统，是存储介质、处理对象和管理系统的集合体，该"集合体"主要包括三个部分：计算机系统（软件、硬件和人）、数据库、数据库管理系统，即

$$DBS = 计算机系统 + DB + DBMS$$

数据库系统组成如图 1-4 所示。

2. 数据库系统的研究领域

数据库系统主要研究领域有下述三个方面。

1）数据库系统设计

数据库系统设计主要包括以下内容。

（1）数据库管理系统设计。数据库管理系统是数据库系统的基础与核心，开发可靠性

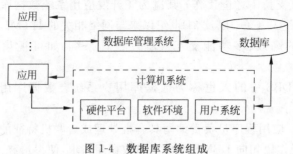

图 1-4　数据库系统组成

好、效率高和功能强大的 DBMS 始终是数据库系统设计的重要内容。除了基于关系模型的传统数据库管理系统，人们还研究基于对象数据模型的多媒体数据库管理系统、基于半结构化数据模型的 XML 数据库管理系统以及基于移动对象数据模型的移动对象数据库管理系统等。

（2）基于 DBMS 的数据库应用系统。为充分发挥数据库的应用功能，还需要开发某些必需的、能在 DBMS 基础之上运行的软件系统，其中包括数据通信软件、报表书写系统、表格系统和图形系统等。研制以 DBMS 为核心的相互关联的软件系统或者工具软件包也是当前数据库软件产品的发展方向。

2）数据库操作设计

数据库操作设计主要包括如下内容。

（1）数据操作的基础支撑。数据操作的基础支撑包括支持关系数据操作的关系代数与关系演算、支持面向对象数据操作的共代数、支持 XML 数据操作的 XML 联结代数等。

（2）数据查询语言。数据查询语言是建立在相应基础上的数据查询/更新语言，例如，基于关系模型的 SQL(Structured Query Language)、基于面向对象模型的 ODMG(Object Database Management Group)、基于 XML 模型的 XQuery 和 XPath 等。

3）数据库系统实现

在选定 DBMS 的支持下，数据库系统设计开发的一项主要工作，就是按照用户需求为某部门或组织设计和开发功能强大、效率高、使用方便和结构优良的数据库及其配套的应用程序系统。数据库应用系统设计的主要研究课题有数据库设计方法、自动化设计工具和设计理论的研究、数据模型和数据建模的研究、计算机辅助数据设计方法及其软件系统的研究和数据库设计规范和标准等。

1.1.3　数据库管理系统

对于数据库来说，其中数据具有海量级别且结构复杂，必须进行科学合理的组织与管理，研究实现数据快速访问的各种优化技术。这种管理和查询优化技术往往非常复杂和相当困难，普通用户不易理解和驾驭。数据库系统的基本优势，就是将在实际应用中极为重要的数据事务管理和查询优化工作交由数据库管理系统完成，而提供给用户的只是简单易用的人机交互界面——数据库查询语言。

由于数据事务管理和查询优化处理等均由 DBMS 完成，因此 DBMS"隔离"了用户和数据库中的实际数据，保证数据库中的应用程序与数据的独立性，同时也可使得多个不同用户共享数据库,从而可极大地提升数据共享性。正是由于在"独立性"和"共享性"两个基本点上发挥着重要作用,DBMS 被认为是整个数据库系统的核心与主体。

世界上第一个 DBMS 是美国通用电气公司 Bachman 等在 1964 年研制开发的 IDS (Integrated Data Stores)。IDS 奠定了网状数据库的基础,当时得到了广泛的发行和应用。

1. DBMS 的数据子语言

数据库管理包括定义、查询、更新和各种运行都需要通过 DBMS 实现。DBMS 是数据库管理的中枢机构,是数据库系统具有数据共享、并发访问和数据独立性的根本保证。DBMS 通过提供相应的数据子语言(Data Sublanguage)来实现上述功能。

DBMS 提供的数据子语言可以分为三类。

(1) 数据定义语言。数据定义语言(Data Definition Language,DDL)负责数据模式定义与数据的物理存取模式。

(2) 数据操作语言。数据操作语言(Data Manipulation Language,DML)负责数据的操作处理,例如,查询、增加、删除和修改等。

(3) 数据控制语言。数据控制语言(Data Control Language,DCL)负责数据完整性和安全性的定义与检查,同时完成并发控制和故障恢复等职能。

以上子语言具有下述两种表现形式。

(1) 交互型命令语言。这种方式语言结构简单,可以在终端上即席操作,又称为自含型或自主型语言。

(2) 宿主型语言。应用这种方式,一般是将其嵌入在某些宿主语言(Host Language)当中,如 FORTRON、C、C++、COBOL 等高级过程性语言中。

此外,DBMS 还包括为用户提供服务的一组程序包,称之为服务性(Utility)程序。

2. DBMS 的基本功能

DBMS 作为整个数据库系统的核心,具有强大的功能。

1) 数据组织定义功能

DBMS 提供数据定义语言(DDL)用于描述数据的结构、数据的约束性条件和访问控制条件,为数据库构建数据框架,并且将这些模式的源形式转换为目标形式,进而存储在系统的数据字典中,供以后操作和控制数据使用。

2) 数据管理功能

从物理意义上来看,数据库中实际存在的数据可以分为两类:一类是"原始数据",可以看做构成物理存在的数据,它们构成用户数据库;一类是"元数据",可以看做"数据中的数据",它们构成系统数据库。对于原始数据,DBMS 提供多种文件的组织方法和用于数据存取的物理模式,例如建立索引(Index)、集簇(Cluster)和分区(Partition)等。对于元数据,其主体是数据字典(Data Dictionary,DD),DBMS 通过对数据字典的管理实现对数据以及系统中其他实体的描述与定义。数据字典作为数据库系统中各种描述信息和控制信息的集合,是数据库设计与管理的有力工具。

3) 数据操作与查询优化功能

DBMS 提供数据操作语言(DML)实现对数据库的操作,基本操作包括数据查询和数据更新。由于用户只是根据用户视图提出查询和操作要求,因此 DBMS 需要完成相应处理过程的确定和优化,而查询处理与优化的好坏是直接反映 DBMS 性能的一个重要指标。

4)事务管理与数据维护功能

由于数据库的基本优势之一就是多用户并发访问数据库,即具有数据共享性,因此 DBMS 需要提供并发控制机制、访问控制机制和数据完整性约束机制,及时发现和处理由于"共享"引发的各种问题,其中包括访问冲突、安全性保护、完整性定义与检查、数据并发控制和故障恢复等。

5)数据库多种接口功能

数据库设计一旦完成,面对的将是多类用户的使用,其中包括常规用户、应用程序开发用户和数据库管理员等。从某种意义上讲,DBMS 的意义就是提供数据库的用户接口。因此,为了适应这些不同用户的需求,DBMS 需要提供各种接口,近年来还普遍增加了图形接口,使用起来更加直观方便。

DBMS 可以分为基于文件的和基于服务器的两种类型。基于文件的 DBMS 主要有 FoxPro、Prodax、Access 等;基于服务器的 DBMS 主要有 Oracle、SQL Server、Informix、Sybase、Inerbase 等。

3. DBMS 的基本构成

一个基于关系模型的 DBMS 基本构成如图 1-5 所示,其中系统操作者主要有"用户/应用程序"和 DBA 两类。在图 1-5 中,实线表示数据与控制流,虚线表示数据流。其中,DBA 具有特定权限以决定数据库中是否创立相关的数据库模式和模式中的数据文件,同时通过 DDL 命令修改相应模式,命令送交 DDL 处理器,处理后传送到执行引擎,然后通过索引/文件/记录管理器完成对元数据(meta-data)的修改。"用户/应用程序"由"查询/更新"和"事务管理"两个基本部分组成。

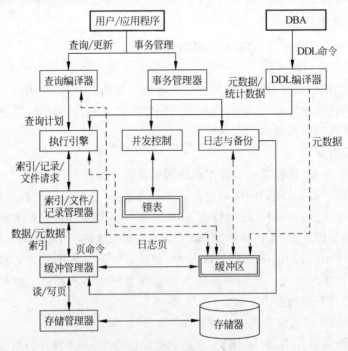

图 1-5 DBMS 的基本构成

1) 查询/更新部分

查询/更新部分主要包括以下内容。

(1) 数据操作基本流程。对于用户来说,数据的基本操作主要是数据的查询和更新。在 DBMS 中,用户数据操作的基本流程如下。

① 查询/更新命令交由查询编译器(query compiler)进行语法分析与优化处理。

② 将编译结果——查询计划送交执行引擎(execution engine)。执行引擎向资源管理器发出相应的获取分块数据请求(通常为关系表中的元组集合)。

③ 资源管理器再确定相应数据文件,其中包括文件的格式、相应元组子集大小和索引文件。

④ 相关数据请求被转换为页请求,页请求被传交于缓冲管理器(buffer manager),缓冲管理器的作用就是将二级存储器(磁盘)中的数据送交主存缓冲器中。一般来说,缓冲区与磁盘间的数据传输单位为“页”或“磁盘块”。

基于用户观点,查询处理器是对系统性能影响最大的部分。RDBMS 的查询处理器主要由查询编译器和执行引擎组成。

(2) 查询编译器。查询编译器的基本功能是将查询请求转化为查询树的内部形式。查询计划实际上就是基于数据的操作序列,在关系数据库管理系统中通常使用“关系代数”运算实现查询计划中的相应操作。查询编译器由查询分析器、查询预处理器和查询优化器组成。

① 查询分析器。其基本功能是由查询文本结构建立一种查询树结构。

② 查询预处理器。其基本功能是对查询进行诸如查询中所需数据文件是否存在等语义检查,同时将查询语法树转换为初始查询计划的代数操作树。

③ 查询优化器。其基本功能是将初始查询计划树转换为能在实际数据上执行的有效操作序列。

(3) 执行引擎。执行引擎负责执行给定查询计划中的每一步骤,执行引擎直接或通过缓冲区而间接地与 RDBMS 中的各个组件进行数据交互,例如通过与日志管理器进行交互以确保数据库的所有变化都被日志正确记录。

2) 事务管理部分

从提高数据操作效率和进行数据故障恢复角度来看,查询和更新等数据操作需要被组织成为事务(transaction)才可执行。一个查询或更新本身就可看做一个事务,事务需要满足原子性、隔离性、持久性和一致性等基本性质。基于不同用途,事务管理器通常分为并发控制管理器和日志/故障恢复管理器两个组成部分。

(1) 并发控制管理器。并发控制管理器也称为调度器,用以保证事务的原子性、隔离性和一致性。为了提高系统效率,保证数据的共享,需要多个事务同时执行,由于事务的隔离性,需要事务管理器即调度器以确保此时的效果与系统一次执行一个事务相同。通常事务管理器采用“封锁”技术完成此项工作,封锁的情形保存在“锁表”当中。但是“封锁”可以使得多个事务所需要的共同资源被某一个事务占用,从而使得所有事务都无法执行,即产生“死锁”问题,事务管理器必须进行干预,通过“回滚”一个或多个事务以对其余事务进行放行。

(2) 日志/恢复管理器。日志/恢复管理器用以保障事务的持久性。日志管理器可以将数据库的任何变化记录到单独一个存储器当中,当系统出现故障或者崩溃,能够根据日志中的记录将数据恢复到某个一致状态。在实际运行过程中,日志管理器首先将日志写入缓冲区,再与缓冲管理器经过协商以保证在适当时间将其写入磁盘。

1.2　数据库模式结构

数据库系统需要提供高速有效的数据查询功能,因此必须在数据库中使用复杂的数据结构来存储和表示数据。通常大多数数据库用户都没有经过计算机专业训练,因此系统需要通过若干层次的逐步抽象来将数据结构的复杂性对用户进行屏蔽,从而方便用户与系统的交互。在当前实际应用中,各种数据库可以使用不同的数据库语言,建立在不同操作系统之上,数据存储结构也各不相同,但其支持的数据对象却都看做是由客观实体到数据库数据(数据库存储数据和用户使用数据)的逐步抽象过程的结果。

1.2.1　数据抽象

实际应用的数据具有各种各样的具体形式,需要经过必要的数据抽象过程才能由计算机系统进行管理使用。这种抽象涉及两方面问题,一是数据不同层次上的描述,二是数据更新变化的描述。前者可看做数据的一种静态抽象描述,后者可看做数据的一种动态抽象描述。

1. 数据静态抽象描述

在数据库中,数据抽象过程可以分为物理、逻辑和视图三个不同的层面。

(1) 物理层面。物理层面是指数据在存储介质上的组织与存储方式,这是最低层次的数据抽象。

(2) 逻辑层面。逻辑层面是指整个数据库中存储数据的类型和数据之间相互关系的基本描述,其意义在于为用户屏蔽各种复杂的物理存储细节。

(3) 视图层面。视图层面是指数据库中某个部分的基本描述,其意义在于为用户(应用程序)屏蔽数据库逻辑层细节,同时还具有防止用户访问未经授权的其他数据的安全性保证。

视图抽象是逻辑抽象的一个部分,即视图层描述的数据是逻辑层描述数据的一个子集。在物理层和逻辑层工作的主要是数据库管理人员,而在逻辑层工作的是一般用户(程序设计人员或应用程序)。

2. 数据动态抽象描述

客观实体不断发展,反映客观实体的数据也应处在动态变化当中,数据抽象过程也就应当描述这种数据库中数据的变化,为此需要引入两个基本概念:数据模式与数据实例。

在对数据进行插入、删除和修改等操作后,数据库中具体数据信息会被不断更新。数据中随时间变化的具体内容部分可以看做数据实例,而保持不变的框架部分就是数据模式。

(1) 数据实例。数据实例(instance)是在特定时刻存储在数据库中的数据信息,即数据实例反映数据库某一确定时刻的状态。

(2) 数据模式。数据模式(schema)是不会经常发生改变的数据信息组织的总体结构设计(例如关系数据的表结构信息),即数据模式反映数据结构及相互间联系。

数据模式相对稳定,而数据实例却可经常变动。数据模式反映一类客观实体的各个对象结构、属性、联系和约束,本质上是用数据模型对该类实体的一个模拟,而数据实例则反映数据库的某一时刻状态,即该类客体的当前状态。

数据模式是一个数据库中具体数据的组织框架和构建方式,数据实例是某个时刻的具体数据内容,因此,数据库系统在其体系结构上的特征通常都通过对数据模式的划分与组织体现出来,并且大都具有相同的特征。迄今为止,所有主流数据库都具有相同的体系结构,即三层模式结构和两级映射功能。

1.2.2　三级模式和两级映射结构

基于数据不同抽象层次,数据库系统可分为相应的模式,从而整个系统形成一种基于模式的框架形式,即数据库体系结构,该体系结构由三级模式结构和两级映射构成。

1. 三级模式结构

数据库体系的三种模式结构分别为模式、外模式和内模式三层结构。

1) 模式

模式(Schema),也称为逻辑模式或概念模式,可看做介于内模式和外模式之间的层次。逻辑上是数据库系统中全局数据逻辑结构和特征的描述,实际上是全体用户的公共数据视图。作为一种抽象描述,模式不涉及具体硬件平台与软件环境。数据库中的模式是唯一的。DBMS 提供逻辑模式的 DDL(逻辑 DDL)来定义模式。模式定义不仅涉及数据逻辑结构和数据之间的联系,同时还涉及与数据有关的安全性和完整性要求。

2) 外模式

外模式(External Schema)是最接近于用户的模式,即用户所看到的数据视图,因此外模式也称用户模式(User's Schema)。外模式是与某一具体应用有关的数据的逻辑结构和特征描述。模式给出系统全局数据描述,外模式则给出每个用户局部描述。外模式通过模式推导而出,通常被看做模式的一个子集,也被称为子模式(Subschema)。

不同用户由于需求的不同,看待数据的方式也会不同,对数据的保密要求以及使用的程序设计语言也会不同,从而使得不同用户的外模式描述方式一般互不相同。即使是对模式相同的数据,在外模式中也可对结构、类型、长度和保密级别等进行不同限制,从而产生不同的外模式。一个逻辑模式可有若干个外模式,每个用户只关心与自身相关的外模式。由此可以屏蔽大量与特定需求无关的信息,有利于数据保护,可为数据所有者和用户带来方便。

一般 DBMS 都提供相关外模式描述语言(外模式 DDL)。外模式 DDL 在嵌入形式下和用户选用的程序设计语言具有相容的语法格式。例如在 Power Build 中使用外模式 DDL 必须符合 Power Build 的语法要求。

3) 内模式

内模式(Internal Schema)是数据库物理结构和存储方式的描述,即数据库的"内部视图",因此也称为存储模式(Storage Schema)或物理模式(Physical Schema)。作为整个数据库的底层表示,内模式由内部记录型中各个类型的值组成,它定义了数据库中的各种存储记录的物理表示、存储结构与物理存取方法,如数据存储的文件结构、索引、集簇等存取方式和路径等。一个数据库只有一个内模式。

内模式虽被称为物理模式,但其物理性质主要表现在操作系统和文件级别上,本身并不深入到设备级别(如磁盘及磁盘操作),即内部视图仍然不是物理层,并不涉及物理记录的形式,例如物理块或页,也不考虑具体设备的柱面与磁道大小。内模式只是最接近物理层面的数据存储方式。近年来也有内模式向设备级别发展的趋势(如原始磁盘、磁盘分块技术等)。

DBMS 一般提供内模式描述语言(内模式 DDL)来定义内模式。当前,许多 DBMS 产品都可自动完成内模式大部分定义工作,用户多不需直接介入。当用户使用模式 DDL 定义模式时,DBMS 通常就会自动完成相应内模式的定义工作。

由上述内容可知,在数据库系统体系结构当中,内模式处于最低层,最接近于反映数据在计算机物理结构中的实际存储形式;模式处于中层,它反映了设计者的数据全局逻辑要求;而外模式处于最外层,它反映了用户对数据的实际要求。

上述三种模式给出了数据库系统的基本体系结构,表明了作为数据库主体的数据必须按照这些模式所描述的框架结构进行组织。以(逻辑)模式为框架组成的数据库称为逻辑数据库(Conceptual Database),以内模式为框架组成的数据库称为物理数据库(Physical Database),以外模式为框架组成的数据库称为用户数据库(User's Database)。当然,这三种数据库只有物理数据库是真实存在于计算机外存中,其他两种数据库在物理上并不存在,而是通过所谓二级映射功能由物理数据库映射而成。

在关系数据系统中三级模式结构具有如下特征。

(1) 关系(逻辑)模式具有关系结构。数据模式表现为关系表形式,模式层可见实体分别为关系表和关系操作符。

(2) 外模式是模式子集。外模式中视图为关系表或者由关系表进行的扩充(视图)。

(3) 内模式不是关系结构。内模式层实体不是逻辑上关系表的照搬。事实上,不管是什么样的系统,其内模式通常相同或相似,例如多由存储记录、指针、索引、哈希表等基本组建。关系模式本质上与内模式无关。

2. 两级映射功能

数据库体系结构三级模式实质上是对数据的三个抽象级别,其基本意义在于将 DBS 中数据的具体物理实现留给物理模式,使得用户与全局设计者不必关心数据库的具体实现与物理背景。为保证在数据库系统内部实现这三个抽象层次的联系和转换,还须在这三个模式之间提供两个(两级)映射,这就是模式/内模式映射和外模式/模式映射。

(1) 模式/内模式映射。该映射定义了逻辑视图和数据库的对应关系,它说明了逻辑记录和字段在内部层次如何表示。如果数据库的存储结构发生改变,即变动了存储结构的定义,模式/内模式映射也必须进行相应的改变,以保证模式能够保持不变(这是数据库管理员的工作),即为了保持数据的物理独立性,内模式变化所带来的影响必须与模式隔离开来。

(2) 外模式/模式映射。该映射定义了特定的外部视图和逻辑视图之间的对应关系。一般而言,这两层之间存在的差异与模式和内模式之间的差异类似。例如,字段可能有不同的数据类型,字段和记录名可能不同,几个逻辑字段能合成一个单一的字段等。又如,可能同时存在多个外部视图,多个用户共享一个特定的外部视图,不同的外部视图可能存在交叉等。

三级模式与两级映射功能如图 1-6 所示。

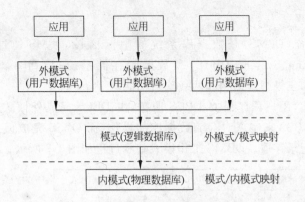

图 1-6　三级模式与两级映射功能

由上述讨论可得知数据库体系结构的基本作用。

（1）三级模式结构实现了数据使用抽象化。数据库三级模式结构是对数据的三个抽象级别。它把数据具体组织留给 DBMS，用户只需"抽象"处理数据，不必关心数据在机器中的存储和表示，从而实现了数据使用的非过程化，大大减轻了各种用户使用数据库的负担。

（2）两级映射实现三级模式间转换。通过两级映射建立三级模式之间的联系与转换，即使模式与外模式在"物理"上并不存在，但能通过映射而获得其功能意义上的"实体"地位。

（3）两级映射保证系统的数据独立性。数据库系统有着许多基本特征，其中最重要的就是数据的独立性。两级映射保障了数据独立性。

3. 数据独立性

数据库作为文件管理系统的一个发展，需要对数据文件进行有效管理。在数据结构或程序设计过程编写文件管理程序相当复杂，将其应用于实际数据管理控制就更加复杂。因为管理程序是为特定数据文件编写，本身就与文件具有密切关系。如果应用中需要对文件结构进行修改，则会涉及管理这个文件的相应程序。这对于一个管理大量数据文件的系统来说，无论是程序编写和维护的代价都是难以接受的。因此，数据管理的一项关键技术就是如何将数据库中存储的数据与数据应用程序进行分离。这种分离就是数据的独立性问题。

数据独立性是指在数据库中，数据文件应用程序与数据本身的逻辑组织以及存储结构相互分离，彼此独立。因此，可以将其分为物理数据独立性和逻辑数据独立性两种类型。

（1）物理数据独立性：当数据存储结构即物理模式发生改变时（例如存储数据位移、存储设备更换和存取方式调整等），相应应用程序不发生改变。

（2）逻辑数据独立性：当数据逻辑组织方式即模式发生改变时（例如数据结构修订、数据类型增减和数据联系改变等），相应应用程序不发生改变。

数据库的三级模式结构和两级映射体系结构可以保障数据独立性。如果用户的应用程序对于数据库物理结构的改变（存储层的改变）保持不变，系统就提供了物理独立性，所以模式/内模式映射是物理独立性的关键；如果用户的应用程序对于数据库逻辑结构的改变（逻辑层的改变）保持不变，系统就提供了逻辑独立性，所以，外模式/模式映射就是逻辑独立性的关键。具有数据独立性的数据库系统由于同用户应用程序"无关"，通常可称为面向数据或以数据为中心的系统。当前主流数据库系统都具有一定的数据独立性，大多数的 DBMS 都可提供数据的物理独立性和部分的逻辑独立性。

4. 模式结构实现

数据库管理系统(DBMS)是数据库系统的中枢核心,DBMS 通过数据库控制系统 (DataBases Controlling System,DBCS)和数据库存储系统(DataBases Storage System, DBSS)实现数据库的三级模式结构和两级映射功能。

为了操纵数据库,用户程序需要 DBCS 服务,由 DBCS 完成外模式/模式映射。同时, DBCS 还需要通过 DBSS 来实现对存储数据库的操作,而 DBSS 完成模式/内模式映射,并 通过存取方法进行记录存取。DBMS 工作模式基本过程如图 1-7 所示。

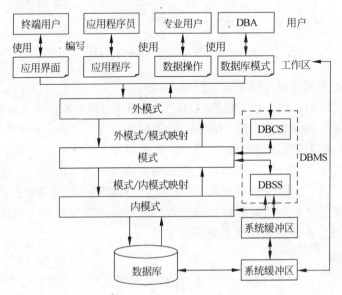

图 1-7　DBMS 工作模式

在实际应用中,用户程序在外模式环境中进行工作,通过 DBMS 完成数据的实际操作。 DBMS 工作模式基本过程可以描述如下。

(1) 用户程序通过外部文件名和记录关键字向 DBMS 发出数据请求和处理请求。

(2) DBCS 解析接收到的指令,访问相应外部模式。

(3) DBCS 完成外模式到模式转换,确定所需访问的模式文件。

(4) DBSS 完成模式到内模式转换,确定所需访问的内模式文件。

(5) DBSS 选用存取方法,通过操作系统将读取记录输送到系统缓冲区。

(6) 用户程序由缓冲区得到所需数据记录以及 DBMS 返还的状态信息。

(7) 用户程序在工作区使用所得到的数据信息。

1.3　数据模型

前面已经初步接触到数据模型的概念,引入这个概念是为了对客观事物及其联系进行 有效的描述与刻画。数据模型是现实世界数据特征的抽象,它表现为一些相关数据组织的 集合。任何一种数据模型都是一组严格定义的概念的集合,它们能够精确表述所论及系统 的静态性质、动态特征和完整性约束条件。一个数据库系统本质上是由其选定的数据模型所规定的,数据模型在数据库系统中具有基本的意义和重要的地位。

1.3.1　模型与数据模型

一般而言,模型(Model)是现实世界某些特征的模拟和抽象。模型可以分为实物模型与抽象模型。建筑模型、汽车模型和飞机模型等都是实物模型,它们通常是客观事物的某些外观特征或者内在功能的模拟与刻画;数学模型 $s=\pi r^2$ 是一种抽象模型,它从较高的层次上抽象地描述了圆的面积和圆的半径之间的数量关系,揭示客观事物某些本质的固有特征。

数据模型是一种特定的模型。

1. 数据模型的基本概念

数据模型(Data Model)是在数据库中描述客观实体和实体间的相互关系以及有关语义的一种抽象模型。数据是现实世界中事物及其特征的抽象,数据模型则是数据各种特征和必要约束的抽象。事物个体特征通过各个事物个体之间的相互关系表现,因此,从本质上来说,数据模型是对数据间相互联系或约束条件的描述。数据模型从一般抽象的层面上模拟和描述数据库系统的静态特征、动态行为和约束条件。

引入数据模型是完全必要的。

首先,DBS 是为部门和企业服务的一个计算机系统,必须将部门和企业有关情况的某些特征抽象为计算机能够存储与处理的数据格式和数据结构。

其次,客观事物的发展变化要求对反映其特征的数据进行动态管理,即进行相应的数据更新(插入、删除与修改)操作。

最后,数据的本质特征是其表现形式与其语义密不可分,因此需要对数据语义进行必要的说明与限制。

这里,前两者可以看做对数据的"语法"描述,后一者可以看做对数据的"语义"阐释。语法与语义处理是计算机信息管理的基本前提,对数据进行语法和语义的描述与处理就构成了数据库中数据模型的基本内涵,而数据模型也成为 DBS 中用来表示和处理客观事物的数据特征与信息的基本途径。事实上,数据模型为 DBS 中信息表示和数据操作提供必需的抽象框架,各种机器上实现的 DBMS 都需基于某种确定的数据模型,数据模型构成整个 DBS 的灵魂,理解和掌握数据模型的基本概念是学习数据库技术与理论的基础。

数据模型和数据模式是两个既有联系又有区别的概念。数据模型是描述数据的一般框架,而数据模式是在给定数据模型的前提下对某一类数据的具体描述。例如在给定关系数据模型前提下,描述学生类数据的有学生关系模式(表)、课程与成绩模式(表)等,描述教师类数据的有教师员工模式(表)和教师课程模式(表)等。另外还需要注意,具体使用数据模型描述数据时,通常有"数据型"和"数据值"的区分。对于某一类数据的结构、特征和约束等"型"的实际描述与刻画就是数据模式;给定数据模式之后,在给定的时刻,数据可以取到很多的值,这种数据的具体取值的集合就是数据实例。数据模型和数据模式的区别类似于程序设计语言和用程序设计语言所写的一段程序的区别:在一种程序设计语言环境中可以针对不同应用编写各种可实现的应用程序。数据模式和数据实例的区别类似一个程序中变量声明与变量取值的区别:数据模式大致相当于程序设计语言中的变量声明,声明之后的变量会在特定时刻取特定值,变量这种取值就大致相当于数据实例。

2. 数据模型的层面表述

从一般抽象意义上来看,同时也考虑到实际问题需要和应用目的的不同,数据模型可在三种不同层面上进行描述。

1) 概念数据模型

概念数据模型(Conceptual Data Model)也称为信息模型。概念数据模型的实质是面向用户,它是用户所容易理解的现实世界特征的数据抽象,其基本特征是按照用户观点对数据和信息进行建模,而与具体DBMS无关。概念数据模型作为数据库设计人员与用户之间进行交流的基本工具,服务于数据库设计的应用目的。

概念模型的作用与意义在于描述现实世界的概念化结构,使得数据库设计人员在设计的初始阶段能够摆脱计算机系统及DBMS的具体技术问题束缚,集中精力分析数据之间的联系,充分而有效地与企业人员进行交流和沟通,使得设计能真实反映企业的客观实际情况。

概念数据模型经过转换就可以变为某种DBMS支持的结构(逻辑)数据模型,进而在其中得以实现。常用的概念模型是实体-联系(E-R)模型。

2) 逻辑数据模型

逻辑数据模型(Logic Data Model)又称为结构数据模型(Structure Data Model),它是既面向用户又面向系统的数据模型,其特征是按计算机系统观点对数据和信息进行建模,服务于DBMS的应用实现。

逻辑数据模型是用户从数据库中所看到的模型,为具体DBMS所支持。通过适当转换机制,由概念数据模型可得到逻辑数据模型,进而与某种具体的DBMS相关联。一般而言,一种DBMS只支持一种数据模型,当然也有一些特殊的DBMS支持多种数据模型。

目前,较为成熟并为人们广泛使用的逻辑数据模型有格式化数据模型(层次模型和网状模型)、经典数据模型(关系模型)和新型数据模型(对象模型和半结构化模型)等。

3) 物理数据模型

物理数据模型(Physical Data Model)用以描述数据在物理存储介质上的组织结构,它既与具体DBMS有关,同时还与具体操作系统和硬件有关,是物理层次上的模型。每种逻辑数据模型在实现时都要有其对应的物理数据模型。为保证数据的独立性和可移植性,DBMS能够自动完成大部分物理数据模型的实现工作,设计者只需设计索引和集簇等特殊结构。

上述三类数据模型在数据库设计与实施过程中的地位与顺序如图1-8所示。

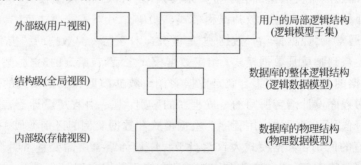

图 1-8   数据模型设计与实施过程

下面主要讨论概念数据模型和逻辑数据模型。

1.3.2　概念数据模型

由前所述,概念数据模型具有以下两方面特征。

(1) 概念数据模型是现实客观世界特征的第一层次的抽象。

(2) 概念数据模型是数据库设计人员与用户之间进行交流的语言。

这两个特征决定了概念数据模型需要满足以下两个方面的要求。

(1) 构造上具有较强的语义表达能力,能够方便、直接地表达应用中的各种语义知识。

(2) 使用中简单、直观和清晰,能够为不具专业知识或专业知识较少的用户理解掌握。

P. P. S. Chen 在 1976 年提出的实体-联系方法(Entity Relationship Approach,E-R 方法)(或称 E-R 模型),就分别满足上述两个基本要求。E-R 模型用 E-R 图来抽象表示现实世界的数据特征,是一种语义表达能力较强、易于理解掌握的概念数据模型。E-R 模型中的主要概念是实体、联系和属性,其中,实体是能够相互区分的客观对象,联系表示实体间的相互关联,而属性表示实体的静态性质。

1.3.3　逻辑数据模型

概念数据模型的基本特征是独立于计算机系统,完全不涉及数据在计算机中的表示,仅仅表示一种特定组织或机构所关心的"概念数据结构"。逻辑数据模型是直接面向数据库的"逻辑数据结构",它与数据库管理系统直接相关。

一般来说,逻辑数据模型是严格定义的一组概念的集合,主要由数据结构、数据操作和完整性约束三个部分组成,通常称为数据模型三要素。

(1) 数据结构。数据需要用一定格式进行描述与表示,这种格式通常是建立在数据之间相互(逻辑)关联基础之上,数据之间的关联就是数据(逻辑)结构。数据结构是计算机数据组织方式和数据之间联系的框架描述,而数据文件中的数据就按照这种框架描述进行组织,因此数据结构可以看做对数据进行的语法处理。这种框架描述可以分为以下两类。

① 与数据类型、内存和性质有关的描述:例如网状模型中的数据项或记录;关系模型中的域、属性和关系等。

② 与数据之间联系有关的描述:例如关系模型中的外键。

由于文件系统与数据库系统最主要的区别在于系统内数据的组织性和结构性,因此数据结构是数据模型中最重要和关键的要素。正因为如此,人们按照数据结构的不同来命名数据模型,例如层次数据结构、网状数据结构和关系数据结构的数据模型分别命名为层次模型、网状模型和关系模型。

(2) 数据操作。数据操作是指对数据库中各种对象的实例(或取值)所允许执行的操作的集合,其中包括操作方法及相应操作规则,它是对数据库动态特性的描述。在数据库中,数据操作主要有数据查询和数据更新(插入、删除和修改)两大类。数据模型需要定义这些操作的语义、操作符号、操作规则(例如优先级)以及实现操作的相关语句。

(3) 完整性约束。数据的"有用性"在于数据本身所具有的语义,也就是数据的含义。描述数据语义的基本前提之一就是对数据的含义进行必要的解释与界定。数据完整性约束是指对数据含义的一组约束条件(完整性规则)的集合,依据这组集合,就可以对数据的含义进行检查。完整性规则是给定的数据,也就是数据的含义模型中的数据及其联系所具有的制约和依存规则,用以限定数据库中数据的状态以及状态的变化,目的是保证数据的正确性、有效性和相容性。在这一方面,每种数据模型都应包含下面两个内容。

① 系统完整性约束条件。即确定数据模型必须遵守的基本的和通用的完整性约束条件。例如,在关系模型中,任何关系都要遵守实体完整性和参照完整性两个基本约束条件。

② 用户定义完整性约束机制。即提供用户定义完整性约束条件的机制。例如,学生某门课程所得的学分不能为负数,每个学生在一学期内成绩不及格的课程门数不得超过三门等。

数据模型可分为格式化数据模型、经典数据模型和新型数据模型三类。下面分别予以简要介绍。

1. 格式化数据模型

格式化数据模型是数据模型发展的第一阶段,其中包括层次数据模型和网状数据模型。由于层次模型对应于有向树,网状模型对应于有向图,故称之为格式化模型。

1) 层次数据模型

层次模型(Hierarchical Model)是数据库系统中最早出现的数据模型,其要点是用树形(层次)结构表示各类实体以及实体间的联系,它反映现实世界中实体间本身具有一种自然的层次关系,如行政机构、家族关系等。基于层次模型数据库系统的典型代表是 IBM 公司的 IMS(Information Management System),它曾经得到广泛使用。

(1) 层次模型的数据结构。层次模型是满足下述要求的树形结构,处理一对多实体关系:

① 模型中只能有一个节点没有双亲节点,称之为根节点。

② 模型中除根节点以外的其他节点有且只有一个双亲节点。

在层次模型中,每个节点表示一个记录类型,节点之间的连线表示记录类型间的联系,这种联系只能是"父子"联系。每个记录类型可包含若干个字段,其中记录类型描述的是实体,字段描述的是实体属性。每个记录类型还可定义一个排序字段(键字段),用以标识一个记录值。层次模型中任何一个给定的记录值需要按其路径察看以显出具有的意义,即子节点具有的记录值不能脱离双亲记录值而独立存在。

例 1-1 层次模型实例如图 1-9 所示。

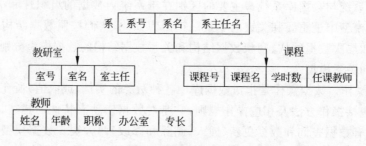

图 1-9 层次模型实例

(2) 层次模型数据操作。层次模型的数据操作主要有查询、插入、删除和更新。在进行插入、删除和更新操作时,需要满足层次模型的完整性约束条件:

① 插入操作时,如存在没有相应的双亲节点值就不能插入子女节点值。

② 删除操作时,如需删除双亲节点值,则相应的子女节点值也要同时删除。

③ 更新操作时,应当更新所有相应记录,以保证数据的一致性。

(3) 层次模型数据完整性约束。在进行插入、删除和更新操作时,需要满足层次模型的完整性约束条件:

① 除了根记录之外,其他记录都不能没有双亲记录。

② 每个记录只能有一个双亲记录。

(4) 层次数据模型的特征。层次数据模型具有如下特征。

① 数据结构简洁。只需较少命令就能操纵数据库,使用操作方便,层次命令趋于程序化。

② 查询效率较高。当实体间联系固定且预先定义时,层次模型性能优于关系模型,不亚于网状模型。

基于层次数据模型的具有代表性的 DBMS 是 20 世纪 60 年代末 70 年代初由 IBM 研制的 IMS。层次数据模型是数据库发展早期的重要数据模型,现在的关系数据模型和其他一些数据模型在其发展过程当中与其进行了必要的借鉴与比较。

(5) 层次模型的不足。层次数据模型具有下述不足。

① 数据类型不足。只能使用简单数据类型,例如整型、实型和字符串型等。

② 线性存储方式。只能按照树的先序遍历方式进行存储,不同层次记录放在一起,需要对记录进行层次标识。

③ 查询实现复杂。查找记录必须从根节点开始,然后按照给定条件沿一个层次路径逐步进行,查询子女节点必须通过上层双亲节点。

④ 更新限制较多。对插入和删除操作的限制比较多。

⑤ 难以反映复杂联系。层次模型表示现实世界中实体间的非层次性联系(例如多对多联系)相当笨拙,只有通过引入冗余数据或创建虚拟节点来解决,但前者会产生数据不一致情况,后者是一种非自然的数据组织。

2) 网状数据模型

实体集间联系可表现为非层次关系,如用层次模型表示这些联系就很不自然,为此,人们引入网状数据模型。通过连通有向图来表示实体型以及实体间联系的数据模型称为网状数据模型,简称网状模型(Network Model)。网状模型的典型代表是 DBTG(DataBase Task Group,数据库任务组)系统,也称 CODASYL 系统。这是 20 世纪 70 年代数据系统语言协会下属的数据库任务组提出的一个系统方案。

(1) 网状模型数据结构。网状模型是满足下述两个条件的连通有向图:

① 多个节点可以无双亲。

② 节点可以有多个双亲。

与层次数据结构相似,网状模型中每一个节点都表示一个记录类型(实体),每一个记录类型都可以包含若干个字段(实体的属性),节点之间的连线表示记录类型之间一对多或多对多的联系。

网状数据模型中的基本概念主要有"记录"、"数据项"、"系"和"域"等。

网状模型是一个比层次模型更具普遍性的数据结构,可以直接地和更有效地描述现实世界。但网状模型和层次模型并没有本质上的区别,例如都是用连线表示实体间的逻辑联系,都用指针表示实体间的物理联系,都与数据库的物理底层联系紧密,数据建模相当复杂。

例 1-2 两个节点之间具有两种以上的联系的情形如图 1-10 所示。

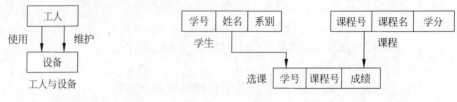

图 1-10 两个节点之间具有两种以上联系   图 1-11 一对多的网状模型

例 1-3 一个节点具有多个双亲节点的情形如图 1-11 所示。

(2) 网状模型数据操作。网状数据模型具有下述主要操作。

① 查找操作(Find)。查找一条记录。由于在进行各类数据操作之前,需要首先找到该记录,因此,Find 操作是网状数据库的基本操作。

② 取数操作(Get)。获取指定数据记录中的某个或某些字段项。

③ 存数操作(Store)。将一条数据记录存储在数据库中。

④ 修改操作(Modify)。对指定记录中的数据项进行修改。

⑤ 删除操作(Erase)。将指定记录从数据库中删除。

⑥ 加入操作(Connect)。将记录加入到相应位置。

(3) 网状模型数据完整性约束。网状数据模型不像层次模型那样具有严格的完整性约束条件,但网状模型提供定义网状数据库完整性的若干概念,主要如下。

① 支持记录键,而键(key)是唯一标识记录的数据项集合。

② 保证一个联系中双亲记录和子女记录之间是一对多联系。

③ 支持双亲记录和子女记录之间的某些约束条件。

(4) 网状模型的特征。网状数据模型具有下述基本特征。

① 扩展型数据类型:允许使用多值或复合数据类型。

② 直接反映现实世界:能够更为直接、自然地描述现实世界中的非层次联系。

③ 数据管理效率较高:具有良好的系统性能和较高的存取效率。

基于网状数据模型的具有代表性的网状数据库是 20 世纪 70 年代由 Honeywell 公司研制的 IDS Ⅱ(Integrated Data Stores Ⅱ)和 HP 公司研制的 IMAGE 等。基于网状数据模型的网状数据库可以看做导航式数据库的代表,在数据库发展史上起到过重要的作用。

(5) 网状模型的不足。网状数据模型具有下述不足之处。

① 结构相对复杂。记录联系通过路径实现,用户需要了解系统结构细节,不利于最终用户掌握。

② 数据语言不易掌握。其 DDL 和 DML 复杂,而且还需嵌入高级语言(例如 COBOL 或 C)中,用户难以使用。

2. 经典数据模型

数据模型发展的第二个阶段是经典数据模型,也就是著名的关系和后关系数据模型。下面只简要介绍关系模型的基本概念,较为详细的讨论将在后面章节进行。

1) 关系模型的数据结构

关系模型是用二维表格表示实体集的结构数据模型,其数据结构具有下述特征。

(1) 基本的数据结构是表格,表格由行和列组成。表格简洁直观,用户只需用简单查询语句就能够对关系数据进行操作,不需涉及数据存储结构、访问技术等细节。

(2) 关系模型与层次和网状模型等非关系模型的根本区别在于关系模型是用"键"而不是用指针导航数据,记录之间的联系通过表格中的键实现。

(3) 表格可以看做一个集合,表格中的行又可以看做一个命题,因此集合论和数理逻辑的理论与方法就能够引入到关系模型中来,关系模型就成为一种数学化的模型。

关系数据模型中的基本概念主要有"关系"、"属性"、"元组"、"域"和"键"等。

例 1-4　本例为一个关系模型实例。SC 选课关系如表 1-2 所示。

表 1-2　关系模型实例

S#	C#	Grand	S#	C#	Grand
001	C001	90	002	C002	89
001	C002	91	003	C001	91
002	C001	95			

2) 关系模型数据操作

关系模型的数据操作主要包括查询和更新(插入、删除和修改)两类。关系数据操作具有两个显著特点。

(1) 关系数据操作是集合操作,即数据操作的对象和操作结果均为若干元组的集合(关系);而在非关系数据操作中,操作对象和结果一般而言都是单条记录。

(2) 关系模型将操作中的存取路径对用户屏蔽,用户只要说明"做什么"而不必关注"怎样做",从而可大大提高数据独立性和用户进行数据操作的效率。

3) 关系模型完整性约束

关系模型中的数据操作需要满足关系完整性的语义约束条件,这些约束条件可以分为实体完整性、参照完整性和用户定义的完整性约束三种类型。这三种完整性将在后面章节详细讨论。

4) 关系模型的优势

关系数据模型具有下述优势。

(1) 关系模型是规范化的,具有严格的数学与逻辑基础,抽象层次较高,应用范围广泛。

(2) 数据结构简单清晰,不仅数据操作对象和操作结果都是关系,就是数据之间的联系也可表示为关系,所涉及的各种基本概念统一、明确。

(3) 关系模型的存储路径对用户透明,具有更好的数据独立性和安全保密性,但这也会导致查询效率往往不及非关系模型。

5) 关系模型的不足

关系数据模型具有下述不足之处。

(1) 从本质上看,不能有效实现面向用户和面向应用关系。模型中基本数据单元是元组(记录),而实际应用中基本处理单元是实体。一个实体可能需要与多个关系对应,例如学生实体需要通过学生关系(S)、课程成绩关系(C)和学生课程关系(SC)描述;一个元组也可能对应多个实体,例如课程成绩关系中的课程、任课教师等都可看做单独的实体。关系模型对实际问题进行了简化处理,描述复杂现实应用通常比较困难,主要是面向实现。

(2) 从技术上考虑,关系模型结构单一,语义信息缺乏,难以模拟现实应用中的复杂对象;基于关系模型的数据主要面向事务处理,因此决定了相应的数据类型偏少,在新型应用领域中受限;关系数据查询需对查询请求进行必要优化以提高查询性能,增加了 DBMS 的开发负担。

3. 新型数据模型

格式化和经典数据模型可称为传统数据模型。数据模型发展的第三个阶段是以基于对象数据模型和半结构化数据模型为代表的非传统的新型数据模型。事实上,新型数据模型发展呈现出百花齐放的情形。

首先,没有统一的数据模型,但所用模型多具有面向对象特征。

其次,支持基于传统模型数据库系统中的非过程化数据存取方式和数据独立性。

再次,具有支持对象管理、知识管理功能以及网络数据管理。

最后,基于新型数据模型的数据库系统具有更高的开放性,能够适应网络时代基本要求。

下面以基于对象数据模型和半结构化数据模型为代表,概述新型数据模型的若干要点。

1) 对象数据模型

对象数据模型(Object Data Model)是近年来得到很大发展的非传统数据模型,该模型吸取了层次、网状和关系等各种模型的优点并借鉴了面向对象的设计方法,可以表达上述几种模型难以处理的许多复杂的数据结构。作为面向对象概念与数据库技术相结合的产物,面向对象数据模型对于非传统的数据领域中,如 CAD、工程和多媒体等常见的具有复杂要求和嵌套递归的数据形式具有很强的表达能力。

(1) 对象数据模型的概念。对象(object)是客观世界中概念化的基本实体,相互能区别的事物均可以视为对象。

对象由"对象标识符"、"对象状态"和"对象操作"组成。

① 每个对象均有一个能相互区别的被称为对象标识符的标记(Object Identifier,OID)。

② 对象状态(State)包括对象的属性和对象之间的相互联系。

③ 对象操作(Operation),即施行于对象上的一种方法,也称为对象方法。一个对象可以有若干个方法。

"物以类聚,人以群分",为便于概念上的认识和技术上的处理方便,人们一般将具有相同属性、方法的对象集合在一起称为类(Class),而此时类中的对象称为实例(Instance)。

对象数据模型中的基本概念主要有"对象"、"类"、"方法"、"消息"、"封装"、"继承"和"多态"等。

(2) 对象数据模型具有优势与不足之处。

对象数据模型具有如下优势。

① 具有复杂的数据类型。可表示结构和聚集等复杂数据类型,准确模拟现实世界中的实体。

② 数据模型统一表示。概念数据模型与逻辑数据模型统一,能更自然地表示现实

客体。

③ 实体特性完整表示。有定义抽象数据类型的能力，能完整表示实体的静态与动态性质。

对象数据模型具有如下不足。

① 数据模型相对复杂。数据对象作为状态（属性和联系）与方法的封装体，其描述和操作比较复杂。

② 缺乏足够的数学支撑。对象模型涉及多个学科原理，知识领域比较宽广，但缺乏足够的数学理论支持，这与关系数据模型相比更为突出。

基于对象数据模型又可以分为面向对象数据模型（object-oriented data model）和对象关系数据模型（object-relational data model）。

2）半结构化数据模型

在通常的数据模型中，相同类型的数据项（记录）都具有相同的属性集合，例如给定关系模式"教师"，其中所有数据项"教师"，其属性集合必须一致，例如都是"教师工号，姓名，性别，出生年龄，系别，职称，工资"。但在某些实际应用中，例如在网络环境下的某些数据文档中，相同的数据项却可以具有不同的属性描述，其典型代表就是可扩展标记语言（eXtensibel Markup Language，XML）数据文档。这就需要引入半结构化数据模型的概念。

（1）半结构化数据模型的概念。如果一个数据模型中允许相同数据项具有不同的属性规格说明，则称其为半结构化数据模型（semistructured data model）。XML 能够被用来表示半结构化数据模型。

半结构化数据模型中的基本概念主要有"标记"、"元素"、"属性"、"简单类型"和"复杂类型"等。

（2）半结构化数据模型具有优势与不足。

半结构化数据模型具有下述优势。

① 表现能力较强。相同数据项可具有不同属性说明，因此具有更为强大的嵌套结构表达能力。

② 数据结构自描述。可以使用数据本身的描述语言对数据结构进行描述，在表述层面上元语言与数据语言相同，因而能够更为灵活地组织数据结构。

半结构化数据模型具有下述不足。

① 数据间联系复杂。数据结构通常表示为图形结构，数据间联系复杂。

② 有关原理尚在探讨。与对象数据模型类似，半结构数据模型没有足够的数学理论支撑。

各类数据模型小结如表 1-3 所示。

表 1-3　各类数据模型

	格式化数据模型		关系数据模型	新型数据模型	
	层次模型	网状模型		对象数模型	半结构模型
代表产品	1968 年，IBM IMS	1964 年，通用电气公司 IDS	Oracle、DB2、SQL Sever	属性方法封装体	相同数据项可具不同属性说明
数据结构特征	有向树	有向图	平面关系表	属性方法封装体	相同数据项可具不同属性说明

续表

| | 格式化数据模型 | | 关系数据模型 | 新型数据模型 | |
	层次模型	网状模型		对象数模型	半结构模型
数据操作	基于指针的查询与更新	基于指针的查询与更新	基于键的查询与更新	数据操作为对象方法	基于路径查询和基于分支更新
数据完整性	子节点更新参照父节点	记录键概念,父子节点一对多,子节点更新参照父节点	实体、参照和用户定义完整性规则	基于消息和方法的完整约束	基于图结构的完整性约束
查询语言			SQL	ODMG(持久性 C++)	基于 XML 的 XPath 和 XQuery
应用对象	事务数据	事务数据	事务数据	非事务数据	网络文档数据

本章小结

1. 知识点回顾

本章内容可以分为三大模块:数据与数据库系统、数据模型、数据模式与数据库体系结构。

1) 数据与数据库系统

(1) 数据是用来描述客观事物的符号记录,其种类包括文字、图形、图像、声音等,其基本特征是与表达的语义密不可分。

(2) 数据对于人类意义在于数据的使用,基于计算机的数据使用就需要进行数据有效管理。数据管理的高级阶段就是数据库阶段。

(3) 数据库本质上是一个用计算机系统存储记录、管理数据的电子文件柜。数据管理技术经过了人工管理、文件系统管理、数据库系统和高级数据库技术 4 个阶段。数据库系统是在文件系统的基础上发展而成的,同时又克服了文件系统的三个缺陷:数据的冗余、不一致性和数据间联系较弱。

(4) 数据库管理系统(DBMS)是介于用户与操作系统之间的一种数据管理软件,其基本目标是提供一个可以方便地、有效地存取数据库信息的环境。DBMS 主要由查询处理器和存储管理器两大部分组成。

(5) 数据库语言分成 DDL 和 DML 两类。

(6) 数据库系统(DBS)是以 DB 和 DBMS 为核心的集成的计算机系统。

2) 数据模型

(1) 模型是对现实世界的模拟和抽象。数据模型主要描述数据库结构和语义。数据模型是数据库系统的核心和基础,数据模型的发展带动着数据库系统的不断更新和换代,数据库系统主要是依据系统所采用的数据模型来进行分类的。针对不同的使用对象与应用目的,数据模型一般分为概念数据模型、结构数据模型和物理数据模型三种。本书主要讨论前两种数据模型。

(2) 概念数据模型是按用户观点对数据和信息进行建模,强调其语义表达功能,易于被用户理解,是用户和数据库设计人员交流的工具,主要用于数据库设计。概念数据模型建模的基本方法是 E-R 方法。

（3）结构数据模型也称数据模型,是按计算机观点对数据建模,是现实世界数据特征的抽象,用于 DBMS 的实现。结构数据模型主要有层次模型、网状模型、关系模型和面向对象模型四种,其中关系模型是当今的主流结构数据模型,面向对象模型是今后发展的方向。

3）数据模式与数据库体系结构

（1）数据模式是基于选定的数据模型对数据进行的"型"的方面的刻画,而相应的"实例"则是对数据"值"的方面的描述。先有数据模型,才能根据其讨论相应数据模式,有了数据模式,就能依据该模式得到相应实例。

（2）数据库体系结构就是依据数据模型的层次特征进行的一种数据库组成的模块划分。数据库作为存储在一起集中管理的相关数据的集合,其体系结构是对数据的三个级别即概念模式、外模式和内模式的抽象。数据库三级模式体系结构的意义在于把数据的具体组织留给 DBMS 去做,用户只需抽象地处理逻辑数据,而不必关心数据在计算机中的存储,从而减轻了用户使用系统的负担。由于三级模式结构之间差别较大,需要引入两级映像,以此使得 DBS 具有较高的数据独立性,即物理数据独立性和逻辑数据独立性。数据独立性是在某个层次上修改模式而不影响较高一层模式的能力。

2. 知识点关联

本章内容结构如图 1-12 所示。

图 1-12　本章内容结构

（1）数据库系统相关概念如图 1-13 所示。

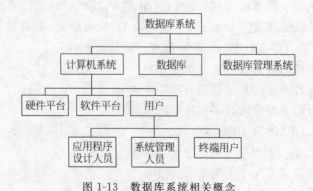

图 1-13　数据库系统相关概念

（2）数据模型的类型如图 1-14 所示。

（3）（逻辑）数据模型（以关系模型为例）三要素如图 1-15 所示。

（4）数据库三级体系结构如图 1-16 所示。

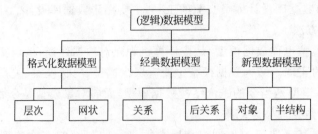

图 1-14 数据模型的类型

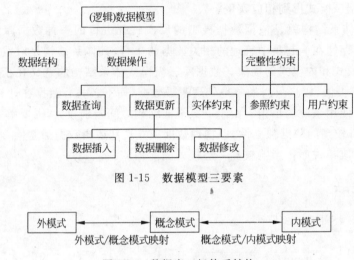

图 1-15 数据模型三要素

外模式 ← 概念模式 ← 内模式

外模式/概念模式映射   概念模式/内模式映射

图 1-16 数据库三级体系结构

习题 1

01. 解释下述名词：数据库系统,外模式、模式、内模式、外模式/模式映射、模式/内模式映射,数据物理独立性、数据逻辑独立性,数据模型、数据模式、数据实例,概念数据模型、结构数据模型,主语言、DDL、DML、过程性语言、非过程性语言。

02. 人工管理阶段的数据管理有哪些特点？

03. 文件系统管理阶段的数据管理有哪些特点？

04. 数据库阶段的数据管理有哪些特点？

05. 试解释 DB、DBMS 和 DBS 三个概念。

06. 试述 DBMS 的主要功能。

07. 数据模型经历了哪几个主要发展阶段？

08. 简述数据模型、数据模式和数据实例的联系与区别。

09. 简述 DBMS 的基本功能。

10. 数据库具有怎样的体系结构？

关系模型与关系运算　第 2 章

　　关系数据库是基于关系数据模型的数据库。关系数据模型由关系数据结构、关系操作和关系完整性约束三部分组成。关系数据模型建立在关系数学理论之上,它使得技术意义上的数据组织、管理及使用等具有了较高的抽象层次和科学的属性,带动了整个数据库理论与技术的蓬勃发展。关系数据模型的建立是数据库发展历史上最重要的事件。自 20 世纪 80 年代以来,各个计算机厂商新研制出的数据库管理系统(DBMS)几乎都是基于关系模型,即便各种非关系系统产品也大都附加上了关系接口。基于关系数据模型的关系数据库直到现在并且在今后一段时间内,都是最重要和最流行的数据库。正是因为如此,关系数据模型就成为一般数据库原理与技术教程中的主要教学内容。

　　数据模型是由数据结构、数据操作和完整性约束条件构成的一个整体,对于关系数据模型的讨论思路也是如此。本章首先介绍关系数据模型,其中主要讨论关系数据结构和关系数据操作;接着讨论描述关系操作的关系运算,其中包括关系代数与关系演算;最后,介绍基于关系代数的关系数据查询优化处理。

2.1　关系数据模型

　　关系数据模型中只有一个基本概念——关系,这是关系模型较之其他数据模型较为优越之处。同时关系数据结构由数学中的"关系"引申而来,其重要意义在于从问题研究基点开始,就将相关讨论置于严格的数学基础之上,从而能够有效地使用和拓展相应的数学思想与方法,成为数学抽象理论与计算机技术相互促进融合的突出范例。

2.1.1　关系基本概念

　　关系模型中,无论是实体还是实体之间的联系,都是使用统一的结构类型即关系描述。通常可以从形式化(关系)和技术性(关系表)两个方面考虑这种联系。

1. 形式化定义——关系

具有相同数据类型的值的集合称为域(domain),即域是一种特殊集合,其中元素是具有相同数据类型的数据值。实际应用中,常常需要考虑由多个域按照适当法则组成新的集合,域的笛卡儿乘积就是这样的集合。

设有一组域 $D_1, D_2, \cdots, D_n$,这些域可以部分或全部相同。域 $D_1, D_2, \cdots, D_n$ 的笛卡儿乘积定义为如下集合:

$$D_1 \times D_2 \times \cdots \times D_n = \{(d_1, d_2, \cdots, d_n) \mid d_i \in D_i, i = 1, 2, \cdots, n\}$$

其中每一个元素 $(d_1, d_2, \cdots, d_n)$ 称为一个元组(Tuple),通常用 t 表示;元组中每一个值称为一个分量(component)。

若干域的笛卡儿乘积相对于所涉及的域来说,具有更"多"的元素,在实际过程中可能会包含许多"无意义"元素,显得"过大"。事实上,对于笛卡儿乘积,人们通常只对其中的某些子集感兴趣。笛卡儿乘积的子集就称为关系。

$D_1 \times D_2 \times \cdots \times D_n$ 的一个子集 R 称为在域 $D_1, D_2, \cdots, D_n$ 上的一个关系(Relation),通常将其表示为 $R(D_1, D_2, \cdots, D_n)$,其中,R 表示该关系的名称,n 称为关系 R 的元数或度数(Degree),而关系 R 中所含有的元组数称为 R 的基数(Cardinal Number)。

由上述定义可知,域 $D_1, D_2, \cdots, D_n$ 上的关系 R,就是由域 $D_1, D_2, \cdots, D_n$ 确定的某些元组的集合。

2. 技术性描述——二维关系表

关系可以看做元组集合,元组可以看做行向量。行向量中的分量(字段)可能属于不同的域,而数据价值在于其表示的语义,需要对各个分量进行必要说明。通常将这种说明组织成一个称为"表头"的记录,然后在表头之后将各个行向量"顺次"排列起来就得到一张便于进行各种处理的表格。因此,从技术实现角度考虑,关系可以看做一张具有表头的规范化的二维表格(table)。

例 2-1 二维关系表的一个实例如表 2-1 所示,其表头为记录(学号,姓名,性别,总分)。

表 2-1 关系式二维表格

学　　号	姓名	性别	总分
2010010101	张红	女	688
2010010102	李力	男	676
2010010103	王新	男	701
2010010104	黄誉	男	682
2010010105	蔡冬	女	679

使用关系表描述关系,不仅可以使得集合论中一些抽象概念呈现出直观具体意义,还方便人们根据实际数据操作需要加入一些新的运算。不难证明,数学中关系与二维关系表格之间可以建立 1∶1 对应关系,通常人们就将"关系"与"关系表"进行"有意混用"而不总是进行严格区分。

每个关系表都需要有一个关系名和一个表头,其中,关系表的"表头"至关重要,它实际上包含了"关系"中"域"的信息,其中每个字段称为"属性名称",由此看来,"表头"实际上是

"属性名称"的集合。表头中字段下面对应的列称为关系表的属性列,列中的数据称为相应的属性值,而关系表中属性列的个数就是该表的度数或元数;属性值的取值范围就是属性的域。关系表中除"表头"之外其余各行组成的集合称为关系表的"主体",主体中的元素,即通常所说的记录,称为该关系的元组。一个关系表中元组的个数,即主体的基数就是该关系的基数。例 2-1 中,关系表的名称为"学生总分表",表头表示的属性集合为(学号,姓名,性别,总分),度数为 4,基数为 5。

一个客观实体可以用一个或多个关系来描述。前面提到的"学生"这个客观实体,一般不在单个关系表中描述其所有属性,而是用几个关系表来分类别进行描述。例如,用"基本情况"关系表描述学号、姓名、性别、出生年月、系别、专业、年级和班别等相关属性;用"成绩统计"关系表描述英语、数学课程学习等相关属性;用"家庭情况"关系表描述籍贯、家庭住址和联系电话等相关属性;用"健康状况"关系表描述身高、体重等相关属性。具体一个客观实体是用一个还是多个关系表(包含哪几个关系,以及各个关系中包含哪些属性)表示,需要根据实际应用确定。

从技术处理角度考虑,关系表可分为三种类型。

(1) 基本表:也称为基本关系表或者基表,它是实际存储数据的逻辑表示。

(2) 查询表:查询表是一个或者多个基本表进行查询后,所得到的查询结果对应的表。

(3) 视图表:视图表是由基本表或其他视图导出的表,是虚表,不对应实际存储的数据。

3. 关系表的键

关系中的各个属性,在关系中所起的作用一般而言是不相同的。基于数据处理要求,需要考虑用关系的部分属性来标识整个关系中的元组,或者标识另一个关系中的元组,这实际上是对属性之间以及关系之间相互关联的一种考虑。这些能够起标识作用的属性子集就称为关系表中的"键"。

(1) 超键:在给定关系 R 中,能够唯一标识各元组的属性集合称为 R 的超键(Super Key)。

(2) 候选键:不含多余属性的超键称为候选键(Candidate Key),或者说候选键是其中任何真子集均不是超键的超键。候选键有时也称做键(Key)。

(3) 主键:关系中可能有多个候选键,选定了用于标识的候选键称为主键(Prime Key)。

(4) 外键:如果一个关系 R_1 的一个属性子集 A 是另一个关系 R_2 的主键,但 A 不是 R_1 本身的主键,则称 A 是关系 R_1 的外键(Foreign Key)。其中,R_1 称为依赖关系,R_2 称为被依赖或参照关系。

键是一个语义概念,同时键的使用需要约束。在关系数据模型当中,数据的完整性要求主要体现在键使用时的约束条件方面。

2.1.2 关系数据结构

在关系表和键的概念基础上,就可明确给出关系数据模型的(数据结构)定义。

1. 概念与基本性质

如果用一张二维表格表示实体集,用键表示该实体集中实体标识和该实体集与其他实

数据库系统教程(第 2 版)

体集之间的关联,由此确定的数据间关联结构就称为关系数据结构。

定义数据模型本质上是定义数据结构,数据操作和数据完整性约束都由数据结构确定。

关系数据结构从表现形式上来看是一张二维表格,但并不是通常意义上的"表格",因为从数据操作角度考虑,需要对关系结构基本要素做出某些规范性化约定,这些约定也可看做关系结构(模型)的基本性质。

(1) 列的同质性:关系表中每一列的属性值都必须为同一类型数据,来自同一个属性域。

(2) 异列同域性:关系中不同的属性列可出自同一个域,但不同属性的列应当有不同属性名称。

(3) 列的无序性:关系中属性是无序的,即列的次序可以任意交换。由于列的顺序无关紧要,列顺序不同的关系在逻辑上是同一集合。需要说明的是这只是理论上的无序,在使用中通常需要按照习惯或者方便考虑列的顺序。

(4) 元组相异性:关系的主体中通常不能出现完全相同的元组。

(5) 行的无序性:关系中不考虑元组之间的顺序,元组在关系中应是无序的,即没有行序,这是因为关系是元组的集合,按集合的定义,集合中的元素无序。

(6) 属性值原子性:关系中的每一个属性值都是不可分解的,不允许出现组合数据,更不允许"表中有表"。

需要注意,关系数据库中的"关系表"与数学中的"关系"可以建立起 1:1 对应,但这种关系表并不是与常规表格相同,关系表是满足上述要求的"规范化"的表格。表 2-2 说明了两者之间的区别。

表 2-2 关系表与常规表格的比较

关系表	常规表格	关系表	常规表格
关系名称	普通表名	属性名称	列名
关系模式	普通表头(表格描述)	属性值	列值
关系	二维表	分量	记录中的列值
元组	记录或行记录	规范关系	表中有表
属性	列		

2. 关系模式与关系实例

关系数据理论研究中,关系数据结构(模型)是最一般的基础概念,表明了在其提供的平台上,所有数据都是按照表格形式组织起来。但关系表具有多样性,在实际问题中,确定关系(表格)需要处理两个问题。

(1) 关系具有怎样的逻辑结构。即如何定义关系,关系是由哪些属性列组成的,每个属性域又怎样确定。

(2) 关系具有怎样的数据内容。即关系中各个数据项如何取值,又如何发生变化。

从"(1)"出发,就可引入关系模式概念;从"(2)"出发,就可引入关系实例概念。

关系模式和关系实例是关系数据库中经常使用的基本概念。关系模式是关系特征的描述,关系实例是关系元组的集合。

1) 关系模式

关系模式(Relation Schema)是对一个应用单位中关系的结构性描述,其中的要素包括关系名称、各个属性名称、值域的类型与长度、属性间的依赖性以及关系的主键和基于应用背景的语义约束等,即关系模式从下述三方面描述了一个应用单位中关系的一般特征。

(1) 描述元组结构:由于关系是元组的集合,关系模式说明元组由哪些属性构成,这些属性来自哪些域,属性与域有怎样的映射关系。

(2) 赋予元组语义:关系取决于关系模式赋予元组的语义,即关系模式需要描述表现元组语义的相应谓词。

(3) 确定数据约束:关系会随着时间流逝而变化,但现实世界中许多已有事实实际上限定了关系可能的变化范围,即关系的变化事实上是受到一定限制和约束的,关系模式需要描述这些完整性约束条件。

从上述意义上讲,关系模式确定关系的基本结构特征。

从形式上来说,关系模式是一个五元组:$R(U, D, \text{dom}, F)$,其中 R 为关系名,U 为组成该关系的属性名集合,D 为属性组中属性所来自的域,dom 为属性域,F 为属性间数据的依赖关系集合。

从实用角度考虑,关系模式通常指看做关系名称和属性集合的一种组合。即描述一个关系模式,通常是先给出关系名,其后是用圆括弧括起来的所有属性。例如对于学生关系模式,就可以将其记为 S(S♯, Sname, Ssex, Sage, Sclass),其中"S"表示该关系模式的关系名。在不至于引起混淆的情况下,例如在第 5 章中,也将关系看做一个关系模式。

具有相同关系模式的关系实例也可称为同类关系实例,简称为同类关系。

2) 关系实例

随着时间变化,给定关系表也会发生变动,这种变动通常通过关系中的元组表现出来,例如,增加或删除一个元组,修改一个元组等。为了反映这种变化,需要引入关系实例概念。

关系实例(Relation Instance)是关系模式具体的取值。事实上,一个关系模式可以有不同的关系实例,例如同一个学生基本情况表可适用于多个不同学生,但一个关系实例只能属于一个关系模式。两个具有同一关系模式的关系实例(关系表)称为同类关系(表)。

实际应用过程中,需要区别关系的"型"和"值"。"型"是应用单位对关系的整体刻画,具有一般意义。关系模式作为属性的有限集合,是对关系的本质刻画,因而是"型";而"值"是对关系的具体描述,关系实例就对应一张实际的表,即关系的具体"取值",因而是"值"。关系基本特征通过关系模式描述和刻画,关系具体描述通过关系实例表达和体现。

按照上述分析,为了便于理解关系模式与关系实例的区别与联系,可以认为关系模式是一张已经编制好的待填的"空表",而关系实例却是一张已经填好的具体表。

与关系模式和关系实例密切相关的是关系数据库模式和关系数据库实例概念。

一个关系数据库由相应的关系数据库模式和关系数据库实例组成。

设 U 是属性集合,D 是相应属性域。U 上关系数据库模式 R 是 U 上若干个关系模式 $R_1, R_2, \cdots, R_p$ 的集合,并且 $U = R_1 \cup R_2 \cup \cdots \cup R_p$。关系数据库模式 R 对应的所有关系实例的集合称为 R 的一个关系数据库实例。由此可知,关系数据库模式是关系数据库的逻辑设计,而关系数据库实例是关系数据库中数据的一个快照。

需要指出的是,在不至于引起混淆的情况下,关系模式和关系实例、关系数据库模式和关系数据库等概念有时混用。

2.1.3 关系数据操作

关系数据模型需要提供关于数据查询与数据更新等一系列基本数据操作。基于关系结构框架下的数据操作称为关系(数据)操作。注意到关系是集合,关系操作就与集合运算密切相关。由于操作的对象和结果都是集合,相对于非关系操作的"一次一记录"方式,关系操作具有"一次一集合"显著特征。正是从"一次一集合"的观点出发,关系操作可以看做由一个或多个关系表导出另一个关系表的过程,或者说是一个关系表集合到另一关系表集合上的映射,因此,关系操作应当是在某种意义上"封闭",具有"闭包"性质。关系操作闭包特性的意义在于,一个数据操作的输出可以作为另一个数据操作的输入,可以再参加其他的关系操作过程,进而构成一种呈嵌套形式的更为复杂的关系操作,随之而来就可以获得许多重要结论(这将在后面学习中见到)。本节具体讨论关系数据操作的分类以及相关问题。

1. 关系操作类型

与一般数据模型相同,基于关系数据模型的关系数据操作主要分为查询和更新两类。查询是对关系数据进行访问检索等各种静态操作;更新是对关系数据进行插入、删除和修改等各种动态操作。

1) 数据查询

数据查询(Data Query)是数据库最基本的功能。通过关系数据查询,用户可以访问检索关系数据库中的数据,其中包括在一个关系内的查询和在多个关系间的查询。关系查询的基本单位是元组分量,查询的前提是关系中的检索或定位。关系数据查询即定位过程可以分解为下述三种基本操作。

(1) 单个关系内的属性指定:指定单个关系内的某些属性,用它确定关系二维表中的列。

(2) 单个关系内的元组选择:用一个逻辑表达式给出关系中满足此表达式的元组,用它确定关系这个表的行。

用上述两种操作即可确定单个二维表内满足一定行、列要求的数据。

(3) 多个关系的合并:主要用于多个关系之间的查询,其基本步骤是先将两个关系合并为一个关系,进而将多个关系相继合并为一个关系,再对合并后的关系进行上述两种定位操作。

关系检索或定位完成之后,就可在一个或者多个关系间进行查询,查询的结果也是关系表,因此关系数据查询具有"封闭性"。

2) 数据更新

如前所述,数据更新(Data Update)分为数据删除、插入和修改三种基本过程。

(1) 数据删除。数据删除(Data Delete)的基本单位为元组,其功能是将指定关系内的指定元组删除。数据删除可以看做两个基本操作的组合:关系内的元组选择(横向定位)和关系中元组删除操作。

(2) 数据插入。数据插入(Data Insert)仅对一个关系而言,即在指定关系中插入一个或多个元组。数据插入中不需要定位,仅需要完成关系中元组插入操作。即插入只有一个基本动作:关系元组插入操作。

（3）数据修改。数据修改（Data Change）是在一个关系中修改指定的元组与属性值。数据修改不是一个基本操作，可以分解为两个更为基本的操作：先删除需要修改的元组，然后插入修改后的元组。

3）空值处理

空值处理是关系操作中的一个重要问题。关系元组分量中允许出现空值（Null Value）以表示信息的空缺。空值的含义则是未知的值和不可能出现的值。

在出现空值的元组分量中一般可用 NULL 表示。目前一般关系数据库系统中都支持空值处理，但具有如下两个限制。

（1）限定主键中不允许出现空值。关系中主键不能为空值。主键是关系元组标识，主键空值则失去了其标识作用。

（2）实现运算的完备性。实际应用中元组中某些字段取空值是不可避免的，定义空值和有关空值的运算，在逻辑上将"空值"和"实值""平等"看待，就可完成关系数据操作的"完备性"，即所定义数据操作对"所有"数据值都适用。这主要通过对"空值"运算进行必要约定而实现。

在实际应用中，人们规定，如果在算术运算中出现空值，则结果为空值；在比较运算中如出现空值，则其结果为 F（假）；此外在作统计时，如求和（SUM）、平均（AVG）、求最大值（MAX）和求最小值（MIN）中有空值输入时结果也为空值；而在作记录数（COUNT）时如有空值则其值为 0。

2. 关系操作基础——关系运算

关系数据操作的数学基础就是关系运算。关系运算可以通过代数方式或逻辑方式实现，因此，关系运算就分为两个部分：关系代数和关系演算。关系代数使用集合代数运算及其扩展来表达查询要求；而关系演算使用数理逻辑中谓词演算来表示查询要求。在关系演算中，如果谓词变元的基本对象是元组变量，则称之为元组关系演算；如果谓词变元的基本对象是域变量，则称之为域关系演算。

已经证明，关系代数、元组关系演算和域关系演算三种语言在表达能力上是完全等价的。关系运算的分类情形如图 2-1 所示。

本书将在 2.2 节中讨论关系代数，在 2.3 节中讨论关系演算。

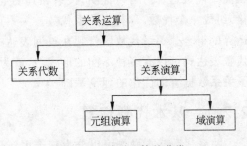

图 2-1 关系运算的分类

2.1.4 关系数据完整性约束

现实世界不断发展变化。在发展变化的不同时刻，关系表也会有所变动。这种变动受到现实世界中许多已有事实的限定和制约，使得所有可能的关系必须满足一定约束条件以保证数据在动态管理当中的完整性，这就是关系数据的完整性约束条件。在关系模式中，完整性约束通过以下三种方式显示出来。

（1）对实体标识的限定。在关系表中，实体（元组）的标识由关系属性集的一个子集确定，由于字段取空值是数据管理中的常见情形，因此需要限定标识中的字段不能取空值。

（2）对属性值相互关系的说明。如当关系表 R_1 引用另一个关系表 R_2 属性值时,如果 R_2 数据发生变化,需考虑 R_1 的引用值与变化后 R_2 实际值是否相等。

（3）基于实际应用的限定。这种限定与数据具体内容相关,数据巨大,需要付出较大开销。例如,大学生关系模式中属性"年龄"的变化范围不小于 10 岁和不大于 90 岁,教工模式中工资与职称的一致等。

针对上述情形,关系模型提供相应有效的完整性约束机制。

（1）实体完整性约束:当实体模型转化为关系模型时,如果一个实体类型对应一个关系模式,此模式下任意一个具体关系中的一个元组对应此实体类型的一个实体,从而为组织该关系所选择的主键就唯一标识一个实体。实体完整性约束(Entity Integrity)要求组成主键的属性不能为空值,否则就无从区分和识别元组(实体)。实体完整性要求是对主键的约束。

（2）参照完整性约束:实体完整性约束主要考虑一个关系内部的制约,而参照完整性约束(Referential Integrity)则考虑不同关系之间或同一关系的不同元组之间的制约。参照完整性是对外键的约束。

（3）用户定义完整性约束:这主要是基于实际应用对相应关系模式做出的语义限定。数据库设计者根据数据的具体内容定义自己的语义约束并提供检验机制,即是用户定义完整性约束(User-defined Integrity)。用户自定义完整性可以看做对实际应用情形的语义约束。

2.2 关系代数

在关系操作中,以集合代数为基础运算的数据操作语言称为关系代数语言,相应运算称为关系代数运算。可以证明,关系和其上定义的基本关系运算(插入、删除、投影、选择和连接)组成一个代数,称其为关系代数。关系代数是以关系(元组集合)为运算对象的一组高级运算的组合。关系代数语言须在查询表达式中标明操作的先后顺序,表示同一结果的关系代数表达式可以有多种不同的形式,这就为等价的代数表达式的选择提供了可能,从而构建了关系数据查询优化的理论基础。

2.2.1 基本代数运算

关系代数基本操作可以分为基于更新和基于查询两种类型。

1. 基于更新的基本运算

数据更新操作包括插入、删除和修改三种基本情形,它们分别对应传统集合相关运算。

1）插入——集合并操作

设有关系 R 需要插入若干元组,这些元组组成关系 R_1,由集合论可知,此时需用集合并运算(Union),即插入的结果可以写为 $R \cup R_1$。

一般,插入操作对应的关系并(Union)运算定义如下:

设有同类关系 R、S,则将 S(中元组)插入 R 的插入运算定义为

$$R \cup S = \{t \mid t \in R \lor t \in S\}$$

式中：∪为并运算符；t 为元组变量；结果 $R \cup S$ 为一个新的与 R、S 同类的关系，该关系是由属于 R 或属于 S 的元组构成的集合。

2）删除——集合差操作

设关系 R 需要删除一些元组，这些元组组成关系 R_1，由传统集合论可知，此时用集合差运算（difference）表示，即可写为 $R - R_1$。

一般，删除操作对应的关系差（Difference）运算定义如下。

设有同类关系 R、S，则由 R 中删除 S 的删除运算定义为

$$R - S = \{t \mid t \in R \wedge t \notin S\}$$

式中：—为差运算符；t 为元组变量；结果 $R - S$ 为一个新的与 R、S 同类的关系，该关系是由属于 R 而且不属于 S 的元组构成的集合，即在 R 中减去与 S 中相同的那些元组。

3）修改——集合差与并操作复合

修改关系 R 内元组内容可用下面方法实现。

（1）设需要修改的元组构成关系 R_1，则先做删除 R_1，得 $R - R_1$。

（2）设修改后的元组构成关系 R_2，则再将 R_2 插入 $R - R_1$，得到结果 $(R - R_1) \cup R_2$。

例 2-2 关系的插入运算和删除运算如图 2-2 所示。

关系 R				关系 S				关系 R∪S				关系 R−S		
A	B	C		A	B	C		A	B	C		A	B	C
a_1	b_1	c_1		a_1	b_2	c_2		a_1	b_1	c_1		a_1	b_1	c_1
a_1	b_2	c_2		a_2	b_2	c_1		a_1	b_2	c_2				
a_2	b_2	c_1		a_2	b_2	c_2		a_2	b_2	c_1				
								a_2	b_2	c_2				

图 2-2　关系的插入运算与删除运算

2. 基于查询的基本运算

数据查询中的基本操作难以用传统集合运算表示，需进行必要拓展，引入新的代数运算。

1）关系属性指定——投影操作

为了完成对关系属性的指定，引入投影运算。

投影（Projection）是一元关系运算（即只对一个关系操作，而不是前面的运算那样需要两个关系），用于选取某个关系上感兴趣的某些列，并且将这些列组成一个新的关系。

投影运算的形式定义为：设有 k 元关系 R，其元组变量为 $t^k = <t_1, t_2, \cdots, t_k>$，那么关系 R 在其分量 $A_{i_1}, A_{i_2}, \cdots, A_{i_n}$（$n \leqslant k, i_1, i_2, \cdots, i_n$ 为 1 到 k 之间互不相同的整数）上的投影 $\prod_{i_1, i_2, \cdots, i_n}(R)$ 定义为

$$\prod_{i_1, i_2, \cdots, i_n}(R) = \{t \mid t = <t_{i_1}, t_{i_2}, \cdots, t_{i_n}> \wedge <t_1, t_2, \cdots, t_k> \in R\}$$

式中 $\prod$ 为投影运算符，表示按照 $i_1, i_2, \cdots, i_n$ 的顺序从关系 R 中取出这 n 列，并删除结果中的重复元组，组成一个新的以 $i_1, i_2, \cdots, i_n$ 为列顺序的 n 元关系。例如关系 $R(A, B, C, D)$ 在属性 A、D、C 上的投影可记为 $\prod_{A, D, C}(R)$，或简记为 $\prod_{1, 4, 3}(R)$。

例 2-3 设有学生关系 S(S♯,Sn,Sex,Sa,Sc),其中 S♯、Sn、Sex、Sa 和 Sc 分别表示学生的学号、姓名、性别、年龄和所在班级。其对应关系表如表 2-3 所示。

表 2-3 关系 *S*

S♯	Sn	Sex	Sa	Sc
S09001	刘刚	男	21	2010A
S09002	王建	男	22	2010A
S09003	张华	女	21	2010A
S09004	李倩	女	20	2010A

选取关系中的属性"Sn、Sa、Sc",其关系运算表达式为

$$\prod_{Sn,Sa,Sc}(S) \quad \text{或者} \quad \prod_{2,4,5}(S)$$

投影运算结果如表 2-4 所示。

表 2-4 投影 $\prod_{Sn,Sa,Sc}(S)$

Sn	Sa	Sc	Sn	Sa	Sc
刘刚	21	2010A	张华	21	2010A
王建	22	2010A	李倩	20	2010A

2) 关系元组选定——选择操作

为了完成关系元组的选择,引入选择运算。

选择(Selection)也是一元关系运算,用于选取某个关系上感兴趣的某些行(满足一定条件的行),并且将它们组成一个新的关系。

选择运算的形式定义为:设有 k 元关系 R,条件用一谓词公式 F 表示,则从关系 R 中选择出满足条件 F 的行定义为

$$\sigma_F(R) = \{t \mid t \in R \wedge F(t) = \text{true}\}$$

式中 σ 为选择运算符,表示按照给定的条件 F 从关系 R 中选择出满足这一条件 F 的元组,组成一个新的与 R 同类的 k 元关系。F 是一个逻辑公式,其运算对象为常量或元组的分量(分量可为属性名或属性列的序号,如第 i 列属性分量可记为 $[i]$,在不致引起二义性的情况下可简记为 i),F 中包含的运算符为算术比较运算符、逻辑运算符等。例如,在一个成绩总分登记关系表 R(学号,姓名,性别,总分)中选择出总分不小于 580 的女生的元组可用选择运算 $\sigma_{性别="女" \wedge 总分 \geqslant 580}(R)$,或简记为 $\sigma_{[3]="女" \wedge [4] \geqslant 580}(R)$。

又如,在例 2-3 的关系 S 中选取所有的女生,其运算表达式为 $\sigma_{Sex=女}(S)$,选择结果关系如表 2-5 所示。

表 2-5 选择运算 $\sigma_{Sex=女}(S)$

S♯	Sn	Sex	Sa	Sc
S09003	张华	女	21	2010A
S09004	李倩	女	20	2010A

3) 关系集成——广义笛卡儿乘积操作

查询常常需要由多个关系生成一个新的关系,由此引入广义笛卡儿乘积运算。

设有关系 R、S,其中关系 R 有 r 个属性分量、m 个元组,关系 S 有 s 个属性分量、n 个元组,则二者的广义笛卡儿乘积(Cartesian Product)运算定义为

$$R \times S = \{t \mid t = <t^r, t^s> \wedge t^r \in R \wedge t^s \in S\}$$

式中:$\times$ 为乘积运算符;$<t^r, t^s>$ 表示新的关系是 $(r+s)$ 元的关系,其中每个元组变量的前 r 个分量为关系 R 的一个元组,后 s 个分量为关系 S 的一个元组。用 R 的第 i 个元组与 S 的全部元组结合成 n 个元组,当 i 从 1 变到 m 时,就得到了新的关系的全部 $m \times n$ 个元组。在不会出现混淆时,广义笛卡儿乘积也称为笛卡儿乘积。

例 2-4 关系 R 和关系 S 及其广义笛卡儿乘积如图 2-3 所示。

关系 R

A	B	C
a_1	b_1	c_1
a_1	b_2	c_2

关系 S

D	E
d_1	e_1
d_2	e_2

关系 $R \times S$

A	B	C	D	E
a_1	b_1	c_1	d_1	e_1
a_2	b_2	c_2	d_1	e_1
a_1	b_1	c_1	d_2	e_2
a_2	b_2	c_2	d_2	e_2

图 2-3 关系 R 和关系 S 及其广义笛卡儿乘积

例 2-5 建立如下由 $S(S\#, Sn, Sex, Sa, Sd)$、$C(C\#, Cn, P\#, Tn)$、$SC(S\#, C\#, G)$ 组成的关系数据库,其中 $S\#$ 表示学号,Sn 表示学生姓名,Sex 表示学生性别,Sa 表示学生年龄,Sd 表示学生所在系别;$C\#$ 表示课程号,Cn 表示课程名,$P\#$ 表示预修课程号,Tn 表示任课教师姓名;G 表示课程成绩。S、C、SC 分别称为学生关系表、课程关系表和学生与课程关系表。

学号为 S_{17} 的学生因故退学,在 S 和 SC 中将其删去:

$$S - \sigma_{S\# = S17}(S) \text{ 和 } SC - \sigma_{S\# = S17}(SC)$$

查询不修读任何课程的学生学号:$\prod_{S\#}(S) - \prod_{S\#}(SC)$

在关系 C 中增加一门新课程 $(C_{13}, ML, C_3, Jhon)$,如果令这门新课程元组所构成的关系为 R,则有 $R = (C_{13}, DB, C_3, Jhon)$,这时有结果 $C \cup R$。

查询学生年龄大于等于 20 岁的学生姓名:$\prod_{Sn}(\sigma_{Sa \geqslant 20}(S))$

查询预修课程号为 C_2 的课程的课程号:$\prod_{C\#}(\sigma_{P\# = C_2}(C))$

将关系 S 中学生 S_6 的年龄改为 22 岁:$(S - \sigma_{S\# = S_6}(S)) \cup W$,其中,$W$ 为修改后的学生有序组构成的关系。

2.2.2 组合代数运算

在关系代数中,插入、删除、投影、选择和广义笛卡儿乘积是五种基本的运算,从原则上讲,所有关系数据操作都可通过它们实现。在实际操作中,这五种运算的某些组合形式需要经常使用,可将其形成"模块",与基本运算一样予以调用。这些关系数据运算"模块"就是关系代数组合运算,通常有交运算、除法运算和连接运算等。

数据库系统教程(第 2 版)

1．交操作

设有同类关系 R、S，则二者的交(Intersection)运算定义为

$$R \cap S = \{t \mid t \in R \land t \in S\}$$

式中：$\cap$ 为交运算符，结果 $R \cap S$ 为一个新的与 R、S 同类的关系，该关系是由属于 R 而且属于 S 的元组构成的集合，即两者相同的那些元组的集合。

由于 $R \cap S = R - (R - S)$ 或 $R \cap S = S - (S - R)$，交运算是组合运算，而非基本运算。

例 2-6　图 2-4 表示了关系 R 与关系 S 及其交运算。

关系 R				关系 S				关系 $R \cap S$		
A	B	C		A	B	C		A	B	C
a_1	b_1	c_1		a_1	b_2	c_2		a_1	b_2	c_2
a_1	b_2	c_2		a_2	b_2	c_1		a_2	b_2	c_1
a_2	b_2	c_1		a_2	b_2	c_2				

图 2-4　关系 R 和关系 S 及其交运算

2．除法操作

1）笛卡儿乘积逆运算——除法运算

除法运算是一个非传统集合运算，若把广义笛卡儿乘积看做正运算，这个运算可以看做其逆运算，因而称之为除法(Division)运算。下面通过实例说明除法运算引入的背景。

例 2-7　设有关系 T 和关系 R 如图 2-5 所示。

关系 T					关系 R	
A	B	C	D		C	D
a_1	b_1	c_1	d_1		c_1	d_1
a_1	b_1	c_2	d_2		c_2	d_2
a_1	b_1	c_3	d_3			
a_2	b_2	c_2	d_2			
a_3	b_3	c_1	d_1			
a_3	b_3	c_2	d_2			

图 2-5　关系 T 和关系 R

关系 T 和关系 R 具有这样的特性：T 中的属性组 $\{C, D\}$ 与 R 中的属性组 $\{C, D\}$ 相互对应，即属性名一样；此时，人们还会设定 T 中"C"与"D"属性和 R 中"C"与"D"属性有相同的域。

实际问题常常是给出这样的关系 T 和 R 后，要求另一个关系 P，使得 $P \times R$ 是 T 的一个子集。从关系 T 可以看出，当关系 P_1、P_2、P_3 分别如图 2-6 所示时，对应的 $P_1 \times R$、$P_2 \times R$、$P_3 \times R$ 分别如图 2-7 所示。

关系 P_1			关系 P_2			关系 P_3	
A	B		A	B		A	B
a_1	b_1		a_3	b_3		a_1	b_1
						a_3	b_3

图 2-6　关系 P_1、P_2 和 P_3

关系 $P_1 \times R$

A	B	C	D
a_1	b_1	c_1	d_1
a_1	b_1	c_2	d_2

关系 $P_2 \times R$

A	B	C	D
a_3	b_3	c_1	d_1
a_3	b_3	c_2	d_2

关系 $P_3 \times R$

A	B	C	D
a_1	b_1	c_1	d_1
a_1	b_1	c_2	d_2
a_3	b_3	c_1	d_1
a_3	b_3	c_2	d_2

图 2-7　关系 $P_1 \times R$、$P_2 \times R$、$P_3 \times R$

关系 $P_1 \times R$、$P_2 \times R$、$P_3 \times R$ 都是关系 T 的子集,从而,关系 P_1、P_2、P_3 均为问题的所求。这里,$P_1 \times R$、$P_2 \times R$、$P_3 \times R$ 是 T 的组成部分,如果将 T 其余相应部分记为 r_1、r_2、r_3,则有 $T = P_1 \times R \cup r_1$、$T = P_2 \times R \cup r_2$、$T = P_3 \times R \cup r_3$。

与整数的"带余除法"$p = qa + r$ 比较,自然可以将 P_1、P_2、P_3 看做"商",将 r_1、r_2、r_3 看做"余数",由此可以考虑两个关系进行"除法"运算的问题。当然,为了保证"商"的唯一性,在上述例子中,需要考察 $P_i \times R \subseteq T, i = 1, 2, 3$ 的"最大性"。正是从这样的考虑出发就可引入下述除法的概念。

2) 除法与相应算法

(1) 除法概念。设有两个关系 T 和 R,其元数分别为 n 和 m($n > m > 0$),则 T 和 R 进行"除法"运算的结果记为 $P = T \div R$,其中 P 是一个元数为 $n - m$ 的满足下述性质的最大关系:P 中的每个元组 u 与 R 中每个元组 v 所组成的元组 (u, v) 必在关系 T 中。为了叙述方便,下面假设 R 的属性为 T 中的后 m 个属性。

由于除法定义采用的是逆运算定义,通常逆运算的进行需要有相关条件保证运算的可施行性和非平凡性。实际上,关系 T 能被关系 R"除"的充分必要条件是:T 包含 R 的所有属性;T 中应有某些属性不出现在 R 中。

(2) 相除算法。由于关系中属性的次序无关性,给定两个可"相除"的关系 T 和 R 之后,我们能够将 T 中的属性按照 R 中属性构成的集合分成两部分:X 和 Y,进而将 T 和 R 分别记为 $T(X, Y)$ 和 $R(Y)$,此时 $T \div R = \Pi_X(T) - \Pi_X((\Pi_X(T) \times R) - T)$。

按照这个公式,$P = T \div R$ 的具体计算步骤为:

(1) 计算 T 在 X 上的投影:$U = \Pi_X(T)$。

(2) 计算在 $U \times R$ 中但不在 T 中的元组:$V = (U \times R) - T$。

(3) 计算 V 在 X 上的投影:$W = \Pi_X(V)$。

(4) 计算在 U 中但不在 W 中的元组:$P = T \div R = U - W$。

在例 2-7 中,相应算法与运算结果如图 2-8 所示。

$U = \Pi_X(T)$

A	B
a_1	b_1
a_2	b_2
a_3	b_3

$V = (U \times R) - T$

A	B	C	D
a_2	b_2	c_1	d_1

$W = \Pi_X(T)$

A	B
a_2	b_2

$T \div R = U - W$

A	B
a_1	b_1
a_3	b_3

图 2-8　相除的算法

数据库系统教程(第 2 版)

3) 除法的实际应用

设有关系 $T(X,Y)$ 和 $R(Y)$ 满足相除条件,则关系 $T \div R$ 实际上是先在 T 中选择出这样的元组,其在 Y 上的投影是 $R(Y)$ 中的元素,再将这些元组投影在 X 上。因此,当需要在关系 $T(X,Y)$ 中求出满足与属性子集 Y 相关条件的元组再投影到 X 上时,就可以考虑构造一个除关系 $R(Y)$,从而将查询结果表示为一个"商关系"$P = T \div R$。相除的基础是构造除关系"$R(Y)$",通常它是 $\Pi_Y(T)$ 的一个子集,即对 $\Pi_Y(T)$ 的某种选择,而选择谓词中通常含有"所有"或"一切"等全称词语。

例 2-8 设有课程关系 C(C#,Cn,P#,Tn) 和学生成绩关系 SC(S#,C#,G),查询"修读所有课程的学生学号"。此时被除关系 $T = SC$,$X = S\#$,$Y = \{C\#,G\}$,由另外一个关系 C 得到除关系 $R(Y) = \Pi_{C\#}(C)$,所求结果为 $P = T \div R = SC \div \Pi_{C\#}(C)$。

设有关系实例 SC 如图 2-9 所示,查询"SC 中所有课程号为'0231'与'0361'之间课程取得成绩 A 的学生学号"。此时,被除关系 $T = SC$,由被除关系 SC 本身得到除关系 $R = \sigma_F(\Pi_X(SC))$,其中选择谓词 F:$G = A$。

S#	C#	G
S0903	0231	A
S0904	0333	A
S0905	0361	B
S0906	0231	A
S0907	0333	B
S0908	0361	A
S0909	0231	B

T(S#,C#,G)

C#	G
0231	A
0361	A

R(C#,G)

S#
S0903
S0906
S0908

$T \div R$

图 2-9　除法操作实例

3. 连接操作

用广义笛卡儿乘积可建立两个关系的乘积,但得到的新关系通常是一个较为庞大的集合,可能并不符合实际操作需要。在实际问题当中,由两个关系通过"乘积"构成一个新关系通常是在一定条件下进行的,所得到的结果往往比较简单。因此,对于笛卡儿乘积可做适当的限制以适应实际应用的需要,这就引入了连接(Join)的概念。连接运算也称为 θ-连接运算。

设有关系 R、S,θ 为算术比较符,i 为 R 中某一属性列的编号,j 为 S 中某一属性列的编号,$i\theta j$ 为一个算术比较式。关系 R、S 在域 i、j 上的 θ-连接(θ-Join)就是从 R 和 S 的笛卡儿乘积中选取满足条件"$i\theta j$"的元组,其定义为

$$R \underset{i\theta j}{\bowtie} S = \sigma_{i\theta j}(R \times S)$$

式中 $\bowtie$ 为连接运算符。一般而言,$R \underset{i\theta j}{\bowtie} S$ 中"元组"个数可以远少于 $R \times S$ 的"元组"个数。

例 2-9 R、S 如图 2-10 所定义,求 $R \underset{C>D}{\bowtie} S$。

如果 θ 为等号 $=$,则相应的 θ-连接称为等值连接。θ-连接运算的扩充是 F-连接运算。

关系 R			关系 S		连接结果 $R \underset{C>D}{\bowtie} S$ 关系				
A	B	C	D	E	A	B	C	D	E
a_1	b_1	3	4	e_1	a_1	b_2	6	4	e_1
a_1	b_2	6	7	e_2	a_2	b_2	5	4	e_1
a_2	b_2	5	15	e_3	a_3	b_3	11	4	e_1
a_3	b_3	11			a_3	b_3	11	7	e_2

图 2-10　关系 R、S 及其选择运算 $R \underset{C>D}{\bowtie} S$

1）F-连接运算

设 F 为形如 $F_1 \wedge F_2 \wedge \cdots \wedge F_n$ 的公式，其中每个 $F_k (1 \leqslant k \leqslant n)$ 都是形如 $i\theta j$ 的算术比较式。F-连接（F-Join）是从 R 和 S 的笛卡儿乘积 $R \times S$ 中选取满足 F 的元组，其定义为

$$R \underset{F}{\bowtie} S = \sigma_F(R \times S)$$

例 2-10　关系 R 和 S 的 F-连接的例子如图 2-11 所示，这里 F 为 $2 = 1 \wedge 3 \geqslant 2$。

关系 R			关系 S		F-连接结果 $R \underset{2=1 \wedge 3 \geqslant 2}{\bowtie} S$ 关系				
A	B	C	D	E	A	B	C	D	E
1	2	3	2	4	4	5	6	5	6
4	5	6	5	6	7	2	9	2	4
7	2	9	7	8					

图 2-11　F-连接

2）自然连接

自然连接（Natural Join）是等值连接运算的扩充，它要求两个关系中进行比较的属性相同，属性值相等，并且在结果关系中把重复的属性列去掉。即若 R 和 S 具有相同的属性组 $A = \{A_1, A_2, \cdots, A_n\}$，而 B 为 R 中属性集合和 S 中属性集合的并集合（相同属性只能算一次），则关系 R 和 S 的自然连接 $R \bowtie S$ 定义记为

$$R \bowtie S = \prod_B (\sigma_{R.A = SA}(R \times S))$$

其中 $\bowtie$ 是自然连接符，$R.A = S.A$ 表示公式 $R.A_1 = S.A_1 \wedge R.A_2 = S.A_2 \wedge \cdots \wedge R.A_n = S.A_n$。

一般 F-连接操作是从行的角度进行，但自然连接还需要取消重复列，所以是同时从行和列的角度进行运算。自然连接是一种特殊的和使用广泛的等值连接，以后如果没有特殊说明，所述连接都是指自然连接。

例 2-11　R_1、R_2 如图 2-12 所定义，求得的 $R_1 \bowtie R_2$ 也在图 2-12 中表示。

关系 R_1			关系 R_2			自然连接结果 $R_1 \bowtie R_2$			
A	B	C	B	C	D	A	B	C	D
a_1	b_1	3	b_1	3	d_1	a_1	b_1	3	d_1
a_1	b_2	5	b_2	4	d_2	a_2	b_2	2	d_1
a_2	b_2	2	b_2	2	d_1	a_3	b_2	8	d_2
a_3	b_1	8	b_1	8	d_2				

图 2-12　关系 R_1、R_2 及其自然连接 $R_1 \bowtie R_2$

例 2-12 完成下述查询。

查询课程号为 C_{12},且成绩为 A 的所有学生姓名:$\prod_{Sn}(\sigma_{C\# = C_{12} \wedge G = A}(S \bowtie SC))$

查询学号为 S_{01} 的学生所修读的课程名及其预修课号:$\prod_{Cn, P\#}(\sigma_{S\# = S01}(C \bowtie SC))$

查询年龄为 20 岁,并且预修课程成绩为 A 的学生所修读的课程名:

$$\prod_{Cn}(\sigma_{Sa=20 \wedge G=A}(S \bowtie SC \bowtie C))$$

说明:这里涉及三个关系 S、C 和 SC 的自然连接。

2.3 关系演算

从数学观点考虑,关系操作本质上可以看做是由各类变元到关系的映射。在关系数据模型框架内,关系本身、关系中的元组和关系中的属性(域单元)都可看做完成相应映射的变元。如果将整个关系看做变元,并以其作为基本运算单位,同时以集合方法为关系运算理论基础,由此就构成了关系代数系统;如果以关系中元组为变元,或将关系中的属性(域单元)看做变元,以其作为基本运算单位,同时以数理逻辑中的谓词演算为相应关系运算理论基础,就可得到关系演算(relational calculus)系统。由此可知,关系操作或关系运算可以通过关系代数和关系演算两种途径实现。另外,关系演算又可分为基于元组的元组关系演算(tuple relational calculus)和基于域变量的域关系演算(domain relational calculus)两种类型。设有关系 R 和谓词公式 $P(t)$,则 R 和 $P(t)$ 可以通过下式建立其联系:

$$R = P(t)$$

其语义为关系 R 是所有使得 $P(t)$ 为真的变元 t 组成的集合。当 t 为元组变量时,这种联系就表现为元组关系演算;当 t 为域变量时,这种联系就表现为域关系演算。

基于关系代数的关系运算的基础是各种关系代数公式,这就需要说明各种操作的运算顺序,因此,基于关系代数的数据操作语言是过程性语言(procedural language);基于关系演算的数据操作的基础是判定谓词公式的真值,不需要特别说明运算过程,只需要提出所需要得到的结果,因此,基于关系演算的数据操作语言是非过程性语言(nonprocedural language)。现在,各种面向用户的关系数据库操作语言大多以关系演算为基础。

2.3.1 元组关系演算

在一阶谓词演算表达式 $R = F(t)$ 中,变元 t 是以元组为演算单位,则称其为元组关系演算表达式,其中元组变元 t 表示关系 R 中的元组,变元取值范围是整个关系 R。

1. 关系的元组演算表示

下面从两个方面介绍关系的元组演算表示。

1) 关系与谓词公式相互对应

关系与谓词公式相互对应表现为以下两点。

(1) 由关系 R 确定谓词公式 P。由数理逻辑知识可知,关系能够用谓词公式表示,n 元关系可以用 n 元谓词公式表示。设有关系 R,$t = (r_1, r_2, \cdots, r_m)$ 为其中元组,定义关系 R 对应谓词公式 $P(r_1, r_2, \cdots, r_m)$。当 $t = (r_1, r_2, \cdots, r_m)$ 属于 R 时,t 为 P 的成真的真值指派,而其他不在 R 中的元组 t 则是 P 的成假指派。即由关系 R 定义一个谓词 P 具有如下性质:

$P(t) = T$ （当 t 在 R 中）；

$P(t) = F$ （当 t 不在 R 中）。

（2）由谓词 P 表示关系 R。关系 R 是元组集合，而集合可用满足某种特定性质或联系进行界定与描述。设谓词 P 表述了关系 R 中元组某种特性，则可将关系 R 表示为 $R = \{t | P(t)\}$，由此就建立了关系（元组集合）的谓词 $P(t)$ 表示，即关系演算表达式。

2）元组关系演算公式

元组关系演算表达式的数学描述由"归纳定义"方式完成。按照通常思路，元组演算表达式是由"关系演算公式"组成；"关系演算公式"是由"原子公式"组成。

（1）原子公式。下述三类称为元组演算原子公式，简称原子公式：

① 谓词 $P(t)$ 是原子公式，其中，$t = (r_1, r_2, \cdots, r_m)$ 是 P 的成真指派。

② $u(i) \theta v(j)$ 是原子公式，其中，$u(i)$ 表示元组 u 第 i 个分量，$v(j)$ 表示元组 v 第 j 个分量，θ 是算术比较运算符。

③ $u(i) \theta a$ 是原子公式，其中，$u(i)$ 表示元组 u 的第 i 个分量，a 是常量，$u(i) \theta a$ 表示 u 的第 i 个分量与常量 a 有关系 θ。

（2）关系演算公式。利用原子公式可以递归定义关系演算公式。

① 原子公式是公式。

② 如果 φ_1、φ_2 是公式，则 $\varphi_1 \wedge \varphi_2$、$\varphi_1 \vee \varphi_2$、$\varphi_1 \rightarrow \varphi_2$ 和 $\neg \varphi_1$ 均是公式。

③ 如果 φ 是公式，r 是 φ 中自由变元，则 $\exists r(\varphi)$，$\forall r(\varphi)$ 是公式。

④ 所有公式由且仅由上述三种方式经过有限次操作生成。

在公式中，各种运算的优先次序规定如下。

首先，比较运算符：$<$、$>$、$\leqslant$、$\geqslant$、$=$、$\neq$。

其次，量词：$\exists$、$\forall$。

再次，否定词：$\neg$。

最后，合取、析取、蕴涵运算符：$\wedge$、$\vee$、$\rightarrow$。

2. 关系操作的元组演算表示

元组演算可以表示关系代数中五种基本数据操作。设有关系 $R(r_1 r_2 \cdots r_m)$、$S(s_1 s_2 \cdots s_n)$，其谓词表示为 $R(t)$ 和 $S(t)$，此时有：

① 插入运算：$R \cup S = \{t | R(t) \vee S(t)\}$。

② 删除运算：$R - S = (t | R(t) \wedge \neg S(t))$；

③ 选择运算：$\sigma_F(R) = \{t | R(t) \wedge F\}$，其中 F 是一个谓词公式。

④ 投影运算：$\prod u_1 u_2 \cdots u_k (R) = \{t(t_1 t_2 \cdots t_k) | \exists u \in R(u) \wedge t[t_1] = u[u_1] \wedge t[t_2] = u[u_2] \wedge \cdots \wedge t[t_k] = u[u_k]\}$，其中 t_i 和 u_i 分别表示元组 t 和 u 的第 i 个分量，$1 \leqslant i \leqslant k, k \leqslant m$。

⑤ 连接运算：

$$R \times S = \{t(t_1 \cdots t_m t_{m+1} t_{m+2} \cdots t_{m+n}) | \exists u \exists v(R(u) \wedge S(v)) \wedge t_1$$
$$= u_1 \wedge t_2 = u_2 \wedge \cdots \wedge t_m = u_m \wedge t_{m+1}$$
$$= v_1 \wedge t_{m+2} = v_2 \wedge \cdots \wedge t_{m+n} = v_n\}$$

例 2-13 在关系 $S(S\#, Sn, Sex, Sa, Sd)$ 中完成下述查询：

查询计算机科学系（CS）全体学生：$S_{CS} = \{t | S(t) \wedge t[5] = \text{'CS'}\}$。

查询年龄小于 20 岁的学生姓名：$S_{20} = \{t \mid S(t) \wedge t[4] < 20\}$。

查询学生姓名和所在系：$S_1 = \{t(2) \mid (\exists u)(S(u) \wedge t[1] = u[2] \wedge t[2] = u[5])\}$。

2.3.2　域关系演算

域关系演算和元组关系演算都是建立在谓词演算基础之上，因此两者具有许多相同之处，两者的区别首先在于相应谓词变元的不同：元组演算以元组为变元，域演算以元组的分量即属性域为变元(实际应用中通常将关系 R 的属性名视为域变元)；其次在于元组变元变化范围为整个关系 R，而域变元的变化范围是某个(些)属性域。

域演算表达式的一般形式为：$\{t_1, t_2, \cdots, t_k \mid P(t_1, t_2, \cdots, t_k)\}$ 其中，$t_1, t_2, \cdots, t_k$ 是域变量(实际应用中通常将关系 R 的属性名视为域变元)。

域演算表达式的形式化定义描述如下。

1. 原子公式

下述三类称为域演算原子公式，简称原子公式。

(1) 如果 $R(t_1, t_2, \cdots, t_k)$ 表示命题"以 $t_1, t_2, \cdots, t_k$ 为分量的元组在关系 R 之中"，则 $R(t_1, t_2, \cdots, t_k)$ 是原子公式，其中，R 是 k 元关系，t_i 是 R 中元组 t 的第 i 个分量。

(2) $t_i \theta C$ 或者 $C \theta t_i$ 是原子公式，其中 t_i 是元组变量的第 i 个分量，C 是常量，θ 是算数比较符。

(3) $t_i \theta u_j$ 是原子公式，其中，t_i 表示元组变量 t 的第 i 个分量，u_j 表示元组变量 u 的第 j 个分量，它们之间满足运算 θ。

例如 $t_1 \geqslant u_4$ 表示 t 的第一个分量大于等于 u 的第四个分量。

2. 域演算公式

域演算公式(简称为公式)可以递归定义如下：

(1) 原子公式是公式。

(2) 如果 φ_1、φ_2 是公式，则 $\varphi_1 \wedge \varphi_2$、$\varphi_1 \vee \varphi_2$、$\varphi_1 \rightarrow \varphi_2$ 和 $\neg \varphi_1$ 均是公式。

(3) 如果 φ_1 是公式，$\exists t_i(\varphi_1)$、$\forall t_i(\varphi_1)$ 是公式。

(4) 所有公式由且仅由上述三种方式经过有限次操作生成。

例如 $\varphi(x_1, x_2, x_3, x_4, x_5) = S(x_1, x_2, x_3, x_4, x_5) \wedge (x_5 > 21) \vee \neg x_4 = 'M'$ 是一个域演算公式。

域演算公式 φ 中变量的自由出现与约束出现、各种运算次序等均与元组演算类似。

例 2-14　在关系 $S(S\sharp, Sn, Sex, Sa, Sd)$ 和 $SC(S\sharp, C\sharp, G)$ 完成下述查询。

查询所有女生的 $S\sharp(x_1)$、$Sn(x_2)$、$Sex(x_3)$、$Sa(x_4)$ 和 $Sd(x_5)$：

$$R_1 = \{x_1 x_2 x_3 x_4 x_5 \mid (S(x_1, x_2, x_3, x_4, x_5) \wedge x_3 = 'F')\}$$

查询所有男生的 $S\sharp(x_1)$、$Sa(x_2)$：

$$R_2 = \{x_1 x_2 \mid (\exists y_1)(\exists y_2)(\exists y_3)(\exists y_4)(\exists y_5)(S(y_1, y_2, y_3, y_4, y_5)) \wedge y_3$$
$$= 'M' \wedge y_1 = x_1 \wedge y_4 = x_2\}$$

查询所有年龄小于 20 岁的男生的 $S\sharp(x_1)$、$C\sharp(x_2)$ 和 $G(x_3)$：

$$R_3 = \{x_1 x_2 x_3 \mid (\exists y_1)(\exists y_2)(\exists y_3)(\exists y_4)(\exists y_5)(S(y_1, y_2, y_3, y_4, y_5)) \wedge y_3$$
$$= 'M' \wedge y_4 < 20 \wedge (\exists z_1)(\exists z_2)(\exists z_3)(SC(z_1 z_2 z_3) \wedge z_1$$
$$= x_1 \wedge z_2 = x_2 \wedge z_3 = x_3) \wedge y_1 = z_1\}$$

2.3.3 安全性与等价性

1. 安全性问题的提出

任何一个计算机系统都要受到两个"有限"的制约。

(1)系统存储容量有限,不可能存储无限关系。这里所说的"无限关系"是指元组个数为无限的关系。

(2)系统计算速度有限,在计算机上进行无限次运算是无法得到正确结果的,因为运算总是不会完结。

为了使关系运算能够在一个计算机系统中有效进行,应当避免上述两种情况的发生,需要对关系运算符加上必要的限制,采取一定措施。在数据库技术中,不出现无限关系和无限运算的关系运算过程称为是安全的,相应关系运算表达式称为安全表达式,为了得到安全表达式所采取的措施称为安全性限制或安全性约束。

2. 关系运算中安全性分析

关系代数基于集合理论,关系演算基于数理逻辑,两者之间有着密切关系,这就使得人们可以用统一的观点来分析关系运算中的安全性问题。

在实际运算当中,人们实际上是自觉或不自觉地假定所涉及的初始对象是"有限"的,但这并不能自动得到运算过程或者运算结果就一定"不涉及"无限。例如在集合运算中,即使初始集合是"有限"的,但如果对其进行"补"运算,有限集合的"补集"就有可能是无限集合。

在关系代数当中,任何一个关系代数表达式,只要是有限关系,由于其中只包含有限次代数运算,而这些运算只能是并运算、差运算、广义笛卡儿乘积运算、选择运算和投影运算五种基本运算,不存在集合的"补运算",所以关系代数运算总是安全的。

在关系演算当中,初始情形可以有限,但有可能出现无限关系的问题和无限运算的过程。例如在元组关系演算表达式中,就有下述两种情况。

(1)对于表达式 $\{t \mid \neg R(t)\}$,其语义是所有不在关系 R 中的元组集合。如果关系中某一属性的定义域是无限的,则 $\{t \mid \neg R(t)\}$ 就是一个具有无限元组的集合,此时该式表示的关系就是一个无限关系的问题,要求出它的所有元组是不可能的。

(2)如果要判定表达式 $(\exists t)(w(t))$ 为假,必须对 t 的所有可能取值进行验证,当且仅当其中没有一个值为真时,才可判定该表达式为假,如果 t 的取值范围是无穷的,则验证过程就是无限的。

由此可见,在关系演算中,必须要有安全限制的相应措施,方可保证关系演算表达式是安全的。

3. 关系演算中安全性限制

对元组演算表达式进行安全性限制,通常做法是对其中的公式 φ 进行限制。对于 φ 来说,定义一个有限符号集 $\mathrm{DOM}(\varphi)$,$\mathrm{DOM}(\varphi)$ 由两类符号组成。

(1) φ 中的常量符号。

(2) φ 中涉及的所有关系的所有元组的各个分量。

由于 $\mathrm{DOM}(\varphi)$ 是有限集合,如果将关系演算限制在 $\mathrm{DOM}(\varphi)$ 上就是安全的,不会出现任何的无限问题。

一般认为,一个表达式 $\{t \mid \varphi(t)\}$ 要成为安全的,其中的公式 φ 就应该满足下面三个条件。

(1) 若 t 满足公式 φ,即 t 使得 φ 为真,则 t 的每个分量必须是 $\mathrm{DOM}(\varphi)$ 中的元素。

(2) 对 φ 中每一个形为 $(\exists t)(w(t))$ 的子公式,如 u 满足 W,即 u 使得 w 为真,则 u 的每一个分量一定属于 $\mathrm{DOM}(\varphi)$。

(3) 对 φ 中每一个形为 $(\forall t)(w(t))$ 的子公式,如 u 不满足 W,即 u 使得 w 为假,则 u 的每一个分量一定属于 $\mathrm{DOM}(\varphi)$;也就是说,若 u 的某个分量不属于 $\mathrm{DOM}(\varphi)$,则 $w(u)$ 为真。

对于域关系演算的安全性,也可以做类似的讨论,这里从略。

4. 关系代数与关系演算等价性

关系代数和关系演算所依据的理论基础本质上是相通的,因此可以进行相互间的转换。

在讨论元组关系演算时,实际上就研究了关系代数中五种基本运算与元组关系演算间的相互转换;在讨论域关系演算时,实际上也涉及了关系代数与域关系演算间的相互转换,由此可以知道,关系代数、元组关系演算、域演算三类关系运算可以相互转换,它们对于数据操作的表达能力是等价的。结合安全性的考虑,经过进一步分析,人们已经证明了如下重要结论。

(1) 每一个关系代数表达式都有一个等价的安全的元组演算表达式。

(2) 每一个安全的元组演算表达式都有一个等价的安全的域演算表达式。

(3) 每一个安全的域演算表达式都有一个等价的关系代数表达式。

按照上述三结论,即得到关系代数、元组关系演算和域关系演算的等价性。

2.4 查询优化

查询优化处理是关系数据库系统基本优势所在。关系数据库的查询使用 SQL 语句实现,对于同一用 SQL 表达的查询要求,通常可对应多个形式不同但相互"等价"的关系代数表达式。对于描述同一查询要求但具有不同形式的关系代数表达式来说,由于存取路径不同,相应查询效率会产生差异,有时这种差异可以相当巨大。在关系数据库中,为了提高查询效率需要对一个查询要求寻求"好的"查询路径(查询计划),或者说"好的"、等效的关系代数表达式。这种"查询优化"是关系数据库的关键技术,也是其巨大的优势。本节主要讨论关系数据库的查询优化及其相关问题。

2.4.1 查询处理与查询优化

数据查询是任何一个数据库中最为基本的数据操作。在关系数据库中,用户使用的查询语句表达查询条件和查询结果。从查询语句输入直到查询结果输出需要一个比较复杂的处理过程,这个过程通常就称为查询处理过程,简称为"查询处理"。查询过程的具体实施由 DBMS 负责完成,因此,关系数据查询过程对于用户而言实际上具有"非过程性"的显著特征。关系数据库数据查询基本过程如图 2-13 所示。

由 DBMS 在执行相应查询过程中,需要首先确定合理有效的执行策略,DBMS 在这方面的作用就是关系数据的查询优化,简称为查询优化。作为使用非过程数据查询语言 SQL

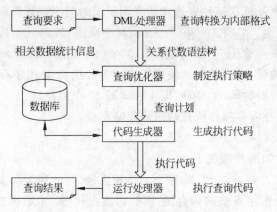

图 2-13 关系数据库数据查询过程(1)

的关系数据库管理系统来说,查询优化是关系数据查询处理中必不可少和至关重要的环节,其可能对数据库系统基本性能产生相当大的影响。为了讨论关系数据库得以实现非过程查询的基本原理和技术,本节先讨论关系数据库查询优化问题的背景、查询优化的必要性和在关系数据库中进行查询优化的可行性。

1. 查询优化概念

数据查询是数据库系统中最基本和最常用的数据操作,从实际应用角度来看,必须考察系统用于数据查询处理的开销代价。查询处理的代价通常取决于查询过程对磁盘的访问。磁盘访问速度相对于内存速度要慢很多。在数据库系统中,用户查询通过相应查询语句提交给 DBMS 执行。一般而言,相同的查询要求和结果存在着不同的实现策略,系统在执行这些查询策略时所付出的开销通常有很大差别,甚至可能相差好几个数量级。实际上,对于任何一个数据库系统来说,查询处理过程都必须面对一个如何从查询的多个执行策略中进行"合理"选择的问题,这种"择优"的过程就是"查询处理过程中的优化",简称为查询优化。

例 2-15 说明了查询优化的必要性。

例 2-15 设有学生关系 $S(S\#,Sn,Sex,Sa,Sd)$、课程关系 $C(C\#,Cn,P\#,Tn)$ 和学生成绩关系 $SC(S\#,C\#,G)$,查询修读课程号 $C\#=C5$ 的所有学生姓名 Sn。

对应于此查询的 SQL 查询语言的语句为:

```
SELECT S.Sn
FROM S,SC
WHERE S.Sn = SC.Sn AND SC.C#  = 'C5';
```

此时,系统可以有多种等价的关系代数表达式来完成这一查询。一般而言,在 SQL 语句转换为关系代数表达式的过程中,SELECT 语句对应投影运算,FROM 语句对应笛卡儿乘积运算,WHERE 子句对应选择运算。由此可以写出对应的三种代数表达式:

$$Q_1 = \prod_{Sn}(\sigma_{S.S\#\,=\,SC.S\#\,\wedge\,SC.C\#\,=\,`C5\text{'}}(S \times SC));$$

$$Q_2 = \prod_{Sn}(\sigma_{SC.C\#\,=\,`C5\text{'}}(S \bowtie SC));$$

$$Q_3 = \prod_{Sn}(S \bowtie \sigma_{SC.C\#\,=\,`C5\text{'}}(SC))。$$

当然,还可以写出其他等价的关系代数表达式,但只要分析上述过程即可说明问题。

下面用简单方法来计算这三种表达式的查询所需时间。在计算前先做如下约定:

设 S 有 1000 个元组,SC 有 10 000 个元组,其中修读 C5 的元组数为 50。

磁盘中每个物理块存放 10 个 S 元组,或 100 个 SC 元组。此时,S 和 SC 各有 100 块。

内存中有 6 个块的缓冲区,其中 5 块用于存放 S 元组,1 块用于存放 SC 元组。

读写一个磁盘块需要时间 1/20 秒,即 1 秒读写 20 个磁盘块。

为了简化起见,所有内存操作所花的时间忽略不计。

1) 计算 Q_1 的查询时间

计算 Q_1 的查询时间的步骤如下。

(1) 做笛卡儿乘积。将 S 与 SC 的每个元组相连接,其方法为每次读入 S 中 5 个块(5×10 个元组)的数据到分配给 S 表的内存缓冲区,再逐次将 SC 中数据按块读入到 SC 的内存缓冲区,然后与 S 内存缓冲区中元组相连接。这样,共计 100 次就可读完 SC 中所有数据块,这种操作内连接满 100 位后就写中间文件一次,接着将 S 中的第二批的 5 个数据块读入 S 的缓冲区,如此反复进行这样的操作,共计 100 次读完 S 中所有数据块,直至完成笛卡儿乘积。

此时,读取 S 数据块为 100(=1000/10),每次读取 S 中 5 个数据块到 S 的内存缓冲区,共计需要 20(=1000/(5×10))次;对于每次读取到 S 内存缓冲区的 5 个数据块,需要再将 SC 每个数据块读取到 SC 的内存缓冲区(一块)中,由于 SC 共有 100(=10 000/100)个数据块,此时共计需要读取 SC 中数据块 100 次。总共所需读取的磁盘数据块总数为

$$\frac{1000}{10} + \frac{1000}{10 \times 5} \times \frac{10\,000}{100} = 100(读取 S 数据块数) + 20 \times 100(读取 SC 数据块数)$$

$$= 2100(块)$$

读取每个数据块时间花费为 1/20s,读取 2100 块总共需要时间花费 105s。

另外,连接后的元组数为 $10^3 \times 10^4 = 10^7$,如果每个数据块装载 10 个这样的元组,则写入相应中间文件的时间花费为 $10^7/20 = 5 \times 10^5$ s。

(2) 做选择操作。从中间文件中读出连接后的元组,按选择要求选取记录(此项为内存操作,时间可忽略不计),此时读出操作所需时间花费与写入中间文件相同,即 5×10^5 s。满足条件的元组假设为 50 个,均放在内存中。

(3) 做投影操作。选择操作得到满足条件的元组数为 50 个,全部存放在内存中。对它们在 S 上做投影操作(在内存中进行,其时间可忽略不计)。这样 Q_1 的全部查询时间为 $105 + 2 \times 5 \times 10^5 \approx 10^6$ s。注意到一天为 86 400(8.64×10^5) s,所以这个运算需要超过一天的时间来完成。

2) 计算 Q_2 的查询时间

计算 Q_2 的查询时间的步骤如下。

(1) 计算自然连接。计算自然连接时读取 S 与 SC 表的方式与 Q_1 一致,总读取块数为 2100 块,花费时间为 105s,但其连接结果块数大为减少,总计 10^4 个,所花时间为 $10^4/10/20$s=500s,仅为 Q_1 的千分之一。

(2) 做选择操作。做选择操作时读取磁盘块的时间花费为 500s。

(3) 做投影操作。与 Q_1 类似,其时间可忽略不计。

这样,Q_2 的全部查询时间为 $105 + 500 + 500 = 1.105 \times 10^3$ s ≈ 10^3 s,为 Q_1(10^6 s)的千分

之一。

3) 计算 Q_3 的查询时间

计算 Q_3 的查询时间的步骤如下。

(1) 对 SC 做选择操作。对 SC 表做选择操作需读 SC 表一遍,共计读 100 块,花费 5s,结果为 50 个元组,故不需要使用中间文件。

(2) 做连接运算。对 S 选择后的 SC 做连接运算,由于选择后的 SC 已全部在内存中,因此全部操作时间为 S 读入内存的时间,共 100 块,花费时间为 5s。

(3) 做投影运算。其时间忽略不计。

这样,Q_3 的全部查询时间约为 5+5=10s。

从这三个计算时间可以看出,三种等价的查询表达式具有完全不同的处理时间,它们分别是 10^6 s、10^3 s 和 10s,其差距之大令人瞠目。

由例 2-15 可知,对于关系代数等价的不同表达形式而言,相应的查询效率有着"数量级"上的重大差异。这是一个十分重要的事实,它说明了查询优化的必要性,即合理选取查询表达式可以获取较高的查询效率,这也是查询优化的意义所在。

2. 查询优化技术

查询优化可分为用户手动优化和系统自动优化两类基本方式。

手动还是自动优化,在技术实现上取决于相应表达式语义层面的高低与否。在基于格式化数据模型的层次和网络数据库系统中,由于用户通常使用较低层面上的语义表述查询要求,系统就难以自动完成查询策略的选择,只能由用户自己完成,由此可能导致如下结果。

(1) 当用户做出了明显的错误查询决策,系统对此却无能为力。

(2) 用户必须相当熟悉有关编程问题,这样就加重了用户负担,妨碍了数据库的广泛使用。

关系数据库的查询语言是高级语言,具有更高层面上的语义特征,就有可能完成查询计划的自动选择。

一个"好"的数据库系统,其中的查询优化应当是自动的,即由系统的 DBMS 自动完成查询优化过程。

1) 查询优化器

由上述讨论可知,自动进行查询优化应当是 DBMS 的关键技术。由 DBMS 自动生成若干候选查询计划并且从中选取较"优"的查询计划的软件程序称为查询优化器。

查询优化器所使用的技术可以分为三类。

(1) 物理优化技术。如果优化与数据的物理组织和访问路径有关,例如在已经组织了基于查询的专门索引或者排序文件的情况下,就需要对如何选择实现策略进行必要的考虑,诸如此类的问题就是物理优化。

(2) 规则优化技术。如果查询仅仅涉及查询语句本身,根据某些启发式规则,例如"先选择、投影和后连接"等就可完成优化,称之为规则优化。规则优化应用中可以有两种情形。

① 存取路径无关优化:与存取路径无关,优化只涉及查询语句本身,其特点是对查询的关系代数表达式进行等价变换,以减少执行开销,所以也称为代数优化。

② 依赖存取路径规则优化:结合存取路径讨论,考虑基本操作各种执行策略和选取原则。这主要是代数优化在应用中还显粗糙,优化效果优先,需要适当结合物理优化方法。

（3）代价估算优化技术。对于多个候选策略逐个进行执行代价估算，从中选择代价最小的作为执行策略，就称为代价估算优化。

物理优化涉及数据文件的组织方法，代价估算优化由于其开销较大，它们都只适用于特定的场合。本章仅就关系数据库查询的代数优化进行讨论。

关系代数具有五种基本运算，这些运算自身和相互间满足一定运算定律，例如结合律、交换律、分配律和串接律等，这就意味着不同的关系代数表达式可以得到同一结果，因此用关系代数语言进行的查询就有进行优化的可能。关系查询优化技术集中于以下三点。

① 关系代数中的等价表达式。

② 等价的不同表达形式与相应查询效率间的必然联系。

③ 获取较高查询效率表达式的有效算法。

基于关系运算的程序语言与其他程序设计语言相比，由于其特有的数学理论支撑，因此，人们能够找到有效的算法，使得查询优化的过程内含于 DBMS，由 DBMS 自动完成，从而将实际上的"过程性"向用户"屏蔽"，用户在编程时只需表示所要结果，不必给出获得结果的操作步骤，在这种意义下，关系查询语言是一种比 Pascal 和 C 语言等更为高级的语言。

关系模型的特征决定了在关系数据库中查询优化技术的两个基本要点。

① 设置一个查询优化器，从该优化器上输入关系语言，例如 SQL 的查询语句，经优化器处理后产生优化的查询表达式。

② 使用优化的查询代数表达式进行查询操作，从而提高查询的效率。

需要说明的是，人们已经证明不存在所谓的最优查询表达式。因此人们通常讲"好的"查询优化，而不说"最优的"查询优化。

2）关系查询优化过程

查询优化是数据查询处理中的关键性课题。在关系数据库当中，对于用户而言，关系数据查询具有非过程性的显著特征。这种具有非过程特点的关系数据查询在关系数据库中的实现过程通常分为四个阶段，如图 2-14 所示。

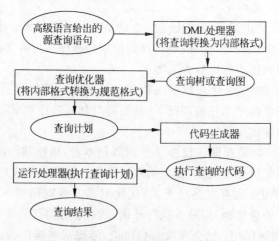

图 2-14 关系数据库数据查询过程(2)

（1）由 DML 处理器将查询转换为内部格式。当系统接到用户用某种高级语言（例如 SQL）给出的查询要求后，DBMS 就会运行系统的 DML 处理器对该查询进行词法分析和语法分析，并同时确认语义正确与否，由此产生查询的内部表示，这种内部表示通常被称为查询图或者语法树。

（2）由查询优化器将内部格式转换为规范格式。对于查询图或者语法树，DBMS 就会调用系统优化处理器制定一个执行策略，由此产生一个查询计划，其中包括如何访问数据库文件和如何存储中间结果等。

（3）由代码生成器生成查询代码。按照查询计划，系统的代码生成器就会产生执行代码。

（4）由运行处理器执行查询代码。在运行处理器执行查询代码之后，输出最终查询结果。

2.4.2　关系代数等价变换

当前，关系数据库系统都采用代数优化技术。代数优化技术与具体系统的存储技术无关，其出发点是对查询的代数表达式进行适当等价变换，或者是安排相关操作的先后执行顺序。

关系查询代数优化的主要依据是关系代数表达式的等价变化规则。

如果两个关系代数表达式用任意相同的一个关系代入之后得到的结果相同，则称这两个关系代数表达式是等价的。需要说明的是，所谓"结果"相同是指两个相应的关系表具有相同的属性集合和相同的元组集合，但元组中属性顺序可以不一致。

查询优化的关键是选择合理的等价表达式。为此，需要一套完整的表达式等价变换规则。下面给出关系代数中常用的同种类型之间运算三类等价变换公式和不同类型之间运算三类等价变换公式。这六类等价变换公式也称为等价变换规则。

1. 同类间运算等价公式

同类间运算等价公式可以分为三类。

1）结合律公式

结合律公式有以下几种。

（1）笛卡儿乘积结合律：$(E_1 \times E_2) \times E_3 = E_1 \times (E_2 \times E_3)$

（2）F 连接的结合律：$(E_1 \underset{F}{\bowtie} E_2) \underset{F}{\bowtie} E_3 = E_1 \underset{F}{\bowtie} (E_2 \underset{F}{\bowtie} E_3)$

（3）自然连接的结合律：$(E_1 \bowtie E_2) \bowtie E_3 = E_1 \bowtie (E_2 \bowtie E_3)$

2）交换律公式

设 E_1、E_2 和 E_3 是关系代数表达式，F 是连接运算条件，则以下等价公式成立。

（1）笛卡儿乘积交换律：$E_1 \times E_2 = E_2 \times E_1$

（2）F 连接的交换律：$E_1 \underset{F}{\bowtie} E_2 = E_2 \underset{F}{\bowtie} E_1$

（3）自然连接的交换律：$E_1 \bowtie E_2 = E_2 \bowtie E_1$

3）串接运算公式

串接运算公式有以下两种。

（1）选择运算串接公式。设 E 是一个关系代数表达式，F_1 和 F_2 是选择运算的条件，则以下等价公式成立。

① 选择运算顺序可交换公式：$\sigma_{F_1}(\sigma_{F_2}(E)) = \sigma_{F_2}(\sigma_{F_1}(E))$

② 基于合取条件的分解公式：$\delta_{F_1 \wedge F_2}(E) = \sigma_{F_1}(\sigma_{F_2}(E))$

(2) 投影运算串接公式。设 E 是一个关系代数表达式，$B_1, B_2, \cdots, B_m$ 是 E 中的某些属性名，$\{A_1, A_2, \cdots, A_n\}$ 是 $\{B_1, B_2, \cdots, B_m\}$ 的子集，则以下等价公式成立：

$$\prod_{A_1, A_2, \cdots, A_n}\left(\prod_{B_1, B_2, \cdots, B_m}(E)\right) = \prod_{A_1, A_2, \cdots, A_m}(E)$$

推论 如果属性集合 $\{A_1, A_2, \cdots, A_n\}$ 满足 $A_1 \subseteq A_2 \subseteq \cdots \subseteq A_n$，则

$$\prod_{A_1}\left(\prod_{A_2}\left(, \cdots \left(\prod_{A_n}(E)\right) \cdots \right)\right) = \prod_{A_1}(E)$$

2. 不同类间运算等价公式

不同类间运算等价公式可以分为三类。

1) 运算间交换公式

设 E 是一个关系代数表达式，F 是选择条件，$A_1, A_2, \cdots, A_n$ 是 E 的属性变元，并且 F 只涉及属性 $A_1, A_2, \cdots, A_n$，则如下的选择与投影的交换公式成立：

$$\sigma_F\left(\prod_{A_1, A_2, \cdots, A_n}(E)\right) = \prod_{A_1, A_2, \cdots, A_n}(\sigma_F(E))$$

2) 运算间分配公式

运算间分配公式有以下两种。

(1) 选择运算关于其他运算的分配公式。选择运算关于其他运算的分配公式可以分为下述三类。

① 选择关于并的分配公式：设 E_1 和 E_2 是两个关系代数表达式，并且 E_1 和 E_2 具有相同的属性名，或者 E_1 和 E_2 表达的关系的属性有对应性，则下式成立：

$$\sigma_F(E_1 \bigcup E_2) = \sigma_F(E_1) \bigcup \sigma_F(E_2)$$

② 选择关于差的分配公式：设 E_1 和 E_2 是两个关系代数表达式，并且 E_1 和 E_2 具有相同的属性名，或者 E_1 和 E_2 表达的关系的属性有对应性，则下式成立：

$$\sigma_F(E_1 - E_2) = \sigma_F(E_1) - \sigma_F(E_2)$$

或

$$\sigma_F(E_1 - E_2) = \sigma_F(E_1) - E_2$$

③ 选择关于笛卡儿乘积的分配公式：这里主要有三种类型的分配公式。

设 F 中涉及的属性都是 E_1 的属性，则有以下等价公式成立：

$$\sigma_F(E_1 \times E_2) = \sigma_F(E_1) \times E_2$$

如果 $F = F_1 \wedge F_2$，且 F_1 只涉及 E_1 的属性，F_2 只涉及 E_2 的属性，则如下等价公式成立：

$$\sigma_F(E_1 \times E_2) = \sigma_{F_1}(E_1) \times \sigma_{F_2}(E_2)$$

如果 $F = F_1 \wedge F_2$，且 F_1 只涉及 E_1 的属性，F_2 只涉及 E_1 和 E_2 两者的属性，则如下等价公式成立：

$$\sigma_F(E_1 \times E_2) = \sigma_{F_2}(\sigma_{F_1}(E_1) \times E_2)$$

(2) 投影运算关于其他运算的分配公式。投影运算关于其他运算的分配公式可以分为下述两类。

① 投影关于并的分配公式：设 E_1 和 E_2 是两个关系代数表达式，$A_1, A_2, \cdots, A_n$ 是 E_1

和 E_2 的共同属性变元,则如下等价公式成立:

$$\prod_{A_1,A_2,\cdots,A_n}(E_1 \bigcup E_2) = \prod_{A_1,A_2,\cdots,A_n}(E_1) \bigcup \prod_{A_1,A_2,\cdots,A_n}(E_2)$$

② 投影关于笛卡儿乘积的分配公式:设 E_1 和 E_2 是两个关系代数表达式,$A_1,A_2,\cdots,$ A_n 是 E_1 的属性变元,$B_1,B_2,\cdots,B_m$ 是 E_2 的属性变元,则如下等价公式成立:

$$\prod_{A_1,A_2,\cdots,A_n,B_1,B_2,\cdots,B_m}(E_1 \times E_2) = \prod_{A_1,A_2,\cdots,A_n}(E_1) \times \prod_{B_1,B_2,\cdots,B_m}(E_2)$$

3) 笛卡儿乘积与连接间的转换公式

设 E_1 和 E_2 是两个关系代数表达式,$A_1,A_2,\cdots,A_n$ 是 E_1 的属性变元,$B_1,B_2,\cdots,B_m$ 是 E_2 的属性变元,F 是由形如 $E_1.A_i\theta E_2.B_j$ 的逻辑表达式所组成的合取式,则如下等价公式成立:

$$\sigma_F(E_1 \times E_2) = E_1 \underset{F}{\bowtie} E_2$$

例 2-16　下面将例 2-15 中表达式 Q_1 转化成 Q_2,同时也可以将 Q_2 转化为 Q_3。

先用选择的串接等价公式将 Q_1 转化为 Q_2^*:

$$\prod_{\text{Sn}}(\sigma_{\text{S.S\#}=\text{SC.S\#}\wedge\text{SC.C\#}=\text{C5}}(S \times SC)) = \prod_{\text{Sn}}(\sigma_{\text{SC.C\#}=\text{C5}}(\sigma_{\text{S.S\#}=\text{SC.S\#}}(S \times SC))$$

再用笛卡儿乘积与连接运算的转换公式将 Q_2^* 转化为 Q_2:

$$\prod_{\text{Sn}}(\sigma_{\text{SC.C\#}=\text{C5}}(\sigma_{\text{S.S\#}=\text{SC.S\#}}(S \times SC))) = \prod_{\text{Sn}}(\sigma_{\text{SC.C\#}=\text{C5}}(S \bowtie SC))$$

最后用选择运算与笛卡儿乘积交换公式,将 Q_2 转化成 Q_3:

$$\prod_{\text{Sn}}(\sigma_{\text{SC.C\#}=\text{C5}}(S \bowtie SC)) = \prod_{\text{Sn}}(S \bowtie \sigma_{\text{SC.C\#}=\text{C5}}(SC))$$

2.4.3　查询优化策略和算法

1. 查询优化策略

用关系代数查询表达式,通过等价变换的规则可以获得众多的等价表达式,那么,应当按照怎样的规则从中选取查询效率高的表达式以完成查询优化呢?这需要讨论对等价关系代数表达式进行选取的一般规则。建立规则的出发点是合理地安排操作顺序,达到减少空间和时间开销的目的。

由前述可知,在关系代数表达式当中,笛卡儿乘积运算及其特例连接运算作为二元运算,自身操作开销较大,同时可能产生大量中间结果;而选择、投影作为一元运算,本身操作代价较少,同时可以从水平和垂直两个方向减小关系的大小。因此有必要先做选择和投影运算,再做连接等二元运算。即便是在进行连接运算时,也应当先做"小"关系间连接,再做"大"关系间连接。基于上述考虑,人们提出了如下基本操作规则,也称为启发式规则,用于对关系表达式进行转换:

(1) 选择优先操作规则:及早进行选择操作。

(2) 投影优先操作规则:及早进行投影操作。

(3) 笛卡儿乘积"合并"规则:尽量避免单纯进行笛卡儿乘积操作。

说明:由于选择运算可能大大减少元组的数量,同时选择运算还可以使用索引存取元组,因此通常认为选择操作应当优先于投影操作。对于笛卡儿乘积"合并"规则,其基本做法是把笛卡儿乘积与其之前或者之后的一系列选择和投影运算合并起来一起操作。

2. 查询优化算法

关系代数表达式的查询优化是由 DBMS 的 DML 编译器自动完成的。因此,查询优化的基本前提就是需要将关系代数表达式转换为某种内部表示。常用的内部表示就是关系代数语法树,其实现的过程是先对一个关系代数表达式进行语法分析,将分析结果用树的形式表达出来,此时语法树的叶节点表示关系,非叶节点表示操作。

使用关系表达式等价变换公式对语法树进行优化变换,将原始语法树变换为标准语法树(优化语法树)。语法树变换的基本思想是使得选择运算和投影运算尽量靠近语法树的叶端。

按照上述考虑,就有关系代数表达式的优化算法如下。

(1) 算法输入:关系代数表达式对应的语法树。

(2) 算法输出:计算该表达式的一个优化程序。

(3) 算法步骤:依次执行下述的每一步。

① 应用选择运算串接公式和投影串接公式。首先使用选择串接公式将形如 $\sigma_{F_1 \wedge \cdots \wedge F_n}(E)$ 的表达式进行分解:

$$\sigma_{F_1 \wedge F_2 \wedge \cdots \wedge F_n}(E) = \sigma_{F_1}(\sigma_{F_2}(\cdots \sigma_{F_n}(E))\cdots)$$

其次使用投影串接公式将形如 $\prod_{A_1,A_2,\cdots,A_n}(\prod_{B_1,B_2,\cdots,B_m}(E))$ 的表达式进行分解:

$$\prod_{A_1,A_2,\cdots,A_n}(\prod_{B_1,B_2,\cdots,B_m}(E)) = \prod_{A_1,A_2,\cdots,A_m}(E)$$

其中 $\{A_1,A_2,\cdots,A_n\}$ 是 $\{B_1,B_2,\cdots,B_m\}$ 的子集。

这样做的目的是将选择或者投影运算串接成单个选择或者单个投影运算,以方便地和有关二元运算进行交换与分配。

② 应用选择运算和其他运算的交换公式与分配公式。这样做的目的是将选择运算尽量向下深入而靠近关系(即移至语法树的叶节点)。

例如,利用选择和投影的交换公式将表达式转换为一个选择后紧跟一个投影,使得多个选择、投影能同时执行或者能在一次扫描中完成。再例如,只要有可能,就要将 $\sigma_F(E_1 \times E_2)$ 转换为 $\sigma_F(E_1) \times E_2$ 或 $E_1 \times \sigma_F(E_2)$,尽早执行基于值的选择运算可以减少对中间结果进行排序所花费的开销。

③ 使用投影运算与其他运算的交换公式与分配公式。这样做的目的是将投影运算向内深入靠近关系(即移至语法树叶节点)。具体做法是:

a. 利用投影串接公式使得某些投影消解。

b. 利用选择与投影的交换公式把单个投影分解成两个,其中一个先投影后选择的运算(选择运算块)就可进一步向内深化。

④ 使用笛卡儿乘积与连接的转换公式。如果笛卡儿乘积之后还须按连接条件进行选择操作,将两者结合成 θ 连接或 F 连接运算。

⑤ 添加必要的投影运算。对每个叶节点添加必要的投影运算,用以消除对查询无用的属性。

⑥ 将关系代数语法树进行整型。将由上述步骤得到的语法树的内节点(非根节点和非叶节点)进行分组。此时内节点或者为一元运算节点,或为二元运算节点。对于三个二元运算×、∪、一中的每个节点来说,将剩余的一元运算节点按照下面的方法进行分组。

a. 将作为其直接祖先节点（不超过别的二元运算节点）的一元运算（σ 或 $\prod$）节点与该二元运算节点同组。

b. 将其直到叶节点的子孙节点的一元运算（σ 或 $\prod$）节点与该节点同组。但对于笛卡儿乘积×来说，如果其子节点不是与它组合成等价连接的选择运算时，这样的选择子节点不与该节点同组。

⑦ 由分组结果得到优化语法树。即一个操作序列，其中每一组节点的计算就是这个操作序列中的一步，各步的顺序是任意的，只要保证任何一组不会在它的子孙组之前计算即可。

例 2-17　将例 2-15 中查询

$$Q_1 = \prod_{Sn}(\sigma_{S.S\# = SC.S\# \wedge SC.C\# = C5}(S \times SC))$$

进行语法分析后得到语法树如图 2-15 所示。

现在对 Q_1 查询的原始语法树进行优化变换。

（1）用选择串接公式 $\sigma_{S.S\# = SC.S\# \wedge SC.C\# = 'C5'} = \sigma_{S.S\# = SC.S\#}(\sigma_{SC.C\# = 'C5'})$ 将语法树变换成图 2-16。

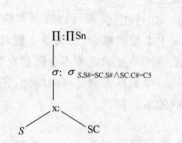
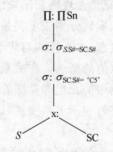

图 2-15　Q_1 查询的原始语法树　　　图 2-16　对选择运算应用串接公式进行分解

（2）使用选择与笛卡儿运算的分配公式 $\sigma_{SC.C\# = 'C5'}(S \times SC) = S \times (\sigma_{SC.C\# = 'C5'} SC)$，将上述语法树变换成如图 2-17 所示。

（3）空。

（4）将选择运算与笛卡儿乘积转换为连接运算公式：

$$\sigma_{S.S\# = SC.S\#}(S \times (\sigma_{SC.C\# = 'C5'} SC)) = S \bowtie \sigma_{SC.C\# = 'C5'} SC$$

将（2）中语法树变换为如图 2-18 所示。

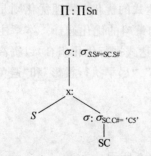

图 2-17　使用选择操作关于笛卡儿乘积的分配公式　　　图 2-18　使用笛卡儿乘积与连接的转换公式

（5）空。

（6）按照分组的原则，将步骤（4）所示的操作序列构成一组。

（7）按照分组，即可生成程序。

本章小结

1. 知识点回顾

本章基本内容分为三大模块：关系数据模型、关系运算和查询优化。

1）关系数据模型

关系运算理论是关系数据库查询语言的理论基础。只有掌握关系运算理论，才能深刻理解查询语言的本质和熟练使用查询语言。

关系数据模型的要点可以概括为：关系数据模型的数据结构形式就是"关系"，从直观上来看就是平面表；关系数据模型的数据操作分为基本数据操作和扩充数据操作，这些数据操作在数学上表现为一组完备的关系运算；关系数据模型完整性约束条件有三类——实体完整性规则、参照完整性规则和用户定义的完整性规则。

关系模式和关系实例分别表示关系的结构和内容。在这里，关系可以看做对应于程序设计语言中变量的概念，关系模式对应于程序设计语言中类型的概念，而关系实例对应于程序设计语言中变量取值的概念。在关系数据库中，关系模式一经确定是不会随意改变，即是稳定的。但关系实例中的元组却是随着时间变化而变动，即关系实例是可以增加、删除和修改的。一般以大写字母表示关系模式，以小写字母表示关系实例。

2）关系运算

关系运算主要分为关系代数和关系演算两类。关系代数以集合论中的代数运算为基础；关系演算以数理逻辑中的谓词演算为基础。关系代数和关系演算都是简洁的形式化语言，适合于理论研究和实际应用。关系代数、安全的元组关系演算、安全的域关系演算在关系的表达和操作能力上是完全等价的。

3）查询优化

查询处理是数据库管理的核心，而查询优化又是查询处理的关键技术。任何类型的数据库都会面临查询优化问题，对于关系数据库来说，由于其所依据理论的特点，查询优化问题的研究与解决，反而成为其得以蓬勃发展的重要机遇。查询优化一般可以分为代数优化；物理优化和代价估算优化。代数优化是指对关系代数表达式的优化；物理优化则是指存取路径和底层操作算法的优化；代价估算优化是对多个查询策略的优化选择。本章主要讨论代数优化，其要点是使用关系代数等价变换公式对目标表达式进行优化组合，以提高系统查询效率。关系代数表达式优化规则主要有"尽早执行选择"、"尽早执行投影"和"避免单独执行笛卡儿乘积"等。

2. 知识点关联

（1）关系模型、关系模式和关系实例之间关系如图 2-19 所示。

（2）各种关系代数运算如图 2-20 所示。

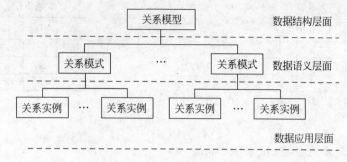

图 2-19 关系模型、关系模式和关系实例之间关系

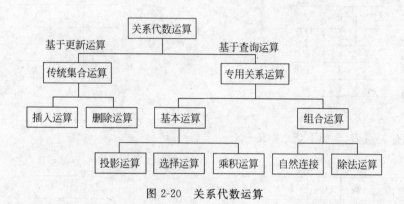

图 2-20 关系代数运算

（3）查询处理与查询优化如图 2-21 所示。

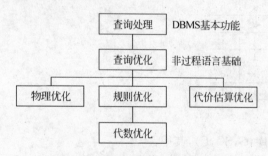

图 2-21 查询处理与查询优化

习题 2

01. 解释下述名词概念：关系模型，关系模式，关系实例；属性，域，元组；超键，候选键，主键。

02. 关系运算包括哪两个部分？两个部分具有怎样的关系？

03. 试叙述关系代数基本运算和组合运算的内容。

04. 广义笛卡儿乘积、等值连接、自然连接三者之间有何联系与区别？

05. 设有关系 R、S 如下，试求 $R \bigcup S$、$R - S$、$R \bigcap S$、$R \times S$、$\sigma_{A=B}(S)$ 和 $\prod_{A,C}$。

关系 R		
A	B	C
a	b	c
b	a	d
c	d	e
d	f	g

关系 S		
A	B	C
b	d	a
d	f	g
f	h	k

06. 设有关系 R、S 如下，试求 $R \bowtie S$。

关系 R		
A	B	C
a	b	c
b	a	d
c	d	e
d	f	g

关系 S		
A	B	C
a	c	d
d	f	g
b	d	g

07. 设有关系 R、S 如下，试求 $R \div S$。

关系 R			
A	B	C	D
a	b	c	d
a	b	e	f
a	b	h	k
b	d	e	f
b	e	d	f
b	d	d	l
c	k	c	d
c	k	e	f

关系 S	
C	D
c	d
e	f

08. 设有关系数据库 (S, SC, C)，其中：

$S = S(S\#, Sn, Sa, Sex), SC = SC(S\#, C\#, Cn), C = C(C\#, Cn, Tn)$。

这里，$S\#$ 表示学号，Sn 表示学生姓名，Sex 表示学生性别，Sa 表示学生年龄，$C\#$ 表示课程号，Cn 表示课程名，Tn 表示任课教师姓名。

试用关系代数表达式表示下列查询语句。

(1) 查询 LI 老师所授课程的课程号和课程名称。

(2) 查询年龄大于 23 岁的男生的学号和课程名。

(3) 查询 WANG 同学不学课程的课程号。

(4) 查询至少选修了两门课程的学生学号。

(5) 查询全部学生都选修的课程的课程号和课程名称。

09. 试述查询优化在关系数据库系统中的重要性和可行性。

10. 试述查询优化的一般准则和步骤。

11. 在教学数据库的关系 S、SC 和 C 中,用户有一查询语句:检索女同学选修课程的课程名和任课教师名。

（1）试写出该查询的关系代数表达式。

（2）画出查询表达式的语法树。

（3）使用启发式优化算法,对语法树进行优化,并画出优化后的语法树。

12. 对学生-课程数据库有如下的查询:

```
SELECTCname
FROM Student,Course, SC
WHERE Student . Sno = SC AND
    SC. Cno = Course. Cno AND
    Student . Sdept = 'IS';
```

该查询需要求出信息系学生选修了的所有课程的名称。

试画出用关系代数表示的语法树,并用关系代数表达式优化算法对原始的语法树进行优化处理,画出优化后的标准语法树。

13. 在数据库{S,SC,C}中,用户需要查询"女同学选修课程的课程名称和授课教师名"。

（1）试写出该查询的关系代数表达式。

（2）作出查询表达式的语法树。

（3）应用启发式规则,对语法树进行优化,并作出优化后的语法树。

第3章 关系数据库语言 SQL

SQL(Structured Query Language,结构化查询语言)是一种介于关系代数和关系演算之间的语言。SQL 字面含义表明是"查询语言",但其功能却包括数据定义、数据操作(查询与更新)和数据控制等诸多方面。作为一种通用的功能极强的关系数据库语言,SQL 早已成为关系数据库的标准语言。

3.1 SQL 概述

作为现代数据库的主流,关系数据库已经有着很多商业化的产品,例如 Oracle、SQL Server、DB2、Sybase 和 Informix 等。不同产品有着各自不同的操作界面和应用方式,但它们核心部分都相同,即都采用标准化的 SQL。

3.1.1 SQL 产生与标准

用户使用数据库时,需要对数据库中的基本模式和具体数据进行各种操作,例如数据创建、数据操作和数据控制等。DBMS 需要为用户提供相应命令和语言,这即是用户与数据库之间的接口。数据库用户接口的质量直接影响用户对数据库的接受程度,建立友好、方便和高效的用户接口是所有 DBMS 孜孜以求的目标。由于数据共享性,数据库通常具有各种类型用户,其中有经常使用计算机的专业用户,也有根据需要使用计算机的非专业用户。为满足不同应用需求,DBMS 需要提供多种用户接口。DBMS 所提供的语言一般都局限于对相应数据库的操作,并不要求具备"图灵完备性",这有别于基于各种完备意义上的程序设计语言,故通常称为数据库语言(Database Language)。

数据库语言可分为过程语言和非过程语言两种类型。在过程语言中,用户在说明需要何种数据的同时,还应说明如何获得这些数据;在非过程语言中,用户只说明需要什么数据即可,获取数据的过程由系统予以实现。层次和网状数据模型的抽象程度不高,呈现给用户的数据模式不仅包括数据的逻辑属性,还包括许多具体的物理存储细节,用户只能自己寻找所需数据,因此这些基于格式化数据模型的数据库语言都具有过程性的特征。关系数据模型抽象程度较高,数据模型本身相对简单,具有明确的数学定义,可以利用多种数学方式对查询过程进行推演,从而为设计非过程数据库语言提供了可靠和有效的技术基础。当前,关系数据库都配备非过程数据库语言,其中设计最为成功、应用最为广泛的就是我们即将学习的 SQL。需要说明的是,非过程语言免除了用户描述操作过程的麻烦,但并非省去这项工作,而是将其转移到了系统后台。在关系数据库当中,主要是通过查询优化机制,由系统根据用户提出的非过程数据操作要求,确定一个有效的操作过程。

非过程查询语言 SQL 原型来自 1972 年 IBM 为实验型关系数据库管理系统 System R 配置的查询语言 SQUARE(Specifying Queries as Relation Expression),其特征是使用了较多的数学符号。

1974 年,Boyce 和 Chamberlin 将 SQUARE 修改为 SEQUEL(Structure English QUEry Language),去掉了 SQUARE 中某些数学符号,采用了自然英语单词的操作表示和结构式的语法规则,使得相应的操作表示与英文语句更为相像,受到用户的欢迎。

1975—1979 年,IBM 公司 San Jose Research Laboratory 研制成功了著名的关系数据库管理实验系统 System R 并且实现了 SEQUEL。此后,人们就将 SEQUEL 简写为 SQL,其发音为"sequel"。现在 SQL 已经成为一个标准,其名称"SQL"不再具有任何正式的字母的缩写意义,而发音也可读做"ess-cue-ell"。

1986 年美国国家标准局(American National Standard Institute,ANSI)将 SQL 作为关系数据库的美国标准,此后,ANSI 不断完善 SQL 标准,1989 年第二次公布了 SQL 标准(SQL-89)。

作为当前数据库语言国际标准,SQL 经历了四个发展阶段。

(1) 1987 年,国际标准化组织(International Organization for Standardization,ISO)通过 ANSI 的 SQL-86 标准,并于 1989 年公布了 SQL-89 标准。

(2) 1992 年,ISO 公布了 SQL-92 标准,习惯上称之为 SQL2。SQL2 集关系数据库查询语言之大成,标志着 SQL 已经成为功能比较齐全、内容相当完善的关系数据库语言。

(3) 1999 年,ISO 发布了标准化文件 ISO/IEC9075:数据库语言 SQL-99,延续 SQL 的习惯称呼,人们称之为 SQL3。SQL3 的重要特点是反映了关系数据模型到对象模型的重要扩充。

(4) 2003 年,ISO 发布了 SQL 2003,其标志着传统关系模型到非关系模型的第二次重要扩充(对象模型和 XML 模型)。

在通常情况下,SQL 标准每三年左右修订一次,以保证随着数据库技术发展和数据库功能的增强,SQL 原有功能得到保留,新的功能不断补充增加。

SQL 作为数据库领域中的一种国际标准语言,具有十分重要的意义。

首先,由于各个数据库厂家积极推出各自支持的 SQL 软件或接口软件,使得各种类型的计算机和 DBS 都采用 SQL 作为共同的数据存取语言和标准接口,数据库之间交互操作就有了共同基础,数据库世界就有可能连接成一个统一整体。由于这种前景的意义非同寻常,人们通常把确立 SQL 作为关系数据库标准语言及其发展进程称为一场革命。

其次,SQL 成为国际标准,使得 SQL 影响已经超出了数据库领域本身,在计算机技术应用的其他领域也受到了重视,不少软件产品将 SQL 的数据查询功能与多媒体图形功能、软件工程工具、软件开发工具和人工智能程序结合起来,使得 SQL 在这些数据库以外的领域中显现出相当大的潜力。

最后,几乎所有著名的关系数据库管理系统,例如 Oracle、SQL Sever 和 DB2 等都相继实现了 SQL;常用的微机数据库管理系统,例如 Dbase、Foxpro 和 Access 也都提供 SQL 作为查询语言。近年来,随着 Internet 的迅猛发展和快速普及,人们在 HTML 和 XML 中嵌入 SQL 语句,通过 WWW 访问数据库的技术也日益成熟。

在学习 SQL 过程中,需要注意下述问题。

(1) 现行 SQL 标准与上一章中讨论的关系数据模型并不完全相同。从理论角度考虑,集合中不能出现相同元素,因此作为元组集合的关系表自然也不能出现各个属性值都完全相同的元组;但从应用角度考虑,SQL 标准却允许在一个关系表中出现相同的元组,例如在对关系实例进行投影的结果就可能出现这种情形。

(2) 各个 DBMS 厂商都声称采用了 SQL 标准,由于历史原因,他们在各自产品中使用的 SQL 并不完全相同,例如 IBM 的 DB2 SQL、MS SQL Server 的 Transct-SQL 和 Oracle 的 Plus-SQL 等都与 SQL 标准存在一定差异,但总的趋势是向 SQL 的国际标准靠拢,特别是都力图与 IBM 的 DB2 SQL 保持兼容。本章介绍 SQL 的最基本内容,通过学习,日后需要时不难通过 DBMS 厂家的技术手册理解和掌握具体的 SQL。

3.1.2 SQL 功能与组成

SQL 具有十分强大的功能,但其基本组成却相当简洁。

1. 基本功能特征

相对于其他数据库语言,SQL 的功能具有明显的特征和众多优越之处。

1) 综合统一性

SQL 的综合统一性表现为以下两点。

(1) DDL、DML 和 DCL 的统一。SQL 将数据定义语言(DDL)、数据操作语言(DML)和数据控制语言(DCL)的功能集于一体,语言风格统一,可独立完成数据库生命周期中的全部活动。

(2) 操作过程的统一。在关系模型中实体和联系都是用关系表示,这种单一的数据结构使得数据的查询和数据的更新等各种操作都只使用一种操作符,克服了非关系系统由于信息表示的多样性带来的操作复杂性。

2) 非过程化语言

SQL 进行数据操作时,只要提出"做什么",不需说明"如何做",无须了解存取路径的结构、选择和相应操作语句的执行等。所有这些全由系统自动完成,大大减轻了用户负担,有利于提高数据的独立性。

3) 面向集合操作方式

SQL 采取集合操作方式,用户使用一条操作命令,就可得到所有满足条件的对象,SQL 从查询对象到查找结果都是元组的集合,同时插入、删除和修改的对象与结果也是元组集合,即 SQL 语句以接收集合作为输入,返回集合作为输出,具有"一次一集合"的特征。

4) 一种语法,两种使用方式

SQL 是"自含式"语言也是"嵌入式"语言。作为自含式语言,SQL 可独立用于联机交互操作,用户在终端直接输入 SQL 命令对数据库进行操作;作为嵌入式语言,SQL 语句可嵌入到高级语言程序中,例如 C、C++、PowerBuilder、VB、VC、Delphi、ASP 等。在两种不同使用方式下,SQL 语法结构基本一致。SQL 以统一的语法结构提供两种不同的使用方式,为应用程序的研制与开发带来了很大的灵活性和方便性。

5) 结构简洁,易学易用

SQL 语言功能极强,但设计构思却非常巧妙,语言结构简洁明快。在 SQL 中,完成所有核心功能只需使用如表 3-1 所示的 9 个动词。而且 SQL 语句非常接近英语语句,方便学习,容易使用。

表 3-1 SQL 9 个功能动词

SQL 功能	动 词		
数据定义	CREATE	DROP	ALTER
数据更新	INSERT	UPDATE	DELETE
数据查询	SELECT		
数据控制	GRANT	REVOKE	

6) 支持三级模式结构

SQL 语言支持关系数据库的三级模式结构,其中,视图对应于外模式,基本表对应于模式,存储文件对应于内模式,如图 3-1 所示。

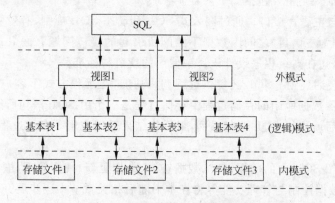

图 3-1 SQL 支持三级模式结构

需要说明,基于 SQL 的数据库中出现的"关系表"有三种基本类型:基本表、视图表和导出表。基本表是实际存储在数据库中的表,是"实表";视图表是由一个或者若干个基本表以及其他视图构成的表,是"虚表";导出表是由于执行查询而产生的结果表。

2. 语言基本组成

SQL 之所以能够被用户和业界所接受,成为国际标准,重要原因在于它集数据查询(Data Query)、数据定义(Data Definition)、数据更新(Data Update)和数据控制(Data Control)等数据库基本功能为一体,充分体现了关系数据库的本质特点和巨大优势。具体来说,SQL 由下述四个基本部分组成。

1) 数据定义语言(DDL)

DDL 用来创建数据库中的各类对象,其中包括:

（1）SQL 模式（数据库）的创建、撤销与更改。

（2）基本表的创建、撤销与更改。

（3）索引的创建与撤销。

（4）域、触发器和自定义类型的创建与撤销。

2）数据操纵语言（DML）

DML 用来查询和更新数据库中的数据。

（1）数据查询：单表查询；多表查询，其中包括连接查询和嵌套查询。

（2）数据更新：数据插入、删除和修改。

（3）查询所需的附加功能：例如求和函数 SUM、平均函数 AVG、元组个数求和 COUNT，最大函数 MAX 和最小函数 MIN 等。

3）数据控制语言（DCL）

DCL 用来授予或收回访问数据库的某些权限，控制数据操纵事务的发生时间及其效果，对数据库进行监视等。由 DBMS 提供的统一数据控制功能是数据库系统的主要特征之一。数据控制主要包括如下两个部分：

（1）数据库保护：数据库的安全性和完整性保护。

（2）事务管理：数据库并发事务处理和故障恢复。

4）嵌入式与会话规则

嵌入式与会话规则主要包括如下内容。

（1）嵌入式与主语言接口。通过嵌入式 SQL 和动态 SQL 规则，有效解决 SQL 与某种通用高级语言（称为主语言）之间因数据不匹配所引起的接口问题。嵌入式和动态 SQL 规则规定了 SQL 语句在高级程序设计语言中使用的规范与标准。

（2）调用与会话规则。SQL 还提供远程调用功能，在远程方式下客户机中的应用可通过网络调用服务器数据库中的存储过程。存储过程是一个由 SQL 语句所组成的过程，它在被应用程序调用后就执行 SQL 语句系列，最后将结果返回应用。存储过程可为多个应用所共享。

本章主要介绍 SQL 中的数据定义、数据查询、数据更新、视图管理、嵌入式与动态 SQL 等内容，SQL 的数据控制与管理功能等将在本书随后相关章节中逐步展开。

3.1.3 语句类型与数据类型

为了便于研究与学习，人们将 SQL 语句形式进行了基本分类，同时，也规定了 SQL 语句中所使用的数据类型。

1. SQL 语句类型

1）SQL 语句类型概述

SQL 语句类型按照其组成和功能，可分为如下四种基本形式。

（1）模式语句。模式语句的功能是创建、更新和撤销模式及其对象。其基本语句为：

CREATE SCHEMA、CREATE TABLE、CREATE VIEW；
CREATE DOMAIN、CREATE TRIGGER、CREATE TYPE 等

（2）数据语句。数据语句功能是完成数据库的查询和更新操作。其主要语句为：

SELECT(查询);

INSERT(插入)、UPDATE(修改)和 DELETE(删除).

(3) 事务与控制语句。该语句功能为完成数据库的授权、事务管理和控制 SQL 语句集合的运行。其主要语句为:

GRANT;

START TRANSATION,REVOKE,COMMIT,ROLLBACK,SAVEPOINT;

LOCK,UNLOCK,CALL 等

(4) 链接、会话与诊断语句。该语句功能为建立数据库链接,为 SQL 会话设置参数、获取诊断等。其主要语句为:

SET CONNECTION;

SET TIME ZONE;

SET SESSIONAUTHORIZATION;

GET DLAGNOSTICS 等。

2) SQL 语句组成元素

SQL 语句的基本构成元素是动词、SQL 对象和限定词。SQL 中的动词如前所述,而 SQL 对象主要有下述几种类型:

(1) 簇集(cluster)、目录(catalog)、模式(schema)、表(table)、列(column)。

(2) SQL 域(domain)、用户定义类型(UDT)、字符集合(character set)。

(3) 授权 ID、权限(privilege)。

(4) 约束与断言(Constrain and assertion)模块(Module)、触发器(Trigger)、调用例程 (SQL-involved Routine)。

(5) 聚合(collation)、翻译(translation)。

2. SQL 数据类型

与其他程序设计语言类似,SQL 在定义关系表中各个属性变量时,需要说明相应数据域情形,例如数据类型、长度和相关约束等。一般而言,SQL 中也有预定义数据类型、构造数据类型和用户自定义数据类型(User Defined Type,UDT)三种数据类型。由于本身特征限制例如 1NF 等,关系数据库主要使用的是系统预定义数据类型。但不同 DBMS 支持的系统预定义(内置)数据类型不完全相同。Microsoft SQL Server 支持的内置数据类型如表 3-2 所示。

表 3-2　Microsoft SQL Server 支持的内置数据类型

序列	符　　号	数据类型	说　　明
01	TINYINT	整数类型	其值按 1 个字节存储
02	SMALLINT	整数类型	其值按 2 个字节存储
03	INTEGER or INT	整数类型	其值按 4 个字节存储
04	REAL	实数类型	其值按 4 个字节存储
05	FLOAT	实数类型	其值按 8 个字节存储
06	CHARACTER(n)or CHAR(n)	长度为 n 的字符类型	一个字符占一个字节

序列	符　　号	数据类型	说　　明
07	VARCHAR(n)	最大长度为 n 的变长字符类型	所占空间与实际字符数有关
08	DATETIME	日期时间类型	默认格式为 MM-DD-YYYY,HH:MM:AM/PM
09	TIMESTAMP	时间戳	更新或插入一行时,系统自动记录的日期时间类型

3.2 数据定义

SQL 数据定义包括数据库(模式)定义、基本表定义、视图定义和索引定义等。需要注意,这里所说的"定义"实际上包括创建(create)、撤销(drop)和更改(alter)三部分内容。SQL 中的数据创建关键词如表 3-3 所示。

表 3-3 SQL 中的数据创建关键词

数据对象	定　　义	删　　除	修　　改
模式	CREATE SCHEMA	DROP SCHEMA	ALTER SCHEMA
基本表	CREATE TABLE	DROP TABLE	ALTER TABLE
视图	CREATE VIEW	DROP VIEW	ALTER VIEW
索引	CREATE INDEX	DROP INDEX	ALTER INDEX

由于索引依附于基本表,视图由基本表导出,所以 SQL 通常不提供索引和视图更新操作。一般说来,用户需要更改视图和索引,可先将它们删除,然后重新定义。本节主要讨论数据库(模式)、基本表和索引定义,视图定义将在 3.5 节中讨论。

3.2.1 SQL 模式定义

在 SQL 中,一个关系数据库(模式)简称为 SQL 模式或模式,SQL 模式可以看做根据应用需要而建立的"基本表"、"视图"和"索引"等的集合。SQL 模式定义语句相对简单,但不可省略,其基本组成为:模式名称+模式所有者+模式中包含的每一个元素。

模式中包含元素为"基本表"、"视图"和"索引"等,这些在模式定义中为可选项,可以根据实际应用随时建立。定义 SQL 模式实际上就是定义了一个存储空间,此空间中的全体对象构成了对应的 SQL 数据库。SQL 模式由 CREATE 语句定义,其一般格式如下:

```
CREATE SCHEMA <模式名> AUTHORIZATION <用户名>
[< CREATE DOMAIN >子句|< CREATE TABLE >子句|< CREATE VIEW >子句| … ]
```

例如,教学数据库的 SQL 模式定义如下:

```
CREATE SCHEMA JIAOXUE AUTHORIZATION JOHN
```

上述语句表明,模式名称为 JIAOXUE,拥有者为 JOHN。

在现有关系数据库平台上可通过不同方式完成数据库模式定义,例如用户可以写出定义语句,也可以通过可视化界面直接填写数据库名称。

SQL 中模式定义语句的使用反映对数据概念的把握,在学习中应当予以足够重视。

当一个 SQL 模式不需要时,可以用 DROP 语句予以撤销。

DROP 语句的使用格式如下:

```
DROP SCHEMA <模式名> [CASCADE| RESTRICT]
```

其中,如果选取"CASCADE"即级联方式,执行 DROP 语句时,将 SQL 模式中所有下属基本表、视图和索引一起撤销;而如果选取"RESTRICT"即限制方式,执行 DROP 语句时,只有当 SQL 模式中没有任何下属基本表、视图和索引时,才可撤销 SQL 模式,否则就拒绝执行。

例如,需要撤销 SQL 模式"JIAOXUE"以及下属所有元素,可以用下述语句实现:

```
DROP SCHEMA  JIAOXUE  CASCADE
```

在不少 DBMS 中,也用如下语句定义数据库模式:

```
CREATE DATABASE <数据库模式名> AUTHORIZATION <用户名>
DROP DATABASE <数据库模式名> [CASCADE| RESTRICT]
```

3.2.2　基本表定义

在关系数据库中,关系也称为表,它是关系数据库的基本组成单位。在 SQL 中,表主要分为基本表(basic table)和视图(view)两类。两者区别在于基本表中数据显式存储在数据库中,是一种实表,而视图在数据库中仅保存其逻辑定义,并不实际保存其中具体数据,在使用时根据定义由基本表或其他视图导出,因此视图是一种虚表。关于 SQL 中的视图管理机制将在 3.5 节予以讨论,本小节讨论基本表的定义。

1. 基本表创建

SQL 使用 CREATE TABLE 语句创建基本表,一般格式为:

```
CREATE TABLE[模式名]<基本表名>(<列名><数据类型>[列级完整性约束条件]
              [,<列名><数据类型>[列级完整性约束条件]]…
              [,<表级完整性约束条件>])
```

其中[…]内的内容"…"是可选项,<基本表名>是所要定义的基本表名称。

通常在创建基本表的同时还需要定义与该表相关的完整性约束条件,这些完整性约束条件被存储在 DBMS 的数据字典中,当用户操作基本表中的数据时,由 DBMS 自动检查该操作是否违反预先设定的这些完整性约束条件。

如果完整性约束条件涉及该基本表的多个属性,则须将其定义在表级上,否则可以定义在属性级上也可以定义在表级上。

例 3-1　创建关系数据库 $S(S\#, Sn, Sa, Sex, Sd)$、$C(C\#, Cn, P\#)$、$SC(S\#, C\#, G)$,其中 S 表示学生关系,$S\#$ 表示学号,Sn 表示学生姓名,Sa 表示学生年龄,Sex 表示学生性别,Sd 表示学生所在的系别;C 表示课程关系,$C\#$ 表示课程编号,Cn 表示课程名称,$P\#$ 表示课程的先修课程编号;SC 表示学生选课关系,G 表示课程的考试成绩。

用 CREATE TABLE 语句分别创建如下:

```
CREATE TABLE S
```

数据库系统教程(第2版)

```
    (S# CHAR(4) NOT NULL UNIQUE,
     Sn CHAR(20) NOT NULL,
     Sa SMALLINT,
     Sex CHAR(2),
     Sd CHAR(20)
     PRIMARY KEY(S#),
     CHECK(Sa BETWEEN 15 AND 25);
  CREATE TABLE C
    (C#  CHAR(4) NOT NULL,
     Cn   CHAR(10) NOT NULL,
     P# CHAR(4)
  PRIMARY KEY(C#);
    CREATE TABLE SC
    (S#   CHAR(4), NOT NULL,
     C# CHAR(4),NOT NULL,
     G   SMALLINT,
     PRIMARY KEY(S#,C#),
       FOREIGN KEY(S#)REFERENCE S(S#) ON DELETE CASCADE,
       FOREIGN KEY(C#)REFERENCE C(C#) ON DELETE RESTRICT;
```

由上述语句可以知道以下几点。

(1) 基本表的定义就是并列说明属性列名称和属性列类型,并且可以指明主键和多个外键。在定义外键时,用保留字 REFERENCES 指出外键来自的表名,即被依赖(参照)关系的名称。

(2) 参照完整性定义中任选项 ON DELETE 指出当被依赖(参照)表中被引用主属性删除时,可采用如下方法保证完整性要求。

① 选用 RESTRICT 选项:表明被基本表(依赖表)所引用的主属性不得删除。

② 选用 CASCADE 选项:表明若被依赖关系表中删除被引用的主属性,则基本表(依赖关系)中引用该外键的对应行随之被删除。

③ 选用 SET NULL 选项:当然此时该列在前面说明应没有 NOT NULL 限制。

(3) 基本表定义时,可以使用 CHECK 语句说明各列中值应当满足的约束条件,例如基本表 S 定义中要求“大学生年龄应当在 15～25 周岁之间”。这种约束通常称为用户定义约束,具体内容将在第 6 章介绍。

2. 基本表更新

SQL 使用 ALTER TABLE 语句对基本表结构进行更新。基本表结构更新包括增加新属性、删除原有属性、修改数据类型、补充定义主键和删除主键等。进行基本表更新时,如果是新增属性,新属性一律取为空值;如果是修改原有属性,则要注意是否会破坏已有数据。

1) 增加属性列

增加新的属性列使用“ALTER…ADD…”语句,基本格式为:

ALTER TABLE <基本表名> ADD <新列名><数据类型>[完整性约束条件]

其中,<基本表名>是要更新的基本表名称;ADD 子句用于增加新列和新的完整性约束条件。

例 3-2　在基本表 S 中添加一个新的地址属性 ADDRESS：

```
ALTER TABLE S ADD ADDRESS VARCHAR(30);
```

说明：新添加属性列时不允许出现 NOT NULL。基本表在增加一列后，原有元组在新增加的列上的值都定义为空值（NULL）。

2）删除属性列

删除已有属性列使用"ALTER…DROP…"语句，其基本格式为：

```
ALTER TABLE <基本表名>   DROP <属性列名> [CASCADE|RESTRAIN]
```

这里，CASCADE 表示在基本表删除某属性列时，所有引用到该属性列的视图和约束也要一起自动删除；而 RESTRAIN 表示在没有视图或约束引用该属性列时，才可以在基本表中删除该列，否则就拒绝删除操作。

例 3-3　在 S 中删除属性列 SA：

```
ALTER TABLE S DROP SA CASCADE;
```

3）修改属性列

修改已有属性列类型及宽度使用"ALTER…MODIFY…"语句，其基本格式为：

```
ALTER TABLE <基本表名>   MODIFY <属性列名> <类型>
```

例 3-4　在 S 中将 S♯ 的长度修改为"6"：

```
ALTER TABLE S MODIFY S♯ CHAR(6);
```

4）补充定义主键

SQL 并不要求创建基本表都要定义主键，可在需要情况下随时定义，这称为主键的补充定义。补充定义主键的语句格式为：

```
ALTER TABLE <表名>
ADD PRIMARY KEY(<列名表>)
```

需要指出，被定义为主键的属性列应当是非空和满足唯一性要求的。

例 3-5　设有全体男生的表 Smale，其结构与 S 表相同，补充定义 Smale 的主键的 SQL 语句如下：

```
ALTER TABLE Smale
ADD PRIMARY KEY(S♯);
```

5）删除主键

由于一个表允许没有主键，因此可从一个表中删除主键。删除主键的 SQL 语句格式为：

```
ALTER TABLE <表名>
DROP PRIMARY KEY(<列名表>)
```

例 3-6　删除 S 表中主键 S♯ 的 SQL 语句如下：

```
ALTER TABLE S
```

```
DROP PRIMARY KEY(S#);
```

3. 基本表撤销

SQL 使用"DROP TABLE"语句撤销基本表,一般格式为:

```
DROP TABLE <基本表名>[CASCADE|RESRICT]
```

例 3-7 撤销基本表 S,但要求只有在没有视图或约束引用 S 的属性列时才能撤销,否则拒绝撤销,则其实现语句为:

```
DROP TABLE S RESTRICT;
```

3.2.3 索引定义

在 SQL-86 和 SQL-89 标准中,基本表没有主键概念,需要使用索引进行弥补。建立一个或多个索引,可以提供多种存取路径,加快查找速度,但索引是基于物理存储的路径概念而不是逻辑概念,在定义基本表时还要定义索引,实际上是将数据库物理结构和逻辑结构融合在一起,因此 SQL 新标准都不主张使用索引,而是在创建基本表时以主键取而代之。只要建立主键,一般系统就会自动在主键上建立索引,特殊需要时,建立与选择和删除索引的工作由 DBA 或基本表所有者根据情况负责完成。由于系统在存取数据时会自动选择合适的索引作为存取路径,一般用户是不能选择索引的,也不必建立索引。但迄今的大多数DBMS 仍然支持通常意义上的索引机制,SQL 新标准也提供相应的索引创建与撤销语句,但其功能仅仅限于查询时发挥作用,下面对其加以简单介绍。

1. 索引创建

SQL 使用 CREATE INDEX 语句创建索引,一般格式为:

```
CREATE [UNIQUE ][CLUSTERED] INDEX <索引名>
    ON<基本表名>(<列名>[<排序方式>][,<列名>[,<排序方式>]]…)
```

说明:

(1) <基本表名>是要为其创建索引的基本表的名称。

(2) 索引可以创建在该表的一列或者多列上,各列名之间用逗号分隔。每个<列名>后面还可以用<排序方式>来指定索引值是按照升序(ASC)或者按照降序(DESC)的方式排列,默认值为 ASC。

(3) UNIQUE 表明此索引的每一个索引值只对应唯一的一个元组。

(4) CLUSTERED 表示要创建的索引是聚簇索引。所谓聚簇索引是指索引项的顺序与表中元组的物理顺序一致的索引组织。

例 3-8 在 S(S#)上建立一个按升序排列的索引 S_XSNO:

```
CREATE UNIQUE INDEX S_XSNO ON S(S#);
```

例 3-9 在 SC 上建立一个按(S#,C#)升序排列的名为 SC_XSC 的索引:

```
CREATE INDEX SC_XSC ON SC(S#,C#);
```

需要指出的是,SQL 中的索引是非显示类型,在创建索引后,用户直到索引撤销之前是不会再用到该索引的名称,但索引在用户查询时会自动发挥作用。

2. 索引撤销

SQL 使用"DROP INDEX"语句完成取消索引的功能,一般格式为:

DROP INDEX <索引名>

例 3-10　取消基表 SC 上的 XSC 索引:

DROP INDEX SC_XSC;

取消索引时,系统会同时从数据字典中取消该索引有关的定义。

3.3　数据查询

数据查询是任何一种数据库语言中最基本、最重要和最复杂的核心部分,对于 SQL 来说也不例外。SQL 数据查询方式充分体现关系数据运算的具体使用,这集中表现在 SQL 所提供的 SQL 映像语句,该语句具有灵活的使用方式和强大的检索功能。SQL 查询语句关键词如表 3-4 所示。

表 3-4　SQL 查询语句关键词

查询子句	SELECT	FROM	WHERE	GROUP BY	ORDER BY
对应运算	投影	连结	选择	分组	排序

3.3.1　SQL 映像语句

SQL 查询主要通过 SQL 映像语句实现。

1. 映像语句

SQL 数据查询功能可看做一种基于关系运算的操作形式。在关系代数当中,许多查询的逻辑实现都可被描述为"选择之后再投影"的常见运算,即可用下面基本表达式表示:

$$\prod_{a_1,a_2,\cdots,a_n} \sigma_F(R_1 \bowtie R_2 \bowtie R_3 \bowtie \cdots \bowtie R_n)$$

这个表达式中有三组基本参数。

(1) 查询的目标属性:$a_1,a_2,\cdots,a_n$。

(2) 查询所涉及的关系:$R_1,R_2,\cdots,R_n$。

(3) 查询的逻辑条件:F。

在 SQL 中,上述基本表达式可以被抽象为一个映射块,这个映射块构成 SQL 查询的基本语句——映像(Mapping)语句,而上述三组参数实现使用映像语句的三个子句分别表示。这三个子句是 SELECT 子句、FROM 子句和 WHERE 子句。

(1) SELECT 子句:表示查询结果中所需的目标属性,可看做对应于关系代数中的投影运算。

(2) FROM 子句:表示查询所涉及的一个或多个关系,在多个关系情形,可看做对应于关系代数中的连接运算。

数据库系统教程(第2版)

(3) WHERE 子句：表示作用于 FROM 子句所列关系中相关属性上的逻辑条件,可看做对应于关系代数中的选择运算。

由上述三个子句组成的映像语句的一般格式为：

```
SELECT[ALL|DISTINCT]<属性名>[,<属性名>] …
FROM <基本表名或视图名>[,<基本表名或视图名>] …
[WHERE <逻辑条件式>]
[GROUP BY <属性名 1>[HAVING<逻辑表达式>]]
[ORDER BY <属性名 2>[ASC|DESC]]
```

上述整个映像语句的运算含义描述如下：

首先,根据 WHERE 子句中的条件表达式进行选择。

其次,由 FROM 子句指定的基本表或视图中检索满足条件的元组。

最后,按照 SELECT 子句中的目标属性表达式,选出元组中的属性值形成结果关系表。

需要注意的是,SELECT 子句中输出可以是属性名称或聚集函数(AVG、COUNT、MAX、MIN 和 SUM)取值;DISTINCT 选项用以保证查询的结果中不存在重复元组;若使用 GROUP 子句,则将结果按<属性名 1>的值进行分组,该属性取值相等的元组为一个组,每个组产生结果表中的一个记录。通常会在每组中使用聚集函数。如果 GROUP 子句带 HAVING 短语,则只有满足指定条件的组才予输出。如果有 ORDER 子句,则结果还要按<属性名 2>的值的升序(ASC)或者降序(DESC)排列。

2. SELECT 子句

SQL 查询的输出结果是一个关系即元组的集合,其中元组的组成由 SELECT 子句确定。SELECT 子句对应于投影运算即属性的选择,如果选择相关的全部属性,则可用" * "表示"所有属性",此时采用形式为 SELECT * 的 SELECT 子句表示 FROM 子句中所有关系的全部属性都将出现在输出结果中。

注意到集合中不能出现重复元素,但经过投影运算后可能导致结果关系中出现重复元组,例如在学生-课程关系 SC 中,如果将元组投影到某门课程的成绩属性,就会出现重复情形。在应用过程中,消除关系中的重复元组是一件影响系统效率的工作,同时有些应用中还不能去掉重复元组,例如将 SC 投影到"成绩"属性后再计算平均成绩的情形。因此,SQL 查询输出结果中通常允许出现重复元组,即在常规 SELECT 子句情况下,默认保留重复元组。如果需要在查询结果中强制消除重复,则可将常规情形中关键词"SELECT"替换为"SELECT DESTINCT"。

SELECT 子句中还可以出现包含＋、－、＊、／等的四则运算表达式,其中运算对象为属性值或属性(名),只需同时将相应的表达式作为一个新的属性输出即可。例如,当学生-课程关系中含有平时成绩和期末成绩属性时,下述查询以新的属性"总评成绩"输出平时与期末成绩的加权平均值：

```
SELECT 总评成绩 AS 平时成绩 * 40 % ＋期末成绩 * 60 %
FROM SC
```

3. WHERE 子句

映像语句在数据查询中有着强大的检索功能,这在很大程度上得益于 WHERE 子句丰富的表现能力。这主要表现在：

(1) 映像语句在 WHERE 子句中可以进行嵌套。

(2) WHERE 子句中逻辑条件不仅有比较关系式,还有集合表达式和一阶谓词公式等。

WHERE 子句中条件表达式中使用的运算符如表 3-5 所示。

表 3-5 条件表达式运算符

运　算　符		含　　义
集合成员运算	IN,NOT IN	在集合中,不在集合中
字符匹配运算	LIKE	与-和%进行单个、多个字符匹配
空值运算	IS NULL,IS NOT NULL	为空,不能为空
比较运算	>,>=,<,=<,=,<>	大于,大于等于,小于,小于等于,等于,不等于
逻辑运算	AND,OR,NOT	与,或,非,
谓词运算	EXISTS,ALL,ANY,BETWEEN…AND…	至少存在一个,所有,任意,在…和…之间

4. FROM 子句

在单表情况下,FROM 子句定位查询所需要的关系表;在多表情况下,配合其他条件,FROM 子句还定义所涉及关系表之间的等值连接与自然连接。

在实际应用中,还会需要关系表与自身的连接,此时涉及关系表的重新命名,这可以通过如下形式的 AS 子句实现:

原有关系名 AS 新关系名

事实上,SQL 不仅提供了关系的重新命名机制,还提供了属性的重新命名机制,即:

原有属性名 AS 新属性名

或

表达式 AS 新属性名

这种关系与属性的重新命名机制不但可以出现在 FROM 子句中,还可出现在 SELECT 子句中,正如前述所看到的那样。

在 FROM 子句中,重新命名的子句还可用来定义元组变量。例如在关系 S 和关系 SC 中 S#=0005 同学的"数据库技术"课程成绩:

```
SELECT Sn,Cn,G
FROM S AS 学生, SC AS 学生－课程
WHERE 学生.S# = 0005 AND 学生.S# = 学生－课程 S# AND 学生－课程.Cn = '数据库技术'
```

3.3.2 单表查询

SQL 数据查询可以按照涉及单个表或多个表来进行分类。如果查询只涉及一个表,就称其为单表查询,否则称为多表查询。本小节讨论单表查询。以下讨论仍以例 3-1 中定义的关系数据库 S(S#,Sn,Sa,Sex,Sd)、C(C#,Cn,P#)和 SC(S#,C#,G)为例。

1. 不具条件的属性列查询

不具条件列查询是查询表的全部列或指定列,一般仅使用 SELECT 子句和 FROM

数据库系统教程(第 2 版)

子句。

例 3-11　(查询所有属性列)查询 S 所有属性列的情形：

```
SELECT *
FROM S;
```

说明：在上述语句中使用了"＊"，它表示各个属性列的显示顺序与基表中顺序一致。如果需要改变属性列的显示顺序，可以去掉"＊"而使用属性列的新的顺序。例如：

```
SELECT Sd,S♯,Sn, Sa,Sex
FROM S;
```

例 3-12　(查询指定属性列)查询所有选修了课程的学生的学号：

```
SELECT S♯
FROM SC;
```

说明：可能有一个学生选择了多门不同的课程，上述查询结果中就有"重号"。SQL 具有去掉重复元组的功能，即在 SELECT 后加 DISTINCT 即可。例如下述语句就去掉了本例查询结果中的重复 S♯：

```
SELECT DISTINCT S♯
FROM SC;
```

例 3-13　(查询经过计算的列值)查询全体学生的姓名与出生年份：

```
SELECT Sn, 2011 - Sa
FROM S;
```

说明：这里 SELECT 子句中<列名>的第二项"2011-Sa"不是属性名，而是一个计算表达式，是用当前年份减去年龄。由此可以知道，SELECT 子句目标列表达式中的<属性名>不仅可以是表中的属性列，也可以是表达式，甚至还可以是字符串常量和函数等，从而增强了 SQL 的查询功能。

2. 具条件的属性列查询

带条件的属性列的查询可以看做先选择满足指定条件的元组，然后再在这些元组中进行所需要的投影。此类查询需要用到整个映像语句。

例 3-14　查询计算机科学系(CS)全体学生姓名与年龄：

```
SELECT Sn,Sa
FROM S
WHERE Sd = 'CS';
```

例 3-15　查询所有成绩不及格的学生学号：

```
SELECT S♯
FROM SC
WHERE G < 60;
```

例 3-16　查询所有年龄不在 20 岁以下的学生姓名和年龄：

```
SELECT Sn,Sa
```

```
FROM S
WHERE NOT Sa <= 20;
```

例 3-17　查询年龄不在 18～21 岁的学生姓名与年龄：

```
SELECT Sn,Sa
FROM S
WHERE Sa NOT BETWEEN 18 AND 21;
```

说明：谓词"BETWEEN…AND…"和"NOT BETWEEN…AND…"可用来查找属性"在"或者"不在"指定范围内的元组，其中 BETWEEN 后是范围的下限（低值），AND 后是范围的上限（高值）。

例 3-18　查询信息系（IS）、数学系（MA）和计算机科学系（CS）的学生姓名和年龄：

```
SELECT Sn, Sa
FROM S
WHERE Sd IN('IS','MA','CS');
```

说明：谓词"IN"用来查找属性值属于指定集合的元组。与 IN 相对的谓词是 NOT IN，用于查找属性值不属于指定集合的元组。

例 3-19　查询既不是信息系（IS）、数学系（MA），也不是计算机科学系（CS）的学生姓名和年龄：

```
SELECT Sn, Sa
FROM S
WHERE Sd NOT IN('IS','MA','CS');
```

例 3-20　查询课程分数为空的学号和课程号：

```
SELECT S#,C#
FROM SC
WHERE G IS NULL;
```

说明：这里给出了涉及空值的查询，其中"IS"不能用等号"＝"代替。

例 3-21　查询计算机系年龄在 20 岁以下的学生姓名：

```
SELECT Sn
FROM S
WHERE Sd = 'CS'AND Sa < 20;
```

说明：本例给出了多重条件查询。逻辑运算符 AND 和 OR 可用来连接多个查询条件。AND 的优先级高于 OR，但用户可以用括号改变优先级。

3．查询通配符

关键词"LIKE"可以看做谓词，用以进行字符串的匹配。其一般格式如下：

```
[NOT]LIKE'<匹配串>'[ESCAPE'<换码字符>']
```

上述格式语句表示查找指定属性列的值与<匹配串>相匹配的元组。<匹配串>可以是一个完整的字符串，也可以含有通配符"％"和"－"。其中，匹配串设置方式如下。

（1）通配字符％表示可以与任意长的字符匹配。例如 a％b 表示以 a 开头、以 b 结尾的任意长度的字符串。像 acb、affrrd、ab 等。

(2) 通配字符"_"(下横线)表示可以与单个的任意字符相配,其他字符表示其本身。例如 a_b 表示以 a 开头、以 b 结尾的长度为 3 的任意字符串。像 acb、afb、abb 等。

(3) 如果 LIKE 之后的匹配串中不含通配符,则可以用"="运算符代替 LIKE 谓词,用 <>代替 NOT LIKE 谓词。

例 3-22　查询姓名以 A 打头,且第三个字符必须为 P 的学生的姓名与系别:

```
SELECT Sn ,Sd
FROM S
WHERE Sn LIKE'A_P%';
```

例 3-23　查询姓名以 A 开头的学生姓名及所在系别:

```
SELECT Sn,Sd
FROM S
WHERE Sn LIKE'A%';
```

例 3-24　查询课程名以"数据_"开头,且倒数第二个汉字为"原"的课程情形:

```
SELECT *
FROM C
WHERE Cn LIKE'数据\_%原__'ESCAPE'\';
```

说明:这里,ESCAPE'\'表示\为换码字符,匹配串'数据_％原__'中第一个"_"前有换码字符\,它被转义为普通字符下划线"_",而"％"及"原"字后的两个"_"均无换码字符\,它们仍然是通配符。换码字符可以变化,一般取不常用的符号。在本例中,如果匹配串中本身含有"\",则换码字符可取为"?"。

3.3.3　基于集合运算多表查询

涉及两个或者两个以上关系表的查询称为多表查询。有效进行多表查询既是 SQL 的基本优势也是其魅力所在。应用 SQL 对一个或多个关系表进行查询的结果是一个(元组)集合,即一个新的关系表,因此,关系数据查询本质上是关系表集合到关系表集合上的一种映射,前述单表查询是一种"一元"映射,而多表查询是一种"多元"映射,这种情形实际上对于关系数据的其他操作例如数据更新等也都是如此。

基于 SQL 的多表查询主要有三种情形。

(1) 基于集合运算的多表查询:查询涉及多个表,但每个表分别得到的查询结果(新的关系表)的地位平等,整体查询结果是各个查询结构的集合(交、并和差)运算。

(2) 基于连接运算的多表查询:查询涉及多个关系表,各个关系表相互之间通常存在"参照"与"被参照"关系,可以通过适当连接获得所需要的查询结果。

(3) 基于嵌套关系的多表查询:查询涉及多个关系表,但各个表查询结果(新的关系表)地位并不相同,其中一些可能是另一些查询中的组成元素,此时需要考察相应多个查询结果集合之间的联系与制约。

实际上,上述"(1)"和"(2)"可看做"同时"进行多表的查询,而"(3)"是"分别"进行各个表的查询,并且在需要时再进行必要处理。本小节介绍基于集合运算的多表查询,后两小节分别介绍另外两种多表查询。

如上所述,如果将多表查询涉及的表"平等"看待,则可以通过集合间传统运算来描述查询结果集合间的某些关系。关系代数用集合的并、交和差对若干个关系构建新的关系,与此对应,SQL 对同类查询结果关系也提供了类似的操作。这里的操作主要有 UNION、INTERSECT 和 EXCEPT,分别对应同类关系的并、交和差。集合与集合间的包含关系可以通过 WHERE 子句中的映像语句(或元组集合)间的包含符实现。

例 3-25 查询计算机科学系的学生以及年龄小于 20 岁的学生:

```
(SELECT *
  FROM   S
  WHERE  Sd = 'CS')
UNION
(SELECT *
  FROM S
  WHERE Sa < 20; )
```

说明:本查询实际上是求计算机科学系的所有学生与年龄不大于 20 岁的学生并集。使用 UNION 将多个查询结果合并起来,系统会自动去掉重复元组。

例 3-26 查询计算机科学系年龄不大于 20 岁的学生:

```
(SELECT *
  FROM   S
  WHERE  Sd = 'CS')
INTERSECT
(SELECT *
  FROM  S
  WHERE Sa <= 20; )
```

例 3-27 查询计算机科学系的学生与年龄不大于 20 岁学生的差集:

```
(SELECT *
  FROM   S
  WHERE  Sd = 'CS')
EXCEPT
(SELECT *
  FROM  S
  WHERE Sa <= 20; )
```

3.3.4 基于连接多表查询

关系查询的基本特色是引入了非传统集合运算例如单表的投影、选择和多表连接,因此多表查询可通过连接运算来实现。基于连接的多表查询可以分为内连接(inner join)和外连接(outer join)两种类型。

(1) 内连接:即常规的等值连接和自然连接,其基本点是只有满足给出的连接条件时,相应结果才会出现在结果关系表中。

(2) 外连接:对于不满足连接条件的元组也可以出现在结果关系表中。外连接有左连接(left join)、右连接(right join)和全连接(full join)三种情形。

1. 内连接

基于内连接的查询语句一般格式为：

```
SELECT <属性或表达式列表>
FROM <表名> [INNER] JOIN <表名>
ON <连接条件>
[WHERE <限定条件>]
```

由于内连接是常规连接运算，INNER 可以省略。ON 是相应连接条件短语的关键字，需要和 JOIN 配合使用；而 WHERE 子句中通常包括除连接条件的其他限定条件例如元组的选择条件。

例 3-28 查询学习课程号为 C1 课程的所有学生学号与姓名。

这是一个涉及 S 和 SC 两张表的查询，它可以写为：

```
SELECT S♯,Sn
FROM   S JOIN SC
ON S.S♯ = SC.S♯
WHERE C♯ = 'C1';
```

说明：这个语句执行时，先对 FROM 后的基本表 S 和 SC 进行等值连接(S.S♯=SC.S♯)，然后对连接结果进行选择(C♯='C1')，最后对选择结果进行投影(S♯,Sn)。由于 S♯在 S 和 SC 中都会出现，引用时需要加注上基本表名称，如 S.S♯ 和 SC.S♯ 等。

内连接相对于外连接而引入，它实际上就是先前 SQL 标准中"等值连接"和"自然连接"。由于新标准通常兼容旧标准，因此上述内查询语句也可以写成：

```
SELECT S♯,Sn
FROMS SC
WHERE S.S♯ = SC.S♯ AND C♯ = 'C1'
```

其中 WHERE 中同时包含了连接条件 S.S♯=SC.S♯ 和选择条件 C♯='C1'，而在内连接语句中，连接条件出现在 ON 子句中，WHERE 中仅仅出现其他限定条件。在实际应用当中，如果连接条件和其他限定条件都相对比较简单，通常可考虑不采用内连接的表述方式。

另外，需要注意，在没有指出所需要结果元组例如全表输出的连接查询情况下，输出结果中会出现重复属性列属性，此时就是关系代数中的等值连接。下述多表连接查询语句就是如此，此时输出元组中出现"S.S♯"和"SC.S♯"，两个属性列的取值完全相同。

```
SELECTS.*, SC.*
FROMS SC
WHERE S.S♯ = SC.S♯
```

下述多表连接查询语句就不同了，由于指定了输出元组的属性集合，则就归并了相同属性列，从而实现了自然连接：

```
SELECTS. S♯, Sn, Sex, Sa, Sd,C♯,Cn,G
FROM S SC
WHERE S.S♯ = SC.S♯
```

例 3-29 查询修读课程名为 DATABASE 的所有学生的姓名。

这是一个涉及三张表的查询，它可以写为：

```
SELECT S.Sn
FROM S JOIN SC JOIN C
ON S.S# = SC.S# AND SC.C# = C.C#
WHERE C.Cn = 'DATABASE';
```

说明：上述查询语句也可以写成：

```
SELECT S.Sn
FROM S,SC,C
WHERE S.S# = SC.S# AND SC.C# = C.C# AND C.Cn = 'DATABASE';
```

2. 自身连接

有时在连接查询中需要对同一个表进行连接，这种一个表与其自身进行的连接称为自身连接。在自身连接中，为了区别两个相同的表，需对一个表使用两种表名。

例 3-30 查询至少修读 S5 所修读的一门课的学生学号：

```
SELECT FIRST.SC.S#
FROM SC AS SC1,SC AS SC2
WHERE SC1.C# = SC2.C#  AND SC2.S# = S5;
```

说明：在上述查询语句中，同一个基本表 SC 需要在语句的同一层出现两次。为了加以区别，分别引入别名 SC1 和 SC2。在语句当中使用别名对列名施加限制，例如 SC1.C#、SC2.C# 等。另外，保留字"AS"在语句中可以省略，例如直接写成 SC SC1 和 SC SC2。

3. 外连接

在连接操作中，只有满足连接条件的元组才作为结果输出，例如在关系 SC(S#，C#，G)中，如果学号为 S7 和 S8 的学生没有选修课程 C1，由于在表 SC 中没有相应元组，例 3-28 的查询结果中就不会出现他们的学号。但在某些情况下，需要列出每个学生的基本情况或选课情况，如有一个学生没有选课，就只输出其基本情况，选课信息设为空值即可，这就需要使用外连接。

包含有外连接的多表查询语句一般格式为：

```
SELECT <属性或表达式列表>
FROM <表名>  LEFT|RIGHT|FULL [OUTER] JOIN <表名>
ON <连接条件>
[WHERE <限定条件>]
```

设有两个表分别记为 R1 和 R2。

(1) R1 和 R2 左连接：在结果关系中包含 R1（"左"边关系表）中所有元组，而对于 R2（"右"边关系表）来说，如果其中元组满足连接条件，则 R2 在结果关系中返回相应元组，否则 R2 返回空值。

(2) R1 和 R2 右连接：在结果关系表中包含 R2（"右"边关系表）中所有元组，而对于 R1（"左"边关系表）来说，如果其中元组满足连接条件，则 R1 在结果关系中返回相应元组，否则 R1 返回空值。

(3) R1 和 R2 全连接：在结果关系表中包含 R1 和 R2 中所有满足条件的元组,如果是在连接条件上匹配的元组,则另一个关系就返回相应值,否则返回空值。

例 3-31 查询所有学生的基本情况和选课情况。

```
SELECT S#,Sn,Sa,Sd,C#,G
FROM   S LEFT JOIN SC
ON S.S# = SC.S#;
```

说明：这是一个基于左连接的多表查询。此时,左连接可以看做为连接中的"左"边表(本例中的 S 表)添加一个"通用"的行,如果满足条件,就放入相应数据值,实行连接,否则,这个行全部由"空值"组成,它能够和"右"边关系表(本例中的 SC 表)中所有不满足连接条件的元组进行连接。在本例中就是 S 表中 S7 和 S8 本期都未选课,即在 SC 中没有记录,则在输出结果中,对于 S 中含有 S7 和 S8 的元组而言,相应通用行中的各列全部都是空值,因此在连接中,S7 和 S8 两行中来自 SC 表的属性全部是空值。

3.3.5 基于嵌套多表查询

多表查询可以由传统集合运算和连接运算实现,这实际上是将涉及的关系表"平等"看待。此时各个关系表统一进行某些运算例如关系表的并、交和笛卡儿乘积等,通常这会增加系统开销。另外,如果多表连接中连接条件较多,则整个语句的结构就会显得不够清晰。在某些常用情况下,例如如果多表查询中输出元组全部来自同一个关系表,其他表只起到"辅助"限定作用,那么,从"结构化"角度来看,将涉及的各种表适当进行"分级",通过一系列单表查询的"嵌套"来完成较为复杂的多表查询,不仅有可能使得复杂表达式规范化和简洁化,而且在很多情况下还会提高查询效率。使用若干单表查询进行嵌套而实现的多表查询称为嵌套查询。由于嵌套查询使用嵌套结构逐次求解,可将复杂问题转化为多个相对简单的查询,具有突出的分层结构特征,使得 SQL 的数据查询真正表现出"结构"的意义。

嵌套查询实际上是一个查询 Q1 通过适当方式引用另一个查询 Q2。当查询 Q2 是 Q1 查询过程中的组成元素或一部分时,该查询称为子查询。一个子查询还可有下一级子查询,由此形成一个多级形式的嵌套查询。处于嵌套外层的关系也称为外层关系,处于内层的也称为内层关系。

嵌套查询一般采用"由内向外"或"由外向内"的处理方式。

由于关系表中属性只能取原子值即满足 1NF,因此 SQL 中的嵌套查询只在 FROM 子句和 WHERE 子句中出现,从这个意义上讲,SQL 嵌套查询可分为 FROM 子句嵌套和 WHERE 子句嵌套两种类型。

1. FROM 子句嵌套查询

由映像语句得到的是一个关系表,而 FROM 子句只涉及关系表,而不论这些关系表是数据库中实际存储的还是通过映像语句"即时"产生的"导出"结果即"导出表"。因此在 FROM 子句中嵌套一个映像语句就很自然,只不过此时嵌套的映像语句只作为查询对象使用,而不涉及像 WHERE 子句中嵌套时出现的各种复杂逻辑关系,因此,也就不需像在 WHERE 嵌套中限定内层查询只能是单表查询。

例 3-32　查询选课成绩在 80 分以上的男生姓名、课程名称和成绩。

```
SELECT Sn,Cn,G
FROM
    (SELECT Sn,Cn,G
     FROM S,SC,C
     WHERE S Sn. = SC Sn AND SC Cn = C. Cn AND Sex = "male")
    AS Temp(Sn,Cn,G)
WHERE G>= 80
```

说明：本例中 AS 导出一个临时关系表 Temp（当然可以另行选取名称），由此在外层查询中可以对 Temp 直接进行各种操作。

如前所述，FROM 子句中的嵌套子查询可以来自多个关系表。

2．WHERE 子句嵌套查询

WHERE 子句嵌套实际上确定关系表 R1 查询结果集的所需条件涉及另一个关系表 R2（R2 可以是 R1 的别名关系表）查询结果集，即 R2 查询结果集合构成 R1 查询结果集的形成条件。WHERE 子句中的嵌套比较复杂，通常具有如下基本特征。

（1）每层查询只涉及一个关系表，即每层查询都可看做"单表"查询。

（2）内层查询的输出通常都是只有一个属性的"单列表"。

（3）嵌套查询通常不能替代连接查询，当多表查询输出结果关系中属性涉及多个关系时，就不适合进行嵌套查询。

在基于 WHERE 子句的嵌套查询中，内层子查询结果通常是一个集合，外层主查询 WHERE 子句中涉及的对象通常是一个元素（表达式），因此，外层查询 WHERE 子句中的选择依赖于内层查询结果产生的关联，实际上就表现为元素与集合之间的关系。从数学与逻辑角度考虑，给定元素 x 和给定集合 E 之间的关系可以分为下述情形。

（1）基于集合关系：x 是否在 E 中，即 x 是否为 E 中的元素，亦即 x 是否属于 E。

（2）基于代数关系：在可比较情况下，考察 x 与 E 中一个或全部元素的代数（大于、小于或大于等于、小于等于）关系。

（3）基于逻辑关系：对集合 E 是否为空的测试；在集合 E 中存在元素 x，x 在 E 中是否唯一的测试。

WHERE 子句嵌套查询中，内层查询结果集合可以与外层查询无关，此时称为非关联嵌套查询；内层查询结果集合也可以与外层查询相关，此时称为关联嵌套查询。

下面分别讨论 WHERE 子句嵌套查询中非关联嵌套查询与关联嵌套查询。

3．非关联嵌套查询

在非关联嵌套查询中，系统执行"由内向外"的查询过程，内层查询结果集用于构建外层查询的查询条件。此时外层查询 WHERE 子句中主要考察元素（表达式）与内层子查询集合的集合关联与代数关联。

1）基于集合关系

在 SQL 嵌套查询中，主要是"［NOT］IN 子查询"情形。此时，外层查询的 WHERE 子句中可描述为"元素［NOT］IN 内层查询结果集合"，其语义为"元素属于或不属于子查询结果集合"。

例 3-33　查询修读课程号为 C1 的所有学生的姓名：

```
SELECT S. Sn
FROM S
WHERE S.S# IN
  (SELECT SC.S#
   FROM SC
   WHERE SC.C# = 'C1')
```

说明：此例中嵌套映像语句：

```
SELECT SC.S#
FROM SC
WHERE SC.C# = 'C1';
```

输出结果为单列关系表(满足 SC.C#='C1'的元组的 S#集合)。在这里,内层查询语句首先执行,即先在基本表 SC 中求出选修了课程 C1 的 S#,然后在表 S 中按照 S#选取 Sn。

例 3-34　查询修读课程名为 C++的所有学生的姓名：

```
SELECT Sn
  FROM S
    WHERE S.S# IN
      (SELECT SC.S#
       FROM SC
       WHERE SC.C# IN
         (SELECT C.C#
          FROM C
          WHERE C.Cn = 'C++'));
```

2) 基于代数关系

SQL 嵌套查询中主要表现为"SOME/ALL 子查询"。此时,在外层查询的 WHERE 子句中可描述为"元素＋比较运算符 θ＋ SOME/ALL＋ 内层查询结果集合",其语义为"元素(取值)与子查询结果集中的至少一个元素(取值)(SOME)或所有元素(取值)(ALL)都满足比较运算符 θ"。

例 3-35　查询平均成绩最高学生的学号：

```
SELECT  S#
FROM    SC
GROUP BY  S#
HAVING  AVG(G) >=  ALL
        (SELECT    AVG(G)
         FROM      SC
         GROUP  BY  S#)
```

例 3-36　查询王磊本期选修课程号 C#＝005 的成绩：

```
SELECT G
FROM SC
WHERE S# = (SELECT S#
            FROM S
            WHERE Sn = '王磊')
```

　　说明：由于成绩在 SC 中，而姓名在 S 中，查询涉及 SC 和 S 两个表，而这两个关系通过"S♯"联系在一起。

4．关联嵌套查询

　　关联嵌套查询考察外层查询中 WHERE 中出现的元素（表达式）与子查询结果集合的逻辑关联，关联结果为布尔值。关联嵌套中外层查询的条件由内层查询结果集确定，而内层查询结果集的查询条件又与外层查询中的属性相关联，呈现出一种相互纠缠的状态。这主要表现在以下两方面。

　　(1) 依次反复性。由于内层查询与外层查询相互关联，需要反复求值，而不是像非关联查询中一次性将内层查询求解出来，然后进行相应外层查询。在查询过程中，关联查询先根据外层查询中第一个元组中涉及的元素与内层查询相关属性值进行比较，如果外层查询 WHERE 子句返回"1"，则该元组为查询结果，放入结果关系表当中，然后再选取第二个元组，顺次重复相同过程直至外层关系表全部检查完毕。这可以看做一种"由外向内"的执行方式，在某些情况下可以具有比不相关内层查询更高的效率。

　　(2) 内层查询结果全列性。由于关联嵌套查询只返回布尔值，内层查询输出的属性列名并无实际意义，因此基于 EXISTS 内层查询输出结果的属性都采用"＊"的全列形式。

　　关联嵌套查询可以分为"[NOT]EXIST 子查询"和"UNIQUE 子查询"两种情形。"EXIST"可看做谓词逻辑中存在量词"∃"，"UNIQUE"可看做谓词逻辑中表示"存在且唯一"意义的量词"∃|"。

　　1）[NOT]EXIST 子查询

　　此时，在外层查询的 WHERE 子句中可描述为"[NOT]EXIST 内层查询结果集合"，其语义为"元素 x 在内层查询结果集合 E 中（不）存在"。

　　例 3-37　查询"修读课程号为 C1 的所有学生的姓名"还可以用下述语句表示：

```
SELECT Sn
FROM S
WHERE EXISTS (SELECT *
              FROM SC
              WHERE S.S♯ = SC.S♯ AND SC.C♯ = 'C1');
```

　　说明："SELECT ＊"表示从 SC 取出所有列（全列性）。处理过程"由外向里"。

　　(1) 取外层查询中表 S 的第一个元组，根据它与内层查询相关的属性值（S♯值）处理内层查询，如果 WHERE 子句返回值为真，就取此元组放入结果表。

　　(2) 再取表 S 的下一个元组；重复这一过程，直到外层 S 表全部检查完毕为止。

　　例 3-38　查询修读课程号不为 C1 的所有学生的姓名：

```
SELECT Sn
FROM S
WHERE NOT EXISTS (SELECT *
                  FROM SC
                  WHERE S.S♯ = SC.S♯ AND SC.C♯ = 'C1');
```

　　说明：本例查询条件是一个含有谓词"NOT EXISTS"的表达式。

例 3-39　查询选修了全部课程的学生姓名。

这里查询条件是一个带有全称量词的表达式。SQL 中没有全称量词"$\forall$",但是由于 $\forall y Q(y) = \neg \exists x(\neg Q(y))$,故可使用[NOT]EXIST 通过转换来表示全称量词。转换基本思路是先将查询用含有全称量词的谓词公式形式写出,再将此公式转换为用存在量词表示的形式。

本例所需查询实际上是求出集合{学生姓名|学生选修了所有课程}。设变量 x 表示学生姓名,变量 y 表示课程,谓词 $Q(y)$ 表示学生 x 选修课程 y,则查询所要求出的集合为 $\{x | \forall y Q(y)\}$。这里,谓词"$\forall y Q(y)$"就是 WHERE 子句中应当出现的条件,其存在量词表达式就是 $\neg \exists y \neg Q(y)$,相应语义为:查询这样的学生,没有一门课程是他不选修的。由此可以写出相应的 SQL 语句。

```
SELECT Sn
FROM S
WHERE NOT EXISTS
      (SELECT *
      FROM C
      WHERE NOT  EXISTS
            (SELECT *
            FROM SC
            WHERE S# = S.S# AND C# = C.C#));
```

说明:将全称量词转化为存在量词否定形式是 SQL 查询的一个特色,需要引起重视。再看下面一个例子。

例 3-40　查询选修了学号为 S3 的学生所学课程的所有学生的学号。

本查询可以使用逻辑蕴涵式表达:查询学号为"x"的学生,对所有课程 y,只要 S3 学生选修了课程 y,则 x 也选修了课程 y。用 P 表示谓词"学生 S3 选修了课程 y";用 Q 表示谓词"学生 x 选修了课程 y"。此时所需查询用谓词公式表示为 $\forall y P \rightarrow Q$。

SQL 没有全称量词"$\forall$",该公式可以转换为如下等价形式:

$$\neg(\exists y(\neg(P \rightarrow Q))) \Leftrightarrow \neg(\exists y(\neg(\neg P \vee Q))) \Leftrightarrow \neg \exists y(P \wedge \neg Q)$$

其语义为:不存在这样的课程 y,学生 S3 选修了 y,而学生 x 没有选修。由此得到如下的 SQL 语句:

```
SELECT DISTINCT S#
FROM SC AS X
WHERE NOT EXISTS
     (SELECT *
     FROM SC AS Y
     WHERE Y.S# = 'S3'
       AND NOT EXISTS
          (SELECT *
          FROM SC AS Z
          WHERE Z.S# = X.S# AND Z.C# = Y.C#));
```

2) UNIQUE 子查询

此时,在外层查询的 WHERE 子句中可描述为"UNIQUE 内层查询结果集合",其语义为"内层查询结果集合中元组是否唯一",这主要是如前所述,DBMS 通常允许查询结果中有重复出现的元组。

例 3-41　设有如下关系表 PROF(P♯,Pn,Pd)和 PC(P♯,C♯),其中 P♯表示教师工号,Pn 表示教师姓名,Pd 表示教师所在系,C♯表示教师当前所教授课程编号。查询只教授一门课程的老师姓名的 SQL 语句如下:

```
SELECT  Pn
FROM  PROF
WHERE  UNIQUE
    (SELECT P♯
     FROM  PC
     WHERE  PC.P♯ = PROF.P♯)
```

3.3.6　函数与表达式

SQL 查询语句中可以使用一些必要的函数与表达式以增强数据查询的能力。

1. 聚集函数

SQL 查询可插入一些常用聚集函数(Aggregate Function),主要有以下五种类型。

(1) COUNT 函数Ⅰ　COUNT([DISTINCT| ALL]＊)关系中元组个数统计。

COUNT 函数Ⅱ　COUNT([DISTINCT| ALL]<列名>)关系中给定列中属性值个数统计。

(2) SUM 函数 SUM([DISTINCT| ALL]<列名>)　关系中计算数值型属性值总和。

(3) AVG 函数　AVG([DISTINCT| ALL]<列名>)　关系中计算数值型属性值平均值。

(4) MAX 函数　MAX([DISTINCT| ALL]<列名>)关系中计算给定属性列中数值型属性值的最大者。

(5) MIN 函数 MIN([DISTINCT| ALL]<列名>)关系中计算给定属性列中数值型属性值的最小者。

以上五种聚集函数以相应的集合为其变域,以数值为其值域,其映射过程如图 3-2 所示。

例 3-42　查询全体学生人数:

集合 ——聚集函数→ 数值

图 3-2　聚集函数

```
SELECT COUNT( ＊)
FROM  S;
```

例 3-43　查询学生 S1 修读的课程数:

```
SELECT COUNT( ＊)
FROM SC
WHERE S♯ = 'S1';
```

例 3-44　查询学生 S7 所修读课程的平均成绩:

```
SELECT AVG(G)
```

数据库系统教程(第 2 版)

```
FROM SC
WHERE S# = 'S7';
```

2. 四则表达式与函数

SQL 查询输出结果中可以有基本算术运算表达式,这些表达式通常是由＋、－、＊、/与属性列名以及数值常量和相关数值函数组成。常用数值函数有取整函数 INTEGER,平方根函数 SQRT,三角函数 SIN、COS,字符串函数 SUBSTRING,大写字符函数 UPPER,日期型函数 MONTHS_BETWEEN(月份差)。

数值函数针对给定属性列进行操作,操作结果是一个新的数据列。

例 3-45 查询修读课程为 C7 的所有学生的学生分级(即学分数 ＊ 3):

```
SELECT S#,C#,G * 3
FROM S
WHERE C# = 'C7';
```

例 3-46 查询计算机系下个年度学生的年龄:

```
SELECT Sn,Sa + 1
FROM     S
WHERE    Sd = 'CS';
```

例 3-47 给定一个关系表 T(A,B),表中属性值均为整数类型。设有如下查询语句:

```
SELECT A,B,A * B,SQRT(B)
FROM T;
```

上述查询输出结果为:A、B 以及 A 和 B 的乘积以及 B 的平方根。

聚集函数与数值函数还可以进行"复合"运算以实现较为复杂的查询。例如:

```
SELECT MIN(A),MIN(B),MIN(A * B),MIN(SQRT(B))
FROM T;
```

3.3.7 查询结果处理

为了提供更为有效的查询结果,SQL 还具有对查询结果集合进行初步处理的功能,前述聚集函数就是其中一类,其特征是将查询结果集合映射为一个数值。SQL 还提供了将查询结果集合映射为一个新集合的处理功能,这就是查询结果的排序和分组。

1. 查询结果排序

SQL 使用"ORDER BY"子句对查询结果按照一个或者多个属性的升序或降序进行排列。ORDER BY 子句的一般语句格式为:

```
ORDER BY <属性名>[ASC/DESC]
```

其中<属性名>给出了所需排序列的名称,ASC/DESC 则分别给出排序的升序或降序,默认值为升序 ASC。

例 3-48 查询计算机系(CS)所有学生的名单并按学号升序显示:

```
SELECT S#,Sn
```

```
FROM S
WHERE Sd = 'CS'
ORDER BY S# ASC;
```

例 3-49　查询全体学生情况,结果按学生年龄降序排列:

```
SELECT *
FROM S
ORDER BY Sa DESC;
```

说明:对于空值,如果是升序排列,含空值的元组最后显示;如果是降序排列,含空值的元组最先显示。

2. 筛选与分组

SQL 语句中使用"GROUP BY"子句和"HAVING"子句对映像语句所得到的集合元组进行分组和按照设置的逻辑条件进行筛选。SQL 语句中分组与筛选语句一般格式为:

```
< SELECT 查询块>
GROUP BY <列名>
HAVING <列名>;
```

例 3-50　给出每个学生的平均成绩:

```
SELECT S#,AVG(G)
FROM  SC
GROUP BY S#;
```

说明:上述语句从概念上来讲,其执行步骤是,先将课程按照相同的 S# 进行分组,再将每组中的成绩 G 作用于聚集函数 AVG,从而得到所求的每个 S# 的平均分数。

例 3-51　给出每个学生修读课程的门数:

```
SELECT S#,COUNT(C#)
FROM  SC
GROUP BY S#;
```

例 3-52　给出有 5 个或 5 个以上学生所修读课程的课程号和学生数:

```
SELECT C#,COUNT(S#)
FROM SC
GROUP BY C#
HAVING COUNT( * )>5;
```

说明:如果分组后还需按照一定条件对所分的组进行筛选,最终输出满足指定条件的元组,则需要使用 HAVING 语句来指定筛选条件。

上述实例是先用 GROUP BY 子句按 C# 进行分组,再用聚集函数 COUNT 对每组进行计数。HAVING 短语则指定选择"组"的条件,即只有满足元组个数大于 5(修读学生数超过 5 的课程)的"组"才会被选择出来作为最终结果显示。

WHERE 子句和 HAVING 短语的差异主要在于作用的对象不同。WHERE 子句作用于基本表或者视图,从中选择满足条件的元组;HAVING 短语则作用于分组之后的"组",从中选择满足条件的"组"。

例 3-53 按总平均值降序给出所有课程都及格但不包括 C8 的所有学生的总平均成绩:

```
SELECT S#,AVG(G)
FROM SC
WHERE C# <>'C8'
GROUP BY S#
HAVING MIN(G)>= 60
ORDER BY AVG(G)DESC;
```

3.4 数据更新

SQL 的更新功能包括删除、插入及修改三种操作,相应关键词如表 3-6 所示。

表 3-6 数据更新关键词

	删　　除	插　　入	修　　改
基本语句	DELETE FROM <表名> [WHERE<条件>]	INSERT INTO <表名>[属性列]… VALUES(属性值1,属性值2,…) 或子查询	UPFDATE<表名> SET 属性名=属性值,… [WHERE<条件>]
基本语义	删除元组	插入元组	修改属性值

3.4.1 数据删除

SQL 的数据删除语句一般格式为:

```
DELETE
FROM    <基本表名>
WHERE    <条件>
```

其中 DELETE 指明该语句为删除语句,FROM 与 WHERE 的含义与映像语句中相同,而整个语句的语义为"从指定表中删除满足 WHERE 子句条件的所有元组"。如果省略 WHERE 子句,则表示删除表中的所有元组,但表的定义仍然在数据字典中,即 DELETE 语句使得表成为空表。对于省略了 WHERE 子句的删除语句,用户使用起来必须慎重。

1. 删除多个元组的值

例 3-54 删除学生 WANG 的记录:

```
DELETE
FROM   S
WHERE   S_N = 'WANG';
```

说明:删除语句可以理解为"DELETE"+"SELECT ＊"形式的映像语句,因此其执行过程实际上就是按照 WHERE 子句条件,每找到一个元组,就将其删除。另外需要注意,DELETE 语句只能从表中删除元组。

2．带子查询删除语句

例 3-55　删除计算机系全体学生的选课记录：

```
DELETE
FROM  SC
WHERE  'CS' = (SELECT Sd
              FROM S
              WHERE S.S# = SC.S#);
```

说明：DELETE 语句相当于映像语句与 DELETE 命令的结合，所以其中的 WHERE 子句自然可以实行嵌套。

关于数据删除必须注意的是，删除操作一次只能对一个表进行操作，如果不注意关系之间的参照完整性和操作顺序，就会导致操作失败甚至发生数据库的不一致性。例如，对于 S# =01 的学生因为退学在表 S 中被删除，如果该学生在表 SC 中的选课信息没有同时删除，就会引起数据库数据的不一致性问题。因此，有关参照表的相关元组必须一起删除。

当删除主表中元组（例如 S# =01 的元组），通常使用下述两种策略。

(1) 系统自动删除参照表（例如 SC）中相应元组，即删除 S# =01 的学生选课元组。

(2) 系统检查参照表中是否存在相应元组，如果存在，则操作失败。

3.4.2　数据插入

SQL 插入语句的一般形式为：

```
INSERT
INTO <基表名>[<列名>[,<列名>] … ]
VALUES    (<常量>[<常量>] … )|<子查询>
```

该语句的含义是执行一个插入操作，将 VALUES 所给出的值插入 INTO 所指定的表中。

例 3-56　将一个学生新记录（S#：S35，Sn：liu，Sa：20，Sex：male，Sd：CS）插入到表 S 中：

```
INSERT
INTO S
VALUES('S35', 'liu', '20','male', 'CS');
```

说明：本例中 INTO 子句中没有指明任何属性列。在 SQL 中，如果出现这种情况，就表明新插入的记录必须在每个属性列上都有值。

例 3-57　在 SC 中插入记录（S23，C10）：

```
INSERT
INTO SC(S#,C#)
VALUES ('S23', 'C10');
```

说明：SC 中有三个属性 S#、C# 和 G，而属性 G 没有在 INTO 子句中出现。在 SQL 的插入语句中，对于没有在 INTO 子句内出现的属性列，新记录在其上取空值。本例中，新插入的记录在属性列 G 上取空值。但必须注意，在创建表时说明了 NOT NULL 的属性列不得取空值。

对于数据插入也有与数据删除类似的情况。如果在创建 S、C、SC 时定义了参照完整性约束,则当向参照表中插入元组(例如向 SC 中插入 S♯=07,C♯=01 的元组('07','01'))时,系统将自动检查被参照表 S 和 C 中是否存在相应元组(S 中 S♯=07 和 C 中 C♯=01 的元组),如果存在,则操作成功,否则操作失败。

3.4.3 数据修改

SQL 修改语句的一般格式为:

```
UPDATE <基本表名>
SET <列名>=表达式[,<列名>=表达式]…
WHERE <逻辑条件>
```

该语句的含义是修改(UPDATE)指定基本表中满足(WHERE)逻辑条件的元组,并把这些元组按照 SET 子句中的表达式修改相应列上的值。

例 3-58 将学号为 S16 的学生系别改为 CS:

```
UPDATE  S
SET  Sd = 'CS'
WHERE S♯ = 'S16';
```

说明:此例为修改单个元组的值。

例 3-59 将数学系的学生年龄均加 1 岁:

```
UPDATE  S
SET Sa = Sa + 1
WHERE Sd = 'MA';
```

说明:此例为修改多个元组的值。

例 3-60 将计算机系学生的成绩全部置为零:

```
UPDATE SC
SET G = '0'
WHERE  'CS' =
  (SELECT  Sd
  FROM  S
  WHERE  S.S♯ = SC.S♯);
```

说明:此例为修改条件为另外一个子查询。

3.5 视图管理

SQL 提供视图(view)功能。关系数据库管理系统中的视图与传统数据库中的视图略有不同。传统数据库的视图纯属概念数据库的一部分,而关系数据库管理系统中的视图则由概念数据库改造而成,它是由若干个基于经映像语句而得到的表,因而是一种导出表。这种表本身不存在于数据库内,在库中只是保留其构造定义(即映像语句)。只有在实际操作时,才将它与操作语句结合转化成对基本表的操作,因此视图也称为虚表(virtual table)。视图除了在更新方面有较大的限制和在查询时有个别限制外,可以像基本表一样,进行各种数据操作。

SQL 的视图管理机制具有十分重要的意义,其主要表现在以下方面。

(1) 简化用户操作。视图简化了用户观点,用户不必了解整个模式,仅需将注意力集中于自身所关注的领域,大大方便了使用。

(2) 用户可以多角度看待同一数据。对于同一基本表,不同用户可以建立不同的视图,从而以不同的观点以多角度来观察和看待同一数据,扩大了数据的应用范围。

(3) 提供一定的逻辑独立性。由于视图的存在,当基本表发生改变时,例如对关系模式进行扩充或者分解,应用程序不需要改变,因为新建立的视图可以定义用户原来的各种关系,使得用户外模式保持不变,用户应用程序通过视图机制仍然能够查找数据,从而在一定程度上提供了数据的逻辑独立性。

(4) 对机密数据提供安全保护。在设计数据库应用系统时,对不同的用户定义不同的视图,使得机密数据不出现在不应当看到这些数据的用户视图上,从而视图机制就自动提供了机密数据的安全保护功能。

3.5.1 视图创建

下面介绍视图的定义与撤销。

1. 视图定义

1) 一般视图创建

SQL 的视图可由创建视图语句予以建立。其一般格式如下:

```
CREATE VIEW <视图名>([<列名>[,<列名>]…])
   AS <映像语句>
[WITH CHECK OPTION];
```

其中,<映像语句>可以是任意复杂的 SELECT 语句,但不能含有 ORDER BY 和 DISTINCT 短语。

WITH CHECK OPTION 表示用视图进行更新(UPDATE)、插入(INSERT)和删除 (DELETE)操作时要保证更新的元组满足视图定义中的谓词条件,即映像语句中的条件表达式。

组成视图的属性列要么全部省略,要么全部指定。如果视图定义中省略属性列名,则隐含该视图由映像语句中 SELECT 子句的目标列组成。但在下列情况下必须明确指定组成视图的所有属性列名。

(1) 某个目标列不是单纯的属性列名,而是聚集函数或表达式。

(2) 多表连接导出的视图中有几个同名列作为该视图的属性列名。

(3) 需要在视图中为某个列启用更合适的名称。

需要特别说明的是,视图创建语句总是包含一个映像语句即 SELECT 语句,正是利用这个映像语句,才有可能从一个或多个表(基本表或别的视图)选取所需的行或列构建视图。

例 3-61 创建一个计算机系学生的视图:

```
CREATE VIEW CS - S(S#, Sn, Sd,Sa,G)
```

数据库系统教程(第 2 版)

```
AS SELECT *
    FROM S
    WHERE Sd = 'CS'
WITH CHECK OPTION;
```

说明：由于在创建 CS-S 视图时加上了 WITH CHECK OPTION 子句,以后对该视图进行更新操作时,系统会自动检查或者加上 Sd = 'CS'的条件。

例 3-62　定义学生姓名和他修读的课程名及其成绩的视图:

```
CREATE VIEW S - C - G (Sn,Cn,G)
AS SELECT    S.Sn,C.Cn,SC.G
    FROM S,C,SC
    WHERE   S.S# = SC.S# AND SC.C# = C.C#;
```

2)视图的基本特例

在实际应用中,通常有如下三种有用的视图特例。

(1)行列子集视图。即视图仅由单个基本表导出,同时只是去掉了基本表的某些行或某些列并且保留了主键。

(2)分组视图。即带有集函数和 GROUP BY 子句查询所定义的视图。

(3)具虚拟列视图。即设置了一些基本表中并不存在的衍生属性列(虚拟列)的视图,也称其为带有表达式的视图。

例 3-63　创建学生姓名及其平均成绩的视图:

```
CREATE VIEW S - G (Sn,GAVG)
AS SELECT   Sn,AVG(G)
    FROM S,SC
    WHERE S.S# = SC.S#
    GROUP   BY S#;
```

说明：本例是创建一个分组视图。系统在执行 CREATE VIEW 语句时,只是将视图的定义存入数据字典,并不执行其中的 SELECT 语句,只有在对视图进行查询时,才执行视图的定义,将相应数据从基表中调出。

例 3-64　创建一个学生出生年龄的视图:

```
CREATE VIEW S - BIRTH (Sn,Sa,S_BIRTH)
AS SELECT   Sn,Sa,2003 - Sa
    FROM S;
```

说明：这里视图 S-BIRTH 是一个带有表达式的视图,其中属性列 S_{BIRTH} 是通过计算得到的,即为衍生列或虚拟列。为了减少数据库中的冗余,通常总是希望在基本表定义时只定义基本的属性列,从而数据库也只存储基本数据。由基本数据通过各种计算处理过的数据一般不存储,而视图中的数据可以经过计算得到,所以定义视图时可以根据应用需要设置一些衍生属性以达到实际应用和减少冗余的目的。

2. 视图撤销

SQL 的视图可以用取消视图语句将其撤销。其形式如下:

```
DROP VIEW <视图名>
```

例 3-65 撤销已建立的一个视图 S-G：

```
DROP VIEW S-G;
```

说明：视图的撤销表示不仅取消该视图而且还包括由该视图所导出的其他视图。在进行了视图撤销操作之后，视图的定义将从数据字典中撤销，但由该视图导出的其他视图定义仍然保留在数据字典中，不过这些视图已经失效，用户使用时就会出错，需要进一步用 DROP VIEW 语句显式地将它们一一撤销。

3.5.2 视图操作

对视图可以做查询操作，但对其进行更新操作则受一定的限制。

1. 视图查询

定义视图之后，一般可以像基本表一样对视图做各种查询操作。

例 3-66 用例 3-61 中定义的视图 CS-S 做查询，查询计算机系中年龄大于 20 岁的学生：

```
SELECT *
FROM CS-S
WHERE  Sa > 20;
```

说明：系统在实际操作中，首先是检查查询的基本表和视图是否存在，如果存在，即从数据字典中取出视图的定义，把定义中的子查询和用户的查询语句结合起来，转换为等价的对基本表的查询，然后再执行这个修正了的查询。即实际上是对视图的查询转化成为对基本表的查询，这一过程称为视图的消解。在本例中，是用视图 CS-S 的定义将此查询转化为：

```
SELECT *
FROM  S
WHERE Sd = 'CS'AND Sa > 20;
```

例 3-67 在 CS-S 视图中查询成绩在 85 分以上的学生的学号、姓名和课程名称：

```
SELECT S#, Sn, Cn
FROM SC-S
WHERE G > 85;
```

2. 视图更新

如前所述，对视图做插入及修改等更新操作是需要进行必要限制的，这是因为视图仅为一种虚构的表，并非实际存在于数据库当中，进行更新操作必然会涉及数据库中其他数据的变动，有可能出现困难，引发不一致现象，所以一般对视图不宜进行更新操作。如果确实需要更新，则更新的视图应当满足下面的限制条件。

（1）视图的每一行必须对应基本表的唯一一行。

（2）视图的每一列必须对应基本表的唯一一列。

以上这两条，可以看做视图能够进行更新操作的充分必要条件。在实际应用中，有如下的两条充分条件情形。

(1) 视图不可更新的充分条件：一个视图如果是从多个表通过连接操作得到,则不能对该视图进行更新操作；一个视图如果在导出过程中使用了分组和聚集函数,则不能对该视图进行更新操作。

(2) 视图可以更新的充分条件。一个视图称为行列子集视图,是指该视图满足下面两个条件：该视图由单个基本表通过选择和投影操作导出；该视图的属性集包含基本表的一个候选键。

一个视图如果是行列子集视图,则可以执行更新操作。

例 3-68 定义年龄大于 18 岁的学生视图：

```
CREATE VIEW  S'
    AS SELECT *
        FROM S
        WHERE Sa > 18;
```

这个视图为行列子集视图,因此可执行下面的插入操作。

例 3-69 插入元组(27188,沈华,CS,20)至视图 S'：

```
INSERT
INTO    S'
VALUES('27188', '沈华', 'CS', '20');
```

3.6 嵌入式 SQL

前面所介绍的 SQL 是一种联机终端用户在交互环境下独立使用的自含式语言,通常称其为交互式 SQL(Interactive SQL,ISQL)。ISQL 作为一种功能强大的非过程查询语言,相对于高级程序设计语言,在实现相同查询要求方面通常更为简洁高效。随着数据库应用日益广泛深入,单纯使用 ISQL 会出现下述问题。

(1) 不易表达所有查询要求。由于 SQL 不具图灵完备性,因此存在能够使用 C、Java或 COBOL 完成的查询要求而 SQL 却无能为力。实际上,较复杂的实际应用通常都具有过程化的基本要求,在这方面 ISQL 扩充能力有限,同时太多过程化的扩充将导致优化能力的减弱与执行效率的降低。

(2) 不能对数据进行非声明性处理。在数据库许多应用过程中,不仅需要读出数据,还需要对查询结果数据进行各种非声明性处理,例如系统与用户的交互、数据可视化表示、数据的复杂函数计算与处理等。事实上,实际应用程序日趋复杂,数据查询与更新只是数据处理的一个部分,而数据处理的其他基本要求 ISQL 都难以胜任,需要借助于其他软件,因此对于一个集成的应用过程,需要讨论高级编程语言访问数据库的问题。

为此,人们提出 SQL 另外一种使用方式,即将 SQL 作为一种数据子语言嵌入主语言(高级程序设计语言)当中,利用高级语言的过程性结构来弥补 SQL 实现复杂应用方面的不足。这种嵌入到 COBOL、FORTRAN、C(C++)或 Java 等高级语言中使用的 SQL,称为嵌入式 SQL(Embedded SQL,ESQL)；接受 SQL 嵌入的高级语言,称为主语言或宿主语言。

对于宿主语言中的 ESQL,通常采用两种方法处理。

(1) SQL 语句预处理,即由 DBMS 对 ESQL 语句进行预编译。

（2）宿主语言扩充，即修改和扩充主语言使之能够处理 SQL。

当前主要采用预处理方法，其主要过程如图 3-3 所示。首先，由 DBMS 预处理程序对源程序进行扫描，识别出 SQL 语句；其次，将它们转换为主语言调用语句，使得主语言能够识别它们；最后，由主语言的编译程序将整个源程序编译成目标代码。

所有在终端交互方式下使用的 SQL 语句均能在嵌入方式下使用。由于使用方式差异，需要解决三个主要问题。

（1）语句识别：主语言语句和 SQL 语句的识别，即在主语言中如何辨识 SQL 语句。

（2）数据交互：主语言与 SQL 的数据交互，即主语言变量和 SQL 变量协调与处理。

（3）集合量转换：主语言"单"记录输入与SQL 的"多"记录输出，即主语言变量的输入与

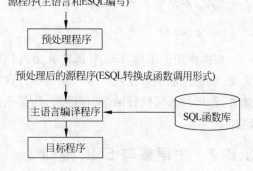

图 3-3 预处理实现过程

输出为"一次一记录"，SQL 中变量（例如列变量）的输入与输出为"一次一集合"，如何完成整体集合量到单个记录量间的转换。

下面围绕上述三个问题介绍基于预处理的嵌入式 SQL 基本技术。

3.6.1 SQL 语句识别

解决"数据识别"的基本途径是对嵌入主语言中的 SQL 语句添加必要标识符。通常是在相应 SQL 语句前加上前缀标识 EXEC SQL，在 SQL 语句结束处加上后缀标识 END_EXEC，也有的在 SQL 语句结束处使用分号";"。例如，嵌入的 SQL 语句格式可以为：

EXEC SQL＜SQL 语句＞ END_EXEC 或 EXEC SQL＜SQL 语句＞；

例 3-70 各种高级程序设计语言中使用嵌入式 SQL 的格式分别如下。

（1）C 语言：使用 SQL 以 EXEC SQL 开始，以分号";"结束。其格式为：

EXEC SQL＜SQL 语句＞；

例如，取消关系 S 的 SQL 语句为：

EXEC SQL DROP TABLE S；

（2）COBOL：以 EXEC SQL 开始，以 END_EXEC 结束。其格式为：

EXEC SQL＜SQL 语句＞ END_EXEC

例如，取消关系 S 的 SQL 语句为：

EXEC SQL DROP TABLE S END_EXEC

（3）Java：使用 SQL 语句的格式为

＃SQL |＜SQL 语句＞|；

例如，取消关系 S 的 SQL 语句为：

```
# SQL | DROP TABLE S | ;
```

(4) Power Builder：使用 SQL 与通常 SQL 没有区别，语句前不需加标记，只需用分号"；"作为语句结束标记。

例如，取消关系 S 的 SQL 语句为：

```
DROP TABLE S;
```

根据作用的不同，ESQL 语句分为可执行语句和说明性语句两类。可执行语句有数据定义、数据控制和数据操作等三种情形。在宿主语言程序中，凡是允许出现高级语言语句的地方，都可加入可执行的 SQL 语句，凡是允许出现说明性高级语句的地方，都可加入说明性SQL 语句。

3.6.2 主语言与 SQL 接口

为了解决"数据交互"，即协调处理主语言变量和 SQL 变量，需要引入"状态变量"和"共享变量"的概念，这也可看做主程序与 SQL 语句的交互接口。

1. 状态变量

ESQL 使用状态变量 SQLSTATE 实现主语言与 SQL 执行系统的连接。SQLSTATE使用由五个字符组成的数组变量来"表示"每次调用 SQL 库函数时系统当前状态和运行情况数据。

SQLSTATE 状态代码由数字或 26 个大写英文字母构成，通常前两位状态代码表示一般类别，后三位表示特殊类别（子类别）。00000 类表示"SUCCESS"，即相应操作正常进行；01000 类表示"SUCCESS WITH INFO"或"WARNING"，例如表示进行算术运算中丢失精度等情况，此时，并不需要改变相应程序流程；02000 类表示"NO DATA"，例如表示没有找到所需要的元组。除此之外，其他所有类别都表示"ERROR"，需要进行必要的纠错或放弃操作。对于可执行 SQL 语句，DBMS 将描述系统当前状态和运行情况的相应状态代码赋予SQLSTATE，应用程序根据 SQLSTATE 取值转向不同程序分支，实现控制程序流向的要求。

2. 共享变量

在 ESQL 中，SQL 语句内可使用主语言的程序变量来输入和输出数据。SQL 中使用主语言程序定义的变量称为共享变量或主变量。共享变量根据其作用的不同，分为输入共享变量和输出共享变量。输入共享变量由应用程序对其赋值，SQL 加以引用；输出共享变量由 SQL 语句对其赋值或设置状态信息，返回给应用程序。共享变量主要作用有：

(1) 指定向数据库中插入的数据。

(2) 把数据库中的数据修改为指定值。

(3) 指定 WHERE 子句或 HAVING 子句中的条件。

一个共享变量既可作为输入共享变量又可作为输出共享变量。利用输出共享变量，可得到 SQL 语句的执行结果和状态信息。

共享变量实际上是 SQL 和主语言的接口，数据库和主语言程序之间通过共享变量实现信息传递。共享变量首先由主语言程序定义，再由 SQL 通过 DECLARE 语句说明，此后

SQL 语句就可引用这些变量。

1）共享变量声明

SQL 语句中用到的共享变量都须加以声明。声明语句格式如下：

```
EXEC SQL BEGIN DECLARE SECTION
    <共享变量,…,共享变量,状态变量>
EXEC SQL END DECLARE SECTION
```

经过声明的共享变量可在 SQL 语句中任何一个能够使用表达式的地方予以调用。

例 3-71　在 C 语言中,使用下述形式说明共享变量与状态变量：

```
EXEC SQL BEGIN DECLARE SECTION
        char S# [5],Sn [9],Sa [4];
        char SQL_STATE [6];
EXEC SQL END DECLARE SECTION;
```

说明：上述语句组成一个共享变量与状态变量的说明,其中第二行对三个共享变量 S#、Sn 和 Sa 予以说明,第三行对状态变量 SQL_STATE 予以说明。这里,状态变量 SQL_STATE 的长度为"6"而不是"5",主要在于 C 语言中要求变量值作为字符串使用时应有结束符"\0"。

2）共享变量使用

SQL 语句中共享变量名称前须添加冒号"："作为标志,这样就可以与数据库中的对象名(表名、视图名和属性名等)相区别。同样,SQL 语句中状态变量之前也须加有冒号,同时紧跟在所指的共享变量后。

在 SQL 语句之外的其他地方,声明之后的主变量和状态变量就可直接引用,不必添加冒号。在主程序内,一般不出现 SQL 变量。

例 3-72　在 C 语言中,在关系表 S 中查询 S#＝S19 的学生姓名和年龄：

```
EXEC SQL SELECT Sn,Sa
    INTO: Sn,: Sa
    FROM S
    WHERE S# = S19;
```

说明：在上述语句的第二行,使用了"INTO",它表示将查询到的数据输出到相应共享变量 Sn 和 Sa 中。

3. ESQL 程序

一个 ESQL 程序通常由下述部分构成。

1）通信区语句

在每个 ESQL 程序的前部通常都有 INCLUDE SQLCA 语句。

SQLCA 是一种数据结构,表示 SQL 通信区(SQL Communication Area,SQLCA)。在执行 SQL 语句后,系统反馈信息给程序,这些信息被送入 SQLCA。SQLCA 中有一个存放每次执行 SQL 语句后返回代码的变量 SQLCODE,这是一个整型变量,反映 SQL 语句执行后的结果状态。应用程序每执行一条 SQL 语句之后都要测试一次 SQLCODE 值。当它为 0 时表示正常结束,即 SQL 语句执行成功；非 0 时为非正常结束,SQL 语句执行不成功。

数据库系统教程(第 2 版)

即 SQLCODE 的基本功能是 DBMS 向宿主程序报告执行 SQL 语句的情况。

2) 声明语句

在 INCLUDE SQLCA 语句之后,就是 ISQL 程序的 DECLARE 部分,即前述的共享变量与状态变量的声明部分。

3) 连接语句

连接语句即 CONNECT 语句。其一般格式为:

```
EXEC SQL CONNECT <.SQL 服务器或数据库名称> USER <用户名>
```

事实上,ISQL 通过 CONNECT 语句建立 SQL 连接,以便在用户环境下访问确定服务器上的数据库。当 CONNECT 语句缺省时,系统执行默认连接。

4) 应用程序体

应用程序体也就是若干 SQL 语句或主语言语句。

对数据库操作完成后,可使用 COMMIT WORK RELEASE 提交结果和退出数据库。

4. 非游标 ESQL 操作

并非所有 ESQL 语句都涉及"一次一集合"情形,例如下述数据操作就是如此。

(1) 数据查询中的一种特殊情形:查询结果只需要输出一条记录(元组),即输出结果为单元素集合。

(2) 数据更新中的三种基本情形:"INSERT"、"DELETE"和"UPDATE"。这些语句不需要返回数据结果。

此时,数据操作结果就不是"一次一集合"情形,不需要使用下一小节中的游标技术,而是一种非游标 ESQL 情形。对于这种情况,只需加上前缀标识"EXEC SQL"和后缀标识"END_EXEC"或";",就可将相应 SQL 语句嵌入到主语言程序当中。需要注意,对于查询结果是单个元组的 SELECT 语句,应当在 SELECT 子语句后面加入"INTO"子句,指明查询值须送到相应主变量中。

例 3-73 在 S 表中插入一个新的学生记录,其各个属性值已在相应主变量当中:

```
EXEC SQL INSERT INTO S(S#,Sn,Sa,Se,Sd)
VALUES(:givensno,:S#,:Sn,:Se);
```

说明:由于没有给出学生的年龄和所在系的属性值,系统将自动置为空值。

例 3-74 在 SC 表中删除一个学生的各科成绩,该学生姓名在主变量 S# 中给出:

```
EXEC SQL DELETE FROM SC
WHERE S# = (SELECT S#
            FROM S
            WHERE Sn = :Sn);
```

例 3-75 将课程名为"MATHS"的成绩增加某个确定的值,而该值在主变量 raise 中给出:

```
EXEC SQL UPDATE SC
SET GRADE = GRADE + :raise
WHERE C# IN(SELECT C#
            FROM C
```

```
             WHERE Cn = 'MATHS');
```

3.6.3 游标技术

"集合量转换"主要出现在数据查询结果为多元素集合情形,对此需引入游标技术。

1. 游标的概念

SQL 与主语言处理数据方式不同。SQL 面向集合,SQL 变量为集合型,一条 SQL 语句原则上可产生或处理多条记录;主语言面向记录,主变量为标量型,一组主变量一次只能存放一条记录。此时,SQL 变量不能够直接提供数据给主程序使用,即仅使用主变量并不能完全满足 SQL 语句向应用程序输出数据的要求。为此需要一种机制,将 SQL 变量中的集合内逐个取出元素送入主变量,进而提供给主程序使用。

解决问题的基本思路是在 ESQL 中引入"游标"(Cursor)的概念,用游标来协调 SQL 和主语言两种不同数据处理方式。

游标实际上是系统为用户设置的一个数据缓冲区,用以存放 SQL 语句的结果数据集合。每个游标区都有一个名字。用户可通过游标逐一读取数据记录,赋值给主变量后再交由主语言程序作进一步处理。游标的作用如图 3-4 所示。

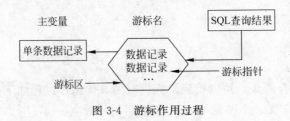

图 3-4　游标作用过程

2. 游标语句

利用游标的概念提供协调机制的基本方法是在 ESQL 中增加一组游标语句。

1) 游标定义语句

游标定义语句可为 SQL 语句输出结果定义一个命名的游标。其语句格式为:

```
EXEC SQL   DECLARE
<游标名> CURSOR   FOR <映像语句>
```

例 3-76　下面是 C 语言中的一个游标定义语句:

```
EXEC SQL DECLARE SX CURSOR FOR
    SELECT    S#,Sn,Sa
    FROM      S
    WHERE Sd = :DEPT;
```

说明:游标定义语句仅仅是一个说明性语句,并不执行其中定义的映像语句。

2) 游标打开语句

游标定义后在使用时需要打开游标,此时游标处于活动状态并指向集合的第一条记录。其一般形式为:

```
EXEC SQL OPEN <游标名>
```

数据库系统教程(第 2 版)

打开游标就是执行相应查询语句,查询多行数据,同时将所得到的查询结果即数据行形成一个集合,称为游标活动集合或结果表,将游标指针置于其首端。

3)游标推进语句

游标推进语句读出当前记录,并将游标推向集合中下一条记录。此语句常用于循环,其一般格式为:

```
EXEC SQL FETCH <游标名> INTO <变量名> END_EXEC
```

该语句的作用是推进游标指针并将当前记录赋予主变量。在默认情况下,执行一次FETCH 语句就是将游标指针移到结果集的下一行位置,一行接着一行地向前推进,但不能退行。

4)游标关闭语句

游标使用完后需要关闭。其一般格式为:

```
EXEC SQL CLOSE <游标名>
```

该语句作用是释放结果表所占用的缓冲区及其资源。

在例 3-76 中定义的游标打开、推进和关闭语句如下:

```
EXEC SQL OPEN SX;
EXEC SQL FETCH   SX;
INTO: S#,: Sn,: Sa;
EXEC SQL CLOSE SX;
```

由上述实例并结合图 3-4,可以得到游标机制的具体运作过程如下。

(1)用定义语句定义一个游标与 SELECT 语句相对应。

(2)用打开语句打开游标,使游标处于活动状态,游标指针指向查询结果中首个元组之前。

(3)执行一次 FETCH 语句,游标就指向下一元组,将其值传送于主变量。如此往复,直到所有元组处理完成。

(4)使用游标关闭语句关闭游标。关闭后的游标可以重新打开,用于处理新的查询结果。

3.基于游标程序实例

在 ESQL 中,SQL 语句通过输入主变量从主语言中接收执行参数以操纵数据库,DBMS 将 SQL 语句执行状态送至 SQL 通信区(SQL Communication Area,SQLCA)。SQLCA 是一种数据结构,应用程序中用 EXEC SQL INCLUDE SQLCA 语句加以定义。主语言程序从 SQLCA 中取出信息,据此决定下一步的操作。在上述执行当中,如果 SQL 语句从数据库中成功查询数据,则通过输出主变量传给主语言进一步处理;如果查询结果是多个元组,主语言就无法直接使用,此时必须应用游标机制将多个元组"一次一元组"地传送给主语言程序处理。下面给出一个使用游标语句的 C 程序实例。

例 3-77 在表 SC 中检索某个学生(学号由共享变量 givensno 给出)的学习成绩信息(S#,C#,GRADE):

```
#define NO_MORE_TUPLES!(strcmp(SQL_STATE,"02000"))
```

```
void sel()
{EXEC SQL BEGIN DECLARE SECTION;
        char S#[5],C# [5],givensno[5];
        int G;
        char SQLSTATE[6];
EXEC SQL END DECLARE SECTION;
        /*定义共享变量和指示变量*/
EXEC SQL DECLARE Se CURSOR FOR
        SELECT S#,C#,GRADE
        FROM SC
        WHERE S# = ;givensno;
        /*定义游标*/
EXEC SQL OPEN Se;
While (1)
        {EXEC SQL FETCH FROM Sex
          INTO : S#,:C#,:G;
        If (NO_MORE_TUPLES)break;
        printf("%S, %S, %d\n",S#,C#,G);
        }
EXEC SQL CLOSE Se;
        /*游标机制使用*/
}
```

说明：这里使用了 C 语言中的宏定义 NO-MORE-TUPLES，表示找不到元组，其值为 1。

3.6.4　动态 SQL

ESQL 语句有一个特点，即语句中主变量个数与数据类型在预处理时都是确定的，只有主变量值在程序运行过程中是动态输入。通常称这类语句为静态 ESQL 语句。

在许多情况下，静态 ESQL 语句提供的编程灵活性仍显不足。例如对前面的 SC 表，任课教师需要查询选修他所授课程的学生学号及成绩；辅导员需查询某个学生选修课程号与相应成绩；学生需查询自己选修的某门课程成绩等。这里问题都表现为查询条件和查询属性列都并不确定；也就是说，源程序往往不能包括用户的所有操作，某些数据操作中的参数和格式可能只有在系统实际运行时才会表现出来，因此需要研究 ESQL 的动态实现技术，这就是动态 SQL(Dynamic SQL,DSQL)。通常 DBMS 都具有 DSQL 功能。

一般而言，应用过程中可能出现的不确定的 SQL 语句主要有下述几种情形。

(1) 临时输入的 SQL 语句。在程序运行时需要临时输入 SQL 语句，其特点是整个语句本身确定，但语句正文以及何时使用不确定，这是一种没有参数和返回对象的 SQL 语句，主要用于数据创建情形，例如需要动态生成的 CREATE TABLE 语句。

(2) 具可变条件 SQL 语句。此时，其中的 SELECT 子句(输出)和 FROM 子句(数据对象)确定，而 WHERE 子句(条件)不确定。这是一种有参数而无返回结果的 SQL 语句，主要用于数据更新情形，例如需要根据情况删除和插入某些学生选课。

(3) 数据对象和条件可变 SQL 语句。此时，查询条件和查询结果都不确定，其中 SELECT 子句中属性列名、FROM 子句中基本表或视图名称以及 WHERE(HAVING)子句中的条件都需要在实际运行时由用户临时构建。这是一种有参数和返回结果的 SQL 语句,主要用于数据查询情形,例如根据情况查询某些学生的选课情况和成绩。

下面根据上述三种不确定情形分别讨论相应的 DSQL 技术。

1. DSQL 技术

DSQL 一般不直接嵌入主语言程序,而是在程序中设置一个字符串变量,当程序运行时通过交互输入或从某个文件读取等方式接收 DSQL 语句,并将其存储到设置的字符串变量当中。由于不是直接嵌入,字符串变量接收到的合法 SQL 语句当中不可带有前缀 EXEC SQL 或 DECLARE、OPEN、FETCH、CLOSE、WHENEVER、INCLUDE、PREPARE 等关键词。

DSQL 的实质是根据实际情况在程序运行过程当中动态构建 SQL 语句。目前实现 DSQL 的方法主要有直接执行、带动态参数和动态查询三种类型。

1) 直接执行

直接执行就是由实际应用定义一个字符串主变量,用其存放要执行的 SQL 语句。其中的 SQL 语句分为固定和可变两个部分,固定部分由应用程序直接赋值,可变部分则按照应用程序的提示在程序执行时由用户输入,此后使用 EXCE SQL EXECUTE IMMEDIATE 语句执行字符串主变量中的 SQL 语句。

2) 带动态参数

带动态参数的 SQL 语句中含有未定义变量,这些变量仅起占位器作用。在此类语句执行前,应用程序提示输入相应参数以取代这些变量。

对于非查询的 DSQL 语句使用直接执行、带自动参数的操作。

3) 动态查询

动态查询 SQL 语句是一类针对查询结果为集合且需返回查询结果,但往往不能在编程时予以确定的 SQL 语句。此类查询可预先由应用定义一个字符串主变量,用它存放 DSQL 语句。应用程序在执行时提示输入相应 SQL 语句。此类 SQL 查询一般需要使用游标(动态游标)。

2. DSQL 语句

实际应用中,主要通过下述两个语句实现动态 SQL 机制。

1) DSQL 预备语句

动态 SQL 预备语句一般格式为:

`EXEC SQL PREPARE <DSQL 语句名> FROM <主变量或字符串>`

其中,主变量或字符串值应是一个完整的 SQL 语句。该语句在程序运行中由用户输入组合起来。此时,该语句并不执行。

2) DSQL 执行语句

DSQL 执行语句的一般格式为:

`EXEC SQL EXECUTE <DSQL 语句名>`

在上述两种语句使用过程中,当预备语句中组合而成的 SQL 语句只需执行一次时,预备语句和执行语句可以合并为一个如下的语句:

`EXEC SQL EXECUTE IMMEDIATE <主变量或字符串>`

当预备语句中组合的 SQL 语句条件值尚缺时,可在执行语句中使用 USING 短语填充:

```
EXEC SQL EXECUTE <DSQL 语句名> USING <主变量>
```

例 3-78　DSQL 的 C 语言程序段:

```
EXEC SQL BEGIN DECLARE SECTION;
    char * query;
EXEC SQL END DECLARE SECTION;
scanf(" % s",query); / * 由键盘输入一个 SQL 语句 * /
EXEC SQL PREPARE que FROM: query;
EXEC SQL EXECUTE que;
```

说明:上述程序段表示从键盘输入一个 SQL 语句到字符串组中,字符指针 query 指向字符串第一个字符。如果该语句只执行一次,则程序段最后两个语句可以合并成一个语句:

```
EXEC SQL EXECUTE IMMEDIATE: query;
```

3.7　存储过程

客户机/服务器数据库与传统数据库结构是数据库系统的两种基本形式,两者之间有着一个重要的差异:传统数据库主要用于存放数据,而操作数据所需各类应用程序都存放在客户应用端,与用户实际运行的应用程序捆绑在一起;基于客户机/服务器结构的数据库不仅存放数据,还存放应用程序。这种存放在数据库当中并可像数据一样进行管理的数据库应用程序就是存储过程。

存储过程是事先编制并存储于数据库中的应用程序,这些程序用来完成对数据库的指定操作。

存储过程可以分为系统存储过程和用户存储过程两种情形。

(1)系统存储过程:由 DBMS 本身提供的存储过程,用于管理系统基本运行和显示有关数据库和用户的信息。

(2)用户存储过程:用户自身编制的存储过程,并将其和数据一样存放在数据库中,以此充分发挥数据库服务器功能和减少传输网络的开销。

当不使用存储过程时,涉及的所有数据处理都在客户端完成;而使用存储过程时,各种数据处理都在服务器端完成。相关情形分别如图 3-5 和图 3-6 所示。

存储过程是客户机/服务器机制中的重要组成部分,在基于客户机/服务器机制的数据库管理系统中,如果不能很好地理解和充分利用存储过程,客户机/服务器的机制功能就难以很好发挥,系统的整体性能也难以得到提升。

本节以 SQL Server 为例,学习存储过程的创建、使用和管理等基础技术。

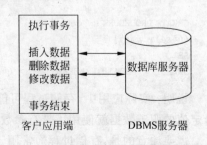

图 3-5　没有使用存储过程的数据库系统

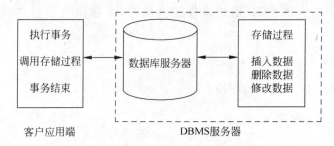

图 3-6 使用存储过程的数据库系统

3.7.1 存储过程创建和执行

创建存储过程的 SQL 语句一般格式如下：

```
CREATE PROC[EDURE]PROCEDURE_NAME [ ; NUMBER ]
[ @PARAMETER DATA_TYPE [ = DEFAULT ], … ]
AS SQL_STATEMENT
```

其中：

(1) PROCEDURE_NAME 是存储过程名称；

(2) NUMBER 是对同名的存储过程指定一个序号；

(3) @PARAMETER 给出参数名；

(4) DATA_TYPE 指出参数的数据类型；

(5) =DEFAULT 给出参数的默认值；

(6) SQL_STATEMENT 是存储过程所要执行的 SQL 语句,通常是一组包含流程控制语句的 SQL 语句。

例 3-79 下述是一个简单的存储过程：

```
CREATE PROCEDURE sp_getemp;1
AS
SELECT * FROM 职工
```

说明：本例创建了一个名为 sp_getemp；1 的存储过程。sp_getemp；1 在首次执行时就被编译并存放在数据库中。此后当需要从数据库职工关系表查询数据时就予以调用执行,DBMS 将在服务器端完成查询操作后将结果传回给客户。

例 3-80 带参数的存储过程：

```
CREATE PROCEDURE sp_getemp;2
(@salary int)
AS
SELECT * FROM 职工 WHERE 工资 > @salary
```

说明：实际应用中,存储过程可能还需要使用相关参数,例如本例中为了选择工资大于给定值的职工数据就使用了带有参数的存储过程。

需要注意的是,存储过程通常用于完成数据查询和数据更新,其中不可使用各类数据库对象的创建语句,即在存储过程中一般不能含有以下语句：CREATE TABLE；CREATE

VIEW；CREATE DEFAULT；CREATE RULE；CREATE TRIGGER；CREATE
PROCEDURE。

执行存储过程的 SQL 语句一般格式如下：

```
[EXECUTE]
[@<返回状态码> = ]
<存储过程名>
[[@<参数> = ]{<值>|@<变量>} … ]
```

3.7.2　存储过程状态信息

无论何时执行存储过程，都需返回一个结果码，用以指示存储过程的执行状态。如果存储过程执行成功，返回的结果码是 0；如果存储过程执行失败，返回的结果码一般是一个负数，它和失败的类型有关。用户在创建存储过程时，也可以定义自身的状态码和错误信息。

例 3-81　带参数和返回状态值的存储过程：

```
CREATE PROCEDURE sp_getemp;3
(@salary int = NULL)
AS
IF @salary IS NULL
BEGIN
    PRINT '必须提供一个数值作参数!'
    RETURN 13
END
IF NOT EXISTS (SELECT * FROM 职工 WHERE 工资 > @salary)
BEGIN
    PRINT '没有满足条件的记录!'
    RETURN - 103
END
SELECT * FROM 职工 WHERE 工资 > @salary
RETURN 0
```

说明：本例中存储过程为一组 SQL 语句，同时其中含有相应的流程控制语句。

例 3-82　执行以上存储过程：

```
DECLARE @status int
EXECUTE @status = sp_getemp;3 1200
print @status
```

说明：存储过程 sp_getemp;3 如果执行成功就返回状态标识 0，将查询结果传送至客户端；如果调用时没有给出参数，则显示出错信息并返回状态标识 13；如果查询失败就显示相关信息并返回状态标识－103。实际应用中，在编制存储过程时需要预测执行时可能出现的错误，在存储过程中加入出错信息或提示信息。

3.7.3　存储过程修改和删除

与数据库中的数据一样，数据库中的存储过程也可进行动态管理即进行必要的更新操作。

存储过程修改的 SQL 语句一般格式如下：

```
ALTER PROC[edure]procedure_name [ ; number ]
[ @parameter data_type [ = default ], … ]
    AS sql_statement
```

存储过程删除的 SQL 语句一般格式如下：

```
DROP PROC[edure]procedure_name
```

删除存储过程的语句中不能使用指定序号，即执行该语句将同时删除所有的同名存储过程。

本章小结

1. 知识点回顾

SQL 已经成为数据库的主流语言，其意义远远超出数据库自身范围，对整个计算机领域都产生影响。从关系运算上来看，SQL 是介于关系代数和元组演算之间的一种结构化非过程查询语言；从 SQL 本身组成来说，SQL 基本内容包括数据定义、数据查询、数据更新和数据控制四个方面。一个使用 SQL 的数据库是"表"的汇集，它用一个或者多个 SQL 模式定义。基本表是实际存储在数据库中的表，是"实表"；视图是由若干个基本表或其他视图导出的表，是"虚表"。SQL 中视图管理不仅保持了数据库的逻辑独立性，而且简化了用户观点，同时还为数据库提供了一定的自动安全保护功能。需要指出的是，SQL 的用户可以是终端用户，也可以是应用程序。

SQL 的数据定义分为两个层次，一是数据库(模式)的创建，二是实际数据文件的创建。

数据文件创建包括基本表、索引、视图等的创建，其中最为基本的是基本表的创建。此时，需要注意以下两点。

(1) 数据文件(数据模式)更新与基本表中数据更新在含义与更新语句方面的区别。

(2) 基本表创建过程中各类约束条件的设置。约束条件通常分为系统约束性条件和用户定义约束两种情形。

① 系统约束性条件：约束内容与约束语句由系统提供，是系统内置性约束条件。主要有以下两种。

a. 基本约束：UNIQUE 约束、NOT NULL 约束、NULL 约束、DEFAULT 约束。

b. 键约束：PRIMARY KEY 约束、FOREIGN 约束。

② 用户定义约束：由用户根据应用背景设置，通常由关键词 CHECK 引导，此时也称为 CHECK 约束。

各种约束条件如果只涉及单个属性，则可以定义在属性列上，此时称其为列级约束性条件；如果涉及多个属性(属性集合的子集)，则需要统一描述，此时称其为表级约束性条件。上述各个约束情形都可定义在列或表级的层面。

两个关系表的等值连接和自然连接是有区别的。在 SQL 语句中，如果在 SELECT 子句中对于所涉及的被连接表都使用通配符"＊"，则将得到等值连接结果，为了得到自然连接结果,需要在 SELECT 子句中进行输出属性列的设定。也就是说,在 SQL 中并不能简单地得到自然连接结果。

　　基于 SQL 的关系数据查询是本章的重点,特别需要注意基于连接和基于嵌套的多表查询。一般而言,基于嵌套的多表查询大多可以转换为基于连接的多表查询,但连接查询不一定能够转换为嵌套查询。这里的主要原因是由于连接中各表"平等",而嵌套中各表有"内层"与"外层"之分。例如,当一个多表查询的输出结果中含有涉及多个表的属性时,就不能使用嵌套查询;也就是说,嵌套查询最终输出元组中的属性只能来自"最外层"关系的属性集合。

　　随着数据库应用领域的拓展和相应研究的深入,数据处理并不仅仅局限于"非过程化"的范围(例如面向对象数据和 XML 数据),这就要求在应用中将 SQL 语句与高级程序设计语言实行有效整合,由此引入了嵌入式 SQL 技术。这部分内容体现了数据库技术与其他基本技术的融合性与共进,具有重要的理论与应用价值。

　　通常,数据和操作数据的程序是不同的,但在 SQL 中引入存储过程技术后,人们就可以像管理数据那样管理数据库中各种基于应用的操作程序,不仅可以有效提升数据库工作性能,同时也深化了人们对于数据库功能的理解与认识。

2. 知识点关联

　　(1) SQL 的主要功能如图 3-7 所示。

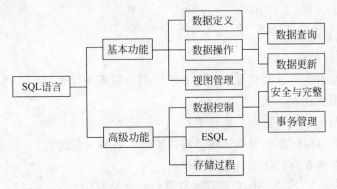

图 3-7　SQL 的主要功能

　　(2) SQL 查询的基本功能如图 3-8 所示。

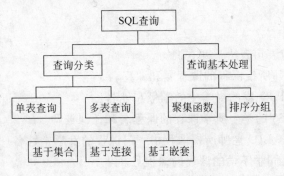

图 3-8　SQL 查询的基本功能

（3）SQL 嵌套查询如图 3-9 所示。

图 3-9　SQL 嵌套查询

（4）ISQL 和 ESQL 如图 3-10 所示。

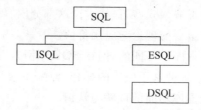

图 3-10　ISQL 和 ESQL

习题 3

01. 试述 SQL 的特点。

02. 试述 SQL 的定义功能。

03. 什么是基本表？什么是视图？两者的区别和联系是什么？

04. 试述视图的优点。

05. 所有视图是否都可更新？为什么？

06. 哪类视图可以更新？哪类视图不可以更新？各举一例说明。

07. 什么是连接查询？什么是嵌套查询？

08. 什么是嵌入式 SQL？什么是共享变量？什么是游标？

09. 对于下述三个关系：

S (S♯,Sn,Sa,Sex)
C (C♯,Cn,TEACHER)
SC (S♯,C♯,GRADE)

试用 SQL 的查询语句表达下列查询。

（1）检索 LIU 老师所授课程的课程号和课程名。

（2）检索年龄大于 23 岁的男学生的学号和姓名。

（3）检索学号为 S3 的学生所学课程的课程名和任课老师。

（4）检索至少选修 LIU 老师所授课程中一门课程的女学生姓名。

（5）检索 WANG 同学不学的课程的课程号。

（6）检索至少选修两门课程的学生学号。

（7）检索全部学生都选修的课程的课程号和课程名。

（8）检索选修课程中包含 LIU 老师所授课程的学生学号。

10．试用 SQL 查询语句表达下列对教学数据库中三个基本表 S、C、SC 的查询。

（1）在表 C 中统计开设课程的教师人数。

（2）求选修 C4 课程的女学生的平均年龄。

（3）求每个学生选修课程（已有成绩）的门数和平均成绩。

（4）统计每个学生选修课程的门数（超过 5 门的学生才统计）。要求输出学生学号和选修门数，查询结果按门数降序排列，若门数相同，按学号升序排列。

（5）检索学号比 WANG 同学大，而年龄比他小的学生姓名。

（6）在表 SC 中检索成绩为空值的学生学号和课程号。

（7）检索姓名以 L 开头的所有学生的姓名和年龄。

（8）求年龄大于女同学平均年龄的男学生姓名和年龄。

（9）求年龄大于所有女同学年龄的男同学的姓名和年龄。

11．请为三建工程项目建立一个供应商情况的视图，包括供应商号 Sno、零件号 Pno、数量 Qty。针对该视图完成如下查询。

（1）找出三建工程项目使用的各种零件代码及数量。

（2）找出供应商 S1 的供应情况。

第 4 章　关系数据模式设计

关系数据模型是对数据间联系的一种抽象化描述,它在较高层面上说明了数据是如何进行组织与关联的。关系数据模式则是基于给定的关系数据模型,对一个应用单位相对具体的数据结构进行描述,它与数据语义密切相关。在实际应用中,关系数据库设计基本课题之一就是如何建立一个"好"的数据模式,也就是针对一个应用单位中给出的数据集合,如何构造出一个"应用"数据库,使得该系统无论是在数据存储还是数据操作方面都具有较好性能。这里的基本问题是:什么样的模式是"合理"的或"好"的,应当使用怎样的标准来鉴别相应设计是否合理,如果不合理应当如何改进。正是针对上述问题,人们提出并发展了一套关系数据库模式设计理论与方法,这些理论与方法也称为关系模式的规范化理论与技术。

4.1　模式设计与数据冗余

数据的基本属性是对其语义的描述。数据语义可以分为两个层面。首先是对数据本身的语义限定,例如关系模式的实体完整性和属性域约束等;其次是数据之间的语义联系。数据间语义联系又可以分为两个方面,一个是不同数据模式中数据实体之间的联系,例如参照完整约束等;另一个是同一数据模式中数据实体内部特征即属性之间的联系,本章所讨论内容主要是从这个角度出发。关系数据不同实体间联系表现为数据的逻辑结构,由数据模型予以形式化说明和描述,数据实体内部属性间联系表现为数据的语义关联,由数据模式进行意义上的刻画和解释。关系数据模型形式上作为一张二维表,是所涉及属性域的笛卡儿乘积的一个子集,它说明了关系数据的一般结构。在具体应用中,通常是在关系数据模型框架内,根据某种实际特征也就是语义条件来确定这种子集,这里的语义条件本质上是由相应属性集合中属性间的联系决定,因此,关系模式的问题可以看做给定数据模式中相应属性间语义关联问题。

属性之间的联系描述应当具有某种"内在"性质,不能只根据属性间某些外在表征,随意将某些属性放在一起组成一个关系模式,这样将可能引发一系列问题,其中最突出的就是数据冗余以及由此带来的操作异常。具体而言,如果关系模式设计不当,就会出现数据冗余;有了数据冗余,就可能产生操作异常。为了解决这些问题,需要深入讨论属性之间的内在语义联系。属性联系中最基本和最常用的就是数据依赖联系(简称为数据依赖)。数据依赖包括函数依赖、多值依赖和连接依赖等重要情形。

4.1.1　数据冗余与操作异常

数据冗余(Data Redundancy)是指同一数据在一个或者多个数据文件中重复存储。系统如果出现数据冗余,不仅会占用消耗大量的系统资源,造成不必要开销,更严重的是会带来各种数据操作异常,对数据库性能正常发挥造成极大影响。

例 4-1　设有关系模式 R(U),其中 U={S♯、C♯、Tn、Td、G},S♯ 和 C♯ 为学生学号和课程编号,Tn 为任课教师姓名,Td 为任课教师所在系别,G 为课程成绩。关系 R(U)有如下语义限定。

(1) 一个学生具有唯一一个学号,一门课程具有唯一一个课程编号。

(2) 每一位学生选修的每一门课程都有一个成绩。

(3) 每一门课程只由一位教师任课,但一位教师可以担任多门课程。

(4) 教师姓名中不存在重名问题,每一位教师只属于一个系。

根据上述语义和常识,可知 R 有以下三组候选键:{S♯,C♯}、{C♯,Tn}、{Tn,Td}。选定{S♯,C♯}作为主键。通过分析关系模式 R(U),可以发现下面两类问题。

(1) 数据大量冗余。这主要表现在:每一门课程的任课教师姓名必须对选修该门课程的每个学生重复一次;每一门课程的任课教师所在的系名也必须对选修该门课程的每个学生重复一次。

(2) 数据操作异常。由于存在数据冗余,就可能导致数据更新异常(Update Anomalies)。

① 修改异常(Modification Anomalies):修改一门课程的任课教师,或者一门课程由另一个教师开设,就需要修改多个元组。如果一部分修改,而另一部分不修改,就会出现数据间的不一致。

② 插入异常(Insert Anomalies):由于主键中元素的属性值不能取空值,如果某系的一位教师不开课,则这位教师姓名和所属系名就不能插入;如果一位教师所开的课程无人选修或者一门课程列入计划而目前不开,也无法插入教师姓名和所属系名。

③ 删除异常(Deletion Anomalies):如果所有学生都退选一门课,则有关这门课的其他数据(Tn 和 Td)也将删除;同样,如果一位教师因故暂时停开一门课程,则这位教师的其他信息(Td,C♯)也将被删除。

4.1.2　冗余原因与解决思路

数据冗余产生有着较为复杂的原因。从数据语义关联考察,这里在于下述两个问题。

(1) 多个文件之间的联系。

(2) 同一个文件中数据之间的联系。

若对上述问题处理不当就可能导致数据冗余。第一个问题主要出现在数据管理的文件系统阶段。由于文件系统没有考虑和体现相关多个文件之间的联系,同一数据经常在不同文件中反复出现，数据冗余现象突出。数据库系统，特别是关系数据库系统，与文件系统的重要区别就是充分考虑到文件间相互关联并采取相应处理措施，从而有效地处理了上述第一个问题，在很大程度上减少了冗余产生。关系数据库较好地处理了文件层面的联系，但并不意味着数据层面上的联系可以自动解决。恰恰相反，第二个层面上的问题反而会凸显。例 4-1 说明，数据之间联系处理不好，或者说，关系模式如果设计不好，关系数据库仍然会出现大量数据冗余，仍然会导致各种操作异常的发生。

同一关系模式中各个属性子集之间的（语义）依赖关系，通常称为数据依赖（Data Dependence）。关系系统当中数据冗余产生的重要原因就在于对数据依赖处理不当，在于关系模式本身的结构设计可能存在缺陷。

数据依赖源于关系结构本身。在关系模式中，各个属性一般说来是有关联的，但是这些关联有着不同的表现形式。

（1）一部分属性取值能够决定该模式中其他所有属性取值，也就是部分属性构成的子集合与模式整个属性集合之间存在语义关联。事实上，一个关系可有一个或者多个候选键，选定其中之一就可成为主键。元组中主键值唯一确定元组中其他的属性值。主键是一个元组存在的标志，也是各个元组相互区别的标识。作为"自身标志"，其取值就须"确定无疑"，不能全部或者部分设为空值；作为"区别标识"，其中取值就不能重复出现。

（2）一部分属性取值决定模式中其他若干属性的取值，也就是一些部分属性组成的子集合与另一些部分属性组成的子集合的语义关联。这种数据关联可以看做关系结构中"候选键"问题的推广，也就是本章所要重点学习的"数据依赖"情形。

在关系数据库中，具有一定关联的属性通常需要编排在同一关系模式当中，当然这还远远不够，因为属性之间相互关联有"强"与"弱"之分，也有直接关联与间接关联之别。如果在设计关系模式时，仅仅着眼于"有无关联"现象，而没有深入考虑关联的特性，只是简单地将关联密切的和关联松散的、具有这类关联的和有另一类关联的属性编排在一起，就可能产生较大数据冗余，产生"排他"现象，引发各种冲突和异常。事实上，有些属性关联本来可以导致独立的关系模式存在，但可能不得不依附其他关系。这是关系结构本身带来的限制，不是现实世界真实情况的正确反映。解决问题的基本方法就是将关系模式进一步分解，即将模式中的属性按照一定规范重新"分组"，将简单的"只要有关联就放在一起"方式变为依据规范的"一地一关联"方式，使得"逻辑"上独立的信息放在"语义"上也独立的模式当中，即进行所谓的关系规范化。

由此可知，在关系数据库设计中，不是随便一种关系模式设计方案都"合适"，更不是任何一种关系模式都可以投入应用。数据库中每个关系模式的属性之间需要满足某种内在的必然联系，需要分析和掌握属性间语义关联，然后再依据这些关联得到相应设计方案。

在理论研究和实际应用中，对于一个属性子集关于另一个属性子集的"依赖"关系，可以按照属性间的对应情况分为两类，一类是"多对一"的依赖，一类是"一对多"的依赖。其中"多对一"依赖最为常见，研究结果也最为齐整，这就是本章着重讨论的"函数依赖"。"一对多"依赖相对复杂。属性之间通常存在两种基本的"一对多"关系，一种是多值依赖关系，另一种是连接依赖关系。基于对这三种依赖关系在不同层面上的具体要求，人们又将属性之间的这些关联分为若干等级，这就形成了所谓关系的规范化（Relation Normalization）。因此，解决关系数据库冗余问题的基本方案就是分析研究属性之间的联系，按照每个关系中属性间满足某种内在语义条件,以及相应运算当中表现出来的某些特定要求,也就是按照属性间联系所处的规范等级来构造关系模式。由此产生的一整套有关理论称为关系模式规范化理论或关系模式设计理论。在数据管理中,数据冗余一直是影响系统性能的重大问题,规范化理论就成为关系数据库模式设计中的核心部分。

4.2　函数依赖

在数据依赖现象的讨论中,函数依赖是最为常见和基本的情形。

4.2.1　函数依赖的基本概念

在某种意义上,函数依赖可以看做数学中函数关系的拓展和应用。

1. 函数依赖

设 $R(U)$ 是属性集 U 上的关系模式,X 和 Y 分别是 U 的属性子集,r 是 $R(U)$ 中任意给定的一个关系实例,X、$Y \subseteq U$,$t[X]$ 表示 r 中元组 t 在属性子集 X 上的取值。若 $\forall s$、$t \in r$,当 $s[X] = t[X]$ 时,就有 $s[Y] = t[Y]$,则称属性子集 X **函数决定**属性子集 Y 或者称 Y **函数依赖**于 X(Functional Dependence),否则就称 X 不函数决定 Y 或者称 Y 不函数依赖于 X。

若 Y 函数依赖于 X,则记为 $X \rightarrow Y$,并称 X 为决定因素(Determinant Factor),Y 为依赖因素(Dependent Factor)。若 Y 不函数依赖于 X,则记为 $X /\!\!\rightarrow Y$。如果 $X \rightarrow Y$,且 $Y \rightarrow X$,则记为 $X \leftarrow\!\!\rightarrow Y$。

需要注意,函数依赖不是指关系模式 R 中某个或某些关系实例满足的约束条件,而是指 R 的一切关系实例均要满足的约束条件。

函数依赖概念可看做候选键概念的推广。事实上,每个关系模式 $R(U)$ 都存在候选键 K,每个候选键 K 都是 U 的一个子集。按照候选键定义,对于 $R(U)$ 的任一属性子集 Y,在 $R(U)$ 上都有函数依赖 $K \rightarrow Y$。一般而言,给定 $R(U)$ 一个属性子集 X,在 $R(U)$ 另取一个属性子集 Y,不一定有 $X \rightarrow Y$ 成立,但是对于 $R(U)$ 中候选键 K,$R(U)$ 的任何一个属性子集都与 K 有函数依赖关系,K 是 $R(U)$ 中任意属性子集的决定因素。

函数依赖属于语义范畴,实际应用中只能根据语义确定函数依赖。例如函数依赖“姓名→部门”在一个单位中没有同名人情况下才能成立,否则,“部门”就不再依赖于“姓名”,当然也可做出一些规定,不允许同名记录出现以保证该函数依赖成立。

2. 函数依赖的三种类型

为了叙述方面,可以将函数依赖分为三种类型。

1) 平凡与非平凡函数依赖

如果 $X \rightarrow Y$,但 $X \nsubseteq Y$,则称 $X \rightarrow Y$ 是非平凡函数依赖(Nontrivial Functional Dependence),否则称为平凡函数依赖(Trivial Functional Dependence)。

按照函数依赖定义,若 $Y \subseteq X$,Y“自然”是函数依赖于 X 的,这里“依赖”不反映任何新的语义。通常意义上的函数依赖都指非平凡依赖。

2) 部分与完全函数依赖

如果 $X \rightarrow Y$,但对于 X 中任一真子集 X',都有 Y 不依赖于 X',则称 Y 完全依赖(Full

Functional Dependency）于 X。当 Y 完全依赖于 X 时，记为 $X \xrightarrow{F} Y$。如果 $X \rightarrow Y$，但 Y 不完全函数依赖于 X，则称 Y 对 X 部分函数依赖（Partial Functional Dependency），记为 $X \xrightarrow{P} Y$。

Y 对 X 部分函数依赖表明，根据 X 中的"部分"就可以确定对 Y 的关联，从数据依赖的观点来看，X 中存在"冗余"属性。

3）传递与直接函数依赖

设有两个非平凡函数依赖 $X \rightarrow Y$ 和 $Y \rightarrow Z$，并且 X 不函数依赖于 Y，则称 Z 传递函数（Transitive Functional Dependency）依赖于 X。

上述定义中，X 不函数依赖于 Y 意味着 X 与 Y 不是一一对应；否则 Z 就直接函数依赖于 X，而不是传递函数依赖于 X 了。

按照函数依赖的定义可知，如果 Z 传递依赖于 X，则 Z 必然函数依赖于 X。

Z 传递依赖于 X 表明 Z 是"间接"依赖于 X，从而表明 X 和 Z 之间的关联较弱。

3. 函数依赖与数据冗余

由前面分析和函数依赖相应概念可知，部分函数依赖存在"冗余属性"，传递函数依赖表现"间接"的弱数据依赖，这些都是产生数据冗余的主要原因。

例 4-2 设有学生关系模式 $S(S\sharp, Sn, Dn, Dh, Cn, G)$，其中 $S\sharp$、Sn、Dn、Dh、Cn 和 G 分别表示学生学号、学生姓名、所在系名称、所在系的系主任、课程名称和课程成绩。S 有唯一候选键 $\{S\sharp, Cn\}$。各个属性之间的关系如图 4-1 所示。

此时有 $\{S\sharp, Cn\} \xrightarrow{P} Sn$ 和 $\{S\sharp, Cn\} \xrightarrow{P} Dn$，同时有 $S\sharp \rightarrow Dn \rightarrow Dh$。显然，这些都会带来数据冗余。

由上述讨论可知，若要消除数据冗余和由数据冗余引发的数据异常，就需处理好关系模式中部分函数依赖和传递函数依赖。事实上，关系数据库规范化理论正是按照相应思路展开。

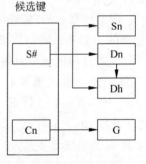

图 4-1 属性间依赖关系

4. 基于函数依赖的键定义

前面已经说明，函数依赖实际上可看做候选键概念的推广，因此能够从函数依赖角度重新分析和认识"键"概念。以下设 $R(U)$ 为给定关系模式。

（1）超键：设 $K \subseteq U$，如果 $K \rightarrow U$，则称 K 为 R 的超键（Super Key）。

（2）候选键：设 $K \subseteq U$，如果 $K \xrightarrow{F} U$，则称 K 为 R 的候选键（Candidate Key）。候选键是超键，而且是"最小"的超键，即 K 中任一真子集都不再是 R 的超键，候选键是 $R(U)$ 中能够起到标识作用的最小属性子集。候选键有时也简称为"键"。

（3）主键：$R(U)$ 中可有多个候选键，如果在其中选定一个，则称其为主键（Prime Key）。

（4）外键：设 $K \subseteq U$，但 K 不是 $R(U)$ 中的主键，而是另一关系模式 $S(U)$ 中的主键，则称 K 是 $R(U)$ 的外键（Foreign Key）。

在关系模式 $R(U)$ 中，主键 K 起着数据导航的作用，而主键和外键的结合则提供了描述两个关系中元组间的联系的手段。在数据库设计当中，需要根据实际情形设置外键以表示两个关系中元组间的关联，例如在两个关系进行连接运算时，本质上就是外键在发挥作用。

设在关系模式 $R(U)$ 中给定了候选键 K。K 作为 U 的属性子集,其中每个属性称为主属性(Prime Attribute);$R(U)$ 中不在 K 中的属性称为非主属性(Nonprime Attribute)或者非键属性(Non-Key Attribute)。

关系模式 $R(U)$ 中所有属性或是主属性或是非主属性,二者必居其一。从函数依赖观点来看,主属性和非主属性有着值得注意的差异。对于非主属性,可以"无条件"地考虑其部分函数依赖和传递函数依赖;对于主属性,部分函数依赖和传递函数依赖只对于不含有该属性的属性子集才有实际意义。在 4.4 节的范式讨论中,第二范式和第三范式实际上是针对非主属性,而 BC 范式可以看做着眼于主属性。

4.2.2 函数依赖集的闭包

研究函数依赖是解决数据冗余的重要课题,其中就是要在 $R(U)$ 中找出其函数依赖。对于给定关系模式 $R(U)$,理论上总有函数依赖存在,例如平凡函数依赖和由候选键确定的函数依赖。因此,人们通常会比较容易地指定一些语义明显的函数依赖以构建一个函数依赖集合 F,以 F 作为讨论 $R(U)$ 上"所有"函数依赖的初始基础。本小节讨论如何通过已知初始函数依赖集合 F 得到其他未知函数依赖。

例 4-3 设有关系模式 $R(U)$,X、Y、$Z \subseteq U$,A、$B \in U$。已知 $X \to \{A, B\}$、$X \to Y$ 和 $Y \to Z$ 是 $R(U)$ 上非平凡函数依赖。按照函数依赖概念可得函数依赖 $X \to \{A\}$ 和 $X \to \{B\}$;按照传递依赖概念,可得函数依赖 $X \to Z$。此时,函数依赖 $X \to \{A\}$、$X \to \{B\}$ 和 $X \to Z$ 并不直接显现在问题当中,而是按照一定规则(函数依赖和传递函数依赖概念)由已知函数依赖"推导"出来。将此一般化,就是如何由已知的函数依赖集合 F,推导出新的函数依赖。

为了表述简洁和推理方便,本章对有关记号使用做如下约定。

(1) 如果 X、Y 等是 U 的属性子集,并集 $X \cup Y$ 简记为 XY。

(2) 如果 A、B 等是 U 中的属性,集合 $\{A, B\}$ 简记为 AB。

(3) 如果 X 是属性集,A 是属性,将并集 $X \cup \{A\}$ 简记为 XA 或 AX。

以上针对两个对象情形,对于多个对象也做类似约定。

(4) 在给定初始函数依赖集合 F 时,关系模式 $R(U)$ 根据需要有时记为 $R(U, F)$。

下面先说明由函数依赖集 F "推导"出函数依赖的确切含义。

(1) 函数依赖集合 F 的逻辑蕴涵。设有关系模式 $R(U, F)$,X、$Y \subseteq U$,若 R 中每个满足 F 中函数依赖的关系实例 r 也满足 $X \to Y$,则称 F 逻辑蕴涵 $X \to Y$,记为 $F \vDash X \to Y$。

考虑到 F 所蕴涵的所有函数依赖,就得到函数依赖集合闭包的概念。

(2) 函数依赖集合 F 的闭包。设 F 是函数依赖集合,被 F 逻辑蕴涵的函数依赖的全体构成的集合,称为函数依赖集 F 的闭包(Closure),记为 F^+,即

$$F^+ = \{X \to Y \mid F \vDash X \to Y\}$$

显然有 $F \subseteq F^+$。如果还有 $F = F^+$,则称 F 是函数依赖的完备集。

按照上述定义,由已知函数依赖集 F 求得新函数依赖问题可以归结为求 F 的闭包 F^+。但根据函数依赖定义完成这项工作却相当困难。这主要是因为属性间函数依赖关系存在与否完全取决于数据的语义。例如,对于一个教师来说,如果只允许有一个电子邮箱,则教师工号确定后,其电子邮箱地址也随之确定,即电子邮箱地址函数依赖于教师工号。但如果教师有多个电子邮箱,则上述函数依赖就不存在。确定属性间函数依赖,需要仔细研究数据语

数据库系统教程(第2版)

义,不能仅仅根据当前数据值进行归纳,更不能"想当然"。语义问题涉及问题较多,在实际情况中,人们难以从语义方面得到所需要的各种新的函数依赖,更难以保证没有遗漏地得到能由 F 所逻辑蕴涵的"所有"函数依赖。

数理逻辑提供了解决问题的思路,那就是先将语义求解考虑转换到语法求解机制上去,将"逻辑蕴涵"转换为"逻辑推导",然后再讨论两者的"等价性",即通常所说的有效性与完备性。这种基本考虑在关系模式设计理论中就体现为基于 Armstrong 公理系统的函数依赖推导原理。

4.2.3* Armstrong 公理系统

为了建立基于函数依赖的语法系统,从而求得已知函数依赖集合 F 的闭包 F^+,W. W. Armstrong 于 1974 年提出了一套推导规则。使用这套规则,可以由已有函数依赖"逻辑推导"出新的函数依赖。后来经过不断完善,形成了著名的"Armstrong 公理系统",为关系模式设计提供了一个有效并且完备的理论基础。

1. 基本公理与推理规则

在下面描述的形式系统中,诸如 $X{\to}Y$ 之类的函数依赖公式都看做"形式公式",这种形式公式和基于公理系统的形式推导(逻辑推导)在前修课程"数理逻辑"中大家都应当比较熟悉。

1) 基本公理

Armstrong 公理系统有三条基本公理(推理规则)。

(1) A_1(自反律,reflexivity):如果 $Y{\subseteq}X{\subseteq}U$,则 $X{\to}Y$ 成立。

(2) A_2(增广律,augmentation):如果 $X{\to}Y$ 在 $R(U)$ 上成立,且 $Z{\subseteq}U$,则 $XZ{\to}YZ$ 成立。

(3) A_3(传递律,transitivity):如果 $X{\to}Y$ 和 $Y{\to}Z$ 成立,则 $X{\to}Z$ 成立。

作为一个公理系统,还应有相应推理规则和公式(递归)定义,这些本书将不进行讨论。下面的学习当中,只需应用一些基本的推理规则,并将给定的初始函数依赖集合 F 的函数依赖看做"形式"公式。之所以称为"形式"公式,主要是因为在相关讨论中并不涉及这些公式的语义,仅仅将其看做一些符号的组合,而形式公式正是数理逻辑中语法系统研究的对象。通常需要按照上述三公理,依据推理规则,由 F 中形式公式"逻辑推导"出新的形式公式。如果形式公式 Q 可通过 Armstrong 公理系统由形式公式 P"逻辑推导"得到,则记为 $P{\vdash}Q$。

2) 推理规则

由 Armstrong 基本公理 A_1、A_2 和 A_3 为基础,可以得出下面五条推理规则,当然,这些规则的"结论"公式也是形式公式。

定理 4-1 下述论断成立。

(1) A_4(合并性规则,union rule):$\{X{\to}Y,X{\to}Z\}{\vdash}X{\to}YZ$。

(2) A_5(分解性规则,decomposition rule):$\{X{\to}Y,Z{\subseteq}Y\}{\vdash}X{\to}Z$。

(3) A_6(拟传递性规则,pseudotransivity rule):$\{X{\to}Y,WY{\to}Z\}{\vdash}W\,X{\to}Z$。

(4) A_7(复合性规则,composition rule):$\{X{\to}Y,W{\to}Z\}{\vdash}WX{\to}YZ$。

(5) A_8（通用一致性规则，general unification rule）：$\{X{\rightarrow}Y,W{\rightarrow}Z\}\vdash X(W\dot{-}Y){\rightarrow}YZ$。

证明 下面通过 Armstrong 公理系统逻辑推导出 $A_4 \sim A_8$ 规则。需要注意，这里是逻辑推导，而不是逻辑蕴涵，推导过程与函数依赖的语义没有关系。

A_4 的逻辑推导：

① 已知公式 $X{\rightarrow}Y$，由增广律 A_2，两边使用 X 扩充 $XX{\rightarrow}XY$，可得 $X{\rightarrow}XY$。

② 已知公式 $X{\rightarrow}Z$，由增广律 A_2，两边用 Y 扩充，可得 $XY{\rightarrow}YZ$。

③ 已知"①"、"②"，由传递律 A_3，可得 $X{\rightarrow}YZ$。

A_5 的逻辑推导：

① 已知 $Z{\subseteq}Y$，由自反律 A_1，可得 $Y{\rightarrow}Z$。

② 已知 $X{\rightarrow}Y$ 和"①"，由传递律 A_3，可得 $X{\rightarrow}Z$。

A_6 的逻辑推导：

① 已知 $X{\rightarrow}Y$，由增广律 A_2，两边用 W 扩充，可得 $WX{\rightarrow}WY$。

② 已知 $WY{\rightarrow}Z$ 和"①"，由传递律 A_3，可得 $WX{\rightarrow}Z$。

A_7 的逻辑推导：

① 已知 $X{\rightarrow}Y$，由增广律 A_2，两边用 W 扩充，可得 $WX{\rightarrow}WY$。

② 已知 $W{\rightarrow}Z$，由增广律 A_2，两边用 Y 扩充，可得 $WY{\rightarrow}ZY$。

③ 已知①、②，由传递律 A_3，可得 $WX{\rightarrow}YZ$。

A_8 的逻辑推导：

① 注意 $W{\subseteq}(W{-}Y)Y$，由自反律 A_1，可得 $(W{-}Y)Y{\rightarrow}W$。

② 已知 $W{\rightarrow}Z$，由传递律 A_3，可得 $(W{-}Y)Y{\rightarrow}Z$。

③ 已知②，由增广律 A_2，两边用 Y 扩充，可得 $Y(W{-}Y)Y{\rightarrow}YZ$，即 $Y(W{-}Y){\rightarrow}YZ$。

④ 已知 $X{\rightarrow}Y$，由增广律 A_2，两边用 $W{-}Y$ 扩充，可得 $X(W{-}Y){\rightarrow}Y(W{-}Y)$。

⑤ 已知④和③，由传递律 A_3，可得 $X(W{-}Y){\rightarrow}YZ$。

例 4-4 由合并性规则 A_4 和分解性规则 A_5，可以得到如下结论：

如果 $A_1A_2{\cdots}A_n$ 是关系模式 $R(U)$ 的属性集，则 $X{\rightarrow}A_1A_2{\cdots}A_n$ 的充分必要条件是 $X{\rightarrow}A_i$，$i=1,2,{\cdots},n$ 成立。

2．有效性和完备性

如果由 F 出发根据 Armstrong 公理逻辑推导出的每一个"形式公式"$X{\rightarrow}Y$ 作为"函数依赖"$X{\rightarrow}Y$ 都在 F^+ 当中，则称 Armstrong 公理系统是有效的。

如果 F^+ 中每个函数依赖 $X{\rightarrow}Y$ 都可以通过将 F 中元素作为"形式公式"，由此再根据 Armstrong 公理系统"逻辑推导"而得到，则称 Armstrong 公理系统是完备的。

公理系统的有效性保证了所有逻辑推导出的"形式公式"作为函数依赖都是语义为真，即逻辑推导出的形式公式都是函数依赖；公理系统的完备性保证了可以逻辑推导出所有可能的函数依赖，即所有函数依赖都可以由逻辑推导得到，或者说，不能用公理系统逻辑推导的函数依赖都不能为真。

1）Armstrong 公理系统的有效性

定理 4-2 Armstrong 公理系统具有有效性。

证明 所有由 Armstrong 公理系统逻辑推导的所有公式的有效性取决于系统中 A_1、

A_2 和 A_3 三公理的结论公式是否具有有效性。因此只需按照 F^+ 概念,证明当三条公理条件中的形式公式属于 F 时,相应三条结论的形式公式属于 F^+ 即可。

(1)自反律 A_1:因为在任何一个关系中不可能存在两个元组在属性 X 上的值相等而在 X 的某个子集 Y 上的值不相等,所以自反律结论公式属于 F^+。

(2)增广律 A_2:反设如果关系模式 $R(U)$ 中某个关系 r 中存在两个元组 t 和 s 违反了 $XZ \rightarrow YZ$,即 $t[XZ] = s[XZ] \Rightarrow t[YZ] \neq s[YZ]$。

由 $t[XZ] = s[XZ] \Rightarrow t[X] = s[X]$ 和 $t[Z] \neq S[Z]$。由 $t[YZ] \neq s[YZ] \Rightarrow t[Y] \neq S[Y]$ 或 $t[Z] \neq s[Z]$。如果 $t[Y] \neq S[Y]$,结合 $t[X] = s[X]$,与 $X \rightarrow Y$ 成立矛盾,而 $t[Z] \neq S[Z]$ 不可能成立。这样就与增广律条件"$X \rightarrow Y$ 在 $R(U)$ 上成立"矛盾,所以增广律结论公式属于 F^+。

(3)传递律 A_3:反设 $R(U)$ 的某个关系实例 r 中存在两个元组 t 和 s 违反了 $X \rightarrow Z$,即 $t[X] = s[X]$,但 $t[Z] \neq s[Z]$。而对于 $t[Y]$ 和 $s[Y]$ 来说,只能有下述两种情形:

如果 $t[Y] \neq s[Y]$,则与 $X \rightarrow Y$ 成立矛盾;

如果 $t[Y] = S[Y]$ 而 $t[Z] \neq s[Z]$,就与 $Y \rightarrow Z$ 成立矛盾。

无论哪种情况都导致矛盾,由此可知传递律的结论公式属于 F^+。

2)Armstrong 公理系统的完备性

为证明 Armstrong 公理系统的完备性,需引入基于初始函数依赖集合 F 的属性集合 X 的闭包概念。

属性闭包 设 F 是属性集合 U 上的一个函数依赖集,$X \subseteq U$,称

$$X_{F^+} = \{A \mid A \in U, X \rightarrow A \text{ 由 } F \text{ 按照 Armstrong 公理系统推导得到}\}$$

为属性集 X 关于 F 的闭包。这里,可以将属性 A 看做 U 中单属性子集。

如果问题讨论过程中只涉及一个确定函数依赖集 F,就无须对函数依赖集进行区分,属性集 X 关于 F 的闭包可简记为 X^+。需要注意,总有 $X \subseteq X^+ \subseteq U$。

例如,设有关系模式 $R(U, F)$,其中 $U = ABC$,$F = \{A \rightarrow B, B \rightarrow C\}$,按照属性集闭包概念,则有:$A^+ = ABC$;$B^+ = BC$;$C^+ = C$。

定理 4-3 Armstrong 公理系统具有完备性质。

证明 只需证明"不能由 F 使用 Armstrong 公理系统推导的函数依赖不在 F^+ 中"。

设 F 是属性集合 U 上的一个函数依赖集合,并设 $X \rightarrow Y$ 不能从 F 通过 Armstrong 公理系统推导出来。需要证明,在题设之下,$X \rightarrow Y$ 不在 F^+ 当中,即至少存在一个关系 r 满足 F,但不满足 $X \rightarrow Y$。证明分为如下三步进行。

首先,具体构造 r。设 r 由两个元组 t_1 和 t_2 组成,其中,t_1 在 U 中全部属性上取值都为 1,t_2 在 X^+ 属性上取值为 1,而在其他属性上取值为 0,如表 4-1 所示。

表 4-1 关系实例 r 的构造

	X^+ 中属性值	U/X^+ 中属性值
元组 t_1	11…1	11…1
元组 t_2	11…1	00…0

其次,证明 r 满足 F,即关系实例 r 满足 F 中所有函数依赖。

设 $X_0 \rightarrow Y_0$ 是 F 中任意一个函数依赖,分两种情况考虑。

（1）如果 $X_0 \subseteq X^+$，则可知 $X \to X_0$。再由假设 $X_0 \to Y_0$，根据传递律 A_3，得到 $X \to Y_0$，从而 $Y_0 \subseteq X^+$。按照关系实例 r 定义，可知其在 X^+ 中属性值都相等。由 $X_0 \subseteq X^+$ 可知 $t_1[X_0] = t_2[X_0]$；由 $Y_0 \subseteq X^+$ 可知 $t_1[Y_0] = t_2[Y_0]$，于是 $X_0 \to Y_0$ 在 r 上成立。

（2）如果 $X_0 \nsubseteq X^+$，即 X_0 中含有 X^+ 之外的属性。由关系实例 $r = \{t_1, t_2\}$ 的定义，$t_1[X_0] \neq t_2[X_0]$。由数理逻辑关于蕴涵式取真值的理论，$X_0 \to Y_0$ 自然成立。

由上述"①"和"②"可知，关系实例 r 满足 F 中的每个函数依赖。

最后，证明对于关系实例 r，$X \to Y$ 不成立。

由题设 $X \to Y$ 不能基于 F 通过 Armstrong 公理逻辑推导得出。按照 X^+ 定义和例 4-4，可以得到 $Y \nsubseteq X^+$。由关系实例 r 构造和 $X \subseteq X^+$ 可知 $t_1[X] = t_2[X]$；由 $Y \nsubseteq X^+$ 可知 $t_1[Y] \neq t_2[Y]$。由此，$X \to Y$ 在 r 上不成立。这样就证明，只要 $X \to Y$ 不能从 F 通过 Armstrong 公理导出，F 就不能逻辑蕴涵 $X \to Y$。

3. 函数依赖闭包计算与属性集闭包

1）F^+ 的计算

Armstrong 公理系统的有效性和完备性说明"逻辑推导"与"逻辑蕴涵"是两个完全等价的概念，函数依赖集 F 的闭包实质上可以为下述集合所定义：

$$F^+ = \{X \to Y \mid X \to Y \text{ 由 } F \text{ 根据 Armstrong 公理系统导出}\}$$

即 F^+ 是由 F 根据 Armstrong 公理系统逻辑推导出的形式公式的集合，从而在理论上解决了由 F 计算 F^+ 的问题。

例 4-5 设有关系模式 $R(U, F)$，其中 $U = ABC$，$F = \{A \to B, B \to C\}$，则由上述关于函数依赖集闭包计算公式，可以得到 F^+ 由 43 个函数依赖组成。例如，由自反律 A_1 可以知道，$A \to \Phi$，$B \to \Phi$，$C \to \Phi$，$A \to A$，$B \to B$，$C \to C$；由增广律 A_2 可以推出 $AC \to BC$，$AB \to B$，$A \to AB$，$\cdots$；由传递律 A_3 可以推出 $A \to C$，$\cdots$。F 的闭包 F^+ 列举如表 4-2 所示。

表 4-2　F 的闭包 F^+

$A \to \Phi$	$AB \to \Phi$	$AC \to \Phi$	$ABC \to \Phi$	$B \to \Phi$	$C \to \Phi$
$A \to A$	$AB \to A$	$AC \to A$	$ABC \to A$	$B \to B$	$C \to C$
$A \to B$	$AB \to B$	$AC \to B$	$ABC \to B$	$B \to C$	$\Phi \to \Phi$
$A \to C$	$AB \to C$	$AC \to C$	$ABC \to C$	$B \to BC$	
$A \to AB$	$AB \to AB$	$AC \to AB$	$ABC \to AB$	$BC \to \Phi$	
$A \to AC$	$AB \to AC$	$AC \to AC$	$ABC \to AC$	$BC \to B$	
$A \to BC$	$AB \to BC$	$AC \to BC$	$ABC \to BC$	$BC \to C$	
$A \to ABC$	$AB \to ABC$	$AC \to ABC$	$ABC \to ABC$	$BC \to BC$	

由此可见，一个具有两个元素函数依赖的集合 F 常常会有一个大的具有 43 个元素的闭包 F^+，而 F^+ 中会有许多平凡函数依赖，例如 $A \to \Phi$、$AB \to B$ 等，这些并非都是实际中所需要的。

2）属性集闭包与逻辑蕴涵

从理论上讲，对于给定的函数依赖集合 F，只要反复使用 Armstrong 公理系统中的推导规则直到不能再产生新的函数依赖为止，就可算出 F^+。但在实际应用中，这种方法不仅效率较低,而且还会产生大量"无意义"或者意义不大的函数依赖。人们感兴趣的可能只是 F^+ 的某个子集,所以许多实际过程没有必要计算出 F^+ 自身。基于这样的考虑,给定一个关系模式 $R(U,F)$,应用中有可能比较容易地得到一个人们感兴趣的函数依赖 $X \rightarrow Y$,此时问题的解决常常会归结为判断该函数依赖 $X \rightarrow Y$ 是否在 F^+ 中,而不是求出 F^+；也就是说,归结为判断函数依赖 $X \rightarrow Y$ 是否属于 F^+,即 $X \rightarrow Y$ 是否为 F 逻辑蕴涵。为了解决这个问题,需要使用在证明 Armstrong 公理系统完备性过程中引入的属性闭包概念。由于计算一个属性集 X 的闭包 X^+ 通常比计算一个函数依赖集的闭包来得简便,相应时间开销与 F 中全部函数依赖数目成正比,是一个多项式级别的问题,因此有必要考虑将 $X \rightarrow Y$ 能否为 F 逻辑蕴涵转换为计算在 F 之下的属性集合 X 的闭包 X^+。这里首先需要证明这种转换是否具有理论依据。由于在 Armstrong 公理系统之下,"逻辑蕴涵"和"逻辑推导"的等价性,只需证明下述定理 4-4 即可。

定理 4-4 设 F 是属性集 U 上的函数依赖集,X、Y 是 U 的子集,则 $X \rightarrow Y$ 能由 F 按照 Armstrong 公理系统推出,即 $X \rightarrow Y \in F^+$ 的充分必要条件是 $Y \subseteq X^+$。

证明 充分性：如果 $Y = A_1 A_2 \cdots A_n$ 并且 $Y \subseteq X^+$,则由 X 关于 F 闭包 X^+ 的定义,对于每个 $A_i \in Y, i = 1, 2, \cdots, n$ 都有 $X \rightarrow A_i$ 能够由 F 按照 Armstrong 公理推出,再由合并规则 A_4 就可知道 $X \rightarrow Y$ 能由 F 按照 Armstrong 公理得到。

必要性：如果 $X \rightarrow Y$ 能由 F 按照 Armstrong 公理导出,并且 $Y = A_1 A_2 \cdots A_n$,按照分解规则 A_5 可以得知 $X \rightarrow A_i, i = 1, 2, \cdots, n$,这样由 X^+ 的定义就得到 $A_i \in X^+, i = 1, 2, \cdots, n$,所以 $Y \subseteq X^+$。

3) 属性闭包算法

属性闭包算法具体如下。

设属性集 X 的闭包为 X^+,其计算 X^+ 的算法如下。

输入：有限属性集合 U,U 上函数依赖集合 F 和 U 的一个子集 X。

输出：X 关于 F 的闭包 X^+。

计算步骤如下。

(1) 设置初始值：令 $X(0) = \varnothing$,$X(1) = X$,$F' = \varnothing$。

(2) 若 $X(0) \neq X(1)$,令 $X(0) = X(1)$,否则转向(4)。

(3) 构造函数依赖集合 $F' = \{ Y \rightarrow Z | (Y \rightarrow Z) \in F \land Y \subseteq X(1) \}$,令 $F = F - F'$,对于其中的每个函数依赖 $Y \rightarrow Z$,令 $X(1) = X(1) \cup Z$,转向(2)。

(4) 输出 $X(1)$,它就是 X^+。

上述算法正确性这里略去。

例 4-6 设有关系模式 $R(ABCDE)$,属性依赖集合上的函数依赖集合

$$F = \{ AB \rightarrow C, B \rightarrow D, C \rightarrow E, EC \rightarrow B, AC \rightarrow B \}$$。设 $X = AB$,求 X^+。

计算过程由循环次数逐步给出。

第一趟：

完成(1) $X(0) = \varnothing$,$X(1) = AB$,$F' = \varnothing$；

完成(2) 因为 $X(0) \neq X(1)$,令 $X(0) = X(1) = AB$；

完成(3) 函数依赖集合 $F' = \{ AB \rightarrow C, B \rightarrow D \}$,令 $F = F - F' = \{ C \rightarrow E, EC \rightarrow B, AC \rightarrow B \}$,将 F' 中每个函数依赖右端属性 C、D 并入 $X(1)$ 中,即令 $X(1) = AB \cup CD = ABCD$。

第二趟：

完成(2) 因为 $X(0)\neq X(1)$，令 $X(0)=X(1)=ABCD$；

完成(3) 函数依赖集合 $F'=\{C\rightarrow E, AC\rightarrow B\}$，令 $F=F-F'=\{EC\rightarrow B\}$，将 F' 中每个函数依赖右端属性 E、B 并入 $X(1)$ 中，即令 $X(1)=ABCD\bigcup EB=ABCDE$。

第三趟：

完成(2) 因为 $X(0)\neq X(1)$，令 $X(0)=X(1)=ABCDE$；

完成(3) 函数依赖集合 $F'=\{EC\rightarrow B\}$，令 $F=F-F'=\varnothing$，将 F' 中每个函数依赖右端属性 B 并入 $X(1)$ 中，即令 $X(1)=ABCDE\bigcup B=ABCDE$。

第四趟：

完成(2) 因为 $X(0)=X(1)$，转向完成(4)；

完成(4) 输出 $X(1)=ABCDE=X^{+}$。

4.2.4　最小函数依赖集 $F_{\min}$

给定关系模式 $R(U,F)$，其中函数依赖集 F 是计算函数依赖闭包 F^{+} 和属性闭包 X^{+} 的基础，但 F 中可能有些函数依赖是平凡的，而另一些则可能是"多余"的。如果有两个函数依赖集，它们在某种意义上"等价"，而其中一个"较大"些，另一个"较小"些，人们自然会选用"较小"一个作为相应计算的初始集合。这个问题的确切提法是：给定一个函数依赖集 F，求得一个与 F "等价"的"最小"的函数依赖集 $F_{\min}$。

1. 最小函数依赖集

设 F 和 G 是关系模式 $R(U)$ 上两个函数依赖集，如果所有为 F 所逻辑蕴涵的函数依赖都为 G 所逻辑蕴涵，即 F^{+} 是 G^{+} 的子集：$F^{+}\subseteq G^{+}$，则称 G 是 F 的覆盖。

如果 G 是 F 的函数覆盖，同时 F 又是 G 的函数覆盖，即 $F^{+}=G^{+}$，则称 F 和 G 是相互等价的函数依赖集。

当 G 是 F 覆盖时，只要实现了 G 中的函数依赖，也就实现了 F 中的函数依赖。

当 F 和 G 等价时，只要实现了其中一个函数依赖，也就实现了另一个函数依赖。

对于函数依赖集 F，称函数依赖集 $F_{\min}$ 为 F 的最小函数依赖集，如果 $F_{\min}$ 满足下述条件。

(1) $F_{\min}$ 与 F 等价：$F_{\min}^{+}=F^{+}$。

(2) $F_{\min}$ 中每个函数依赖 $X\rightarrow Y$ 的依赖因素 Y 为单元素集，即 Y 只含有一个属性。

(3) $F_{\min}$ 中每个函数依赖 $X\rightarrow Y$ 的决定因素 X 没有冗余，即只要删除 X 中任何一个属性就会改变 $F_{\min}$ 的闭包 $F_{\min}^{+}$。顺便指出，一个具有如此性质的函数依赖称为左边不可约的。

(4) $F_{\min}$ 中每个函数依赖都不是冗余的，即删除 $F_{\min}$ 中任何一个函数依赖，就将 $F_{\min}$ 变为了另一个不等价于 $F_{\min}$ 的集合。

最小函数依赖集 $F_{\min}$ 实际上是函数依赖集 F 的一种没有"冗余"的标准或规范形式。定义中的(1)表明 F 和 $F_{\min}$ 具有相同的"功能"；(2)表明 $F_{\min}$ 中每一个函数依赖都是"标准"的，即其中依赖因素都是单属性子集；(3)表明 $F_{\min}$ 中每一个函数依赖的决定因素都没有冗余的属性；(4)表明 $F_{\min}$ 中没有可以从 F 剩余函数依赖中导出冗余的函数依赖。

2. 最小函数依赖集算法

任何一个函数依赖集 F 都存在着最小函数依赖集 $F_{\min}$。

事实上,对于函数依赖集 F 来说,由 Armstrong 公理系统中的分解性规则 A_5,如果其中函数依赖的依赖因素不是单属性集,就可将其分解为单属性集,不失一般性,可假定 F 中任意函数依赖因素 Y 都是单属性集合。对于任意函数依赖 $X \rightarrow Y$ 决定因素 X 中的每个属性 A,如果将 A 去掉而不改变 F 的闭包,就将 A 从 X 中删除,否则将 A 保留,按照同样的方法逐一考察 F 中的其余函数依赖。最后,对所有如此处理过的函数依赖,再逐一讨论如果将其删除,函数依赖集是否改变,不改变就真正删除,否则保留,由此就得到函数依赖集 F 的最小函数依赖集 $F_{\min}$。

需要注意,虽然任何一个函数依赖集的最小依赖集都是存在的,但并不唯一。

下面给出上述思路的实现算法。

(1) 由分解性规则 A_5 得到一个与 F 等价的函数依赖集 G,G 中任意函数依赖的依赖因素都是单属性集合。

(2) 在 G 的每一个函数依赖中消除决定因素中的冗余属性。

(3) 在 G 中消除冗余的函数依赖。

上述操作步骤顺序很重要,不能颠倒,颠倒了就有可能消除不了 F 左边冗余的属性。

例 4-7　设有关系模式 $R(U,F)$,其中 $U=ABC$,$F=\{A \rightarrow BC, B \rightarrow C, A \rightarrow B, AB \rightarrow C\}$,按照上述算法,可以求出 $F_{\min}$。

(1) 将 F 中所有函数依赖的依赖因素写成单属性集形式:

$$G = \{A \rightarrow B, A \rightarrow C, B \rightarrow C, A \rightarrow B, AB \rightarrow C\}$$

这里多出一个 $A \rightarrow B$,可以删掉,得到:

$$G = \{A \rightarrow B, A \rightarrow C, B \rightarrow C, AB \rightarrow C\}$$

(2) G 中的 $A \rightarrow C$ 可以从 $A \rightarrow B$ 和 $B \rightarrow C$ 推导出来,$A \rightarrow C$ 是冗余的,删掉 $A \rightarrow C$ 可得:

$$G = \{A \rightarrow B, B \rightarrow C, AB \rightarrow C\}$$

(3) G 中的 $AB \rightarrow C$ 可以从 $B \rightarrow C$ 推导出来,是冗余的,删掉 $AB \rightarrow C$ 最后得:

$$G = \{A \rightarrow B, B \rightarrow C\}$$

所以 F 的最小函数依赖集 $F_{\min} = \{A \rightarrow B, B \rightarrow C\}$。

4.3* 模式分解与算法

经过前面讨论已经知道数据冗余与数据依赖密切相关,即与所使用的关系模式密切相关。在一个关系模式中,其各个属性子集之间可能有一定的数据依赖关系,这些本来可以作为独立关系存在的属性集合如果不加区别地放在一个模式当中,独立的关系不得不依附于其他关系,由此造成数据冗余。解决这个问题的途径就是将关系模式进行分解。本节主要讨论关系模式分解概念、分解时应当满足的基本要求及其相应算法。

设有关系模式 $R(U)$,取定 U 的一个子集的集合 $\{U_1, U_2, \cdots, U_n\}$,使得 $U = U_1 U_2 \cdots U_n$,称关系模式集合 $\rho = \{R_1(U_1), R_2(U_2), \cdots, R_n(U_n)\}$ 是关系模式 $R(U)$ 的一个分解。

在关系模式 $R(U)$ 分解为关系模式集合 ρ 的过程中,需要考虑两个问题。

（1）分解前模式 R 和分解后模式集合 ρ 是否表示同样的数据，即 R 和 ρ 是否等价。

（2）分解前模式 R 和分解后模式集合 ρ 是否保持相同的函数依赖，即若在 R 上有函数依赖集 F，在模式集合 ρ 中每个模式 R_i 上有相应函数依赖集 F_i，则 $\{F_1, F_2, \cdots, F_n\}$ 是否与 F 等价。

这两个问题不解决，分解前后的模式将会出现不一致，从而失去模式分解的价值和意义。

上述"（1）"考虑了分解后关系中的信息是否会丢失的问题，这就是"无损分解"概念；上述"（2）"反映了分解后函数依赖是否保持的问题，这就是"保持函数依赖"概念。

4.3.1 无损分解

无损分解是要解决分解前模式与分解后模式集合之间是否表示的是"同一"数据问题。

1. 无损分解概念

设 R 是一个关系模式，F 是 R 上的一个函数依赖集，R 分解为关系模式集合 $\rho = \{R_1(U_1), R_2(U_2), \cdots, R_n(U_n)\}$。如果对于 R 中满足 F 的每一个关系 r，都有

$$r = \prod_{R_1}(r) \bowtie \prod_{R_2}(r) \bowtie \cdots \bowtie \prod_{R_n}(r)$$

则称分解 ρ 相对于 F 是无损连接分解（Lossingless Join Decomposition），简称为无损分解，否则就称为有损分解（Lossy Decomposition）。

例 4-8 设有关系模式 $R(U)$，其中 $U = ABC$，将其分解为关系模式集合 $\rho = \{R_1(AB), R_2(AC)\}$。

在图 4-2 中，（a）表示 R 上给定关系实例 r_0，（b）和（c）是 r 在模式 $R_1(\{A, B\})$ 和 $R_2(\{A, C\})$ 上的投影 r_{01} 和 r_{02}。此时不难得到 $r_{01} \bowtie r_{02} = r_0$，也就是说，在 r 投影、连接之后仍然能够恢复为 r，没有丢失任何信息，这种模式分解对于 r 来说是无损分解。如果对于所有 R 中满足 F 的任意关系实例 r 都能验证 $r_1 \bowtie r_2 = r$，其中 r_1 和 r_2 是 r 在模式 $R_1(AB)$ 和 $R_2(AC)$ 上的投影，则就得到关系模式集合 $\rho = \{R_1(AB), R_2(AC)\}$ 是关系模式 $R(U)$ 的无损分解。

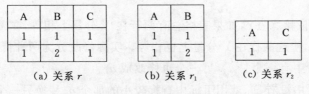

A	B	C
1	1	1
1	2	1

（a）关系 r

A	B
1	1
1	2

（b）关系 r_1

A	C
1	1

（c）关系 r_2

图 4-2 无损分解

下面再考虑 $R(U)$ 的有损分解。设有图 4-3（a）所示的关系模式 $R(ABC)$ 上的一个关系实例 r_0。图 4-3（b）r_{01} 和（c）r_{02} 是 r_0 在关系模式 $R_1(AB)$ 和 $R_2(AC)$ 上的投影，（d）是 $r_{01} \bowtie r_{02}$，此时，r_0 在投影和连接之后增加了新元组 $(1,1,3)$ 和 $(1,2,4)$，即增加了噪声，同时将原有信息丢失了。此时关系 r_0 的分解就是"有损分解"。按照无损分解概念，关系模式集合 $R_1(AB)$ 和 $R_2(AC)$ 就是关系模式 $R(ABC)$ 的有损分解。

像上述这种经过投影和连接后关系实例 r 新增加的元组称为 r 的寄生元组（Spurious Tuple），寄生元组表示这是不正确的信息。

数据库系统教程(第2版)

A	B	C
1	1	4
1	2	3

(a) r_0

A	B
1	1
1	2

(b) r_{01}

A	C
1	4
1	3

(c) r_{02}

A	B	C
1	1	4
1	1	3
1	2	4
1	2	3

(d) $r_{01} \bowtie r_{02}$

图 4-3　有损分解

2. 无损分解测试算法

如果一个关系模式分解不是无损分解,则分解后的关系通过自然连接运算就无法恢复到分解前的关系。如何保证关系模式分解具有无损分解性呢? 这需要在对关系模式分解时利用属性间的依赖性质,并且通过适当的方法判定其分解是否为无损分解。为达到此目的,人们提出一种"追踪(Chase)"过程。

无损分解的测试算法如下。

输入:

(1) 关系模式 $R(U)$,其中 $U = A_1 A_2 \cdots A_n$;

(2) $R(U)$ 上成立的函数依赖集合 F;

(3) $R(U)$ 的一个模式分解集合 $\rho = \{R_1(U_1), R_2(U_2), \cdots, R_k(U_k)\}$,而 $U = U_1 U_2 \cdots U_k$。

输出:

ρ 相对于 F 的具有或不具有无损分解性的判断。

实际计算步骤如下。

(1) 构造一个 k 行 n 列的表格,每列对应一个属性 A_j, $j = 1, 2, \cdots, n$,每行对应一个模式 $R_i(U_i)$, $i = 1, 2, \cdots, k$ 的属性集合。如果 A_j 在 U_i 中,那么在表格的第 i 行第 j 列处添上记号 a_j,否则添上记号 b_{ij}。

(2) 反复检查 F 的每一个函数依赖,并且修改表格中的元素,直到表格不能修改为止。具体方法如下。

取 F 中的函数依赖 $X \to Y$,如果表格总有两行在 X 分量上相等,在 Y 分量上不相等,则修改 Y 分量上的值,使这两行在 Y 分量上也相等。实际修改分为两种情况:

① 如果 Y 分量中有一个是 a_j,另一个也修改成 a_j。

② 如果 Y 分量中没有 a_j,就用下标中行标较小的那个 b_{ij} 替换另一个符号。

(3) 若修改结束后的表格中有一行全是 a,即 $a_1, a_2, \cdots, a_n$,则 ρ 相对于 F 是无损分解,否则不是无损分解。

例 4-9　设有关系模式 $R(U, F)$,其中 $U = ABCDE$, $F = \{A \to C, B \to C, C \to D, DE \to C, CE \to A\}$。$R(U, F)$ 的一个模式分解为 $\rho = \{R_1(U_1), R_2(U_2), R_3(U_3), R_4(U_4), R_5(U_5)\}$,其中 $U_1 = AD$, $U_2 = AB$, $U_3 = BE$, $U_4 = CDE$, $U_5 = AE$。下面使用"追踪"法判断其是否为无损分解。

(1) 构造初始表格。

初始表格如表 4-3 所示。

表 4-3 初始表格

	A	B	C	D	E
AD	a_1	b_{12}	b_{13}	a_4	b_{15}
AB	a_1	a_2	b_{23}	b_{24}	b_{25}
BE	b_{31}	a_2	b_{33}	b_{34}	a_5
CDE	b_{41}	b_{42}	a_3	a_4	a_5
AE	a_1	b_{52}	b_{53}	b_{54}	a_5

（2）反复检查 F 中的函数依赖，修改表格元素。

① 根据 $A \rightarrow C$，对表 4-3 进行处理。

由于 $A \rightarrow C$ 第 1、第 2 和第 5 行在 A 分量（列）上的值为 a_1（相等），在 C 分量（列）上的值不相同，分别为 b_{13}、b_{23}、b_{53}，将其中 b_{23} 和 b_{53} 改为下标中行标较小的同一符号 b_{13}，结果如表 4-4 所示。

表 4-4 第一次修改结果

	A	B	C	D	E
AD	a_1	b_{12}	$\bm{b_{13}}$	a_4	b_{15}
AB	a_1	a_2	$\bm{b_{13}}$	b_{24}	b_{25}
BE	b_{31}	a_2	b_{33}	b_{34}	a_5
CDE	b_{41}	b_{42}	a_3	a_4	a_5
AE	a_1	b_{52}	$\bm{b_{13}}$	b_{54}	a_5

② 根据 $B \rightarrow C$，考察表 4-4。

由于 $B \rightarrow C$ 在第 2 和第 3 行在 B 分量（列）上为 a_2（相等），在 C 分量（列）上不相等，分别为 b_{13}、b_{33}，将其中的 b_{33} 改为下标中行标较小的同一符号 b_{13}，结果如表 4-5 所示。

表 4-5 第二次修改结果

	A	B	C	D	E
AD	a_1	b_{12}	$\bm{b_{13}}$	a_4	b_{15}
AB	a_1	a_2	$\bm{b_{13}}$	b_{24}	b_{25}
BE	b_{31}	a_2	$\bm{b_{13}}$	b_{34}	a_5
CDE	b_{41}	b_{42}	a_3	a_4	a_5
AE	a_1	b_{52}	$\bm{b_{13}}$	b_{54}	a_5

③ 根据 $C \rightarrow D$，考察表 4-5。

由于 $C \rightarrow D$ 第 1、第 2、第 3 和第 5 行在 C 列上的值为 b_{13}（相等），在 D 列上的值不相等，分别为 a_4、b_{24}、b_{34} 和 b_{54}，将其中的 b_{24}、b_{34}、b_{54} 都改为 a_4，结果如表 4-6 所示。

表 4-6 第三次修改结果

	A	B	C	D	E
AD	a_1	b_{12}	b_{13}	a_4	b_{15}
AB	a_1	a_2	b_{13}	$\bm{a_4}$	b_{25}
BE	b_{31}	a_2	b_{13}	$\bm{a_4}$	a_5
CDE	b_{41}	b_{42}	a_3	a_4	a_5
AE	a_1	b_{52}	b_{13}	$\bm{a_4}$	a_5

④ 根据 $DE \rightarrow C$,考察表 4-6。

由于 $DE \rightarrow C$ 在第 3~5 行中 D 和 E 分量(列)上的值为 a_4 和 a_5(相等),在 C 分量(列)上的值不相等,分别为 b_{13}、a_3 和 b_{13},将其中 b_{13} 改为 a_3。结果如表 4-7 所示。

表 4-7　第四次修改结果

	A	B	C	D	E
AD	a_1	b_{12}	b_{13}	a_4	b_{15}
AB	a_1	a_2	b_{13}	a_4	b_{25}
BE	b_{31}	a_2	a_3	a_4	a_5
CDE	b_{41}	b_{42}	a_3	a_4	a_5
AE	a_1	b_{52}	a_3	a_4	a_5

⑤ 根据 $CE \rightarrow A$,考察表 4-7。

由于 $CE \rightarrow A$ 在第 3~5 行中 C 和 E 分量(列)上的值为 a_3 和 a_5(相等),在 A 分量(列)上的值不相等,分别为 b_{31}、b_{41} 和 a_1,将其中 b_{31} 和 b_{41} 都改为 a_1。结果如表 4-8 所示。

将 A 列的第 3~5 行的元素都改成 a_1,结果如表 4-8 所示。

表 4-8　第五次修改结果

	A	B	C	D	E
AD	a_1	b_{12}	b_{13}	a_4	b_{15}
AB	a_1	a_2	b_{13}	a_4	b_{25}
BE	a_1	a_2	a_3	a_4	a_5
CDE	a_1	b_{42}	a_3	a_4	a_5
AE	a_1	b_{52}	a_3	a_4	a_5

由于 F 中的所有函数依赖都已经检查完毕,所以表 4-8 为最后结果,因为第三行已经是全 a 行,所以关系模式 $R(U)$ 的分解 ρ 是无损分解。

4.3.2　保持函数依赖

保持函数依赖分解是要解决分解前模式和分解后模式集合上函数依赖是否"相同"的问题。

1. 保持函数依赖概念

设 F 是属性集 U 上的函数依赖集,Z 是 U 的一个子集,F 在 Z 上的一个投影用 $\prod_Z(F)$ 表示,定义为 $\prod_Z(F) = \{X \rightarrow Y \mid (X \rightarrow Y) \in F^+,并且 XY \subseteq Z\}$。

设有关系模式 $R(U)$ 的一个分解 $\rho = \{R_1(U_1), R_2(U_2), \cdots, R_n(U_n)\}$,$F$ 是 $R(U)$ 上的函数依赖集,如果 $F^+ = \left(\bigcup_{i=1}^{n} \prod_{U_i}(F) \right)^+$,则称分解保持函数集 F,简称 ρ 保持函数依赖。

例 4-10　设有关系模式 $R(U, F)$,其中 $U = C\#CnTEXTn$,$C\#$ 表示课程号,Cn 表示课程名称,$TEXTn$ 表示教科书名称;$F = \{C\# \rightarrow Cn, Cn \rightarrow TEXTn\}$。这里规定,每一个 $C\#$ 表示一门课程,一门课程可以有多个课程号(表示开设了多个班级),每门课程只允许采用一种教材。

将 R 分解为 $\rho = \{R_1(U_1, F_1), R_2(U_2, F_2)\}$，这里，$U_1 = C\#Cn$，$F_1 = \{C\# \rightarrow Cn\}$；$U_2 = CnTEXTn$，$F_2 = \{C\# \rightarrow TEXTn\}$。不难证明，模式分解 ρ 是无损分解。但是，由 R_1 上的函数依赖 $C\# \rightarrow Cn$ 和 R_2 上的函数依赖 $C\# \rightarrow TEXTn$ 得不到在 R 上成立的函数依赖 $Cn \rightarrow TEXTn$，因此，分解 ρ 丢失了 $Cn \rightarrow TEXTn$，即 ρ 不保持函数依赖 F。分解结果如图 4-4 所示。

C#	Cn
C2	数据库
C4	数据库
C6	数据结构

(a)r_1

C#	TEXTn
C2	数据库原理
C4	高级数据库
C6	数据结构教程

(b) r_2

C#	Cn	TEXTn
C2	数据库	数据库原理
C4	数据库	高级数据库
C6	数据结构	数据结构教程

(c) $r_1 \bowtie r_2$

图 4-4　不保持函数依赖的分解

图 4-4 分别表示满足 F_1 和 F_2 以及关系 r_1 和 r_2，(c) 表示 $r_1 \bowtie r_2$，但 $r_1 \bowtie r_2$ 违反了 $Cn \rightarrow TEXTn$。

2. 保持函数依赖测试算法

由保持函数依赖的概念可知，检验一个分解是否保持函数依赖，其实就是检验函数依赖集 $G = \bigcup_{i=1}^{n} \prod_{U_i}(F)$ 是否覆盖函数依赖集合 F，也就是检验对于任意一个函数依赖 $X \rightarrow Y \in F^+$ 是否可以由 G 根据 Armstrong 公理导出，即是否有 $Y \subseteq X_G^+$。

按照上述分析，可以得到保持函数依赖的检测方法如下。

输入：

(1) 关系模式 $R(U)$。

(2) 关系模式集合 $\rho = \{R_1(U_1), R_2(U_2), \cdots, R_n(U_n)\}$。

输出：

ρ 是否保持函数依赖。

计算步骤：

(1) 令 $G = \bigcup_{i=1}^{n} \prod_{U_i}(F)$，$F = F - G$，Result = True。

(2) 对于 F 中的第一个函数依赖 $X \rightarrow Y$，计算 X_G^+，并令 $F = F - \{X \rightarrow Y\}$。

(3) 若 $Y \not\subset X_G^+$，则令 Result = False，转向"(4)"。

否则，若 $F \neq \Phi$，转向"(2)"，否则转向"(4)"。

(4) 若 Result = True，则 ρ 保持函数依赖，否则 ρ 不保持函数依赖。

例 4-11　设有关系模式 $R(U, F)$，其中 $U = ABCD$，$F = \{A \rightarrow B, B \rightarrow C, C \rightarrow D, D \rightarrow A\}$。$R(U, F)$ 的一个模式分解 $\rho = \{R_1(U_1, F_1), R_2(U_2, F_2), R_3(U_3, F_3)\}$，其中 $U_1 = AB$，$U_2 = BC$，$U_3 = CD$；$F_1 = \prod_{U_1} = \{A \rightarrow B, B \rightarrow A\}$，$F_2 = \prod_{U_2} = \{B \rightarrow C, C \rightarrow B\}$，$F_3 = \prod_{U_3} = \{C \rightarrow D, D \rightarrow C\}$。按照上述算法：

(1) $G = \{A \rightarrow B, B \rightarrow A, B \rightarrow C, C \rightarrow B, C \rightarrow D, D \rightarrow C\}$，$F = F - G = \{D \rightarrow A\}$，Result = True。

(2) 对于函数依赖 $D \rightarrow A$，即令 $X = \{D\}$，$Y = \{A\}$，有 $X \rightarrow Y$，$F = F - \{X \rightarrow Y\} = F -$

$\{D\rightarrow A\}=\Phi$。经过计算可以得到 $X_G^+=ABCD$。

（3）由于 $Y=\{A\}\subseteq X_G^+=ABCD$，转向"（4）"。

（4）由于 Result=True，因此模式分解 ρ 保持函数依赖。

4.4　关系模式范式

函数依赖是关系模式中数据依赖语义范围较小但很基本的一个部分。函数依赖引起的问题主要是数据冗余及其数据操作异常，解决的办法是进行关系模式的合理分解。那么，分解时应当遵循怎样的思路？分解到怎样的程度才算是"规范"模式？本节着重讨论这些问题。

4.4.1　函数依赖与范式

关系模式最基本的范式是第一范式（1NF），而与函数依赖相关的关系模式范式主要是第二范式（2NF）、第三范式（3NF）和 BC 范式（BCNF）。

1. 第一范式——1NF

如果一个关系模式 R 中每个属性值都是一个不可分解的数据量，则称该关系模式满足第一范式（First Normal Form），记为 $R\in 1NF$。

第一范式规定了一个关系中的属性值必须是"原子"的，它排斥了属性值为数组、结构或其他复合数据的可能性，使得关系数据库中所有关系表的属性值都呈现出"最简形式"。第一范式的意义在于使得关系表从起始结构就比较简单，为讨论复杂情形提供基本框架。每个关系模式必须满足第一范式，1NF 是对关系模式最起码的要求。

例 4-12　考察如表 4-9 所示的信息表。

表 4-9　非 1NF

学号	姓名	系别	选修课程

表中属性"选修课程"取值是集合，具有集合结构，从而不符合第一范式要求，需对其进行处理。采用方法是将每门课程单独表示。如果一个学生选三门课，则使用三个元组表示其所选课程，即进行原来表的纵向展开，展开后如表 4-10 所示。

表 4-10　1NF 形式

学号	姓名	系别	课程名称

考察如表 4-11 所示的信息表。

表 4-11　非 1NF

职工姓名	部门	住址			
		省	市	街道	邮编

其中属性"住址"是一个结构,也不符合第一范式要求,其处理方法是将"住址"属性进行横向展开为多个属性,从而满足 1NF。处理后情形如表 4-12 所示。

表 4-12　1NF 形式

职工姓名	部门	省	市	街道	邮编

2. 第二范式——2NF

第一范式并不涉及函数依赖,但为了问题描述的系统与方便,将其与基于数据依赖的范式并列处理。第二范式是基于函数依赖的第一个对关系模式的基本要求。

1) 问题的引入——关系模式的确定

对于关系模式 R 而言,除需确定 R 属性集合 U 之外,还要根据语义确定 R 上所有函数依赖构成的集合 F,即关系模式 R 实际上也可以看做由 U 和 F 确定的一个二元组并将其记为 $R(U,F)$。

例 4-13　设有关系模式 SCG(S♯,Sn,Sd,Ss,C♯,G),其中 Ss 表示学生所学专业,其他含义同前。在 SCG 中规定各种基本语义如下。

(1) 每个学生属于且仅属于一个系与一个专业。

(2) 每个学生修读的每门课程有且仅有一个成绩。

(3) 各个系无相同专业。

按照上述语义和其他信息可知,SCG(U,F),$U=$S♯SnSdSsC♯G;$F=\{$S♯→Sn,S♯→Sd,S♯→Ss,Ss→Sd,S♯C♯→G$\}$。这里,候选键是 S♯C♯,对于非主属性 Sn、Sd、S 和 G 而言,除了有 S♯C♯ $\xrightarrow{F}$ G 之外,还有:S♯C♯ $\xrightarrow{P}$ Sn,S♯C♯ $\xrightarrow{P}$ Sd,S♯C♯ $\xrightarrow{P}$ Ss,即存在着多个部分函数依赖,从而存在数据冗余。

确定了函数依赖集合 F 之后,就可对关系模式 R 进行规范化工作。规范化的核心是对关系模式逐级提出所必须遵循的约束条件,其表现形式就是各级"范式",其出发点和落脚点都是使得所建立的关系模式具有较低的冗余度和较少的异常性。

2) 第二范式基本概念

设关系模式 $R(U,F)\in$1NF,给定 $R(U,F)$ 中主键 K。如果 U 中每个非主属性都完全函数依赖于 K,则称该关系模式 $R(U,F)$ 满足第二范式,记为 $R(U,F)\in$2NF。

由定义可知,第二范式实际是从第一范式中消除非主属性对主键的部分函数依赖。也就是说,不满足第二范式的关系模式 R 中存在非主属性对键的部分函数依赖,即存在 $X\rightarrow Y$,其中 Y 是非主属性,X 是键 K 的真子集,如图 4-5 所示。

满足第一范式不能保证满足第二范式。在例 4-13 的 SCG 当中,S♯C♯ 是键,而 SCG 所有非主属性的集合为{Sn,Sd,Ss,G},但是除了属性子集{G}完全依赖于 S♯C♯外,{Sn}、{Sd}、{Ss}都部分依赖于(S♯,C♯),如图 4-6 所示。SCG(U,F)不满足第二范式。

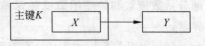

图 4-5　关系模式 R 不满足第二范式

一个关系模式仅满足第一范式是不够的,它还需要满足第二范式。对不满足第二范式模式处理的基本方法是将其进行分解,并使得分解后满足第二范式。

例 4-13 中的 SCG 可以分解为如下两个关系模式：

SCG1(S#C#G,{S#C#→G})
SCG2(S#SnSdSs,{S#→Sn,S#→Sd,S#→Ss,Ss→Sd})

此时,SCG1 和 SCG2 中不存在部分函数依赖,满足第二范式。分解后的 SCG1 和 SCG2 分别如图 4-7 和图 4-8 所示。

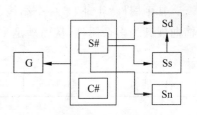

图 4-6　SCG 存在部分函数依赖

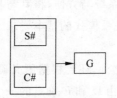

图 4-7　满足 2NF 的 SCG1

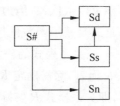

图 4-8　满足 2NF 的 SCG2

3) 第二范式仍会出现冗余

第二范式消除了非主属性对主键的部分函数依赖,但仍然可能存在传递依赖,因此不能完全避免冗余发生。

例 4-14　在例 4-13 SCG2 中,函数依赖集为{S#→Sn,S#→Sd,S#→Ss,Ss→Sd}。此时,若需登记一个尚未招生的系(Sd)的专业(Ss)设置情况,插入此信息就比较困难。若要删除一些学生信息,就可能将现有关系(Sd)的专业(Ss)设置情况一起删掉。这里原因在于 Sd 函数依赖于 S#(S#→Sd),又函数依赖于 Ss(Ss→Sd);同时,Ss 函数依赖于 S#(S#→Ss),这样就会产生传递函数依赖 S#→Sd。由此可见,进一步消除异常现象还需要对关系模式传递函数依赖进行必要限制。

3. 第三范式——3NF

第三范式着眼于非主属性对于主键的传递依赖。

1) 第三范式基本概念

设有关系模式 $R(U) \in 1NF$,并给定 $R(U)$ 主键 K。如果 $R(U)$ 中每个非主属性都不传递依赖于 K,则称关系模式 $R(U)$ 属于第三范式,记为 $R(U) \in 3NF$。

由定义可以知道以下几点。

(1) 由于"部分函数依赖必定传递函数依赖"成立,其逆否命题为"非传递函数依赖必定非部分函数依赖",所以,满足 3NF 的关系模式一定也满足 2NF。

(2) 3NF 实质上是在 1NF 中消除了非主属性对键的部分函数依赖和传递函数依赖,而部分函数依赖和传递函数依赖是数据冗余的重要原因,从而 3NF 消除了很大一部分存储异常。

(3) 如果关系模式 $R(U)$ 不满足 3NF,则其中一定存在着非主属性 Y 对键 K 的传递依赖,此时有下述三种情形。

① 存在 $X \to Y$,其中 Y 是非主属性,X 是键 K 的真子集,这实际上是一种基于部分依赖的传递依赖,其示意如图 4-7 所示。

② 存在 $X \to Y$,其中 Y 是非主属性,而 X 既非超键,又非键 K 的真子集,但 X 和键 K

的交集非空,如图 4-9 所示。

③ 存在 $X \rightarrow Y$,其中 Y 是非主属性,而 X 既不是超键,又不是键的真子集,但 X 和键 K 的交集为空,如图 4-10 所示。

图 4-9　非 3NF 类型之二　　　　　　　图 4-10　非 3NF 类型之三

从主属性和非主属性角度,可以得到关系模式 $R(U)$ 中 U 的一个分解 $\{U_1, U_2\}$,其中 U_1 是所有主属性组成的集合,称之为主属性集; U_2 是所有非主属性构成的集合,称之为非主属性集。第三范式要求每一个非主属性必须完全依赖而且不能传递依赖于主属性集合中的子集——候选键,从而在很大程度上理清了关系模式中复杂的依赖关系,实现了非主属性依赖的标准化和规范化,避免了异常性的出现。可以将满足第三范式的关系模式看做一个物理中的原子,其中主属性集合就是原子核,而非主属性集合中的元素就是这个原子中的电子,它们紧紧依赖于主属性集合而构成一个紧密的整体。

2) 满足第三范式的充分必要条件

下面给出满足第三范式的一个可计算的充要条件。

关系模式 $R(U)$ 满足第三范式的充要条件是,对于 $R(U)$ 中任意一个非平凡函数依赖 $X \rightarrow Y$,必有:或者 X 是超键,或者 Y 是主属性。

事实上,如果 $R(U) \in 3NF$,对于任意非平凡函数依赖 $X \rightarrow Y$,依赖因素 Y 只能是如下两种情形之一: Y 为主属性, Y 为非主属性。若 Y 是主属性,则必要性已证;若 Y 是非主属性,反设 X 不是超键,由于 X 不能是任意键的真子集(因为若 X 是某键 K 的真子集,则非主属性 Y 就是对键 K 部分依赖,与 $R \in 3NF$ 矛盾),可以得到 $K \rightarrow X$ 且 K 不依赖于 X,由题设 $X \rightarrow Y$,从而非主属性 Y 传递依赖于键 K,与 $R \in 3NF$ 矛盾。必要性得证。

反之,如果对于 R 中某一个非主属性 Y, Y 传递依赖于一个候选键 K 成立,即存在一个属性子集 X,使得 $K \rightarrow X$,但 K 不函数依赖于 X, $X \rightarrow Y$ 成立,由题设,此时 X 应当是超键,这与 K 不函数依赖于 X 矛盾,所以 $R \in 3NF$。

3) 关系模式分解为 3NF 模式集算法

一个范式如果不满足第三范式,可以通过模式分解将其分解为若干个模式,使得分解后的模式能够满足第三范式,具体算法如下。

设有关系模式 $R(U)$, K 是其主键, $X \rightarrow Z$ 是 $R(U)$ 的函数依赖,其中 Z 是非主属性集且不是 X 的子集,而 X 不是候选键,此时即有 $K \rightarrow Z$ 是 $R(U)$ 的传递函数依赖。可以将 $R(U)$ 分解为两个新的关系模式。

(1) $R_1(XZ)$,主键是 X。

(2) $R_2(Y)$,其中 $Y = U - Z$,主键是 K,外键是 X。

由主键和外键的匹配机制,可以通过连接由 R_1 和 R_2 重新得到 R。

如果 R_1 或 R_2 还不是 3NF,重复上述过程直到所有的模式都是 3NF 为止。

例 4-15　在例 4-13 中,SCG2 满足第二范式,但是不满足第三范式,可以将其分解为如下两个关系模式:SCG21(S♯SnSs, {S♯ $\rightarrow$ Sn, S♯ $\rightarrow$ Ss}) 和 SCG22(SsSd, {Ss $\rightarrow$ Sd}),其依赖情况如图 4-11 所示。

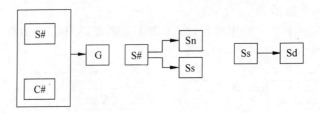

图 4-11　SCG2 分解为 3NF

SCG 经过几次分解之后,得到三个关系模式：SCG1、SCG21 和 SCG22。这三个模式都满足第三范式,冗余度较小,没有异常现象出现。

4) 无损且保持函数依赖分解为 3NF 模式集

对于关系模式分解为 3NF 来说,还可以做到无损性和保持函数依赖性。

关系模式 R 无损且保持函数依赖地分解为 3NF 模式集算法如下。

(1) 对于 R 和 R 上成立的函数依赖集合 F,先求出 F 的最小依赖集合,再将最小依赖集合中那些具有相同决定因素的函数依赖用合并性规则进行合并。

(2) 在最小函数依赖集合中,对每一个函数依赖 $X \to Y$,构成一个关系模式 XY。

(3) 在构成的关系模式集合中,如果每个模式都不含有 R 的候选键,则将候选键作为一个模式放入模式集合当中。

由上述步骤中模式集合就是 R 的一个分解,可以证明,这种分解既是无损分解,也是保持函数依赖的分解。

例 4-16　设有关系模式 $R(ABCDE)$,R 的最小函数依赖集合为 $\{A \to B, C \to D\}$。从依赖集可以知道 R 的候选键为 ACE。

根据最小依赖集合,可以知道有分解 $\rho_0 = \{AB, CD\}$,然后加入候选键组成的模式 ACE,最后的分解结果就是 $\rho = \{AB, AC, ACE\}$,这是一个 3NF 模式集合,并且相对于最小依赖集合既是无损的又是保持函数依赖的。

4. Boyce-Codd 范式——BCNF

1) BC 范式概念

第二范式和第三范式的讨论对象都是非主属性,而 BCNF 既涉及非主属性,也涉及主属性。

设关系模式 $R(U) \in$ 1NF,如果 $R(U)$ 中每一个属性都不传递依赖于 $R(U)$ 的候选键,则称关系模式 $R(U)$ 满足 Boyce-Codd 范式,简称 BC 范式,记为 $R(U) \in$ BCNF。

由上述定义可以知道,非 BC 范式可以有下面两种情形。

(1) 属性 A 含于某键 W 当中,属性集 X 与键 K 的交集非空,且 $X \to A$,如图 4-12 所示。

(2) 属性 A 含于某键 K 中,属性集 X 与键 K 的交集为空,且 $X \to A$,如图 4-13 所示。

2) BCNF 的条件

(1) BCNF 充要条件。BC 范式有如下充要条件：

设关系模式 $R(U) \in$ BCNF 的充要条件是对于 $R(U)$ 中每一个函数依赖 $X \to Y$ 中的决定因素 X 都含有候选键,即 X 为超键。

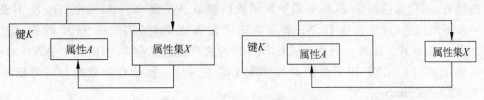

图 4-12 非 BCNF 类型之一 　　　　　图 4-13 非 BCNF 类型之二

事实上，设 $R(U) \in$ BCNF，$X \rightarrow Y$ 是 $R(U)$ 中的任意函数依赖，A 是 Y 中的任意属性，此时也有 $X \rightarrow A$。如有 X 不含有候选键 K，则 K 不会函数依赖于 X，但是有非平凡依赖 $K \rightarrow X$ 和 $X \rightarrow A$，即属性 A 是传递函数依赖键 K，由此产生矛盾。必要性得证。

另外，设 $R(U)$ 中每一函数依赖 $X \rightarrow Y$ 中决定因素 X 都含候选键。如果属性 A 传递函数依赖于 $R(U)$ 中键 K，即存在属性集 X，X 不函数依赖于 K，且存在两个非平凡函数依赖 $K \rightarrow X$ 和 $X \rightarrow A$。按照题设，X 应当含有某键 K'，即有 $X \rightarrow K'$。由于键 K 和 K' 等价，因此 $X \rightarrow K$，与 A 传递依赖于候选键 K 中的要求 "K 不函数依赖于 X" 矛盾。充分性得证。

一般而言，函数依赖中的决定因素不一定都是超键，例如在 SCG 中，Ss $\rightarrow$ Sd，$\{$Ss$\}$ 不含有 SCG 的键 S♯C♯，从而不是超键。

BCNF 充要条件说明如果一个关系模式满足 BCNF，则除了其中每一个决定因素 X 都是超键的函数依赖 $X \rightarrow Y$ 之外，绝不会有其他形式的非平凡函数依赖。特别是不会有非主属性作为决定因素的非平凡函数依赖。在这种意义下，BCNF 在概念上已经相当"单纯"。就函数依赖而言，它进行了高层次的必要分解，消除了某些数据冗余和由此产生的插入、删除等数据操作中的异常现象。

(2) BCNF 充分条件。如何判定一个关系模式 $R(U)$ 是否为 BC 范式呢？有如下充分条件：

如果 $R(U) \in$ 3NF，并且 $R(U)$ 存在唯一候选键 K，则 $R(U) \in$ BCNF。

事实上，设 K 是 $R(U)$ 唯一候选键，则主键只能是 K。对于 $R(U)$ 的任何一个非平凡函数依赖 $X \rightarrow Y$，由于 $R(U) \in$ 3NF，因此都应属于 3NF 定义之后说明"(3)"中三种情况的否定，此时只能是决定因素 X 包含 K，由此即知 $R(U) \in$ 3NF。

(3) BCNF 必要条件。当一个关系模式 $R(U) \in$ BCNF 时，$R(U)$ 有一些重要的性质，这些性质就是 BCNF 的必要条件，这由下面命题描述。

如果关系模式 $R(U) \in$ BCNF，则有：

① $R(U)$ 的所有非主属性对于每一个候选键都是完全函数依赖。

② $R(U)$ 的所有主属性对于每一个不含有它的键也是完全函数依赖。

③ $R(U)$ 中没有属性完全依赖于任何一组非键属性。

④ $R(U) \in$ 3NF。

事实上，由相关定义，可以得到上述命题的正确性证明。

① 当某个非主属性 Y 函数依赖于不包含其的某个候选键的真子集时，该真子集就不能是超键，即知与 $R(U) \in$ BCNF 矛盾。

② 理由同上。

③ 由 BCNF 定义即得。

④ 当 $R(U) \in$ BCNF，由于决定因素都是超键，对于某个非主属性 A，如果 A 传递依赖

于候选键 K,由传递依赖定义,即有非平凡函数依赖 $K \to X$ 和 $X \to A$,其中 $X \to K$ 不成立。但 $X \to A$ 不能成立,这是由于 BCNF 要求决定因素 X 是超键,因此 X 和 K 等价,应当有 $X \to K$ 成立,由此产生矛盾。因此在满足 BCNF 的关系模式中,不可能出现非主属性对候选键的传递依赖,即 BCNF 用更强的条件排除了非主属性对键的传递依赖和部分依赖,由 3NF 范式的定义知,$R \in 3NF$。

BCNF 必要条件的"④"说明 BCNF 不会比 3NF"宽松"。那么,满足 3NF 是否也满足 BCNF 呢?下面的例子说明这样的情形在一般条件下是不成立的,它表明 BCNF 的确比 3NF 更为严格。

例 4-17 设有关系模式 SCT(S♯C♯Tn),其中,S♯、C♯ 的含义如前,Tn 表示教师姓名。SCT 中有以下语义。

(1) 每个教师仅上一门课程。

(2) 学生与课程的关系确定之后,教师即唯一确定。

由此,SCT 中就有函数依赖关系:S♯C♯ $\to$ Tn,Tn $\to$ C♯。

这个关系模式满足 3NF,因为唯一候选键为 S♯C♯,非主属性只有 Tn。Tn 完全依赖于 S♯C♯,同时对于 Tn,不存在传递依赖问题。但是在 Tn $\to$ C♯ 中,决定因素 Tn 不含有候选键 S♯C♯,所以 SCT 不满足 BCNF。

仅 3NF 而非 BCNF 不能避免异常性。在关系 SCT 中,如果某门课程(C♯)本学期不开设,就无学生(S♯)选读,此时有关教师(Tn)固定开设这门课程的信息就无法显示。由此看来,应当进一步将关系模式 SCT 分解为 BCNF。在此例中,SCT 可以进一步分解为 S♯ $\to$ Tn 和 C♯ $\to$ Tn,这两个关系模式都是 BCNF,不会产生异常现象,如图 4-14 所示。

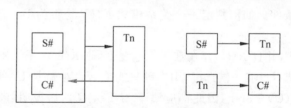

图 4-14 非 BCNF 分解为 BCNF

3)无损分解为 BCNF 模式集合的算法

给定关系模式 R,可以通过如下步骤将其无损分解为 BCNF 模式集合。

假设 R 初始分解为 $\rho = \{R\}$。

(1) 如果 ρ 中有一个关系模式 R_i 相对于(F)不是 BCNF,则 R_i 中存在非平凡函数依赖 $X \to Y$,使得 X 不包含超键。此时将 R_i 分解为 XY 和 $R_i - Y$ 两个模式。

(2) 重复上述步骤直到 ρ 中每一个模式都是 BCDF。

(3) 上述算法是从关系模式 R 出发,寻找一个满足条件的 BCNF 模式集合,因此也称为"分解算法",可以证明,该算法能够保证将 R 无损分解为 ρ,但不一定能够保证此时分解也保持函数依赖。

4.4.2 多值依赖与 4NF

在关系模式中,数据之间存在一定联系,对这种联系处理适当与否直接关系到模式中数据冗余情况。函数依赖是最基本的数据联系,通过对函数依赖的讨论和分解,可以有效消除模式冗余现象。函数依赖实质上反映的是"多对一"联系,在实际应用中还会有"一对多"形式的数据联系,诸如此类的不同于函数依赖的数据联系也会产生数据冗余,从而引发各种数据异常现象。

1. 问题的引入

先看下述例子。

例 4-18　设有一个课程安排关系,如表 4-13 所示。

表 4-13　课程安排关系

课程名称	任课教师	选用教材名称
数学分析	T_{11}	B_{11}
	T_{12}	B_{12}
	T_{13}	
数据结构	T_{21}	B_{21}
	T_{22}	B_{22}
	T_{23}	B_{23}

在这里的课程安排具有如下语义。

(1)"数学分析"这门课程可以由三个教师担任,同时有两本教材可以选用。

(2)"数据结构"这门课程可以由三个教师担任,同时有三本教材可供选用。

如果分别用 Cn、Tn 和 Bn 表示"课程名称"、"任课教师"和"教材名称",上述情形可以表示如表 4-14 所示的关系 CTB。

表 4-14　关系 CTB

Cn	Tn	Bn	Cn	Tn	Bn
数学分析	T_{11}	B_{11}	数据结构	T_{21}	B_{23}
数学分析	T_{11}	B_{12}	数据结构	T_{22}	B_{21}
数学分析	T_{12}	B_{11}	数据结构	T_{22}	B_{22}
数学分析	T_{12}	B_{12}	数据结构	T_{22}	B_{23}
数学分析	T_{13}	B_{11}	数据结构	T_{23}	B_{21}
数学分析	T_{13}	B_{12}	数据结构	T_{23}	B_{22}
数据结构	T_{21}	B_{21}	数据结构	T_{23}	B_{23}
数据结构	T_{21}	B_{22}			

很明显,这个关系表是数据高度冗余的。通过仔细分析关系 CTB,可以发现它有如下特点。

(1) 属性集{Cn}与{Tn}之间存在着数据依赖关系,在属性集{Cn}与{Bn}之间也存在着数据依赖关系,而这两个数据依赖都不是"函数依赖",因为当属性子集{Cn}的一个值确定之后,另一属性子集{Tn}就有一组值与之对应。例如当属性课程名称 Cn 的一个值"数学分析"确定之后,就有一组任课教师 Tn 的值"T_{11}"、"T_{12}"和"T_{13}"与之对应。对于 Cn 与 Bn 的数据依赖关系也是如此。显然,这是一种"一对多"的情形。

(2) 属性集{Tn}和{Bn}也有关系,这种关系是通过{Cn}建立起来的间接关系,而且这种关系最值得注意的是,当$\{Cn\}$的一个值确定之后,其所对应的一组$\{Tn\}$值与$U-\{Cn\}-\{Tn\}$无关。例如,取定$\{Cn\}$的一个值为"数学分析",则对应$\{Tn\}$的一组值"T_{11}、T_{12}和 T_{13}"与此"数学分析"课程选用的教材即 $U-\{Cn\}-\{Tn\}$ 值无关。显然,这是"一对多"关系中的一种特殊情况。

如果属性子集 X 与 Y 之间依赖关系具有上述特征,就不能为函数依赖关系所包容,需要引入新的概念予以刻画与描述,这就是多值依赖。

2. 多值依赖

1) 多值依赖概念

设有关系模式 $R(U)$,X、Y 是属性集 U 中的两个子集,而 r 是 $R(U)$ 中任意给定的一个关系实例 r。如果有下述条件成立,则称 Y 多值依赖(Multivalued Dependency)于 X,记为 $X\rightarrow\rightarrow Y$。

(1) 对于 r 在 X 上的一个确定的值(元组),都有 r 在 Y 中一组值与之对应。

(2) Y 的这组对应值与 r 在 $Z=U-X-Y$ 中的属性值无关。

此时,如果 $X\rightarrow\rightarrow Y$,但 $Z=U-X-Y\neq\Phi$,则称其为非平凡多值依赖,否则称为平凡多值依赖。平凡多值依赖的一个常见情形是 $U=X\cup Y$,此时 $Z=\Phi$,多值依赖定义中关于 $X\rightarrow\rightarrow Y$ 的要求总是满足的。

属性集 Y 多值依赖于属性集 X,即 $X\rightarrow\rightarrow Y$ 的定义实际上说明下面几个基本点。

(1) 说明 X 与 Y 之间的对应关系是相当宽泛的,即 X 一个值所对应的 Y 值的个数没有作任何强制性规定,Y 值的个数可以是从零到任意多个自然数,是"一对多"的情形。

(2) 说明这种"宽泛性"应当受必要的限制,即 X 所对应的 Y 的取值与 $U-X-Y$ 无关,是一种特定的"一对多"情形。确切地说,如果用形式化语言描述,则有:

在 $R(U)$ 中如果存在 $X\rightarrow\rightarrow Y$,则对 R 中任意一个关系实例 r,当元组 s 和 t 属于 r,并且在 X 上的投影相等:$s[X]=t[X]$,此时由

$$s = s[X]+s[Y]+s[U-X-Y] \text{ 和 } t = t[X]+t[Y]+t[U-X-Y]$$

可以做出两个新元组:

$$u = s[X]+t[Y]+s[U-X-Y] \text{ 和 } v = t[X]+s[Y]+t[U-X-Y]$$

则 u 和 v 还应当属于 r。

上述情形可以用表 4-15 予以适当解释。

表 4-15　多值依赖

	X	$Z=U-X-Y$	Y
s	X	Z_1	Y_1
t	X	Z_2	Y_2
u	X	Z_1	Y_2
v	X	Z_2	Y_1

在例 4-18 关系 CTB 中,按照上述分析,可以验证 $Cn\rightarrow\rightarrow Tn$,$Cn\rightarrow\rightarrow Bn$。

"(1)"和"(2)"还说明考察关系模式 $R(U)$ 上多值依赖 $X\rightarrow\rightarrow Y$ 是与另一个属性子集 $Z=U-Z-Y$ 密切相关的,而 X、Y 和 Z 构成了 U 的一个划分,即 $U=X\cup Y\cup Z$,这一观点对于多值依赖概念推广十分重要。

需要指出的是,函数依赖反映对属性值的约束。例如,S♯C♯→G,如果在一个元组中,当学号 S♯ 和课程号 C♯ 的值确定之后,对应的成绩 G 属性值一定唯一,不能多个。由表 4-15 所示的多值依赖概念可知,多值依赖反映元组值的约束。例如,在例 4-18 中,由 $Cn \twoheadrightarrow Tn$ 可知,如果给定排课关系中有元组(数学分析,T_{11},B_{11})(表 4-14 第一行)和(数学分析,T_{12},B_{12})(表 4-14 第四行),则一定也有元组(数学分析,T_{11},B_{12})(表 4-14 第二行)和(数学分析,T_{12},B_{11})(表 4-14 第三行)。

2) 多值依赖性质

由定义可以得到多值依赖具有下述基本性质。

(1) 在 $R(U)$ 中 $X \twoheadrightarrow Y$ 成立的充分必要条件是 $X \twoheadrightarrow U-X-Y$ 成立。

必要性可以从前述分析中得到证明。事实上,交换 s 和 t 的 Y 值所得到的元组和交换 s 和 t 中的 $Z=U-X-Y$ 值得到的两个元组是一样的。充分性类似可证。

(2) 在 $R(U)$ 中如果成立 $X \rightarrow Y$,则必有 $X \twoheadrightarrow Y$。

事实上,此时,如果 s、t 在 X 上的投影相等,则 Y 上的投影也必然相等,该投影自然与 s 和 t 在 $Z=U-X-Y$ 上的投影无关。

"(1)"表明多值依赖具有某种"对称性质":只要知道了 R 上的一个多值依赖 $X \twoheadrightarrow Y$,就可以得到另一个多值依赖 $X \twoheadrightarrow Z$,而且 X、Y 和 Z 是 U 的分割。

"(2)"说明多值依赖是函数依赖的某种推广,函数依赖是多值依赖的特例。

3. 第四范式——4NF

对于 $R(U)$ 中的任意两个属性子集 X 和 Y,如果对于任意非平凡多值依赖 $X \twoheadrightarrow Y$,X 都为超键,则称 $R(U)$ 满足第四范式,记为 $R(U) \in 4NF$。

由 4NF 的定义可知:

(1) 由于关系模式 $R(U)$ 上的函数依赖 $X \rightarrow Y$ 可以看做多值依赖 $X \twoheadrightarrow Y$,如果 $R(U)$ 属于第四范式,此时 X 就是超键,所以 $X \rightarrow Y$ 满足 BCNF。因此,4NF 中所有的函数依赖都满足 BCNF。

(2) 如果 $X \twoheadrightarrow Y$ 是非平凡多值依赖,在 4NF 中,X 就是超键,此时的多值依赖就是函数依赖。因此,4NF 中可能的多值依赖或是平凡多值依赖,或是名义上为多值依赖的函数依赖。

可以粗略地说,$R(U)$ 满足第四范式必满足 BC 范式。但反之不成立,所以 BC 范式不必是第四范式。

在例 4-18 中,关系模式 CTB(Cn,Tn,Bn)唯一的候选键是 {Cn,Tn,Bn},并且没有非主属性,当然就没有非主属性对候选键的部分函数依赖和传递函数依赖,所以 CTB 满足 BC 范式。但在多值依赖 $Cn \twoheadrightarrow Tn$ 和 $Cn \twoheadrightarrow Bn$ 中的"Cn"不是键,所以 CTB 不属于 4NF。对 CTB 进行分解,得到 CTB_1 和 CTB_2 分别如表 4-16 和表 4-17 所示。

表 4-16 关系 CTB_1

Cn	Tn	Cn	Tn
数学分析	T_{11}	数据结构	T_{21}
数学分析	T_{12}	数据结构	T_{22}
数学分析	T_{13}	数据结构	T_{23}

表 4-17　关系 CTB₂

Cn	Bn	Cn	Bn
数学分析	B_{11}	数据结构	B_{21}
数学分析	B_{12}	数据结构	B_{22}

在 CTB_1 中,有 $Cn \longrightarrow\!\!\!\!\!\longrightarrow Tn$,不存在非平凡多值依赖,所以 CTB_1 属于 4NF。同理 CTB_2 也属于 4NF。

4.4.3* 连接依赖与 5NF

本节讨论更为一般的一种数据依赖——连接依赖。就像引入多值依赖之后,函数依赖就成为多值依赖特例,引入连接依赖概念之后,多值依赖就可以作为连接依赖的特例。

1. 连接依赖基本概念

1) 多值依赖的无损连接定义

我们可以进一步分析多值依赖问题。还是从例 4-18 入手。由关系模式 CTB 的属性集合 $U = \{Cn, Tn, Bn\}$ 上的一个划分 $\{\{Cn\}, \{Tn\}, \{Bn\}\}$ 可以得到 U 上的一个覆盖 $\{\{Cn, Tn\}, \{Cn, Bn\}\}$,如果记 $CTB_1 = \prod_{\{Cn, Tn\}}(CRT)$,$CTB_2 = \prod_{\{Cn, Bn\}}(CRT)$,容易验证下式成立:

$$CTB = CTB_1 \bowtie CTB_2 = \prod\nolimits_{\{Cn, Tn\}}(CRT) \bowtie \prod\nolimits_{\{Cn, Bn\}}(CRT)$$

这说明由属性分解得到的模式分解具有"无损连接分解"性质。将 CTB 换为一般关系模式,将 CTB 的划分 $\{\{Cn\}, \{Tn\}, \{Bn\}\}$ 换为一般属性集划分,就得到多值依赖另一等价定义:

设有关系模式 $R(U)$,而 X、Y 和 Z 是属性集 U 的一个划分。如果对于关系模式 R 的每一个关系实例 r,都成立 $r = \prod_{\{X, Y\}}(r) \bowtie \prod_{\{X, Z\}}(r)$,则称多值依赖 $X \longrightarrow\!\!\!\!\!\longrightarrow Y$ 在 $R(U)$ 上成立。

上述定义也可以看做多值依赖的无损连接分解定义,该定义的意义在于可以进行推广,因为上述定义实际上做出了关系模式 $R(U, F)$ 的一种分解:$\rho = \{R_1(U_1, F_1), R_2(U_2, F_2)\}$,其中 $U_1 = XY$,F_1 是 X 和 Y 之间数据依赖的集合,$U_2 = XZ$,F_2 是 X 和 Z 之间数据依赖的集合。这里,$U_1 \bigcup U_2 = \{X, Y\} \bigcup \{X, Z\} = U$,即 $\{X, Y\}$ 和 $\{X, Z\}$ 是 U 上的一个覆盖。而 Y 多值依赖于 Y 的充分必要条件就是由此得到的模式分解 ρ 是"无损连接分解"。这里模式分解集合只有两个元素,如果考虑多于两个的元素,就得到"连接依赖"的概念。

2) 连接依赖

设有关系模式 $R(U)$,$\{U_1, U_2, \cdots, U_n\}$ 是属性集合 U 的一个覆盖,关系模式集合 $\rho = \{R_1, R_2, \cdots, R_n\}$ 是 R 的一个模式分解,其中 R_i 是对应于 U_i 的关系模式($i = 1, 2, \cdots, n$)。如果对于 R 的每一个关系实例 r,下式成立:

$$r = \prod\nolimits_{R_1}(r) \bowtie \prod\nolimits_{R_2}(r) \bowtie \cdots \bowtie \prod\nolimits_{R_n}(r)$$

则称连接依赖(Join Dependence)在关系模式 R 上成立,记为 $\bowtie(R_1, R_2, \cdots, R_n)$。

如果连接依赖中每一个 R_i,$i = 1, 2, \cdots, n$ 都不等于 R,则称此时连接依赖是非平凡的,否则称为平凡的。

由连接依赖定义,多值依赖是模式的无损分解集合中只有两个分解元素的连接依赖,因而是连接依赖特例,连接依赖是多值依赖的推广。

例 4-19 设有供应关系 SPJ{S♯,P♯,J♯},其中 S♯、P♯ 和 J♯ 分别表示供应商编号、零件编号和工程编号。SPJ 表示供应关系,即某个供应商提供某零件给某工程。令 SP={S♯,P♯}、JP={P♯,J♯} 和 JS={J♯,S♯},则存在连接依赖 $\bowtie$(SP,PJ,JS) 在 SPJ 上成立。

设关系实例 r_1=(S$_0$,P$_0$)$\in$SP,表示公司 S0 供应零件 P$_0$。

设关系实例 r_2=(J$_0$,P$_0$)$\in$JP,表示工程 J0 需要零件 P$_0$。

设关系实例 r_3=(S$_0$,J$_0$)$\in$SJ,表示公司 S0 和 J0 有供应零件关系。

此时,关系实例 r=(S$_0$,P$_0$,J$_0$)=$\prod_{SP}(r)\bowtie\prod_{JP}(r)\bowtie\prod_{SJ}(r)=r_1\bowtie r_2\bowtie r_3\in$SPJ 就表示公司 S$_0$ 必须为工程 J0 提供零件 P$_0$。

2. 第五范式——5NF

假设关系模式 $R(U)$ 上任意一个非平凡连接依赖 $\bowtie$($R_1,R_2,\cdots,R_n$) 都由 R 的某个候选键所蕴涵,则称关系模式 R 满足第五范式,记为 $R(U)\in$5NF。

第五范式在有些文献中也称为投影连接范式(Project-Join Normal Form),简记为 PJNF。

这里所说的由 R 的候选键所蕴涵,是指 $\bowtie$($R_1,R_2,\cdots,R_n$) 可以由候选键推出。

在例 4-19 中,$\bowtie$(SP,PJ,JS) 中的 SP、PJ 和 JS 都不等于 SPJ,是非平凡的连接依赖,但 $\bowtie$(SP,PJ,JS) 并不被 SPJ 的唯一候选键{S♯,P♯,J♯}蕴涵,因此不是 5NF。将 SPJ 分解成 SP、PJ 和 JS 三个模式,此时分解是无损分解,并且每一个模式都是 5NF,可以消除冗余及其操作异常现象。

关系模式分解需要按照一定方式来保证原有信息不至于"畸变"或"损失"。分解实际上可以看做属性集合 U 的投影,而各种必要信息的保持主要是通过"连接"实现。因此,从直观上来看,迄今为止我们采取的模式设计方法就是"使用投影进行分解"和"使用连接进行重构"。从这个角度来看,连接依赖就是所有基于"投影分解和连接重构"方法的最一般形式,同时 5NF 也就覆盖了所有以投影、连接为基础的各种规范化形式。当然,如果不限于上述分解方式,就有可能考虑其他的规范化方法。

本章小结

1. 知识点回顾

本章主要讨论关系模式的设计问题。关系模式设计的好坏,对消除数据冗余和保持数据一致性等重要问题有直接影响。设计好的关系模式,必须有相应理论作为基础,这就是关系设计中的规范化理论。

在数据库中,数据冗余是指同一个数据被存储了多次。数据冗余不仅会影响系统资源的有效使用,更为严重的是会引起各种数据操作异常的发生。从事物之间存在相互关系角度分析,数据冗余与数据之间相互依赖,有着密切关系。数据冗余的一个主要原因就是将逻辑上独立的数据简单地"装配"在一起,消除冗余的基本做法是把不适合规范的关系模式分解成若干比较小的关系模式。

合理配置关系模式的基础是找出给定关系模式之上的有关函数依赖。关系模式 R 都是可以得到一个初始的函数依赖集合 F,寻找 R 上有关函数依赖问题可以归结为计算初始函数依赖集合 F 的闭包 F^+。但 F^+ 并不是容易"计算"的。因此,人们就将"逻辑蕴涵"转换为"逻辑推导",建立了 Armstrong 公理系统,通过证明公理系统的有效性和完备性,解决了 $F+$ 的计算问题。

从实际应用和计算复杂性考虑,通常需要判定一个已知函数依赖 $X \rightarrow Y$ 是否属于 F^+ 而不是计算 F^+ 本身。"$X \rightarrow Y$ 是否属于 F^+"就是 $X \rightarrow Y$ 是否为 F^+ 所逻辑蕴涵,这个问题可以归结为计算在 F 之下决定因素 X 的属性闭包 X^+。

给定关系模式 $R(U, F)$,初始函数依赖集合 F 是讨论各种基本问题的出发点,但 F 中是否有"多余"的函数依赖呢? 这是一个具有明显意义的问题。由此引入了函数依赖集合覆盖、等价概念,由此定义了给定函数依赖集合的最小依赖集合。

范式是衡量模式优劣的标准。范式表达了模式中数据依赖之间应当满足的联系。当关系模式 R 为 3NF 时,在 R 上成立的非平凡函数依赖都应该左边是超键或者是主属性;当关系模式是 BCNF 时,R 上成立的非平凡依赖都应该左边是超键。范式的级别越高,相应的数据冗余和操作异常现象就越少。

需要注意的是,多值依赖是广义的函数依赖,连接依赖又是广义的多值依赖。函数依赖和多值依赖都是基于语义,而连接依赖的本质特性只能在运算过程中显示。对于函数依赖,考虑 2NF、3NF 和 BCNF;对于多值依赖,考虑 4NF;对于连接依赖,考虑 5NF。一般而言,5NF 是终极范式。

关系模式的规范化过程就是模式分解过程,而模式分解实际上是将模式中的属性重新分组,它将逻辑上独立的信息放在独立的关系模式中。模式分解是解决数据冗余的主要方法,它形成了规范化的一条规则:"关系模式有冗余就进行分解"。

(1) 规范化的目的:解决插入、删除中出现的异常现象,处理数据冗余程度高的问题。

(2) 规范化的方法:从关系模式中各个属性之间的依赖关系(函数依赖和多值依赖)着眼,尽力做到每个模式只用来表示客观世界中的"一个"事件。

(3) 规范化的实现方案:采用模式分解的方法。

从本质上来说,规范化的过程就是一个不断消除属性依赖关系中某些弊病的过程,实际上,就是从第一范式到第五范式的逐步递进的过程。

一般模式→1NF	消除非主属性对键的部分依赖
1NF→ 2NF	消除非主属性对键的传递依赖
2NF→ 3NF	消除主属性对键的部分依赖
3NF→ BCNF	消除主属性对键的部分依赖
BCNF→ 4NF	消除非平凡的多值依赖

需要说明的是,规范化是一种理论,它研究如何通过规范以解决数据冗余及其所带来的异常现象。在数据库实际设计当中,构造关系模式时必须要考虑到这种因素。但现实世界是复杂的,在构造模式时还需要考虑到其他多种因素。如果模式分解过多,就会在数据查询过程中用到较多的连接运算,而这必然影响到查询速度。因此在实际问题当中,需要综合多方面的因素,统一权衡利弊,最后拿出的应是一个较为切合实际的合理模式。

2．知识点关联

（1）图 4-15 所示为函数依赖的三个基本特例。

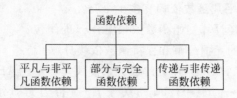

图 4-15　函数依赖的三个基本特例

（2）图 4-16 所示为函数依赖集合闭包的计算思想。

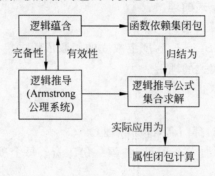

图 4-16　函数依赖集合闭包的计算思想

（3）图 4-17 所示为三种数据依赖和各种范式之间的关系。

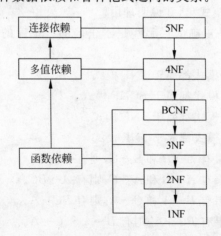

图 4-17　三种数据依赖和各种范式之间的关系

习题 4

01．给出下列术语的定义：函数依赖、部分函数依赖、完全函数依赖、传递依赖、超键、候选键、主键、外键、全键、1NF、2NF、3NF、BCNF、多值依赖、4NF、连接依赖、5NF。

02．从关系模型角度考虑，数据冗余产生的原因是什么？

03. 为什么说数据冗余会引起数据操作异常？

04. 什么是数据依赖，常用的数据依赖有哪几种？

05. 设关系模式 R 有 n 个属性，在模式 R 上可能成立的函数依赖有多少个？其中平凡的函数依赖有多少个？非平凡函数依赖有多少个？

06. 一般通过什么途径计算初始函数依赖集合 F 的闭包？

07. 什么是关系模式的无损分解和保持函数依赖分解？

08. 设有关系模式 $R(ABCD)$，R 分解成关系模式集合 $\rho = \{AB, BC, CD\}$。如果 R 上成立函数依赖集合 $F_1 = \{B \rightarrow A, C \rightarrow D\}$，则 ρ 关于 F_1 是否为无损分解？如果 $F_2 = \{A \rightarrow B, C \rightarrow D\}$，则 ρ 关于 F_2 是否为无损分解？

09. 设有关系模式 $R(ABCD)$，F 是 R 上成立的函数依赖之集，$F = \{AB \rightarrow CD, A \rightarrow D\}$。

(1) 说明 R 不是 2NF 模式的理由。

(2) 将 R 分解成 2NF 模式集。

10. 设有关系模式 $R(ABC)$，F 是 R 上成立的函数依赖之集，$F = \{C \rightarrow B, B \rightarrow A\}$。

(1) 说明 R 不是 3NF 模式的理由。

(2) 将 R 分解成 3NF 模式集。

11. 设有关系模式：

R(职工名,项目名,工资,部门名,部门经理)。

如果规定每个职工可参加多个项目，各领一份工资；每个项目只属于一个部门管理；每个部门只有一名经理。

(1) 写出关系模式 R 的函数依赖集合与关键码。

(2) 说明 R 不是 2NF 模式的理由，并把 R 分解成 2NF 模式集。

(3) 把 R 分解为 3NF 模式集，并说明理由。

12. 下述结论中哪些是正确的？哪些是不正确的？正确的说明理由，不正确的举出反例。

(1) 任何一个二元关系模式都属于 3NF 模式。

(2) 任何一个二元关系模式都属于 BCNF 模式。

(3) 任何一个二元关系模式都属于 4NF 模式。

(4) 任何一个二元关系模式都属于 5NF 模式。

(5) 在 $R(ABC)$ 中，如果有 $A \rightarrow B$ 和 $B \rightarrow C$，则有 $A \rightarrow C$。

(6) 在 $R(ABC)$ 中，如果有 $A \rightarrow B$ 和 $A \rightarrow C$，则有 $A \rightarrow BC$。

(7) 在 $R(ABC)$ 中，如果有 $B \rightarrow A$ 和 $C \rightarrow A$，则有 $BC \rightarrow A$。

(8) 在 $R(ABC)$ 中，如果有 $BC \rightarrow A$，则有 $B \rightarrow A$ 和 $C \rightarrow A$。

数据库设计　　第 5 章

　　数据库设计主要是数据库信息结构的设计,需要分析数据库必须存储的信息和这些信息相互之间的联系。数据库信息结构通常也称为数据库模式。数据库设计的技术基础是数据库的概念设计,而关系数据库概念设计通常使用一种常用的概念数据模型设计方法——实体-联系(E-R)方法。这种方法的建模实际上采用一种由矩形表示实体、由椭圆表示属性和由箭头表示联系的图形模式,因此也称为 E-R 模型或 E-R 图。本章首先介绍 E-R 模型,然后介绍基于 E-R 模型的关系数据库设计。

5.1　实体-联系数据模型

　　实体-联系数据模型由 P. P. S. Chen 在 1976 年提出,通常简称为 E-R 方法或 E-R 模型。后由 Teorey 等人对其进行了适当扩充,提出了 EE-R 模型(Extend Entity-relationship Model)。本节介绍 E-R 模型和 EE-R 模型。

5.1.1　E-R 模型

1. E-R 模型三要素

　　E-R 模型的基本要素是"实体"、"属性"和"联系"。

　　1) 实体

　　"实体"概念和"数据"、"信息"概念一样,是一个无法明确定义的"元概念"。一般认为,客观世界中能够相互区分的事物就是实体(Entity)。实体可以是具体的人和物,也可以是抽象的概念与联系。实体概念的关键点就在于一个实体能够与另一个实体相互区别,为此,定义能够区分每个不同实体作用的标识符就显得非常基本和重要。通常使用实体自身的一个属性子集作为该实体的标识符,只要这个属性子集能够唯一标识该实体即可。需要注意,这种属性子集可以是单个属性组成的单元素集合,同时,这样的属性子集可能并不唯一。实体标识符也称为关键字或码(Key),实体标识符提供实体之间的可区分性。

2）属性

实体除了标识特征外,通常还有其他若干特征,其中每一个特征称为实体的一个属性(Attribute)。属性不能脱离实体,属性必须相对实体而存在,它表征了实体的某个特定方面的特性。

3）联系

现实世界中事物之间的联系反映在 E-R 模型中就是实体之间的联系(Relationship)。

由实体、属性和联系三个基本概念,可以派生出下述一些常用概念。

2. 实体型与实体集

如前所述,数据库技术中引入的基本对象通常都有“型”(Type)和“值”(Value)的区分。“型”是对象特性和相互间联系的抽象描述,“值”是相应对象的具体内容。实体也是这样具有“型”和“值”之分的对象。

(1) 实体型:实体型(Entity Type)是对某类数据结构和特征的描述。实体型由实体名称和属性名称集合来抽象和刻画同类实体。例如,学生(学号、姓名、性别、出生年月、系别)是一个实体型,选课(学号、课程名称、成绩)也是一个实体型。

(2) 实体值:实体值(Entity Value)是一个实体型的具体内容,由描述实体的各个属性值组成。例如(03008,李鸿,男,1987,计算机科学系)以及(0603,数据库系统,2010)都是实体值。

(3) 实体集:若干个具有相同类型的实体集合称为一个实体集(Entity Set)。例如全体学生就是一个实体集。实体集包含了实体的“值”也隐含了实体的“型”。

为了叙述方便,在“有意混淆”情况下,也可不去仔细区分实体的“型”与“值”,例如笼统地称之为“实体”。

3. 联系分类

从实际应用方面考虑,可以按照不同观察角度对实体之间的联系进行基本分类。

1）存在性联系、功能性联系和事件性联系

从联系的表现形式来看,可以分为存在性联系、功能性联系和事件性联系三类。

(1) 存在性联系:如学校有教师,教师有学生。

(2) 功能性联系:如教师授课,教师参与管理学生等。

(3) 事件性联系:如学生借书,学生打网球等。

使用上述三种联系可以检查在需求分析过程中所考虑的联系是否存在遗漏。

2）实体内部联系和实体之间联系

从联系的不同层面上来看,可以分为实体集内部的联系和实体集之间的联系两类。

(1) 实体集内部联系:实体集内部各个实体之间的联系。

(2) 实体集之间联系:一个实体集中实体与另一实体集中实体的联系。

3）基于联系“元数”的联系

从联系的“元数”来看,实体集间联系又可分为下述三种情形。

(1) 一对一联系(1:1):如果对于实体集 A 中每个实体,实体集 B 中有 0 个或 1 个实体与之联系;反之,对于实体集 B 中每个实体,实体集 A 中有 0 个或 1 个实体与之联系,则称实体集 A 与实体集 B 具有一对一联系,记为 1:1。一对一联系如图 5-1 所示。

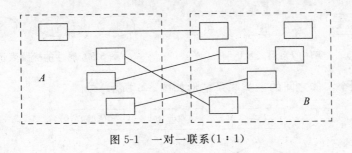

图 5-1 一对一联系(1∶1)

(2) 一对多联系(1∶n)：对于实体集 A 中每个实体，在实体集 B 中有 0 个或 n 个实体与之联系；反之，对于实体集 B 中的每个实体，实体集 A 中有 0 个或 1 个实体与之联系，则称实体集 A 和实体集 B 具有一对多的联系，记为 1∶n。一对多联系如图 5-2 所示。

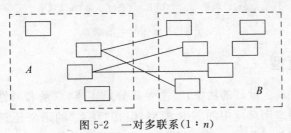

图 5-2 一对多联系(1∶n)

(3) 多对多联系(m∶n)：如果对于实体集 A 中的每个实体，实体集 B 中有 0 个或 n 个实体与之联系；同时，对于实体集 B 中的每个实体，实体集 A 中有 0 个或 m 个实体与之联系，则称实体集 A 和实体集 B 具有多对多联系，记为 m∶n。多对多联系如图 5-3 所示。

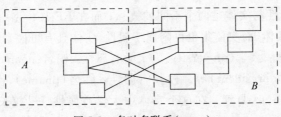

图 5-3 多对多联系(m∶n)

由定义可知，一对一联系是一对多联系的特例，而一对多联系又是多对多联系的特例。

实体集联系通常涉及两个实体集，可称其为二元联系；有时也会用到三个或者三个以上实体集间联系，可称为多元联系。一元联系就是实体集内部实体间联系。

4. E-R 模型表示——E-R 图

E-R 模型的图示形式就称为 E-R 图。E-R 图提供了用图形表示实体、属性和联系的方法。

(1) 实体表示：E-R 图中用矩形表示实体，矩形内标明实体名。

例 5-1 实体"学生"(Student)、"课程"(Course)可以如图 5-4 所示。

(2) 属性表示：E-R 图中用椭圆形表示属性，并用无向边将其与相应的实体联结起来。

例 5-2 实体集"学生"具有的属性 S♯(学号)、Sn(姓名)、Sa(年龄)如图 5-5 所示。

(3) 联系表示：E-R 图中用菱形表示联系，在菱形内写出联系名，用无向边分别与有关实体联结起来，同时在无向边旁边标上联系的类型(1∶1,1∶n,m∶n)。

图 5-4　实体的矩形表示　　　　　图 5-5　属性的椭圆表示

例 5-3　两个实体之间的三类联系情形如图 5-6 所示。

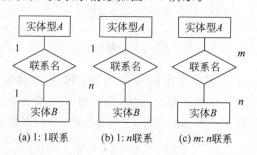

(a) 1∶1联系　　(b) 1∶n联系　　(c) m∶n联系

图 5-6　实体间三类联系

5.1.2　EE-R 模型

E-R 模型作为对现实世界的抽象,其主要成分是实体、联系和属性。使用这三种成分,可以建立起多种常用应用环境中的 E-R 模型,但其"联系"的语义还显得不够丰富,难以清楚表达相应的客观对象。Teorey 等人提出的 EE-R 模型保持了 E-R 模型简明清晰的特点,同时又弥补了 E-R 模型某些不足,成为目前一种较为流行的概念模型。

1. 实体可嵌套性

在 E-R 模型中属性与实体是两个不同的概念;而在 EE-R 模型中,属性也可作为实体,即是说,属性附属于实体,而实体集也可附属于属性,实体具有可嵌套性质。

例 5-4　设有实体:大学(university)。大学有属性:校名(uname)、地址(uaddress)、电话号码(utel)和校长(upresident)等。校长有属性:姓名(pname)、性别(psex)、办公地址(proomno)和电话号码(ptel)等。在这个实体中大学有属性——校长;校长也有自己的属性,也是实体。

关于实体可嵌套性应当注意以下两点。

(1) 嵌套的递归性:嵌套关系一般是非递归的,即有严格的层次性,但是也可能会产生一定的递归性,如汽车制造厂(经理)嵌套职工(拥有汽车)嵌套汽车(生产厂家)嵌套汽车制造厂。

(2) 嵌套的直接递归与间接递归:嵌套可通过多个嵌套而形成递归,这种递归称为间接递归,而实体的属性与该实体自己所形成的递归则称为直接递归。如实体"课程"有属性"预修课程号",而"预修课程号"也是课程,它与实体"课程"构成直接递归关系。

2. 实体间可继承性

两个实体间的继承关系是对实体联系语义的重要细化。设有两个实体集 A 和 B,B 是 A 的一个子集,B 中实体可以继承 A 中的所有属性(B 是 A 的子集,B 中的实体必然出现在 A 中),同时 B 也有自己"独有"的属性,这种现象就是实体间的可继承性。此时,A 称为 B 的超类实体(Super-entity)或超类(Super-type),B 称为 A 的子类实体(Sub-entity)或子类(Sub-type)。

例 5-5　设有学生（student）和研究生（graduate student）两个实体。学生实体有属性——学号（S#）、姓名（Sn）、系别（Sd）和年龄（Sa）；研究生也是学生，具有学生的所有属性，同时还有属性——导师姓名（adviser-name）和研究方向（research-field）。此时，"学生"与"研究生"之间可以建立起继承联系。该联系一旦建立，"研究生"即可继承"学生"的所有属性，即"研究生"可以视为具有属性 S#、Sn、Sd、Sa 和 adviser-name、research-field。

根据问题需要，继承还可分为两种情形。

（1）部分继承与全继承：如果子实体继承超类的全部属性，称其为全继承；而当子实体仅仅继承超类的部分属性，则称其为部分继承。

（2）单继承与多重继承：一个实体仅有一个超类，称其为单继承；如果有多于一个的超类，就称其为多重继承。

综上所述，相对于 E-R 模型中"实体"、"属性"和"联系"三个基本概念，在 EE-R 模型中就有五个基本概念："实体"、"属性"、"联系"、"嵌套"和"继承"。其中，实体与属性是基本对象，而联系、嵌套和继承则表示与实体与实体、实体与属性之间的基本语义关联。

3. EE-R 图

在 E-R 模型中有 E-R 图，在 EE-R 模型中也有 EE-R 图。EE-R 图基本上和 E-R 图一样，仅在上述两个扩展上增加了新的表示。

（1）在 EE-R 图上容许一个实体附属于另一个实体，它可由两实体通过属性和有向线段表示，其箭头指向被附属实体。

例 5-4 的情形如图 5-7 所示。

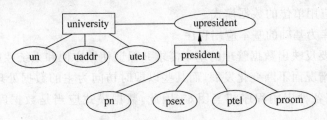

图 5-7　实体间的可嵌套性

（2）在 EE-R 图中，两实体之间的继承关系可以用加有圆圈的直线相连，带有子类的实体即超类用两端为双线的矩形表示。

例 5-5 的情形如图 5-8 所示。

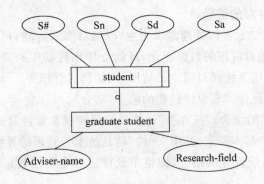

图 5-8　实体集之间的可继承性

5.2 数据库设计概述

数据库设计(Database Design)是任何信息系统开发和建设的基础和关键性技术。具体而言,数据库设计就是针对给定的具体应用环境,构造出相对最优的数据库模式,建立数据库及其应用系统,使之能够有效地存储数据,满足各种用户应用需求(信息需求和处理需求)。数据库设计是数据库应用领域中最基本的研究与开发课题。

5.2.1 基本任务与特征

人们常说"三分技术、七分管理、十二分数据",这实际上表明了数据库建设的基本规律。数据库设计的基本任务、工作结果和基本特征都是围绕上述"规律"展开。

1. 基本任务和成果

数据库设计的基础是用户的信息需求、处理需求和必需的系统支持环境。

(1) 信息需求:用户对象数据类型及其组织结构,反映用户对数据库的静态要求。

(2) 处理需求:用户对象数据处理过程和操作方式,反映用户对数据库的动态要求。

(3) 系统支持环境:系统硬件系统、操作系统、DBMS 和相关应用程序开发软件。

数据库设计的基本任务就是根据用户的信息和处理需求以及必需的系统支持环境,设计相应的数据模式和典型的应用程序。

数据库设计的基本成果表现在以下两个方面。

(1) 适合于应用单位的数据模式。

(2) 以数据库为基础的基本应用程序。

数据模式需要反映出数据管理的基本需求并保证使用方便和系统性能取优。由于应用程序会随着实际情况而不断变化发展,而某些以即时访问为主的数据处理过程例如信息检索等,事先编制好各种应用程序相当困难,因此,数据模式应当是数据库设计最为基本的成果。

2. 设计方法

实际应用中,可以考虑下述两种基本设计方法。

(1) 面向数据设计方法:以信息需求为主,以处理需求为辅,可以较好反映数据内在联系,在满足当前应用需要的同时,也可满足潜在发展需求。这种方法主要用于数据库的常规访问与各种即席访问并存的情形。

(2) 面向过程设计方法:以处理需求为主,以信息需求为辅,可以较好地满足各方面需要,获得较好性能,但随着应用的发展变化,可能会导致数据库的变动与重构。这种方法适用于要求比较明确、应用系统相对固定的情形,例如酒店管理等。

一般而言,数据库设计实现设计过程的两个"结合"。

(1) 设计与"三件"的结合,"三件"即计算机应用领域常常涉及的计算机硬件、计算机软件和计算机干件这三个基本要素,其中"干件"就是技术与管理的界面。

(2) 设计与应用系统设计的结合,即整个设计过程中要把数据结构设计和行为处理设计密切结合起来。

3. 基本特征

作为一项软件工程设计,数据库设计具有反复性、试探性和分步性三方面基本特征。

(1) 反复性:反复性(iterative)要求数据库需要经过不断修正和反复推敲,其中前一阶段是后一阶段的试探过程,后一阶段需向前一阶段反馈其结果要求,如此多次反复。

(2) 试探性:试探性(tentative)要求数据库设计从一开始就不能是一个"定型"了的过程,由于一项工程设计结果通常不具有唯一性,需要进行多次琢磨,逐步试探。

(3) 分步性:分步性(multistage)要求通过不同人员分阶段分步骤推进数据库设计过程。首先是技术上分工以保证数据库工程有效进行;其次是分阶段审验以保障设计质量与进度。

5.2.2　设计管理基本过程

人们把数据库应用系统从开始规划设计、实现运行、管理维护到最后被新的系统取代而停止使用的整个过程,称为数据库系统的生命周期(life cycle),其要点在于将数据库应用系统的开发管理分解成若干目标独立的阶段。

(1) 规划设计阶段包括需求分析、概念设计、逻辑设计和物理设计。

(2) 建立实施阶段包括程序编码、系统测试等。

(3) 管理维护阶段包括安全性与完整性控制、故障恢复等。

数据库设计阶段基本过程如图 5-9 所示。

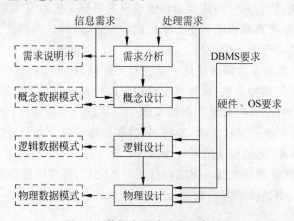

图 5-9　数据库设计阶段基本过程

本章将按照上述各个阶段分别进行讨论,重点是数据库的概念设计和逻辑设计。

5.3　需求分析与概念设计

数据库设计起始于对应用单位信息需求和处理需求的调研,这就是需求分析。在需求分析基础上,可进行概念建模以建立用户和专业设计人员之间沟通的途径,这就是概念设计。

5.3.1 需求分析

需求分析是指从调查用户单位着手,深入了解用户单位数据流程和数据使用情况,以及数据的规模、流量和流向等性质,并且进行分析,最终按一定规范要求以文档形式做出数据的需求说明书。

(1) 需求分析的基础是规划设计。

(2) 需求分析的参与者是数据库技术人员和用户单位的有关工作人员。

(3) 需求分析过程使用的语言是自然语言。

(4) 需求分析的最终成果是需求分析说明书。

(5) 需求分析说明书首先应当包括数据库中的数据及其基本特性(数据名称、属性及其类型,主键、使用频率、更新要求、数据量估计、安全性要求、共享范围和语义约束等),这些元数据构成数据字典。

需求分析基本过程如图 5-10 所示。

图 5-10　需求分析基本过程

1. 设计规划

对于数据库系统,特别是大型数据库系统或信息系统中的数据库集群,设计规划阶段十分必要,此阶段的质量将直接影响到整个系统成功与否,对用户的信息化进程将产生重大影响。设计规划阶段可以分为三个进程。

(1) 系统调查。调查者必须收集用户单位有关资料,这些资料包括报表、台账、单据、文档、档案、发票和收据等原始资料,此外还包括组织机构及业务活动。其次,还需要召开座谈会,了解有关需求的情况,在特殊情况下需要做个别调查与专题调查,并做出记录。

(2) 可行性分析。主要是从技术、经济、效益和法律等各个方面对建立数据库的可行性进行分析;以此为基础,完成相应的可行性报告;组织有关专家讨论验证其可行性。

(3) 确定目标,制定项目规划。完成可行性分析之后,需要确定数据库系统总体目标和制定项目开发计划。得到决策部门批准,正式进入系统开发工作。

2. 需求分析

需求分析阶段由计算机工作人员也就是系统分析人员和用户双方共同完成,通过收集数据库所需要的信息内容和用户对数据处理的需求,为完成需求说明书进行必要的准备工作。需求分析阶段的主要内容和形成的结果性文件分别简述如下。

(1) 进行用户活动分析,完成业务流程图。了解用户当前业务活动和职能,理解相关业务流程。当一个处理过程比较复杂时,需要将相应处理分解为若干子处理,尽量使处理功能的功能确定、界面清楚,在此基础上产生业务流程图。

(2) 进行系统范围分析,完成系统关联图。确定整个需求的数据范围,了解系统所需要考虑的数据边界和不属于系统考虑的数据范围,建立整个系统的数据边界。数据边界确立了整个系统所关注的目标与对象,建立了整个数据领域所涉及的范围。

(3) 进行所涉及数据分析,完成数据流图。深入分析用户业务处理过程,以数据流图

(Data Flow Diagram,DFD)表示数据流向和对数据进行的加工。作为从"数据"和"数据加工"两方面表达数据处理系统工作过程的一种图示方法,DFD 具有直观、易于理解等优势。

（4）进行系统数据分析,完成数据字典。数据字典是对数据描述的元语言(Metadata)的集中管理,其功能是存储和查询各种数据描述。对于数据库设计来说,数据字典就是作为详尽数据收集和完整数据分析所得到的基本成果,数据字典包括数据元素和数据类。

① 数据元素：数据的基本单元,如姓名、性别和年龄等,其特征是具有不可分解性。

② 数据类：数据元素的有机集合,构成数据的逻辑单元,如人事系统中的人员基本情况,它由姓名、性别、年龄、党派和参加工作日期等数据元素构成,是一个基本数据逻辑单位。

数据字典中的数据元素和数据类还包括其自身的一些性质,如数据类型、数量、安全性要求、完整性约束要求和数据来源等。

3．需求分析说明书

在调查分析产生的各种文件基础上,就可依据一定规范要求编写数据需求分析说明书。

数据分析需求说明书应当依据一定规范要求。我国有国家标准与部委标准,也有企业标准,其制定的目的是规范需求分析的内容,同时也是为了统一编写格式。

数据需求分析说明书一般采用自然语言书写并辅之必要图形和表格,目前也有一些用计算机辅助的编写工具,但由于使用上存在一些问题,应用尚不够普及。

数据需求分析说明书大致包括以下内容。

（1）需求调查原始资料。

（2）数据边界、环境及数据内部关系。

（3）数据数量分析。

（4）数据字典。

（5）数据性能分析。

根据不同规范,数据需求分析说明书在细节上可有所不同,但总体要求基本一致。

5.3.2　概念设计

数据库概念结构设计(数据概念设计)是将需求分析得到的用户需求抽象为信息结构及概念模型的过程,其主要目的是分析数据间内在语义关联,并以此建立数据的抽象模型。

1．数据库概念设计概述

1）概念设计基本要求

一般来说,概念设计具有如下一些基本要求。

（1）真实、充分反映现实世界及其事物与事物之间的联系,作为现实世界的一个真实模型,能够满足用户对数据的处理要求。

（2）易于理解,能够实现设计人员和非计算机专业用户交换意见,用户的积极参与是数据库设计成功的关键。

（3）易于更改。当应用环境和应用要求改变时,容易对概念模型进行修改和扩充。

（4）易于向关系、面向对象和对象关系等常用数据模型转换。

数据的概念模型是其他各种数据模型的共同基础,它是独立于机器和数据库的逻辑结构,也独立于 DBMS,是现实世界与机器世界的中介。概念设计是整个数据库设计的关键

数据库系统教程(第 2 版)

环节。

2）概念设计一般方法

一个部门或者单位的规模有大小之分，其中的组织结构和人员组成也有简繁之别，相应信息数据的内在逻辑关系和语义关联可以相对简单也可以非常复杂。在需求调查基础上，设计所需概念模型一般有下述两种方法。

（1）集中式模式设计法：这是一种统一的模式设计方法，它根据需求由一个统一机构或人员设计一个综合的全局模式，其特点是设计方法简单方便，强调统一和一致，适用于小型或不太复杂的单位或部门，但对大型的单位及其相应语义关联复杂的数据不甚适合。

（2）视图集成设计法：这种方法是将一个单位分解为若干部分，先对每个部分作局部模式设计，建立各部分视图，然后以各视图为基础进行集成，在集成过程中可能会出现一些冲突，这是由于视图设计的分散性形成的不一致所造成，需对视图进行修正，最终形成全局模式。

视图集成设计实际上就是局部概念模式设计，是由一个分散到集中的过程，它的设计过程复杂却能较好地反映实际需求，适合于大型与复杂的单位。这种方法可以避免设计过程中的粗放和考虑不周，故使用较多。下面将基于该法介绍数据库概念设计的过程。

3）概念设计基本步骤

从视图集成设计考虑，概念设计任务主要分为三个步骤完成：首先通过数据抽象进行局部概念模式（视图）设计，其次将局部概念模式综合为全局概念模式，最后将其提交审定。

（1）数据抽象，完成局部模式设计。局部用户的信息需求是构造全局概念模式的基础。因此，先从个别用户需求出发，为单个用户以及多个具有相同或相似数据观点与使用方法的用户建立一个相应的局部概念结构。在建立局部概念结构时，应对需求分析结果进行细化、补充和修改。例如，有的数据需分为若干个子项，有的数据的定义需重新核实等。

（2）综合考虑，完成全局模式设计。综合各个局部的概念结构就可以得到反映所有用户需求的全局概念结构。在综合过程中，主要处理各局部视图对各种对象定义不一致的问题，包括同名异义、异名同义和同一事物在不同视图中被抽象为不同类型的对象（例如，有的作为实体，有的又作为属性）等问题。把各个局部结构合并，还会产生冗余问题，这些可能导致对信息需求的再调整与分析，用以决定其确切的含义。

（3）编制全局结构文件，提交用户审定。消除所有冲突后，就可以把全局结构提交审定。审定分为用户审定和 DBA 及应用开发人员审定两部分。用户审定的重点放在确认全局概念结构是否准确完整地反映了用户的信息需求和现实世界事物的属性间的固有联系；DBA 和应用开发人员审定则侧重于确认全局结构是否完整、各种成分划分是否合理、是否存在不一致性以及各种文档是否齐全等。文档应包括局部概念结构描述、全局概念描述、修改后的数据清单和业务活动清单等。

概念设计中最著名的方法就是实体联系方法，即 E-R 方法（包括 E-R 方法的推广 EE-R方法），人们正是通过建立 E-R 模型，使用 E-R 图表示概念结构，从而得到数据库概念模型。

2. 局部概念模式设计

1）数据抽象类型

按照视图集成设计法，在需求分析前提下，数据库概念设计的首要任务是将用户单位进行分解，分解为若干个具有一定独立逻辑功能的用户组，并针对该用户组的需求分析作视图设计。一般而言,每个用户组不宜太大与太复杂,以其实体基本保持在"7±2"为宜。

数据库概念设计本身就是对现实世界的一种数据抽象,因此,用户单位的分解过程就是进行合理的数据抽象过程。这里所讲的抽象是对现实世界中的人、物、事和概念等进行必要处理,忽略非本质因素和细节,抽取所需要的一般特征和共同本质,并且将这些具共性的特征用各种概念尽可能精确地表述出来,通常这些概念就组成了某种模型。

在分解过程中,一般使用下述三种类型的抽象。

(1) 分类。分类(Classification)就是定义某一类概念作为现实世界中一组对象的类型。这些对象具有某些共同的特性与行为。它抽象了对象值和型之间的"is member of"的语义。在 E-R 模型中,实体型就是这种抽象。

(2) 聚集。聚集(Aggregation)就是定义某一类型的组成部分,它抽象了对象内部类型和成分之间的"is part of"的语义。在 E-R 模型中,若干属性的聚集组成了实体型,就是这种抽象。如图 5-11 所示,实体型电脑就是"CPU"、"显示器"、"存储器"和"键盘"等实体型的聚集。

(3) 概括。概括(Generalization)就是定义类型之间的一种子集联系,它抽象了类型之间的"A is B"的语义。如图 5-12 所示,学生是实体型,本科生和研究生也是实体型,但本科生和研究生是学生的子集,而实体型"学生"是对实体型"本科生"和"研究生"的概括。

图 5-11 实体型电脑是聚集

图 5-12 学生是本科生和研究生的概括

2) 局部概念设计过程

局部概念设计过程如图 5-13 所示。

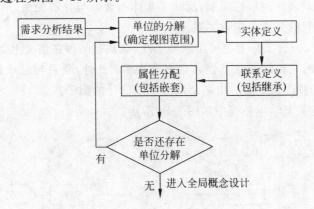

图 5-13 局部概念设计过程

3) 局部概念设计方法

下面从三个方面介绍局部概念设计方法。

(1) 概念设计次序考虑。局部概念设计可以有以下三种设计顺序。

① 自顶向下。首先从抽象级别高且普遍性强的对象开始逐步细化、具体化与特殊化。

例如对学生视图可从一般学生开始,分成大学生、研究生等;再由大学生细化为大学本科与专科,研究生细化为硕士生与博士生等,还可再细化为学生姓名、年龄、专业等细节。

② 自底向上。首先从具体对象开始,逐步抽象化、普遍化与一般化,最后形成一个完整的视图设计。

③ 自内向外。从最基本、最明显的对象开始,逐步扩充至非基本的不明显的其他对象,如学生视图可以从最基本的学生开始逐步扩展至学生所读的课程、上课的教室与上课老师等其他对象。

上面三种方法为绘制视图设计提供了具体的操作方法,设计者可以根据实际情况灵活掌握,可单独使用也可混合使用各种方法。

(2) 设计中实体与属性的区分。实体与属性是视图中的基本单位,两者之间并无绝对的区分标准。一般而言,人们从实践中总结出以下三条规则用于分析时参考。

① 原子性规则。实体需要进一步描述,而属性则不具有描述性质。属性是不可分解的数据项,不能包含其他属性。

② 依赖性规则。属性仅单向依赖于某个实体,并且此种依赖是包含性依赖,不能与其他实体具有联系,例如学生实体中的学号和学生姓名等属性均单向依赖于学生。

③ 一致性规则。一个实体由若干个属性组成,这些属性间具有内在的关联性与一致性,例如学生实体有学号、姓名、年龄和专业等属性,它们分别独立表示实体的某种独特个性,并在总体上协调一致,互相配合,构成一个整体。

需要说明,现实世界的事物能够作为属性看待的,应当尽量作为属性对待。

(3) 设计中联系、嵌套与继承的区分。联系、嵌套和继承建立了视图中属性与实体间的语义关联,它们具有下述语义。

① 联系:实体间一种广泛的语义联系,反映了实体间的内在逻辑关联。

② 嵌套:实体对属性的依赖关系,反映了实体的聚合与分解关系。

③ 继承:实体间的分类与包含关系。

需要注意,首先,嵌套实际上也可由联系实现,联系是一种在语义上更为广泛的联系,只是为了求得设计上的完整性与独立性才用嵌套表示;此外,联系与继承是两个完全不同的概念,两者不能相互替代。下面给出两个局部视图设计的例子。

例 5-6 教务处关于学生的视图如图 5-14 所示。

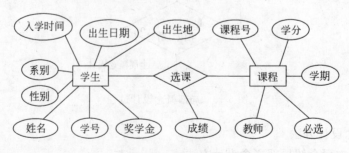

图 5-14 学生视图

例 5-7　研究生院关于研究生的局部视图如图 5-15 所示。

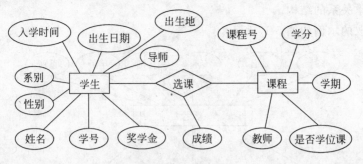

图 5-15　研究生视图

3. 全局概念设计——视图集成

1) 全局概念设计过程

全局概念设计过程如图 5-16 所示。

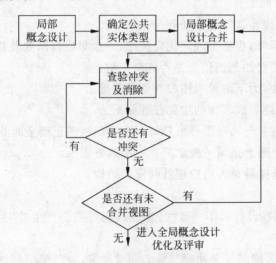

图 5-16　全局概念设计过程

2) 基本集成方法

将局部概念设计综合为全局概念设计的过程即为视图集成。视图集成实质是将所有局部概念设计视图统一合并成一个完整的全局数据模式。在此综合过程中主要使用等同、聚合、抽取三种方法。

(1) 等同集成。等同(Identity)是指两个或者多个数据对象有相同的语义。等同包括简单的属性等同、实体等同及其语义等同。等同的对象及其语法形式表示可以不一致,例如某单位职工按身份证编号,属性"职工编号"与"职工身份证编号"有相同的语义。等同具有同义同名等同和同义异名等同两类。

(2) 聚合集成。聚合(Aggregation)表示数据对象间一种组成关系,如实体"学生"可由学号、姓名和性别等聚合而成,通过聚合可以将不同实体聚合成一个整体或者将它们连接起来。

（3）抽取集成。抽取（Generalization）即将不同实体中相同属性提取成一个新的实体并构造成具有继承关系的结构。

聚合与抽取的示例如图 5-17 所示。

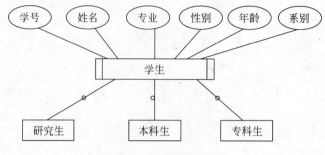

图 5-17　聚合与抽取

3）视图集成步骤

视图集成具体步骤如下。

（1）预集成。预集成步骤的主要任务是：

① 确定总的集成策略，包括集成的优先次序、一次集成视图数及初始集成序列等；

② 检查集成过程需要用到的信息是否齐全完整；

③ 揭示和解决冲突，为下阶段视图归并奠定基础。

（2）最终集成。最终集成步骤的主要任务如下。

① 完整性和正确性：全局视图必须是每一个局部视图正确全面的反映。

② 最小化原则：原则上是同一概念只在一个地方表示。

③ 可理解性：应选择最易为用户理解的模式结构。

4）冲突及其解决

由于每个局部视图在设计时不一致性，集成过程可能会产生冲突与矛盾。常见冲突有如下几种。

（1）命名冲突：分为同名异义冲突与异名同义冲突。在"学生视图"和"研究生视图"中的学生分别表示"大学生"和"研究生"，这是同名异义冲突；而"学生视图"中有属性"何时入学"，"研究生视图"中有"入学时间"，这是异名同义冲突。

（2）概念冲突：同一概念在一处为实体而在另一处为属性或者联系。

（3）属性域冲突：相同的属性在不同视图中有不同的域，如学号在某视图中的域为字符串而在另一个视图中却为整数，有些属性采用不同的度量单位也属于域冲突。

（4）约束冲突：不同视图可能有不同的约束，例如"选课"，这个联系大学生与研究生的最少与最多的数可能不一样。

上述冲突一般在集成时需要做统一处理，形成一致的表示，其办法即是对视图做适当的修改，如将前述两个视图中的"学生"，一个改为"大学生"，另一个改成"研究生"。又如将"入学时间"和"何时入学"统一改成"入学时间"，从而达到一致。

将图 5-14 和图 5-15 集成后的视图如图 5-18 所示。在此视图的集成中使用了等同、聚合与抽取，并对命名冲突作了一致性处理。

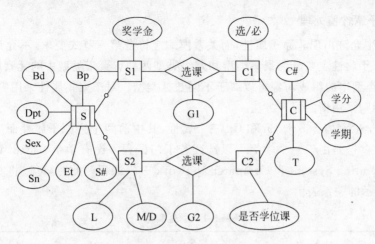

图 5-18 学生视图与研究生视图集成

5.4 逻辑设计

经过概念设计得到的数据库概念结构独立于任何一种数据模型,它是一个与具体 DBMS 无关的概念模式。逻辑结构设计的主要目的是将概念设计阶段得到的基本 EE-R 图转换为与选用 DBMS 产品所支持的数据模型相符的逻辑结构,这种逻辑结构包括数据库模式与外模式。数据库逻辑设计主要工作就是将 EE-R 图转换为定制 RDBMS 中的关系模式。逻辑设计一般过程如下。

(1) 将概念结构转换为关系结构,这是逻辑设计的主要工作。

(2) 将转换得到的关系模式再转换为具体 DBMS 所支持的数据模式。

(3) 对所得到的数据模式进行必要的优化。

逻辑设计基本过程如图 5-19 所示。

图 5-19 逻辑设计基本过程

5.4.1 EE-R 图向关系模式转换

EE-R 图向关系模式转换中的主要工作集中在下述几个方面。

1. 实体型转换

对于和其他实体没有联系的单个实体型 E 而言,可以直接将 E 转化为一个关系模式 R,R 的属性集由 E 的所有属性构成,E 的实体标识即为关系模式 R 的主键。关系模式 R 中命名可以采用 E 的原有命名,也可另行命名,但是应当尽量避免重名。关系 DBMS 一般只支持有限种数据类型,而 EE-R 中的属性域却不受此限制,若 E 中出现 DBMS 不支持的数据类型,在转换时需要通过应用程序进行必要的数据类型转换。

2. 非原子属性值处理

EE-R 图中允许出现非原子属性,而关系模式应符合第一范式要求,不允许出现非原子属性值。非原子属性主要分为聚集类型和元组类型两种。聚集类型中的元素属于同一数据类型,而元组类型中的组成对象可以属于不同数据类型。对于聚集属性采用纵向展开方法,对于元组属性则采用横向展开方法。

例 5-8 学生实体有 S♯、Sn 和 Cn 三个属性,其中前两个为原子属性而后一个为集合型非原子属性。这是由于一个学生可以选读若干门课程。设有学生 S3818,WHITE,选读 Database、Operating System 和 Computer Network 三门课程。此时,可以将其纵向展开后用如表 5-1 所示的关系表示。

表 5-1 学生实体

S♯	Sn	Cn
S3818	WHITE	Database
S3818	WHITE	Operating system
S3818	WHITE	Computer network

3. 联系的转换

在一般情况下联系可以用关系表示,但是在有些情况下联系可以归并到相关的实体中。

1) 1∶1 联系的转换

设实体型 E1 和 E2 之间具有 1∶1 联系,此时,将两个实体型 E1 和 E2 分别转换为关系模式 R1 和 R2,再将联系的属性和其中一个实体型对应关系模式例如 R1 主键加入到另一个关系模式 R2,这里,R1 的主键在 R2 中作为外键。

例 5-9 设有 EE-R 模式如图 5-20 所示,这里有两个实体 E1(教师)和 E2(班级),其中教师实体 E1 有属性 T♯(职工号)、Tn(姓名)、Ts(性别)、Tt(职称)、Tb(出生日期);而班级实体 E2 有属性 C♯(班级编号)、Cd(系别)、Cs(专业)。联系具有属性"HoldDate"。

此时,按照上述方法得到转换后关系模式如下。

R1:教师($\underline{T♯}$,Tn,Ts,Tt,Tb)

R2:班级($\underline{C♯}$,T♯,Cd,Cs,HoldDate)

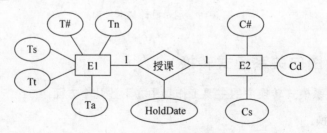

图 5-20 具有 1∶1 联系的 EE-R 模式

2) 1∶n 联系的转换

设两个实体型 E1 和 E2 具有 1∶n 联系,先将 E1 和 E2 分别转换为关系模式 R1 和 R2,再将联系属性和"1"端对应关系模式 R1 主键加入到"n"端对应关系模式 R2 中。

例 **5-10**　设有图 5-21 所示的局部 EE-R 模型,其中实体型 E1(教师)与上例中相同,而实体型 E2(图书借阅)具有属性 B♯(图书编号)、Bn(图书名)、Bp(图书价格)和 Ba(出版日期),这里,E1 和 E2 之间存在 1∶n 联系,联系具有属性"BorrowDate"。

按照上述方法,可以得到转换的关系模式如下:

R1:教师(T♯,Tn,Ts,Tt,Tb)

R2:图书借阅(B♯,T♯,Bn,Bp,Ba,BorrowDate)

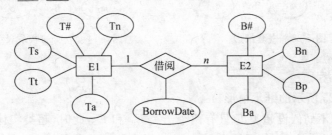

图 5-21　具有 1∶n 联系的 EE-R 模式

3) $n∶m$ 联系的转换

设两个实体型 E1 和 E2 具有 $m∶n$ 联系,先将 E1 和 E2 分别转换为关系模式 R1 和 R2,再将联系类型也转换为关系模式 R3,其属性为两端实体型的键加上联系类型属性,而 R3 主键则为两端实体键的组合。

例 **5-11**　设有图 5-22 所示的局部 EE-R 模型,其中实体型 E1(课程)和实体型 E2(学生)之间存在着 $m∶n$ 联系,联系具有属性 Grade。其中,Se 为学生性别,Sb 为学生出生日期,Cg 为课程学分。

按照上述方法,得到转换的关系模式如下。

R1:学生(S♯,Sn,Se,Sb)

R2:课程(C♯,Cn,Cg)

R3:选修(S♯,C♯,Grade)

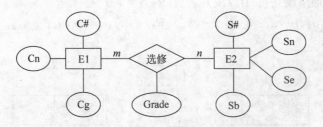

图 5-22　具有 $m∶n$ 联系的 EE-R 模式

4. 嵌套的转换

现将嵌套转换为联系,再由联系转换为关系模式。

设有如图 5-23 所示的嵌套 EE-R 图。

该嵌套属性 c1 转换为联系 r 的 EE-R 图如图 5-24 所示。

然后再根据联系的类型按照"3.联系的转换"将其转换为相应关系模式。

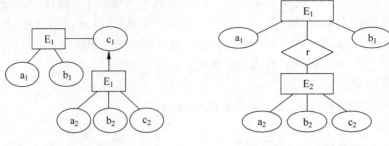

图 5-23　嵌套情形　　　　　　　图 5-24　嵌套的联系表示

5. 继承的转换

设有如图 5-25 所示的继承情形。

为简单起见,不妨假设超类 E 只有两个子类 E_1 和 E_2,此时,超类实体 E 的属性为 $\{k, a_1, a_2, \cdots, a_n\}$,子类实体 E_1 的属性为 $\{k, b_1, b_2, \cdots, b_m\}$,子类实体 E_2 的属性为 $\{k, c_1, c_2, \cdots, c_p\}$,其中,$k$ 表示子实体由超实体继承的属性集合。此时,相应 EE-R 图可以转换为下述三种关系模式。

(1) $R(k, a_1, a_2, \cdots, a_n)$,$R_1(k, b_1, b_2, \cdots, b_m)$,$R_2(k, c_1, c_2, \cdots, c_p)$,如图 5-26 所示。

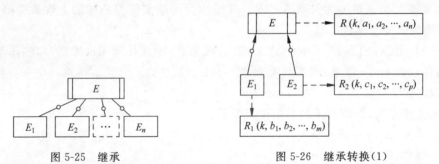

图 5-25　继承　　　　　　　图 5-26　继承转换(1)

此时,需要附加限制条件 $\prod_k(R_i) \subseteq \prod_k(R)$,$i = 1, 2$。

(2) $R_1(k, a_1, a_2, \cdots, a_n; b_1, b_2, \cdots, b_m)$、$R_2(k, a_1, a_2, \cdots, a_n; c_1, c_2, \cdots, c_p)$,如图 5-27 所示。

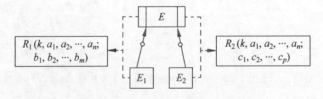

图 5-27　继承转换(2)

此时,一般将仅限于子实体间不相交或者子实体全覆盖。如果子类实体相交,一个元组可能会属于多个子实体,此时由于超类实体中能继承的属性值需要在多个子实体中存储,从而造成冗余,可能导致异常;如果不是子类实体全覆盖超类实体,则存在一些元素不属于任何子实体而造成丢失。

(3) $R(k, a_1, a_2, \cdots, a_n; \ b_1, b_2, \cdots, b_m; \ c_1, c_2, \cdots, c_p)$，如图 5-28 所示。

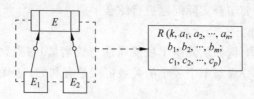

图 5-28　继承转换(3)

此时,可能会有许多的空值,通常只在子实体中其特有属性个数不多时采用此种方法。

5.4.2　关系模式优化

概念设计质量的优劣直接影响到逻辑设计过程的复杂性和效率,逻辑设计质量的优劣则直接影响到数据库运行的质量与效率,因此,尽管在概念设计阶段已经将关系模式规范化理论的某些思想应用于实体和联系的构建,但在逻辑设计阶段仍然需要使用关系规范化方法来评价和优化关系模式。通过上一小节将 EE-R 模式转换为关系模式仅仅只是得到一个初始的关系数据库模式,要成为能够在相应 RDBMS 中实际运行的模式,还必须进行进一步的规范化调整与适当的优化处理。

1．关系模式规范化处理

关系模式规范化处理的基本目标是尽量减少模式中存在的各种数据异常,保证数据库运行过程中的完整性和一致性,提高数据库效率。

(1) 确定规范化级别。关系模式能有何种层面上的规范化标准主要取决于两个因素,其一是关系模式中存在哪种类型的数据依赖,其二是实际应用中有些什么样的具体要求。对于后者来说,需要联系实际应用讨论,对于前者,如果模式中只存在函数依赖,通常以 BCNF 为规范标准,或者至少也要以 3NF 为规范标准。如果存在多值依赖,则需要以 4NF 为规范化标准。

(2) 模式分解。确定关系模式规范级别后,就需要使用第 5 章讨论的方法将相应关系模式分解为特定级别上的关系范式。在分解过程中,需要考虑是否无损分解和保持了函数依赖。

(3) 模式评估。模式评估主要包括下述两点。

① 功能评估。即根据需求分析结果,检查规范化后关系模式集合是否支持用户的各种应用要求。

② 性能评估。使用逻辑记录访问估算方法对连接运算、存储空间等性能进行评估,为模式调整和后续物理设计提供参考。

2．关系模式调整

为满足实际 RDBMS 的性能、存储空间等要求的调整以及适应 RDBMS 限制条件的修改,还需要进行如下工作。

1) 调整关系模式构成

在实际数据操作过程中,连接运算的开销一般较大。数据库中关系模式越多,操作过程中可能需要的连接运算次数就会越大。因此,对于一些常用、性能要求较高的连接查询,可以按照查询使用的频率对其中某些进行合并,从而减少连接操作次数。当然,这里有可能与规范化标准相互抵触,需要结合实际问题进行综合平衡。

2)调整关系实例大小

关系(实例)本身大小(例如从元组个数或属性个数衡量)对查询速度也会产生影响,在某些情况下,将一个关系分成若干个较小的关系可能是有利的,这就是关系分割。实际应用中,可以有两种分割考虑。

(1) 水平分割。水平分割即按照元组进行分割。例如,可以将全校的教职工数据放在一个关系表中,也可以按照各个院系分别建立教职工关系。使每个关系数量在一个合理的水平,以提高存取效率。

(2) 垂直分割。垂直分割即按照属性进行分割。例如,教职工关系中属性可能很多,影响查询效率,可以将其中常用属性与非常用属性分开,形成相应两个关系表。

3)采用快照方法

有些应用过程(例如统计报表)可能只需要某一特定历史时段的数据,而不需要当前时段数据,可以为这些数据定义一个快照(Snapshot),并定期自动刷新。由于需要查询的数据结果已经由快照自动刷新生成并存储在数据库当中,查询时只需直接取出快照即可,由此提高查询效率。

值得注意的是,在由逻辑设计得到的关系模式向特定 RDBMS 支持的关系模式转换过程中,并没有一个普遍适用的规则,需要熟悉所使用 RDBMS 的功能与限制。有关这方面内容可以参考相关文献资料。

5.5　物理设计

所谓数据库的物理设计就是为一个给定数据库的逻辑结构选取一个最适合应用环境的物理结构和存取方法,其主要目标是通过对数据库内部物理结构作调整并选择合理的存取路径,提高数据库访问速度及有效利用存储空间。在关系数据库中已大量屏蔽了内部物理结构,因此留给用户参与物理设计的余地不多,一般 RDBMS 中留给用户参与物理设计的内容大致有集簇设计、索引设计和分区设计。

5.5.1　集簇设计

集簇(Cluster)是将有关的数据元组集中存放于一个物理块、若干个相邻的物理块或同一柱面内,以提高查询效率的数据存取结构。目前的 RDBMS 中都提供按照一个或几个属性进行集簇存储的功能。

集簇一般至少定义在一个属性之上,也可以定义在多个属性之上。

集簇设计,就是根据用户需求确定每个关系是否需要建立集簇,如果需要,则应确定在该关系的哪些属性列上建立集簇。集簇对某些特定应用特别有效,它可以明显提高查询效率,但是对于集簇属性无关的访问则效果不佳。建立集簇开销很大,涉及相应关系的改造与重建,通常在下述特定情形之下才考虑建立集簇。

(1) 当对一个关系的某些属性列的访问是该关系的主要应用,而对其他属性的访问很少或者是次要应用时,可以考虑对该关系在这些属性列上建立集簇。

（2）如果一个关系在某些属性列上的值重复率很高，则可以考虑对该关系在这些属性列上建立集簇。

（3）如果一个关系一旦装入数据，某些属性的值很少改动，也很少增加或者删除元组，则可以考虑对该关系在这些属性列上建立集簇。

另外，在建立集簇时，还应当考虑如下因素。

（1）集簇属性的对应数据量不能太少也不宜过多，太少效果不明显，过多则要对盘区采用多种连接方式，对提高效率会产生负面效果。

（2）集簇属性的值应当相对稳定以减少修改集簇所引起的维护开销。

5.5.2　索引设计

索引（Index）设计是数据库物理设计的基本问题，对关系选择有效的索引对提高数据库的访问效率有很大的作用。索引也是按照关系的某些属性列建立的，它主要用于常用的或重要的查询中。索引与集簇不同之处在于以下两点。

（1）当索引属性列发生变化，或增加和删除元组时，只有索引发生变化，而关系中原先元组的存放位置不受影响。

（2）每个元组值能建立一个集簇，但是可以同时建立多个索引。

对于一个确定的关系，通常在下述条件之下可以考虑建立索引。

（1）主键及外键之上一般都可以分别建立索引，以加快实体间连接查询速度，同时有助于引用完整性检查以及唯一性检查。

（2）以查询为主的关系表尽可能多地建立索引。

（3）对于等值连接，而且满足条件的元组较少的查询可以考虑建立索引。

（4）有些查询可以从索引中直接得到结果，不必访问数据块，这种查询可以建立索引，如查询某属性的 MIN、MAX、AVG、SUM 和 COUNT 等函数值，可以在该属性列上建立索引，查询时，按照属性索引的顺序扫描直接得到结果。

5.5.3　分区设计

数据库数据，包括关系、索引、集簇和日志等一般都存放在磁盘内，由于数据量的增大，往往需要用到多个磁盘驱动器或磁盘阵列，从而产生数据在多个磁盘上进行分配的问题，这就是磁盘的分区设计。磁盘分区设计的实质是确定数据库数据的存放位置，其目的是提高系统性能，它是数据库物理设计的内容之一。分区设计的一般原则如下。

（1）减少访盘冲突。多个事务并发访问同一磁盘组会产生访盘冲突而引发等待，如果事务访问数据能均匀分布在不同磁盘组上并可以并发执行 I/O，就可提高数据库访问速度。

（2）分散热点数据。在数据库中数据被访问的频率是不均匀的，有些经常被访问的数据称为热点数据（Hot Spot Data），此类数据宜分散存放于各个磁盘组上以均衡各个盘组的负担。

（3）缓解系统瓶颈。对于数据库中的某些数据，如数据字典和数据目录等，由于对其访问频率很高，如果能够确保对它们的有效访问，就有可能直接影响到整个系统的效率。在这种情况下，可以将某个盘组固定专供使用，以保证对其快速访问。

根据上述原则并结合应用情况亦可将数据库数据的异变部分与稳定部分、经常存取部分和存取频率较低的部分分别放在不同的磁盘之中。例如：

(1) 可以将关系和索引放在不同磁盘上,在查询时,由于两个磁盘驱动器并行工作,可以提高物理 I/O 的效果与效率。

(2) 可以将比较大的关系分别放在不同的磁盘上,以加快存取速度。

(3) 可以将日志文件与数据库本身放在不同的磁盘上以改进系统性能。

(4) 由于数据库的数据备份和日志文件备份等只是在故障恢复时才会被使用,它们的数据量巨大,可以存放在磁盘中。

5.6 数据库建立与管理

完成数据库各个阶段设计之后,就可以着手建立数据库。建立之后的数据库作为一种共享资源,需要维护与管理,这就是数据库管理(Database Administration),实施此项工作的人员就是数据库管理员(Database Administrator)。

5.6.1 数据库建立实施

数据库建立实施主要包括数据库建立、数据库调试和数据库重组等。

1. 数据库建立

数据库的建立包括两部分内容,即数据模式建立与数据加载。

1) 数据模式建立

数据模式由 DBA 负责建立,DBA 利用 RDBMS 中的 DDL 定义数据库名,定义表及相应属性,定义主键、索引、集簇、完整性约束、用户访问权限,申请空间资源,定义分区等。此外,还要定义视图。

2) 数据加载

在定义数据模式之后即可加载数据,DBA 可以编制加载程序将外界数据加载至数据模式内,从而完成数据库的建立。

2. 数据库调试

在数据库建立并经一段时间的运行,往往会产生一些不适应的情况,此时,需要对其作调整。数据库的调整一般由 DBA 完成,调整包括下面一些内容。

(1) 调整关系模式与视图使之更能适应用户的需求。

(2) 调整索引与集簇使数据库性能与效率更佳。

(3) 调整分区、数据库的缓冲区大小以及并发控制情形,使得数据库能够保持良好的物理性能。

3. 数据库重组

数据库经过一段时间运行之后,其性能会逐步下降,下降的原因主要是由于不断的修改、删除和插入运算所造成的,由于不断的删除而造成盘内废块增多而影响 I/O 速度,由于不断的删除与插入而造成集簇的性能下降,同时造成存储空间分配的零散化,使得一个完整的表的空间分散,从而造成存取效率下降。基于上述原因,需要对数据库进行重新整理,重新调整存储空间,此种工作称为数据库重组。

一般数据库重组需要花费大量的时间,并做大量的数据迁移工作,往往是先做数据卸载,然后再重新加载从而达到数据重组的目的。目前,一般 RDBMS 都提供一定手段,以实现数据重组功能。

5.6.2　数据库管理维护

数据库管理维护主要是数据库安全性与完整性控制、数据库故障恢复和数据库监控等。

1．数据库安全性与完整性控制

数据库是一种重要资源,安全性是极端重要的,DBA 应当采取措施保证数据不受非法盗用与破坏。数据库的安全性包括以下内容。

(1) 通过设置权限管理、口令、跟踪及审计功能以保证数据的安全性。

(2) 通过行政手段,建立一定规章制度以确保数据安全。

(3) 数据库应备有多个副本并且保存在不同的安全地点。

(4) 应采取措施防止病毒入侵并能及时查毒、杀毒。

此外,为保证数据的正确性需要做完整性控制,使录入数据库内的数据均能保持正确。数据库的完整性控制包括如下内容。

(1) 通过完整性约束检查 RDBMS 的功能以保证数据的正确性。

(2) 建立必要的规章制度进行数据的按时正确采集及校验。

在安全数据库中还需要设置专门的安全、审计人员以管理强制访问和审计等。

2．数据库故障恢复

数据库中的数据一旦遭到破坏后,RDBMS 一般都会提供相应的故障恢复功能,并由 DBA 负责故障恢复工作。

3．数据库监控

DBA 需要随时观察数据库的动态变化,并在发生错误、故障或者产生不适应情况时,如数据库死锁、对数据库的误操作等随时采取措施解决问题。同时,还需要监视数据库的性能变化,在必要时对数据库作调整。

本章小结

1．知识点回顾

本章主要讨论数据库设计过程,指出了其中的重要方法和基本步骤,详细介绍了数据库设计各个阶段的目标、方法和应当注意的事项。本章的重点是数据库结构的概念设计和逻辑设计。

概念设计要求设计能反映用户需求的数据库概念结构,即概念模式。概念设计是数据库设计的关键技术。概念设计使用的方法主要是 EE-R 方法,结果为 EE-R 模型和 EE-R 图。概念设计分析的基本步骤是先设计出局部概念视图,再将它们整合为全局概念视图,最后将全局概念视图提交评审和进行优化。

逻辑设计的主要任务是把概念设计阶段得到的 EE-R 模型转换为与选用的具体机器上

的 DBMS 所支持的数据模型相符合的逻辑结构,其中包括数据库模式和外模式。逻辑设计的基本步骤是将概念模型转换为一般关系(或层次、网状和对象)模型,再将一般关系(或层次、网状和对象)模型转换为特定 DBMS 所支持的数据模型,最后对数据模型进行优化。

2. 知识点关联

(1) E-R 模型与 EE-R 模型如图 5-29 所示。

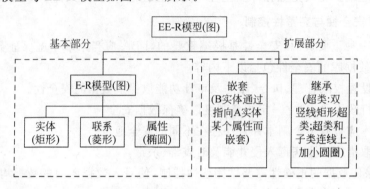

图 5-29   E-R 模型与 EE-R 模型

(2) E-R 模型与关系模式转换如表 5-2 所示。

表 5-2   E-R 模型与关系模式转换

转 换 类 型	转 换 结 果
E_1 和 E_2 具 1∶1 联系 r,r 具属性 c	E_1 转为 R_1,其属性为 E_1 所有属性; E_2 转换为 R_2,其属性为 E_2 所有属性和联系属性 c 以及 R_1 的主键
E_1 和 E_2 具 1∶n 联系 r,r 具属性 c	1 端 E_1 转为 R_1,其属性为 E_1 所有属性; n 端 E_2 转换为 R_2,其属性为 E_2 所有属性和联系属性 c 以及 R_1 的主键
E_1 和 E_2 具 m∶n 联系 r,r 具属性 c	m 端 E_1 转为 R_1,其属性为 E_1 所有属性; n 端 E_2 转换为 R_2,其属性为 E_2 所有属性; 联系 r 转换为 R_3,其属性为 c 和 R_1 及 R_2 的所有主属性, 其主键为 R_1 及 R_2 的所有主属性

习题 5

01. 数据库的生命周期分为哪几个阶段?数据库结构设计在生命周期中的地位如何?

02. 试述数据库设计过程中结构设计部分形成的数据库模式。

03. 数据库字典的内容和作用是什么?

04. 什么是数据抽象?试举例说明。

05. 试述数据库概念设计的重要性和设计步骤。

06. 什么是 EE-R 图?试解释其中的基本元素"嵌套"和"继承"。

07. 为什么要视图集成?视图集成的方法是什么?

08. 什么是数据库的逻辑结构设计?试叙述其设计步骤。

09. 怎样由 EE-R 图转换为关系模式?

10. 试述数据库物理设计的内容和步骤。

11. 试设计一个图书馆数据库,此数据库中对每个借阅者保留读者记录,其中包括读者号、姓名、地址、性别、年龄和单位。对每本书存有书号、作者和出版社;对每本被借出的书存有读者号、借出日期和应还日期。要求:给出 EE-R 图,再将其转换为关系模式。

12. 设某商业集团数据库中有三个实体集。第一个是"公司"实体集,属性有公司编号、公司名称和地址等;第二个是"仓库"实体集,属性有仓库编号、仓库名称和地址等;第三个是"职工"实体集,属性有职工编号、姓名和性别等。

公司和仓库之间存在"隶属"联系,每个公司管辖若干个仓库,每个仓库只能由一个公司管辖;仓库与职工之间存在"聘用"联系,每个仓库可以聘用多个职工,每个职工只能在一个仓库工作,仓库聘用职工有聘用期和工资。

根据上述实际情况,试作出对应的 EE-R 图,并在图上注明属性和联系类型。再将 EE-R 图转换为关系模型,并且标明主键和外键。

第6章　数据库安全性和完整性

数据库的安全性和完整性属于数据库保护范畴,数据库保护的目的是防止对数据库的滥用。任何对数据库不合法的使用都可称为对数据库的滥用。对数据库的滥用分为恶意滥用和无意滥用两种情形。

(1) 恶意滥用:首先是指未经授权读取数据,即偷窃数据;其次是指未经授权修改数据,即破坏数据。

(2) 无意滥用:首先是指由于系统故障和并发操作引起的操作错误;其次是指违反数据完整性约束引发的逻辑错误。

一般而言,数据库安全性是保护数据库以防止非法用户恶意造成的破坏,数据库完整性则是保护数据库以避免合法用户无意造成的破坏。即安全性用于确保用户被限制在其可做的事情范围之内,完整性则用于确保用户所做的事情是正确的。安全性措施防范对象是非法用户的进入和合法用户的非法操作,完整性措施防范对象是不合语义的数据进入数据库。

6.1　数据库安全性保护

本节主要讨论数据库安全性问题,其中包括安全性问题的提出、安全性保护范围、安全性保护技术等。

6.1.1　安全性问题的提出

所谓数据库的安全性(database security)即是防止非法使用数据库。数据库安全性问题的提出主要基于如下考虑。

(1) 随着计算机应用的拓广和普及,越来越多的国家和军事部门在数据库中存储大量机密信息和重要数据,并以此为基础做出重要决策,如果泄露这些数据,将会危及国家安全。

(2) 许多大型企业在数据库中存储了市场需求分析、营销策略计划、客户档案和供货商档案等基本资料,用来控制整个企业运转,这些数据被破坏将会带来巨大损失乃至使企业破产。

（3）大银行的亿万资金账目都存储在数据库中，用户通过 ATM 即可进行存款和取款，如果保护不周，大量资金就会不翼而飞；近年来电子商务的兴起，使得人们可以使用联机目录进行网上购物和其他商务活动，这里的关键就是安全问题。

计算机特别是数据库应用越是广泛深入到人们生活各个方面，数据信息共享程度越高，数据库安全性保护问题就会越重要。数据库中存有许多非常关键和重要的数据，其中可能涉及各种机密和个人隐私，对它们的非法使用和更改可能引起灾难性的后果。对于数据拥有者来说，这些数据的共享性应当受到必要限制，只能允许特定人员在特定授权之下访问，不能是任何人都可以随时访问和随意使用。数据库中数据资源的共享性是相对于数据的人工处理和文件管理系统而言，在现实应用中并没有无条件的共享，而是在 DBMS 统一控制之下附加适当条件的数据享用，用户只有按照一定规则访问数据库并接受来自 DBMS 的各种必需的检查，才能获取相应的数据访问权限。

实际上计算机系统一经问世就面临安全保护问题，如早期就使用硬件开关控制存储空间，以防止出错程序扰乱计算机运行。操作系统出现后，则用软件和硬件结合的方法进行各种保护。数据库系统不同于一般的计算机系统，它包含有重要程度与访问级别各不相同的各种数据，并为持有不同权限的用户所共享，这样就特别需要在用户共享性和安全保护性之间寻找结合点和保持平衡。仅使用操作系统中的保护措施无法妥善解决数据库安全问题，需要形成一套独特的数据库安全性保护机制。

由此可知，在实际应用中数据库安全问题已经成为一个必须加以考虑并需着力解决的重要课题。实际上，所有实用的 DBMS 都必须建立一套完整的使用规范（或称规则），提供数据库安全性方面的有效功能，防止恶意滥用数据库。

6.1.2　安全性保护范围

数据库安全性是保护数据库以防止不合法的使用造成数据的泄露、更改或破坏。数据安全性保护是多方面的，涉及计算机系统外部环境、内部环境和数据库系统本身。

1. 计算机外部环境安全保护

计算机外部环境包括自然环境、社会环境和设备环境。

（1）自然环境中安全保护，如加强计算机机房、设备及其周边环境的警戒、防火和防盗等，防止有人进行物理破坏。

（2）社会环境中安全保护，如建立各种法规、制度和进行安全教育，对计算机工作人员进行管理教育，使其清正廉洁，正确授予用户访问数据库权限等。

（3）设备环境中安全保护，如及时进行设备检查、维修和部件更新等。

计算机外部环境安全性保护范围如图 6-1 所示。

2. 操作系统与网络安全保护

基于操作系统的数据库保护主要是防止用户未经授权从操作系统进入数据库系统。DBMS 建立在操作系统之上，由其统管数据库系统的各种资源，同时 DBMS 还可使用操作系统中的文件管理功能。安全的操作系统是安全的数据库的重要前提。操作系统应能保证数据库中的数据必须经由 DBMS 才可访问，不容许用户超越 DBMS 直接通过操作系统进入数据库。数据库必须时刻处在 DBMS 的监控之下，即使通过操作系统访问数据

数据库系统教程（第 2 版）

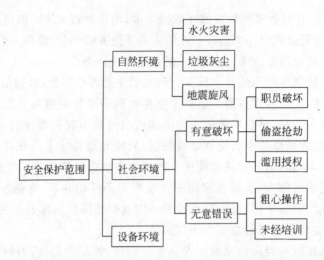

图 6-1　计算机外部环境安全性保护范围

库,也须在 DBMS 中办理注册手续。这就是操作系统中安全性保护的基本点。目前许多数据库系统容许用户通过网络进行远程访问,因此也需要加强网络使用软件内部的安全性保护。

3. 数据库系统安全性保护

数据库系统安全性保护措施主要包括检查用户的身份是否合法以及使用数据库的权限是否正确。这主要是 DBMS 应当提供的安全性措施。

在上述这些安全性问题中,计算机外部环境的安全性属于社会组织、法律法规以及伦理道德的范畴;操作系统和网络传输安全性措施已经得到广泛的讨论与应用。本章主要讨论数据库系统安全性保护问题。

6.1.3　安全性保护技术

作为共享性资源,数据库对安全性保护的需求十分迫切。DBMS 都需要提供一定的数据库安全性保护的基本功能,其中主要有基于视图与查询修改的安全性措施和基于访问控制的安全性机制。

1. 基于视图技术

视图是一种逻辑存在的"虚表"或"导出表",它可以从数据库中多个关系表中导出人们所需要的数据,并且屏蔽掉与相应查询无关的信息。正是由于这种对关系表中部分数据的屏蔽功能,使得视图能够将需要保密的数据对没有相关读取权限的用户进行隐藏,从而自动地对数据库提供一定的安全性保护功能。实际上,关系数据库系统的视图机制可以根据用户的访问权限,通过为不同级别用户提供不同层面的视图自动对用户访问数据的范围进行必要限制,从而间接实现访问控制的功能。例如,在教务系统中,为了限制每个学生只能查取本人的成绩信息,就可以在教学班课程成绩关系表中为每个学生分别定义只包含其成绩数据的视图;再如为了限制用户在查阅一个单位人事资料关系表时获取一些敏感信息(年龄、婚否以及收入等),可以通过在人事关系表上定义一个不含有相关敏感信息的视图供一般查询使用。

例 6-1　为了实现不允许某些用户查询女同学的相关记录,可以对其定义如下视图:

```
CREATE VIEW S－male
AS SELECT *
FROM S
WHERE Sex = male;
```

例 6-2　为了使一般用户只能查询本学期各个同学各门课程考试的平均成绩,而不能查询各个同学单门课程成绩,可以定义如下视图:

```
CREATE VIEW C－avg(S＃,avgG)
AS SELECT S＃, AVG(G)
FROM SC
GROUP BY S＃;
```

例 6-3　只允许某用户查询除年龄属性以外的学生情况:

```
CREATE VIEW S_ned
AS SELECT S＃,Sn,Se,Sd
FROM S;
```

需要指出,视图机制最主要功能在于提供数据独立性,其提供的"附加"安全性保护功能尚不够精细,往往不能达到应用系统要求。在实际应用中,通常将视图机制与存取控制配合使用,即首先用视图机制屏蔽部分保密数据,然后在视图上面再进一步定义存取权限。

2. 基于访问控制技术

数据库作为共享资源,为广大用户提供强大有效的读取数据功能。但是一个大型数据库具有庞大数量的数据对象,同时使用数据库的用户来自不同的应用层面,因此,不可能所有的用户都能使用数据库中的所有资源,这就需要进行数据库的访问控制。访问控制(access control)就是一个数据库用户访问数据库资源权限的一种规定和管理,这里数据库资源包括数据库中的基本表、视图、目录与索引、存储过程与应用程序等,而权限包括数据对象的创建、撤销、查询、删除、插入、修改和运行等。仅靠视图间接实现访问控制是远远不够的,还需要专门的技术用于明确有效地完成数据的访问控制,实际上,访问控制已经成为数据库安全保护的主体技术。访问控制的前提是所有用户不是属于同一等级层面,因此需要确定数据库用户的基本类型;访问控制的实施在于对数据库用户进行权限管理,因此需要建立合适的用户身份鉴别机制与有效的授权机制。

1) 数据库用户类型

按照访问许可范围的不同,数据库用户可以分为下述三种类型。

(1) 普通数据库用户。普通数据库用户即 SQL 中具有"CONNECT"权限的用户。此类用户可以登录(连接)数据库,按照授权读取或修改相应数据库中的数据对象;可以创建视图和定义数据对象别名。此类用户不能创建数据库和基本关系,也不能创建新的用户。

(2) 具部分数据资源支配权用户。具部分数据资源支配权用户即 SQL 中具有"RESOURCE"权限的用户。此类用户自然具有普通用户权限,还可以创建基本表、索引和集簇,并且成为所创建数据对象的属主;可以将其创建的数据对象的存取权限授予其他用户,也具有相应的收回权限;可以对自身创建的数据对象进行跟踪审计。此类用户不能创建数据库,也不能创建新的用户。

(3) 具 DBA 权限用户。具 DBA 权限用户即具有支配数据库所有资源的权限,同时对数据库负有特别责任,是数据库的超级用户。此类用户非常重要,实际应用中不能轻易扩散。DBA 的权限主要有下述几种。

① 创建与操作数据库中所有的数据对象。

② 授予或收回其他用户的数据访问权,创建新用户或撤销已有用户。

③ 对数据库进行修正和重构。

④ 控制数据库的审计跟踪。

⑤ 使用 DBMS 中自管理和性能优化工具。

确定了不同类型的数据库用户之后,DBMS 就可通过"用户身份鉴别"和"授权机制"实现不同数据库用户的访问控制。

2) 用户身份鉴别

用户身份标识与鉴别(identification and authentication)是系统提供的最外层安全保护措施,其方法是每个用户在系统中必须有一个标志自己身份的标识符,用以和其他用户相区别。当用户进入系统时,由 DBMS 将用户提供的身份标识与系统内部记录的合法用户标识进行核对,通过鉴别后方提供数据库的使用权。身份标识与鉴别是用户访问数据库的最简单也是最基本的安全控制方式。

目前常用的标识与鉴别方法有以下三种类型。

(1) 使用口令和预定计算过程。这里首先是使用口令(password),其优点是简单明了,不会加重用户负担,其不足之处是一旦为别人偷窥或窃取其就有可能冒名顶替;其次是预定计算过程,例如事先将一个表达式如 $3x+2y+7$ 告知用户,用户登录时,随机显示 x 和 y 的两个数值,根据计算结果正确与否来确定用户身份,此方法可以解决别人偷窥的问题,因为猜测出相应表达式相当困难。

(2) 使用用户物理器件。用户物理器件包括磁性卡片等。使用用户物理器件开销较大,同时也有卡片丢失和被窃的可能性。

(3) 使用用户自身特征。用户自身特征包括用户签名、用户指纹、用户声波纹以及用户虹膜识别等。使用用户自身特征的优点是可靠性极高,没有丢失或被窃之虞,但需要相应的昂贵设备,使用面不广,多用于相当重要的数据库中。

在一些安全性级别更高的数据库系统中往往是上述多种方法并用,以得到更强的安全性保护效果。

3) 授权机制

在 SQL 中,存在两种授权类型。

(1) 用户类型授权。用户类型授权即对一个特定数据库使用者为某种用户类型的设定。数据库使用者只有得到这种授权成为某种类型的数据库用户,才有资格按照相应权限使用系统中的数据资源。这类授权应当由 DBA 进行。

(2) 数据操作授权。数据操作授权即对数据库用户针对某些数据对象进行特定操作的限制。这类授权可以由 DBA 完成,也可以由相应数据对象的创建者进行。

数据库用户的授权情况存放在数据目录内的授权表(authorization table)中,同时由 DBMS 进行管理。授权表具有"用户标识"、"数据对象"和"访问权限"三个属性。

（1）用户标识：通常可以是用户个人，也可以是某个单位集体，还可以是某个程序或终端。

（2）数据对象：主要是各种粒度意义上的数据对象，例如数据库实例、数据库实例中单个关系表或多个关系表集合、关系表中单个元组或多个元组集合、元组中单个属性值或多个属性值集合等。为了简便，通常采用关系表作为基本数据对象，在修改情形下也采用属性。

（3）访问权限：主要是指数据对象的创建和撤销，数据元素的插入、删除或修改等。

在大型数据库中，由于数据量巨大，数据库用户较多，相应授权表也会十分庞大，管理开销也会不小，此时需要采取某些适当方法简化授权表的管理，例如后面将要介绍的"角色机制"。

3. 审计追踪技术

在数据库安全中除了采取有效手段进行访问控制外，还可采取一些辅助的跟踪和审计手段，随时记录用户访问数据对象的轨迹，并做出分析供参考，一旦发生非法访问后就可提供初始记录以做进一步处理，这就是数据库安全保护中的审计（audit）。在 DBS 中，通常将用于安全目的的数据库日志称为审计追踪（audit trail）。

审计追踪依赖于对数据库进行更新（插入、删除和修改）的日志，它主要包括下述内容：

（1）用户执行更新操作的类型，例如查询、删除、插入或修改。

（2）操作终端标识和操作用户标识。

（3）操作发生的日期和时间。

（4）操作所涉及的数据形式，例如基本表、视图、元组或属性值。

在安全性考察过程中，如果怀疑数据库被修改，就可以调用相应审计程序。该程序将扫描审计追踪中某一时间段内的日志，检查所有作用于数据库的存取动作与相应操作。当发现一个非法的或者未经授权的操作时，DBA 就能够确定执行这个操作的账号。还可以使用触发器建立审计追踪，但通过 DBS 中的内置机制建立审计追踪更为方便。

4. 其他安全技术

1）统计数据库安全性

在有些数据库中，可以允许用户查询某些聚集类型的信息（例如总数和平均值等），但未经许可不能查询单项数据信息。例如，在某类数据库中，可能允许查询"计算机科学系中教授的平均工资是多少"，但没有授权不能查询"计算机科学系教授 Black 的工资是多少"。这类以统计及应用为主的数据库通常可以称为统计数据库（statistical database）。统计数据库实际上有着广泛的应用，例如人口统计数据库、企业单位人员收入与纳税数据库和物价统计数据库等。

统计数据库中存在着特殊的安全性问题，即可能存在着隐蔽的信息通道，使得可以从合法的和允许的查询中推导出不允许查询的信息。例如下面两个查询都是合法的：

（1）计算机科学系共有多少个女教师？

（2）计算机科学系女教授的工资总额是多少？

如果第一个查询结果是"1"，那么第二个查询结果显然是这个女教授的工资额。这样统计数据库安全性机制就失效了。为了解决这个问题，可以规定任何查询至少要涉及 N 个以上的记录（N 足够大）。但是即使这样，还是存在另外的泄密途径。看下面的例子。

　　用户 A 教授想知道另一个用户 B 教授的工资数额,则 A 可以通过下列两个合法查询获取:

　　(1) A 教授和其他 N 个教授的工资总额是多少?

　　(2) B 教授和上述其他 N 个教授的工资总额是多少?

　　假设第一个查询的结果是 X,第二个查询的结果是 Y,由于用户 A 知道自己的工资是 Z,那么它就可以计算出用户 B 的工资$=Y-(X-Z)$。

　　此时关键之处在于两个查询之间有很多重复的数据项(即其他 N 个教授的工资),因此可以再规定任意两个查询的相交数据项不能超过 M 个。这样就使得获取他人的数据更加困难。可以证明,在上述两条规定下,如果想获取用户 B 的工资额,用户 A 至少要进行 $1+(N-2)/M$ 次查询。当然可以继续规定任一用户的查询次数不能超过 $1+(N-2)/M$,但是如果两个用户合作查询就可以使这一规定仍然失效。

　　另外,还有其他方法用于解决统计数据库的安全问题,例如数据污染,也就是在回答查询时,提供一些偏离正确值的数据,以避免数据泄露。这种偏离的前提是不破坏统计数据本身。但是无论采取什么安全性机制,都仍然会存在绕过这些机制的途径。因此,完全杜绝破坏数据库安全的渠道是不可能的,但好的安全性措施应该使得那些试图破坏安全机制的人所花费的代价远远超过他们所得到的利益,这也是整个数据库安全机制设计的目标。

　　2) 数据加密

　　目前不少数据库产品均提供数据加密例行程序,它们可以根据用户的要求自动对存储和传输的数据进行加密处理。另一些数据库产品虽然本身未提供加密程序,但提供了接口,允许用户和其他厂商的加密程序对数据加密。

　　所有提供加密机制的系统必然提供相应的解密程序。这些解密程序本身也必须具有一定的安全性措施,否则数据加密的优点也就无从谈起。

　　数据加密和解密是相当费时的操作,其运行程序会占用大量系统资源,因此数据加密功能通常是可选特征,允许用户自由选择,一般只对机密数据加密。

6.2　SQL 授权机制

　　SQL 提供的安全性机制主要有视图(view)和授权(authorization)。视图机制比较简单,本节主要介绍 SQL 的授权机制。在 SQL 中提供前述两类授权,即用户类型授权和数据对象操作授权。

6.2.1　用户类型授权

　　当数据库系统进行初始化时,系统至少需要有一个具有 DBA 特权的用户,该用户口令由系统本身规定并在说明书中给出。DBA 使用该口令打开系统,应当马上更改口令。由这第一个 DBA 用户对其他用户进行必要的授权操作。

　　主体要进入数据库成为数据库用户,应该由当前的数据库 DBA 进行相应用户创建。创建用户语句的一般格式为:

```
CREATE USER < 用户名>
[WITH][DBA|RESOURCE|CONNECT]
```

上述语句可以在创建数据库用户同时就设定被创建者用户类型。也可以单独进行数据库用户创建,然后再进行用户类型设定,这样可能更加灵活有效。当 CREATE USER 命令中没有指定创建的新用户的权限,就默认该用户具有 CONNECT 权限。

数据库用户类型授权语句如下:

```
GRANT < CONNECT|RESOURCE|DBA > TO <用户标识> [IDENTIFIED BY <口令>]
```

例如,将 CONNECT 授予用户 USER0 并使用口令 123456:

```
GRANT CONNECT  TO USER0 IDENTIFIED BY 123456;
```

当一个数据库使用者首次被授权成为某类数据库用户时,前述授权语句需要设定口令。当用户已经在数据库中注册后,在进行授权时就不必设定口令。如果 USER0 再被授予 RESOURCE,相应授权语句如下:

```
GRANT RESOURCE TO USER0;
```

收回用户类型的语句格式为:

```
REVOKE < CONNECT|RESOURCE|DBA > FROM <用户标识>;
```

如果需要收回 USER0 的 RESOURCE 权限,相应语句如下:

```
REVOKE RESOURCE FROM USER0;
```

6.2.2　数据对象操作授权

数据对象授权就是将关于特定数据对象的确定操作权限授予某类数据库用户。

1. 数据对象

数据对象即用户访问的数据对象的粒度。SQL 主要提供下述包含四种数据对象。

(1) SCHEMA:以数据库作为访问对象。

(2) TABLE:以基本关系作为访问对象。

(3) VIEW:以视图作为访问对象。

(4) ATTRIBUTE:以基关系中的属性为访问对象。

2. 数据操作权限

SQL 提供了下述数据操作权限。

(1) CREATE 权限:数据库、数据库用户和关系(基本关系和视图)创建权限。

(2) SELECT 权限:数据对象查询权限。

(3) INSERT 权限:数据对象插入权限。

(4) DELETE 权限:数据对象删除权限。

(5) UPDATE 权限:数据对象修改权限。

(6) REFERENCE 权限:定义新关系时允许使用其他关系的属性集作为其外键的权限。

(7) USAGE 权限:允许用户使用已定义的属性的权限。

3. 授权语句

SQL 提供的授权语句的一般格式如下:

```
GRANT{<权限 1>,<权限 2>, … | ALL }
[ON <数据对象类型><数据对象名>]
TO{<用户>[,用户] … | PUBLIC}
[WITH GRANT OPTION]
```

GRANT 语句关系式的语义为：将指定操作数据对象的指定操作权授予指定用户。

在上述授权语句中,对不同类型操作对象有着不同的操作权限,其中对于视图权限只有 SELECT、INSERT、UPDATE 和 DELETE。"PUBLIC"是一个公共用户,任选项"WITH GRANT OPTION"可以使获得权限的用户还能传递获得的权限,即能将获得权限传授给其他用户。

例 6-4 将 S 关系的 SELECT 权和对其中 S# 的 UPDATE 权授予用户 USER1 和 USER2：

```
GRANT SELECT,UPDATE (S#)
ON TABLE S
TO USER1,USER2;
```

例 6-5 将 S 关系的 INSERT 权与 UPDATE 权授予用户 USER3,同时允许 USER3 将这两个权限再授予其他用户：

```
GRANT INSERT,UPDATE
ON TABLE S
TO USER3 WITH GRANT OPTION;
```

例 6-6 DBA 将在数据库(SCHEMA)STUDENTS={S,C,SC}中建立关系表的权限授予用户 USER4：

```
GRANT CREATE TABLE
ON SCHEMA STUDENTS
TO USER4;
```

说明：由上述举例可知,GRANT 语句可以一次向一个用户授权和一次向多个用户授权,也可以一次传播多个同类对象的权限,还可以一次完成对基本关系、视图和属性列等不同对象的授权。

4. 回收语句

用户 A 将某权限授予用户 B,则用户 A 也可以在它认为必要时将权限从 B 中回收。收回权限的语句称为回收语句,其具体形式如下：

```
REVOKE{|<权限> ALL}
[ON <数据对象类型><数据对象名>]
FROM{<用户 1>,<用户 2>, … | PUBLIC }
[CASCADE | RESTRICT];
```

语句中带有 CASCADE 关系式回收权限时要引起级联(连锁)回收,而 RESTRICT 则在关系式不存在连锁回收时才能收回权限,否则拒绝回收。

例 6-7 从用户 USER1 手中收回关系 S 上的查询和修改权,并且是级联收回：

```
REVOKE SELECT,UPDATE
```

```
ON TABLE S
FROM USER1
CASCADE;
```

6.2.3　角色机制

如前所述,对于数据库用户较多、用户流动性较大或者用户使用数据库的权限也不尽相同的应用单位来说,相应的授权情况管理需要专人负责,应用当中多有不便。实际上,许多不同用户常常都需要进行相同的数据操作,因此所需要的数据操作授权也都相同,为了便于管理,避免"一个一个"进行相同的个别授权与收回,SQL 引入"角色"机制。其技术要点是对数据库用户定义一些角色,例如学校数据库用户当中的教师角色、学生角色、管理人员角色等。对于每种角色,根据实际情形分别授予相应数据库权限。当用户承担某种角色时,就在其授权表"访问特权"栏中说明其角色,此时该用户就拥有了该角色所有访问权限;如果用户不再承担该角色,就在访问特权栏中取消角色,该用户就没有相应访问权限。角色机制使用户取得角色后就能够使用用户标识享有相应角色的所有访问权限,从而避免为每个用户分别授予或取消授权的烦琐。

在 SQL 中,用户(USER)是实际的人或是访问数据库的应用程序。角色(ROLE)就定义为一组具有相同权限的用户,角色是属于目录层面上的概念。用户和角色之间存在着多对多联系,一个用户可以参与多个角色,一个角色也可以授予多个用户。可以把使用数据库的权限用 GRANT 语句授予角色,再把角色授予用户,这样用户就拥有了使用数据库的权限。

(1) 角色创建:

```
GRANT ROLE <角色名>
```

对于刚刚创建的角色并没有具体的权限内容,可以使用一般授权语句为角色授权。

(2) 角色授权:

```
GRANT <权限> [,<权限>]…
ON <数据对象类型> <数据对象名>
TO <角色名> [,<角色>]…
```

(3) 将角色授予其他角色或用户:

```
GRANT <角色名> [,<角色>]…
TO <用户名> [,<用户名>]…
[WITH GRANT OPTION];
```

角色之间可以存在一个角色链,也就是说可以将一个角色授予另一个角色,而后一个角色也拥有前一个角色的权限。其语句格式为:

```
GRANT <角色名 1> TO <角色名 2>;
```

角色权限收回:

```
REVOKE <权限> [,<权限>]…
ON <数据对象类型>　<数据对象名>
```

FROM <角色名> [,<角色>]…

例 6-8　使用角色机制完成将权限授予用户,由此可以看到角色机制可以使自主授权的执行更加方便和灵活。

(1) 创建一个角色 Rol:

```
CREATE ROLE Rol;
```

(2) 将对关系表 S 的查询、更新和插入权授予角色 Rol:

```
GRANT SELECT,UPDATE,INSERT
ON TABLE S
TO Rol;
```

(3) 将具有上述权限的角色授予 Raul、White 和 Mary:

```
GRANT Rol
TO Raul,White,Mary;
```

(4) 将 White 的角色 Rol 收回:

```
REVOKE Rol
FROM White;
```

(5) 增加 Rol 在 S 上的 DELETE 权限:

```
GRANT DELETE
ON TABLE S
TO Rol;
```

(6) 收回 Rol 在 S 上的 UPDATE 权限:

```
REVOKE UPDATE
ON TABLE S
FROM Rol;
```

6.3　数据库完整性

本节讨论完整性基本概念和完整性控制。

6.3.1　关系数据完整性概念

一种"好的"数据库应当提供优秀的服务质量,数据库服务质量首先体现为数据库所提供的数据质量。数据质量的"好"与"不好"可以用计算机界流行的"垃圾进,垃圾出"(Garbage in, Garbage out)来衡量,其含义是对于计算机系统而言,如果进去的是垃圾(不正确的数据),经过处理之后出来的还应当是垃圾(无用的结果)。如果一个数据库不能提供正确可信的数据,它就失去了存在的价值。一般认为,数据质量主要有两个方面的内容。

(1) 能够及时、正确地反映现实世界的状态。

（2）能够保持数据状态变化前后的一致性，即应当满足一定的数据完整性约束。

数据库不但在建立时要反映一个应用单位的一致性状态，在数据库系统整个运行期间也应如此。数据来自各个部门和个人，来自它们各种活动和获取数据过程所采用的各种设备，如果缺乏有效的强制性措施，就难以保证数据的及时采集和正确录入。例如从一个仓库发货或进货后，如果不及时更新，数据库中库存量和实际库存量就会不符，长此以往，数据库就不能反映仓库库存的真实状态。这种情形涉及各种因素，为保护数据库完整性，不能仅靠DBA，需要有一种来自系统的自动机制，以确保数据能够及时录入和正确更新。

现有 DBMS 通常都会提供一种机制检查数据的完整性，一般是通过设置完整性检验，实时检查数据是否满足完整性约束条件。完整性约束条件是添加在数据上的某些语义约束规定，主要是对数据本身的某种语义限制、数据间的逻辑约束和数据进行改变时所遵循的规则等。完整性约束条件的一般性讨论在数据模型级别上展开，而约束的具体设定在数据模式级别中给出，并作为模式一部分存入数据字典中，在运行时由 DBMS 自动查验，当不满足时立即向用户通报以便采取措施。

1. 完整性概念

数据库完整性（integrity）由数据库的正确性（correctness）、有效性（valid）和相容性（consistency）三个部分组成，其目的是防止错误数据进入数据库。

（1）正确性：数据的合法性，如数值型数据中只能含有数字而不能含有字母。

（2）有效性：数据是否属于所定义域的有效范围。

（3）相容性：表示同一事实的两个数据应当一致，不一致即是不相容。

DBMS 需要提供一种功能使得数据库中的数据合法，以确保数据的正确性；同时还要避免非法的不符合语义的错误数据的输入和输出，以保证数据的有效性；另外，还要检查先后输入数据是否一致，以保证数据的相容性。对于数据库中的数据是否满足上述条件的检查称为"完整性检查"，数据应当满足的条件称为"完整性约束条件"或完整性规则。

2. 完整性约束

完整性控制围绕完整性约束条件进行，完整性约束条件是完整性控制机制的核心。

完整性约束条件涉及三种粒度的数据对象，即属性级、元组级和关系级对象。这些对象可以是静态的也可以是动态的。

1）静态约束

静态约束（static constraints）是对数据库现有状态的约束。

（1）静态属性级约束：对属性值域的约束，即对数据类型、数据格式和取值范围的限定。如学生学号必须为字符型，出生年龄必须为 YY. MM. DD 型，成绩取值范围必须为 0～100 等。

（2）静态元组级约束：对元组中各个属性值之间关系的约束。如订货关系中包含订货数量与发货数量这两个属性，对于它们，应当有语义关系：发货量不得超过订货量。

（3）静态关系级约束：一个关系中各个元组之间或者若干个关系之间常常存在的各种联系的约束。常见的静态关系级约束有：实体完整性约束、参照完整性约束、函数依赖约束和统计依赖约束。其中，统计依赖约束是指多个属性间存在一定统计值间的约束，如一个单位门房人员的工资不得高于职工的平均工资等。

数据库系统教程(第2版)

2）动态约束

动态约束(dynamic constraints)是当数据库从一种状态转变到另一种状态时的约束,具体说就是修改定义或属性值应满足约束条件。例如修改定义时,将原来容许空值的属性改为不容许空值时,如果该属性当前已经存在空值,则规定拒绝修改。再例如修改属性值时可能需要参考该属性的原有值,并且新值和原有值之间需要满足某种约束条件。例如,职工工资调整不得低于其原有工资、学生年龄只能增长等。

（1）动态元组级约束:修改某个元组值时要参照该元组的原有值,并且新值和原有值之间应当满足某种约束条件。例如,职工工资调整不得低于其原有工资＋工龄×1.5等。

（2）动态关系级约束:关系变化前后状态上的限制条件。例如事务的一致性和原子性等约束条件。动态关系级约束实现起来开销较大。

设置完整性约束条件一般采用完整性约束语句形式,用户可以使用完整性约束语句建立具体应用中数据间的语义关系。完整性约束分类如表6-1所示。

表 6-1 完整性约束分类

状态 ＼ 粒度	属性列级	元 组 级	关 系 表 级
静态	静态属性列级约束: 属性列定义 • 类型 • 格式 • 值域 • 空值	静态元组级约束: 元组值应满足的条件	静态关系表级约束: • 实体完整性约束 • 参照完整性约束 • 函数依赖约束 • 统计约束
动态	动态属性列级约束: 改变属性列或者属性值	动态元组级约束: 元组新旧值之间应满足的条件	动态关系表级约束: 关系新旧状态之间应满足的约束条件

3. 完整性规则

关系模型完整性规则就是对关系的某种规范化约束条件。在关系模型中有实体完整性、参照完整性和用户定义完整性三类,前两类是任何关系模型都须满足的约束条件,也被称为关系模型完整性的两个不变约束,通常由DBMS自动支持。

1）实体完整性规则

一个基本关系对应现实世界的一个实体集。例如,学生关系对应于学生实体集合等。现实中的实体通过其唯一标识相互区分。在关系模型中,相应的唯一标识就是该模式中的主键。数据库中属性值设定空值十分常见,也为实际应用带来方便。所谓空值,是指"暂时不知道"或者"根本无意义"的属性值。由此可知,如果主键取空值,就意味着存在某个不能标识和不可区分的实体,这当然是不能允许的。此时就需引入实体完整性规则,这是数据库完整性的最基本要求。

实体完整性规则(Entity Integrity Rule):当属性 A 是基本关系 R 的主属性时,属性 A 不能取空值。

2）参照完整性规则

现实世界中实体之间往往存在一定联系，认识事物本质上就是要了解事物之间的相互联系以及由此产生的相互制约。在关系模型中，实体与实体之间的联系通过关系描述，具体就体现为关系之间的相互"参照"或"引用"。

对于两个关系 R 和 S 而言，如果 R 的属性子集 F 不是 R 的主键但是关系 S 的主键，F 就称为 R（关于 S）的外键。具有外键 F 的关系 R 称为依赖关系（基本关系），具有主键 F 的 S 称为被依赖关系或参照关系。

例 6-9 学生实体集和课程实体集可以用关系 S 和 C 关系示：

S(S#,Sn,Sex,Sa,C#)
C(C#,Cn)

其中，S#、Sn、Sex、Sa、C#、Cn 分别表示属性学号、姓名、性别、年龄、课程号和课程名；带下划线的属性表示主键（主属性）。

这里，S 和 C 这两个关系存在属性的参照或引用。关系 S 引用关系 C 的主键"C#"，S 中"C#"必须是 C 中确实存在的课程编号，S 中"C#"取值依赖 C 中"C#"取值。

例 6-10 设有学生课程关系 SC(S#,C#,G)，"G"表示课程成绩。这里，SC、S 和 C 之间存在着属性参照引用联系。SC 参照引用 S 的主键"S#"和 C 的主键"C#"。此时，SC 中"S#"必须是 S 中存在的学号，即 S 中应当有该学生的记录；SC 中的"C#"也必须是 C 中存在的课程号，即 C 中应当有该门课程的记录。关系 SC 中属性集合{S#,C#}的取值需要依赖于关系 S 中"S#"的取值和关系 C 中"C#"的取值。这里，SC 是依赖关系，S 和 C 分别是 SC 的被依赖（参照）关系。

不仅关系之间存在参照引用联系，同一关系内部属性之间也会有这种联系。

例 6-11 在关系 S 中添加属性"Sm（班干部）"从而定义关系 S_2 如下：

S₂(S#,Sn,Sex,C#,Sm)

S_2 中属性 S# 是主键，属性 Sm 表示该学生所在班级的班长学号，它参照引用自身关系 S_2 中属性"S#"，即"班干部"必须是确实存在的学生学号。

为描述依赖关系中"外键"对被依赖（参照）关系中"主键"的参照引用，需要引入参照完整性规则，它给出了关系间相互关联的基本要求，其核心是不允许依赖关系引用被依赖（参照）关系中不存在的元组，即在依赖关系中外键要么为空值，要么是被依赖（参照）关系中确定存在的元组。

参照完整性规则（Reference Integrity Rule）：如果属性或属性组 F 是依赖关系 R 关于被依赖关系 S 的外键，则 R 中 F 与 S 中主键 $Ks(F)$ 需要相互对应（$Ks(F)$ 表示 F 是 S 的主键）。具体而言，依赖关系 R 中每个元组 t 在其外键 F 上取值必须满足：或者取空值，即 t 在 F 上每个属性值均为空值；或者等于被依赖关系 S 中某个元组的主键值。

在例 6-9 中，依赖关系是 S，被依赖（参照）关系是 C，如图 6-2 所示。

此时，依赖关系 S 中每个元组中 C# 只能取下面两类值：

（1）空值：此时语义为（依赖）关系 S 尚未给对应学生分配课程。

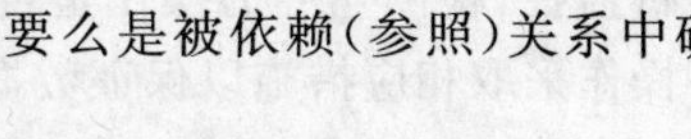

（2）非空值：此时该值应当是被依赖关系 C 中某个元

| 依赖关系S | C# | 被依赖关系C |

图 6-2 依赖关系与参照关系(1)

组的课程号,此时语义为相应学生不能分配到一个未开设的课程,即被依赖关系 C 中一定存在一个元组,其主键值等于依赖关系 S 中的外键值。

在例 6-10 中,关系 SC 的"S♯"和"C♯"属性分别与关系 S 中主键"S♯"和关系 C 中的主键"C♯"相对应,因此,"S♯"和"C♯"是关系 SC 的外键,如图 6-3 所示。

图 6-3　依赖关系与参照关系(2)

S♯和 C♯可以取两类值:空值和已经存在的值。由于 S♯和 C♯分别是依赖关系 SC 的主属性,依照实体完整性规则,依赖关系 SC 中的 S♯和 C♯属性实际上只能取相应被依赖关系 S 和 C 中已经存在的主键值,而不能取空值。

如前所述,依赖关系和被依赖关系还可以是同一关系。在例 6-11 中,"Sm"可取空值和非空值。取空值表示相关班级尚未选出班长;非空值示该值必须是本关系中某个元组的学号值,即该班班长必须是该班的学生。

3) 用户定义完整性规则

作为关系数据模式必须遵守的条件,实体完整性和参照完整性规则适用于任何关系数据库系统,任何一个 RDBMS 都必须支持。但根据具体应用环境,往往还需要一些特殊的完整性约束条件,这就是用户定义的完整性约束规则(User-defined Integrity Rule),它针对一个具体应用环境,反映所涉及数据的一个必须满足的特定语义要求。例如,某个属性必须取唯一值,某个非主属性不能取空值,某个属性的特定取值范围等。一般说来,DBMS 需要提供定义和检验这类完整性的机制,使用统一的系统方法进行处理,而不能将其推送给相应的应用程序。

由上述内容可知,用户完整性规则的要点是针对数据环境由用户设置具体规则,它反映了具体应用中数据的语义要求。

6.3.2　完整性控制

保障数据库完整性是 DBMS 的基本要求,DBMS 需要具有完整性控制机制。DBMS 中实现完整性控制机制的子系统称为"完整性子系统",其基本作用在于:对数据库业务执行进行监控,检测业务的操作是否违反了相应完整性约束条件;对违反完整性约束条件的业务操作采取相应措施以保证数据完整性。

1. 完整性约束控制功能

DBMS 在完整性约束控制方面应当具有三种功能。

(1) 定义功能。提供完整性约束条件的定义机制,确定违反了什么条件就需要使用规则进行检查——规则的"触发条件",此即 6.3.1 节中讨论的完整性约束条件。

(2) 检查功能。检查用户发出的操作请求是否违背完整性约束条件,即如何检查出现的错误——"完整性约束条件的检查"。一般 DBMS 内部都有专门软件模块,对完整性约束语句所设置的条件随时进行检查,以保证完整性约束条件的实时监督与实施。

(3) 处理功能。如果发现用户操作请求与完整性约束条件不符,需要采取一定的动作,这种当用户操作违反完整性约束时采取的应对过程称为"完整性约束条件的处理",通常由

"ELSE 语句"实现。DBMS 设有专门软件模块,对一旦出现违反完整性约束条件的现象及时进行处理。处理方法有简单和复杂之分。简单处理方式是拒绝执行并报警或报错。复杂方式是调用相应函数进行处理,这主要包括:对于违反实体完整性规则和用户完整性规则的操作一般采用拒绝执行方式进行处理;对于违反参照完整性的操作,不是简单地拒绝执行,有时需采取接受该操作,同时执行必要的附加操作,以保证数据库的状态仍然是正确的。

在完整性控制中,参照完整性控制具有基本的意义。下面着重讨论参照完整性控制问题。

2. 参照完整性实现策略

实体完整性规则在三类完整性约束规则中最为基本,但实现起来相对简单,即 DBMS 提供主键值不得为空的机制。用户自定义完整性需要考虑不同的应用实际,涉及因素较多,不可能有统一模式,呈现出相对复杂的情形;而参照完整性处在抽象语义层面,可以一般研究其实现的各种基本策略。这些策略主要包括下述几个方面。

1) 依赖关系中外键值处理

按照参照完整性约束条件,依赖关系的外键或者取空值,或者引用被依赖关系中主键值。

(1) 外健取空值。设 F 是依赖关系 R 的外键,则外键 F 在是否取空值问题上,存在两种情况。

① 若外键 F 中包含依赖关系 R 的主属性,根据实体完整性规则,F 不能取空值。

② 若外键 F 中不包含依赖关系 R 的主属性,则可根据具体语义环境确定 F 是否取空值。

如前所述,例 6-10 中依赖关系 SC 中的两个外键"S#"和"C#"组成都是 SC 的主属性,因此不得取空值。而例 6-9 中依赖关系 S 中外键为"C#",不是主键"S#"的组成部分,可以取空值,其语义是对应的学生尚未分配课程。

(2) 外键值修改。当修改依赖关系中元组的外键值时,必须检查被依赖关系中是否存在元组,其主键值等于依赖关系将要修改的外键值。在例 6-10 中,当把依赖关系 SC 中元组(03021,3,90)修改为元组(03038,3,90)时,如果被依赖关系 S 中还无 S# =03038 的学生,这时需要按照在被依赖关系 S 中插入元组的类似方法,进行相应的受限修改和递归修改。

2) 依赖关系中插入元组

在例 6-10 中,若需要向依赖关系 SC 中插入元组(03021,1,95),此时需要按照被依赖关系 S 中有无含有 S#=03021 元组情形分别考虑。一般而言,当需要向依赖关系中插入元组时,可考虑被依赖关系中情形采用下述处理策略。

(1) 限制插入(restricted insert)。限制插入是指如果被依赖关系中存在相应元组,其主键值与依赖关系待插入元组的外键值相同,按照参照完整性规则,拒绝执行该项插入操作。在前述情形,如果被依赖关系 S 中本身就有 S# =03021 的元组,系统拒绝向依赖关系 SC 插入元组(03021,1,95)。

(2) 递归插入(recursive insert)。递归插入是指如果参照关系不存在元组,其主键值等于依赖关系插入元组的外键值,则可先向被依赖关系中插入相应元组,然后再向依赖关系插入该元组。在前述情形,系统首先向被依赖关系 S 插入 S# =03021 的元组,接着向依赖关系 SC 插入元组(03021,1,95)。

3) 被依赖关系中删除元组

有时需要在被依赖关系中删除某个元组,而依赖关系中又有若干元组的外键值与被删除元组的主键值相同。例如删除例 6-10 被依赖关系 S 中 S# = 03001 的元组,如果依赖关系 SC 中多个元组有 S#＝03001,可采取如下处理策略。

(1) 级联删除(cascade delete)。级联删除是指将依赖关系中所有外键值与被依赖关系中被删除元组主键值相同的元组都进行删除。在例 6-10 中,删除参照关系 S 中 S# = 03001 的元组时,将依赖关系 SC 中多个 S#＝03001 的元组一起删除。如果被依赖关系同时又是另一个关系的依赖关系,则这种删除关系操作需要持续级联下去。

(2) 限制删除(restricted delete)。限制删除是指仅当依赖关系中没有任何元组的外键值与参照关系中要删除元组的主键值相同时,系统才执行删除操作,否则拒绝这个删除操作。例如对于上面的情况,由于依赖关系 SC 中有 4 个元组的 S# 都等于 03001,系统可以拒绝删除被依赖 S 关系中 S#＝03001 的元组。

(3) 置空值删除(nullifies delete)。置空值删除是指删除被依赖关系的元组时,将依赖关系中相应元组的外键值置空后再进行删除。例 6-10 中,在删除被依赖关系 S 中 S# = 03001 的元组时,将依赖关系 SC 中所有 S#＝03001 的元组的 S# 值置为空值。

具体采用上述三种处理方法中的哪一种需要根据应用环境的语义确定。在学生-选课 SC 数据库中,第一种方法比较适宜。因为当一个学生毕业或退学后,他的个人记录从被依赖关系 S 中删除时,他的选课记录也随之从依赖关系 SC 中删除。

4) 被依赖关系主键值修改

当需要修改被依赖关系中某个元组的主键值时,根据 DBMS 的特性,有下面两种情况。

(1) 不允许修改主键。在某些 DBMS 中,不容许进行修改主键的操作。如果确实需要修改主键值,只能先删除该元组,再将具有新主键值的元组插入到关系当中。

(2) 允许修改主键。在另一些 DBMS 中,可以进行修改主键的操作,但必须保证主键的唯一性和非空性,否则拒绝修改。

在允许修改情况下,需要检查依赖关系中是否存在这样的元组,其外键值等于被依赖关系要修改的主键值。例如将被依赖关系 S 中 S#＝03021 修改为 S#＝03038,而依赖关系 SC 中有多个元组的 S#＝03021,这时与被依赖关系中删除元组情况类似,可以有相应级联修改、拒绝修改和置空值修改三种策略进行选择。

由上面讨论可知,实现参照完整性时,DBMS 除需提供定义主键和外键的机制外,还应当提供不同的删除、插入和修改策略方便用户选择。选择何种策略,需要根据具体应用环境要求确定。

6.4 SQL 完整性约束机制

本节介绍 SQL 中的完整性约束机制。

6.4.1 实体完整性约束

在 SQL 中,PRIMARY KEY 约束就是主键约束。

定义 PRIMARY KEY 约束一般格式为:

```
PRIMARY KEY(<列名序列>);
```

其中"PRIMARY KEY(<列名序列>)"不能为空。一个关系只能有一个 PRIMARY KEY。

例 6-12　对于关系 S(S♯,Sn,Se,Sa,Sd,),使用如下语句在创建 S 时定义主键:

```
CREATE TABLE S
    (S♯ CHAR(8),
    Sn CHAR(10),
    Se CHAR(6),
    Sa NUMBERIC(3)NOT Null,
    Sd CHAR(20),
    PRIMARY KEY(S♯));
```

说明:上述语句是在关系的级别上定义健。也可在属性列的级别上进行定义。

例 6-13　对于学生关系 S(S♯,Sn,Se,Sa,Sd)定义主键:

```
CREATE TABLE S
    (S♯ CHAR(8),PRIMARY KEY/＊在属性列级别上定义主键＊/
    Sn CHAR(10),
    Se CHAR(6),
    Sa NUMBERIC(3)NOT Null,
    Sd CHAR(20));
```

说明:本例是在属性列级别上定义主键。当主键由一属性子集确定时,需要在关系级别上定义主键。

例 6-14　对于学生课程关系 SC(S♯,C♯,G)定义主键:

```
CREATE TABLE SC
    (S♯ CHAR(8),
    C♯ CHAR(10),
    G  NUMBERIC(3),
    PRIMARY KEY(S♯,C♯);/＊只能在关系级别上定义主键＊/
```

6.4.2　参照完整性约束

在 SQL 中,参照完整性主要体现在外键的定义和完整性检查与处理方面。

1. 参照完整性创建

参照完整性(外键)定义语句一般格式为:

```
FOREIGN KEY(<列名序列>)
REFERENCES 关系名<目标关系名>|(<列名序列>)
```

其中,"FOREIGN KEY(＜列名序列＞)"中的"＜列名序列＞"是依赖关系的外键;"REFERENCES 关系名＜目标关系名＞|(＜列名序列＞)"中的"＜目标关系名＞"是被依赖(参照)关系的名称,而"＜列名序列＞"是被依赖(参照)关系的主键或候选键。

一般而言,当被依赖(参照)关系和依赖关系的操作出现破坏参照完整性约束情况时,系统将选用默认策略,即拒绝执行相应操作。当需要系统采取其他适当策略时,就应在定义外键时显式加以说明,这就是参照完整性检查与处理语句。

数据库系统教程(第 2 版)

2. 参照完整性处理

参照完整性检查与处理语句通常紧跟在参照完整性定义语句之后,其一般格式为:

```
[ON DELETE <参照动作>]
[ON UPDATE <参照动作>];
```

语句中,"[ON DELETE ＜参照动作＞]"和"[ON UPDATE ＜参照动作＞]"中"＜参照动作＞"指当对被依赖关系或依赖关系进行删除和更新操作时如果涉及其中的主键或外键,这些操作会对与其匹配的依赖或被依赖关系产生的影响。基本的参照动作有下述五种。

(1) NO ACTION:不允许该操作执行,该操作一般设置为默认策略。

(2) CASCADE:将依赖关系中所有外键值与被依赖关系中要删除的主键值相对应的元组同时删除。

(3) RESTRICT:只有当依赖关系中没有一个外键值与要删除的被依赖关系元组中主键值相对应时,系统才能执行删除操作,否则就拒绝删除。

(4) SET NULL:删除被依赖关系中的元组时,将依赖关系中所有与被依赖关系被删除元组中主键值相对应的外键值均置为空值。

(5) SET DEFAULT:与 SET NULL 类似,将外键值都置为预先设定好的默认值。

当需要更新被依赖关系中某个元组(即要更新一个主键值),则对依赖关系产生的影响及相应参照动作与"删除"中情况类似,只需要将相应的"删除"改为"更新"即可。

在实际过程中,对上述五种方式的选择需要根据应用环境确定。

SQL 中参照完整性检查与处理基本情况如表 6-2 所示。

表 6-2　SQL 中参照完整性检查与处理

参照完整性检查		若违反参照完整性,则进行下述处理	
被依赖关系	依赖关系	被依赖关系	依赖关系
是否违反←	插入元组	NO ACTION	—
是否违反←	修改外键值	NO ACTION	—
删除元组	→是否违反	—	NO ACTION/CASCADE /SET NULL/SET DEFAUT
修改主键值	→是否违反	—	NO ACTION/CASCADE /SET NULL/SET DEFAUT

6.4.3　用户定义完整性约束

用户定义完整性主要表示用户针对某一具体的特定应用而提出的相应数据必须满足的语义要求。

在 SQL 中,用户自定义完整性约束条件主要有基本约束([NOT]NULL,UNIQUE,DEFAULT)、CHECK 约束和 RULE 约束三种情形。

SQL 中用户自定义完整性约束对象可以是属性列也可以是元组。当在关系表中插入或修改相应数据对象时,DBMS 检查所定义的约束条件是否满足。如果不满足就拒绝执行相应操作。如同实体完整性和参照完整性一样,用户自定义完整性在创建关系表时予以定义。

1. [NOT]NULL 与 DEFAULT 约束

"[NOT]NULL"和"DEFAULT"是对属性取值的直接简单约束。

（1）［NOT］NULL 是非空或空值约束，当某个属性不是主属性而取值却必须非空时就使用这个约束。

（2）DEFAULT 是默认值约束，每个属性列只能有一个 DEFAULT 约束。

上述约束都是属性列级约束。

例 6-15 设有下述语句：

```
CREATE TABLE SC
     (S# CHAR(8)NOT NULL,                /*属性 S#不允许取空值*/
     C# CHAR(10)NOT NULL,               /*属性 C#不允许取空值*/
     G   NUMBERIC(3)NOT NULL,            /*属性 G 不允许取空值*/
     PRIMARY KEY(S#,C#));               /*在关系级别上定义主键*/
```

说明：本例中出现［NOT］NULL 约束。

例 6-16 定义关系 EMPL：

```
CREATE TABLE EMPL
     (D#   NUMBERIC(2),                  /* D#为部门号*/
     E#   CHAR(8)UNIQUE,                 /*属性 E#取值唯一*/
     Salary NUMBERIC(10)DEFAULT 2000);   /*属性 Salary 具默认值约束*/
```

说明：本例中出现 DEFAULT 约束。

2. UNIQUE 约束

当关系中已有一个主键约束时，如需在其他列上继续实现实体完整性，而此时又不能有两个或两个以上的主键约束，可通过"UNIQUE"约束实现，它可看做某种意义下的候选键限定。

UNIQUE 和 PRIMARY KEY 的区别在于：具有 UNIQUE 约束的属性列可取空值，而具有 PRIMARY KEY 约束的属性列则不能取空值。与 PRIMARY KEY 类似，UNIQUE 约束也可定义在属性集合上，但该属性集合不能有主属性，同时采用基于关系级别的约束定义方法。

UNIQUE 约束定义语句的一般格式为：

```
UNIQUE(列名序列);
```

例 6-17 在 S 表中，如果还需保证其中学生姓名 Sn 是唯一的，可以使用下述语句实现：

```
CREATE TABLE S
     (S# CHAR(8),
     Sn CHAR(6)UNIQUE,                   /* Sn 属性需要满足 UNIQUE 约束*/
     Sex CHAR(6),
     Sa NUMBERIC(3)NOT NULL,
     Sd CHAR(20),
     PRIMARY KEY(S#));
```

说明：本例是在属性级别上实现 UNIQUE 约束。

例 6-18 如果要求在关系表 S 中 Sn 和 Sd 满足 UNIQUE 约束，则可以采取下述语句实现：

数据库系统教程(第 2 版)

```
CREATE TABLE S
    (S# CHAR(8),
    Sn CHAR(6)
    Sex CHAR(6)
    Sa NUMBERIC(3)NOT NULL,
    Sd CHAR(20),
    PRIMARY KEY(S#),
    UNIQUE(Sn,Sd));                    /*属性集合{Sn,S#}需要满足 UNIQUE 约束*/
```

说明：本例是在关系级别上实现 UNIQUE 约束。

例 6-19 定义关系 DEPT：

```
CREATE TABLE DEPT
    (DEP#  NUMBERIC(2),
    Dn  CHAR(8)UNIQUE,                  /* Dn 属性取值唯一*/
    Loc CHAR(10),
    PRIMARY KEY(DEP#));                 /*在关系级别上定义主键*/
```

说明：本例中同时出现 UNIQUE 约束和主键约束。

前述几种约束都属于系统内置约束，为了灵活有效地表示实际应用当中的多种约束条件，还需要引入其他类型的用户定义约束形式。在 SQL，人们还引入了 CHECK 约束、Rule 约束、域约束和断言约束等。

3. CHECK 约束

CHECK 约束通过表达式或谓词公式（含有 or 或 and 的表达式）对属性列取值进行约束。

例 6-20 S 关系中限定 Se 只能取"male"或"female"：

```
CREATE TABLE S
    (S#   CHAR(8)PRIMARY KEY,           /*在属性列级别上定义主键*/
    Sn  CHAR(8)NOT NULL,                /*C#属性不允许取空值*/
    Sex  CHAR(2)CHECK(Se IN("male","female")),
    /*Se 属性只能取"male"或"female" */
    Sd  CHAR(20));
```

例 6-21 在例 6-12 中加入 CHECK 子句：

```
……
Sa NUMERIC(2)CHECK(Sa BETWEEN 18 AND 25),
UNIQUE(Card#),
PRIMARY KEY(S#);
```

说明：CHECK 子句只对定义其的关系具有约束作用，对其他关系没有约束作用，因此有可能产生违反参照完整性的情形。

例 6-22 在关系 SC 中加入 CHECK 子句：

```
CHECK(S# IN (SELECT S# FROM S))
CHECK(C# IN (SELECT C# FROM C))
```

此时，会出现违反参照完整性的情况，即当被依赖关系 S 中删除一个元组时，该操作与依赖关系 SC 中 CHECK 无关。这样,若 SC 还存在被删除学生的选课元组,SC 就会不满足 CHECK 子句约束。CHECK 子句中条件最好不要涉及其他关系,而使用外键子句或断言子句定义相关完整性。如下:

```
CREATE TABLE SC
    (S# NUMBERIC(6),
     C# CHAR(3),
     G INT,
     RRIMARY KEY(S#,C#),
     FOREIGN KEY(S#)REFERENCES S,
     FOREIGN KEY(C#)REFERENCES S,
     CHECK((G IS NULL)OR(G BETWEEN 0 AND 100)));
```

CHECK 约束是依附于特定关系表的,即 CHECK 约束不能独立定义,只能在创建相应关系表时"附带"定义,其约束作用只限于相应关系表范围。域约束、RULE 约束和断言约束可以脱离关系表的创建而独立定义,同时可以为多个关系表所调用。

4. 域约束

SQL 域约束作用于所有属于指定域的属性列,并且使用"CREATE DOMAIN"语句实现该约束,约束语句中允许出现 CHECK 子句。

域约束规则定义语句的一般格式为:

```
CREATE DOMAIN <域名><域类型> CHECK <条件>
```

为了便于引用,约束可以命名。约束命名使用保留字 CONSTRAINT。

例 6-23 设有下述创建语句:

```
CREATE DOMAIN Grades CHAR(1)DEFAULT'?'
CONSTRAINT VALID - Grades
CHECK(VALUE IN ('A','B','C','D','E','?'));
```

说明:上述语句定义了一个新的域 Grades,并且添加一个名为"VALID-Grades"的域约束,CHECK 子句指明了定义在该域上列上的取值,默认值为"?"。

对学生-课程关系 SC(S#,C#,G)中的 G 使用域 Grades 定义:

```
CREATE TABLE SC
    (S# NUMBERIC(6),
     C# CHAR(6),
     G Grades,
     …… );
```

在对 SC 进行插入操作时,每插入一条学生成绩记录,其成绩 G 就必须为 CHECK 子句中所指明的值,默认时为"?",否则为非法成绩值,系统将会产生一个含有约束名为"VALID-Grades"的诊断信息,以表明当前操作不满足该域约束。

5. RULE 约束

RULE 约束的作用是绑定到一个属性列上约束该属性的取值范围。

建立 RULE 约束的一般格式为:

```
CREATE RULE NAME AS CONDITION_ EXPRESSION;
```

其中,NAME 是所创建规则的名称,是定义 RULE 的条件,它可以是任何有效的表达式,也可以是包含算术运算符、关系运算符和谓词(IN、LIKE、BETWEEN 等)类型的元素。

例 6-24 定义关系 range_rule 如下:

```
CREATE RULE range_rule
AS @range > = 1000 AND @range < = 3000;
```

作为一种独立的数据库对象,规则需要通过系统存储过程 SP_BINDRULE 将其绑定到给定的属性列。SP_BINDRULE 的一般格式为:

```
SP_BINDRULE rulename,OBJNAME[,FUTUREONLY];
```

这里,rulename 是涉及的规则名称,OBJNAME 是需要绑定的表或属性或用户定义的数据类型;FUTUREONLY 是禁止已经使用了由用户定义数据类型的属性列遵循新的规则约束。

例 6-25 将 range_rule 绑定到 EMPL 关系中的 salary 属性列上的语句如下:

```
SP_BINDRULE RANGE_RULE,'EMPL.SALARY';
```

规则约束可以通过反复使用而绑定到多个属性之上。

如果需要取消绑定到给定属性列上的规则约束,可以调用系统存储过程 SP_UNBINDRULE。

例 6-26 取消绑定在 EMPL 关系中 salary 属性列上 range_rule 的语句如下:

```
SP_UNBINDRULE RANGE_RULE,'EMPL.SALARY';
```

删除规则约束可以使用命令 DROP RULE,但删除之前需解除该规则约束的所有绑定。

6. 断言约束

当完整性约束涉及面较为广泛,与多个关系有关或涉及聚集操作时,可使用 SQL 中提供的“断言”(assertion)语句编写完整性约束。断言可用 CHECK 语句定义。

定义断言语句的一般格式为:

```
CREATE ASSERTION <断言名> CHECK(<条件>)
```

这里,<条件>与 SELECT 语句中 WHERE 子句的条件关系表达式一样。

撤销断言语句一般格式为:

```
DROP ASSERTION <断言名>;
```

撤销断言的句法不提供 RESTRICT 和 CHECK(<条件>)。

例 6-27 在教学数据库中的关系 T、S、C、SC 中使用断言写出完整性约束。

(1) 每位教师开设的课程不超过 10 门:

```
CREATE ASSERTION ASSE1 CHECK
   (10 > = ALL (SELECT COUNT(C#)
        FROM C
        GROUP BY T#));
```

（2）不允许男同学选修 WU 老师的课程：

```
CREATE ASSERTION ASSE2 CHECK
   (NOT EXISTS(SELECT *
            FROM SC
            WHERE C# IN(SELECT C#
                    FROM C,T
                    WHERE C.T# = T.T# AND Tn = 'WU')
            AND S# IN (SELECT S#
                    FROM S
                    WHERE Sex = 'M')));
```

（3）每门课程最多 50 名男学生选修：

```
CREATE ASSERTION ASSE3 CHECK
   (50 > = ALL(SELECT COUNT(SC.S#)
            FROM S,SC
            WHERE S.S# = SC.S# AND Sex = 'm'
            GROUP BY C#));
```

　　有时,在关系定义中可以用 CHECK 子句形式替代断言,但 CHECK 子句不一定能保证完整性约束彻底实现,而断言则能保证不出现错误。

6.4.4　主动约束机制——触发器

　　实现数据完整性约束的基本途径是引入触发器,触发器是定义在关系表上的由事件驱动的特殊存储过程,其特殊性表现在某个特定条件满足时就自动触发执行。存储过程和触发器都是提升数据库服务器性能的有效工具。

1. 触发器概念

　　传统 DBS 只能按照用户或应用程序要求对数据库进行相应操作,不能根据发生的事件或数据库状态主动进行相关处理。这就是所谓"不叫不动"的被动服务。在数据库应用过程中,需要对数据完整性破坏、数据库存不足、生产过程异常等发出预警和采取应对措施。一般而言,这些功能可由应用程序完成,即每次更新数据库时,应用程序检查数据库更新前后状态,若出现异常就进行示警和干预。这种应用程序方式会出现下述弊端：

　　（1）增加应用程序设计人员负担；

　　（2）需要修改有关异常约束和触发条件时,必须修改相应程序；

　　（3）应用程序处理异常的结果正确性难以保证,不利于数据库的可靠运行；

　　（4）增加数据库和应用程序间的通信,影响数据库性能。

　　因此,需要开发一种由 DBMS 本身而不是由应用程序来处理异常情况的技术与功能。DBMS 中完成此项功能的部分称为主动数据库子系统,该子系统的基本要求就是下述形式的规则：

```
WHENEVER(event)
IF(condition)
THEN(action)
```

　　即当发生某一事件时,如果满足给定条件,就执行相应动作。这种规则称为 ECA

(Event-Condition-Action)规则,也称为主动数据库规则。ECA 规则也就是通常所说的触发器(TRIGGER)。

基于触发器的完整性保护是近年来使用广泛的一种技术,它由系统自动执行的对数据进行修改的 SQL 语句系列组成。触发器定义在关系表(包括基本表和视图)之上,并经过预编译存储在数据库当中。按照 ECA 规则,触发器由三部分组成。

(1) 事件:对数据库的插入、删除、修改等操作,触发器在这些事件发生时开始工作。

(2) 条件:触发器将测试条件是否满足。如果满足,执行相应操作,否则不执行任何操作。

(3) 动作:如果触发器测试满足预设条件,由 DBMS 执行这些动作(即对数据库的操作)。

这些动作能使触发事件不发生时即撤销事件,例如删除一个插入的元组等。这些动作也可以是一系列对数据库的操作,甚至可以是与触发事件本身无关的其他操作。

触发器的事件、条件和动作模型示意如图 6-4 所示。

图 6-4　触发器的事件、条件和动作模型

触发器通常能够完成数据库完整性保护功能,其中触发事件即是完整性约束条件,而完整性约束检查即是触发器的操作过程,最后结果过程的调用即是完整性检查的处理。

目前在一般 DBMS 中都有创建触发器的功能,触发事件大多局限于 UPDATE、DELETE 和 INSERT 等操作。

2. SQL 触发器

SQL 触发器是一个由 SQL 更新语句引起的链式反应,它规定了在关系中进行插入、删除和修改前后需要执行的一个 SQL 语句集合。在 SQL3 中,触发器基本结构如图 6-5 所示。

在 SQL 中,触发器设计需要关注下述方面。

(1) 触发事件中时间关键词,具体如下。

① AFTER:触发事件完成后,测试 WHEN 条件是否满足,若满足则执行动作部分操作。

② BEFORE:触发事件进行以前,测试 WHEN 条件是否满足。若满足则先执行动作部分的操作,然后再执行触发事件的操作(此时可以不管 WHEN 条件是否满足)。

③ INSTEAD OF:触发事件发生时,只要满足 WHEN 条件,就执行动作部分操作,而触发事件的操作不再执行。

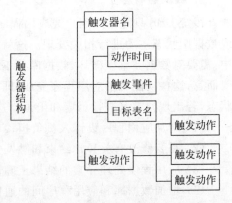

图 6-5　SQL 触发器基本结构

(2) 触发事件分为三类:UPDATE、DELETE 和 INSERT。在 UPDATE 时,允许后面跟有 "OF(属性)"短语。其他两种情况是对整个元组的操作,不允许后跟"OF(属性)"短语。

(3) 动作部分可以只有一个 SQL 语句,也可以有多个 SQL 语句,语句之间用分号隔开。

(4) 对于 UPDATE 触发事件,使用"OLD AS"和"NEW AS"子句定义修改前后的元组变量；对于 DELETE，使用"OLD AS"子句定义元组变量；对于 INSERT，使用"NEW AS"子句定义元组变量。

（5）触发器有元组级触发器和语句级触发器两种类型。两者差别在于前者带有"FOR EACH ROW"子句，而后者没有；另外前者对每个修改元组都要检查一次，而后者检查 SQL 语句执行结果。

在语句级触发器，不能直接引用修改前后的元组，但可引用修改前后的元组集。旧元组集由被删除元组或被修改元组旧值组成，新元组集由插入的元组或被修改元组的新值组成。

例 6-28 设计用于关系 SC 的触发器，该触发器规定，如果需要修改关系 SC 的成绩属性值 G 时，修改之后的成绩 G 不得低于修改之前的成绩 G，否则就拒绝修改。使用 SQL，该触发器的程序可以编写如下：

```
CREATE TRIGGER TRIG1              / * 触发器定义语句格式 CREATE TRIGGER <触发器名> * /
AFTER UPDATE OF G ON SC           / * 给出触发事件，即关系 SC 的成绩修改后激活触发器 * /
REFERENCING                       / * 为触发器的条件和动作部分设置必要的元组变量 * /
OLD AS OLDTUPLE                   / * 为触发器的条件和动作部分设置必要的元组变量，
                                  / * OLDTUPLE 为修改前的元组变量 * /
NEW AS NEWTUPLE                   / * 为触发器的条件和动作部分设置必要的元组变量，
                                  / * NEWTUPLE 为修改后的元组变量 * /
WHEN(OLDTUPLE.G  > NEWTUPLE.Sg)   / * 触发器的条件部分，这里，如果修改后的值比修改前的值小，
                                  / * 则必须恢复修改前的值 * /
UPDATE SC
SET Sg = OLDTUPLE.G
WHERE C# = NEWTUPLE.C#            / * 连同前两条语句都是触发器的动作部分，这里是 SQL 的修改语句；
                                  / * 这个语句的作用是恢复修改之前的旧值 * /
FOR EACH ROW                      / * 表示触发器对每一个元组都要检查一次；如果没有这一行，
                                  / * 表示触发器对 SQL 语句的执行结果只检查一次 * /
```

触发器是完整性保护的充分条件，具有主动性的功能。若在某关系上建立了触发器，则当用户对该关系进行某种操作时，比如插入、更新或删除等，触发器就会被激活并投入运行。触发器用做完整性保护，其功能一般会比完整性约束条件强很多，并且更加灵活。一般而言，在完整性约束功能中，当系统检查数据有违反约束条件时，仅给用户必要的提示信息；而触发器不仅给出提示信息，还会引起系统内部自动执行某些操作，以消除违反完整性约束条件所引起的负面影响。另外，触发器除了具有完整性保护功能外，还具有安全性保护功能。

本章小结

1. 知识点回顾

（1）随着计算机特别是计算机网络技术的发展，数据的共享性日益加强，数据的安全性问题也日益突出。DBMS 作为数据库系统的数据管理核心，自身必须具有一套完整而有效的安全性机制。实现数据库安全性的技术主要有视图机制、访问控制和审计跟踪，其中访问控制技术最为基本和常用。

（2）数据库的完整性是为了保护数据库中存储的数据是正确的，而"正确"的含义是指符合现实世界语义。数据完整性的基本要点是 DBMS 关于完整性实现机制，其中包括完整

性的约束、检查机制以及违背完整性约束条件时 DBMS 应当采取的措施等。需要指出,完整性机制的实施会极大影响系统性能。但随着计算机硬件性能和存储容量的提高以及数据库技术的发展,各种商用数据库系统对完整性支持越来越好。

(3) 数据参照完整性中的基本要点是依赖关系中外键关于参照关系中主键的关联,这种关联在数据更新时着重表现出来。此时有两种情形:一是主键更新对外键的影响,二是外键更新对主键的影响。对于前者,主要有"NO ACTION"、"RESTRICT"和"CASCADE"三种处理方式;对于后者,通常只有"NO ACTION"一种方式。

(4) 数据自定义完整性约束呈现出更为丰富的内容。"[NOT]NULL"、"DEFAULT"和"UNIQUE"等可以看做直接约束;"PRIMARY KEY"和"FOREIGN KEY…REFERENCE…"可以看做键约束。这两种用户定义约束都是基本约束,其特点是简单直接。如果需要加入较为复杂的约束条件,就需要 CHECK 约束和 RULE 约束,两者中的约束条件可以是含有比较运算符和逻辑运算符(OR 和 AND)的表达式。CHECK 约束用于单个给定属性列,RULE 约束可以用于给定的多个属性列,域约束和断言约束也适合这种情形。需要注意,用户定义约束是基本表创建的重要组成部分。

2. 知识点关联

(1) 数据库保护基本内容如图 6-6 所示。

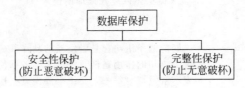

图 6-6　数据库保护基本内容

(2) 数据库安全性保护技术如图 6-7 所示。

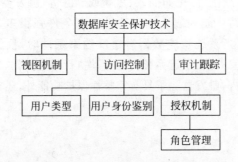

图 6-7　数据库安全保护技术

(3) 数据库完整性约束的基本内容如图 6-8 所示。

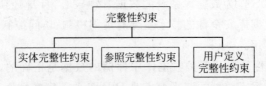

图 6-8　数据库完整性约束的基本内容

（4）数据库参照完整性实现策略如图 6-9 所示。

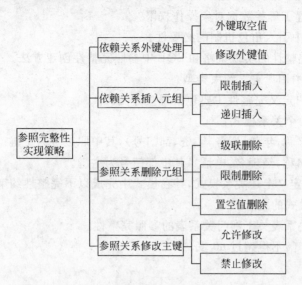

图 6-9 数据库参照完整性实现策略

（5）SQL 中用户定义完整性约束类型如图 6-10 所示。

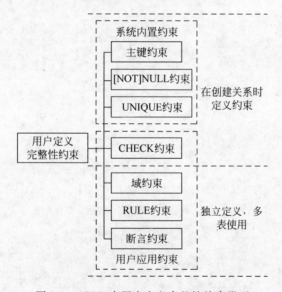

图 6-10 SQL 中用户定义完整性约束类型

习题 6

01. 什么是数据库的安全性？什么是数据库的完整性？两者之间的联系与区别是什么？

02. 试述数据库安全性保护技术要点。

03. 视图机制有哪些优点和不足？

04. SQL 中设置了怎样的数据库用户类型?

05. SQL 中设置了哪些数据对象操作权限?

06. 试述 SQL 中引入角色机制的必要性。

07. 试述参照完整性的实现策略和 SQL 中参照完整性创建方法。

08. 试述 SQL 中用户定义约束类型。

09. SQL 中用户定义完整性主要包括哪些方面?

10. 设有如下两个关系模式:

职工(职工号,名称,年龄,职务,工资,部门号),其中职工号为主键。

部门(部门号,名称,经理名,电话),其中部门号为主键。

试用 SQL 语句定义上述关系模式,并在模式中完成以下完整性约束条件的定义:

(1) 定义每个模式的主键。

(2) 定义职工关系表关于部门关系表的参照完整性。

(3) 定义职工年龄不得超过 60 岁。

数据库事务管理　　第 7 章

　　数据库系统是一个共享系统,同时可能会有很多用户访问同一数据,例如,订票系统中多个用户同时访问飞往广州的同一航班,在其他各种预订系统以及银行自动柜员机系统中也会出现这种并发访问情形,即许多操作同时在同一数据对象上执行。为提高系统效率,就要建立并发操作机制;为了避免并发操作间相互影响,就要进行适当控制。另外,作为一个大型复杂系统,数据库也会发生各种故障。一旦发生故障,数据库就有可能丢失信息,造成极大损失。为了保证数据库系统正常有效运行,仅靠数据库基本操作机制(数据查询和更新)远远不够,还需有数据库的系统管理机制。正是基于上述考虑,人们提出了数据库管理过程中的两个重要课题:一是从提高系统运行效率出发的数据库操作的并发执行,二是从系统正确性和一致性出发的数据库故障恢复。研究和解决这两个问题的前提是设计一个在逻辑上"最小"的操作单位作为相应管理过程中的基本"粒度"单元。事务就是这样一个重要概念。本章先讨论事务概念和基本性质,然后再利用事务处理技术来研究数据操作并发控制与数据库的故障恢复。

7.1　事务与事务管理

　　事务是 DBMS 中业务操作的执行单位,事务的 ACID 性质是数据库一致性的基本保证。不仅在单个事务执行时需要满足 ACID 性质,多个事务并发执行时也要满足;不仅在系统正常运行时事务需要满足 ACID 性质,在系统发生故障时也要满足。保障并发执行时事务满足 ACID 的技术就是数据库的并发控制,保障在发生故障时满足 ACID 的技术就是数据库的故障恢复。数据操作的并发执行控制以及数据库故障恢复都以事务管理为核心。由于并发控制和故障恢复是数据库系统管理的基本内容,所以事务概念和事务 ACID 性质也就成为数据管理的重要基础。

7.1.1 事务概念与性质

数据库的共享性与数据库业务的并发执行相关。同时执行若干个数据库"业务",或者多个不同"业务"同时对同一数据进行操作通常就是并发执行。不受控制的并发执行会带来许多问题,为此,通常要求"同时执行若干业务"的效果应当"等效"于"一个一个"循序执行的结果,这就是后面所要讨论的"并发执行可串行化"问题。"并发"要与"串行"相比较,其中操作的各个"业务"应当有必要的刻画,这就需引入"事务"概念。

数据库发生的"故障"是附着在相应"业务"之上,也应当有一个便于排除故障、进行数据库恢复的不可再分的"标准单位"。例如"由账户 A 转移资金额 X 到账户 B"是一个典型的银行数据库业务。这个业务可以分解为两个基本操作:

(1) 从账户 A 中减掉金额 X;

(2) 在账户 B 中加上金额 X。

这两个动作应构成一个不可分割的整体,不能只做前一动作而忽略后一动作,否则从账户 A 中减掉的金额 X 就成了问题,即这个业务必须完整,要么完成其中所有动作,要么不"提交"其中任何动作,二者必居其一。这种"不可分割"的业务单位对于数据库业务的并发控制和数据库的故障恢复非常必要,这就是"事务"的基本概念。

1. 事务概念

事务(Transaction)是 DBMS 中的基本执行单位之一,事务本身就是构成单一逻辑工作单元的数据操作的有限序列,只不过这个操作序列满足"要么全做,要么全不做"(all or nothing)的基本要求。根据包含操作的容量多少可以将事务分为长事务和短事务两类。长事务是对数据库进行一系列操作的一个完整的用户程序,短事务可能只含有一种更新(插入、删除或修改)的操作语句。在关系数据库中,短事务可以表现为一个 SQL 语句,长事务通常是一组 SQL 语句或整个程序。事务的根本特征在于集中了数据库应用方面的若干操作,这些操作构成一个操作序列,序列中的操作要么全做,要么全不做,整个序列是一个不可分割的"原子化"操作单位。

一般而言,数据库应用程序都是由若干个事务组成,每个事务可看做数据库的一个状态,形成了数据的某种一致性,而整个应用程序运行过程则是通过不同事务使得数据库由某种一致性不断转换到另一种新的一致性的过程。

2. 事务性质

在数据管理过程中,DBMS 为了保证事务本身的有效性,维护数据库的一致性,需要采取必要措施来维持事务始终处在人们所需要的"正常"状态中。为了区分数据库一般操作序列和基于事务的操作序列,通常也需要明确事务的基本性质。实际上,在数据库事务处理过程中,事务的正常状态由"ACID"性质或准则予以保证和维持,这里 ACID 是由下述讨论中的四条事务基本性质四个英文单词首字母组成。

(1) 原子性(Atomicity):一个事务对于数据库的所有操作都是一个不可分割的整体,这些操作要么全做,要么全不做。操作过程中事务的原子性质是对事务概念的体现,是事务最基本的要求。

(2) 一致性(Consistency):数据库中数据不因事务的执行而受到破坏,事务执行结果应当使得数据库由一种一致性达到另一种新的一致性。这种更新过程中事务的一致性保证数据库的完整性。

（3）隔离性（Isolation）：多个事务的并发执行与这些事务单独执行的结果"等效"，即在多事务并发执行时，各个事务不必关心其他事务的执行，如同在单用户环境下一样。这种并发执行过程中多个事务的隔离性是事务并发控制技术的基础。

（4）持久性（Durability）：事务对数据库的更新应永久地反映在数据库中。一个事务一旦完成其全部操作之后，它对数据库所有更新操作的结果将在数据库中常驻，即使以后发生故障也能够通过相应的故障恢复保留这个事务的执行结果。这种事务作用的持久性意义在于保证数据库具有故障的可恢复性。

7.1.2　事务操作与状态

在数据库运行过程中，事务可以由下述四个基本部分组成。

（1）事务开始（starting）：开始执行事务。

（2）事务执行（read and write）：事务对数据进行读或写操作。

（3）事务提交（commit）：事务完成所有数据操作，同时保存操作结果，它标志着事务的成功完成。

（4）事务回滚（rollback）：事务未完成所有数据操作，重新返回到事务开始，它标志着事务的撤销。

根据事务上述基本操作，可以得到事务的各种状态。

（1）活动状态（active）：表明整个事务处于运行当中。

（2）局部提交状态（partial committed）：表明事务读写语句的最后一条已经被执行。

（3）失败状态（failed）：表明事务无法正常进行。

（4）终止状态（abort）：表明回到事务执行前的初始状态。

（5）提交状态（committed）：表明事务执行成功，执行结果写入数据库。

事务操作与状态之间的关系如图 7-1 所示。

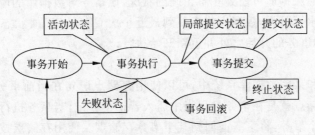

图 7-1　事务操作与状态之间的关系

由上述分析可知：

（1）事务一般由"事务开始"启动，到"事务提交"或"事务回滚"结束。

（2）在事务开始执行后，它不断做 READ 或 WRITE 操作，但此时 WRITE 操作，仅将数据写入磁盘缓冲区，而非真正写入磁盘中。

（3）在事务执行过程中会产生两种状况，一是顺利执行，此时事务继续正常执行其后的内容；二是由于产生故障等原因而终止执行，对这种情况称为事务夭折（Abort），此时根据事务的原子性质,事务需要返回开始处重新执行,这种情况称为事务回滚(Rollback)。在一般情况下,事务正常执行直至全部操作执行完成,在执行事务提交(Commit)后整个事务即宣告结束。事务提交即是将所有事务执行过程中写在磁盘缓冲区的数据,真正地、物理地写入磁盘中,从而完成整个事务。

7.1.3 SQL 事务机制

SQL 具有支持事务处理的基本机制。

1. 事务处理语句

一个应用由若干个事务组成,事务一般嵌入在应用中。在 SQL3 中,用于进行事务控制的主要有下述四个语句。

(1) 事务开始语句: BEGIN TRANSACTION

(2) 事务提交语句: COMMIT TRANSACTION

(3) 事务回滚语句: ROLLBACK TRANSACTION

(4) 事务存储点语句: SAVE TRANSACTION, RELEASE TRANSACTION

1) 事务开始语句

BEGIN TRANSACTION 语句表示事务从此句开始执行,而该语句也是事务回滚的标志点。在大多数情况下,可不用此语句,对每个数据库的操作都包含着一个事务的开始。

2) 事务提交语句

当前事务正常结束,用 COMMIT 语句通知系统,表示事务执行成功,应当"提交",数据库将进入一个新的正确状态。系统将该事务对数据库的所有更新数据由磁盘缓冲区写入磁盘,从而交付实施。需要注意的是,如果其前没有使用"事务开始"语句,则该语句同时还表示一个新事务的开始。

3) 事务回滚语句

一般来讲,当前事务非正常结束,用 ROLLBACK 通知系统,告诉系统事务执行发生错误,是不成功的结束,数据库可能处在不正确的状况,该事务对数据库的所有操作必须撤销,使其对随后的事务永不可见,数据库将恢复到最近一次 COMMIT 时状态,而该事务回滚到事务的初始状态,即事务的开始之处并重新开始执行。

4) 存储点语句

在 SQL3 标准和某些数据库系统中,可以使用存储点语句在当前事务的当前点建立存储点。所谓事务存储点就是在事务过程当中插入若干个标记,当事务执行中出现错误时,只撤销部分而不是整个事务,将事务退回到某个事务存储点。使用存储点技术,可以比撤销整个事务具有更高的效率。但需要注意,只有当出现错误的可能性较小,同时能预先了解全部撤销事务代价较高的情况下,存储点技术才会显现出优越性。

存储点语句的一般格式为:

SAVEPOINT <存储点名>|<简单目标>

如果规定一个存储点为<简单目标>,DBMS 将建立一个大于零的整数,并将其分配给目标。例如对于语句: SAVEPOINT x; 来说,它表示 x 将获得一个值,用于随后的存储点相关语句。

现在一般使用名字标记而不是数字标记，即使用＜存储点名＞。例如：

```
SAVEPOINT my-point1;
```

存储点名在事务中应当唯一，作为操作之间的一个时刻标签，可以为一个事务建立多个存储点。

SQL3 在事务范围内，通过 ROLLBACK TO SAVEPOINT 语句提供限制 ROLLBACK 回滚"长度"的新功能。使用存储点以规定从哪一点起数据更新可以被撤销，这意味着可以规定从何处删除日志文件。这项新功能要求使用 SAVEPOINT 语句在事务的某处建立一个存储点，需要时可将该事务发生的所有操作退回到这个存储点。例如，如果需要回滚到前面示例中所建立的存储点，可以使用如下回滚语句：

```
ROLLBACK TO SAVEPOINT my-point1;
```

此时，ROLLBACK 语句就不表示一个事务终止语句，仅仅只是产生一个状态保存。

需要指出，现有版本的 SQL Server 可能不支持存储点语句。

2．显含与隐含事务

数据库系统关于事务的提交与回滚通常可以采取显式或隐式方式。

1）显式方式

显式方式即通过 COMMIT 和 ROLLBACK 语句明显指出提交或回滚有关事务。在 SQL Server 中，可以设置隐含事务方式：

```
SET IMPLICIT_TRANSACTION ON;
```

取消隐含事务方式的语句为：

```
SET IMPLICIT_TRANSACTION OFF;
```

另外，需要说明的是，当具隐含事务方式时，可以不用显式启动一个事务，但需要用 COMMIT 或 ROLLBACK 结束一个事务。

2）隐式方式

隐式方式即 SQL 标准事务在开始时是隐含的，当首次执行某些 SQL 语句时都会自动启动一个事务。这些语句主要有下述几种：CREATE TABLE、DROP TABLE、CREATE VIEW、CREATE INDEX 等，DELETE、DROP、INSERT、ALTER、GRANT、REVOKE 等。

在发出 COMMIT 或 ROLLBACK 命令之前，该事务将一直保持有效。在第一个事务被提交或回滚之后，下次再执行这些语句时，又会自动启动一个事务。

3．只读型与读写型事务

对数据库的访问是建立在对数据"读"和"写"两个操作之上，因此，一般事务中涉及的数据操作主要是由"读"与"写"语句组成。当事务仅由读语句组成时，事务最终提交就会变得十分简单。因此可将事务分成只读型和读写型两种。

（1）只读型（Read Only）：此时，事务对数据库的操作只能是读语句，这种操作将数据 X 由数据库中取出读到内存的缓冲区中。定义此类型即表示随后的事务均是只读型，直到新的类型定义出现为止。

（2）读写型（Read/Write）：此时，事务对数据库可以做读与写的操作，定义此类型后，表示随后的事务均为读/写型,直到新的类型定义出现为止。此类操作可以缺省。

上述两种类型可以分别用下面的 SQL 语句定义:

```
SET TRANSACTION READ ONLY;
SET TRANSACTION READ WRITE;
```

7.2 并发控制技术

事务并发执行是数据共享性的重要保证,但并发执行过程应当加以控制,否则会出现数据不一致现象,破坏数据库的一致性。为在并发执行过程中保持一致性基本要求,需要应用事务概念讨论并发控制技术。

7.2.1 事务并发执行

多事务并发执行可大幅度提升系统效率,因此成为 DBMS 实现数据管理的一个基本课题。

1. 串行与并发执行

在事务活动过程中,只有当一个事务完全结束,另一事务才开始执行,这种执行方式称为事务的串行执行或者串行访问,如图 7-2 所示。

在事务执行过程中,如果 DBMS 同时接纳多个事务,使得事务执行时间出现重叠,这种方式称为事务的并发执行或者并发访问,如图 7-3 所示。

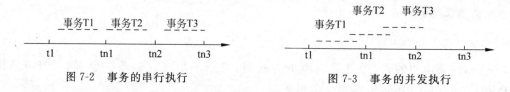

图 7-2 事务的串行执行   图 7-3 事务的并发执行

由于计算机系统的不同,并发执行又可分为两种类型。

(1) 在单 CPU 系统中,同一时间只能有一个事务占用 CPU,实际情形是各个并发执行的事务交叉使用 CPU,这种并发方式称为交叉或分时并发执行。

(2) 在多 CPU 系统中,多个并发执行的事务可以同时占用系统中的 CPU,这种方式称为同时并发执行。

以下主要讨论交叉并发执行。

2. 并发执行的可行性

对于数据库中的数据处理而言,可以实行并发控制的原因有以下两点。

(1) 使用系统资源的非同时和非同序性。对一个事务而言,在不同执行阶段需要使用系统不同资源。有时需要 CPU,有时需要访问磁盘,有时需要 I/O,有时需要进行通信。也就是说,一个事务并不是同时使用系统的各种资源。另外,对于不同的事务来说,它们对各种系统资源使用顺序也可以很不相同。当事务串行执行时,不少系统资源可能会空置;而如果实行事务并发操作,则就有可能相互交叉和彼此错时使用系统各种资源,形成一种资源有效利用的节奏,从而提升系统资源利用率。

（2）长事务和短事务的共存性。各种事务中包含的数据操作等的数目通常都不相同，即有"长事务"和"短事务"之分。此时，就为长短事务的并发执行提供了可能。设 T1 为长事务，交付系统在先；T2 是短事务，交付系统在后。如果串行执行，则需要等待 T1 执行完成之后方可执行 T2，T2 响应时间就会很长。一个长事务响应时间较长可以得到用户理解，而一个短事务响应时间过长，一般用户就难以接受。实际上，如果将 T1 和 T2 如图 7-4 所示并发执行，由于 T2 和 T1 同时执行，T2 能够较快结束，从而明显地改善了 T2 响应时间。

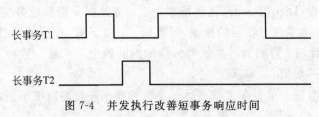

图 7-4　并发执行改善短事务响应时间

7.2.2　并发引起不一致问题

不同用户在同一时间访问数据库中同一内容可能引发冲突，冲突可能导致数据出现不一致问题。

1. 三类不一致问题

在多个用户同一时刻存取同一数据过程中，由于使用时间相互重叠和使用方式相互影响，如果对并发操作不加以适当控制，就可能引发数据不一致问题，导致错误结果，使得数据库由于并发操作错误而出现故障。未实行并发控制而产生数据不一致主要有下面三种情形。

1）丢失更新

丢失更新（Lost Update）是指两个事务 T1 和 T2 从数据库读取同一数据并进行更新，其中事务 T2 提交的更新结果破坏了事务 T1 提交的更新结果，导致了事务 T1 的更新被丢失。丢失更新是由于两个事务对同一数据并发进行写操作引起，因而称为写-写冲突（Write-Write Conflict）。

丢失更新的著名例子是飞机订票问题，如图 7-5 所示。此时，设 A 和 B 为两个飞机售票处，它们按照下述顺序进行机票预订业务：

（1）时刻 t1，A 执行事务 T1，读出数据库中某航班的机票余额数为 a，不妨设 a＝10。

（2）时刻 t2，紧接着，B 执行事务 T2，也读出数据库中同样航班机票余额数为 a，即 a＝10。

（3）时刻 t3，A 继续执行事务 T1，售出一张机票，修改余额数 $a'=a-1$，此时 $a'=9$，将 a' 写回数据库。

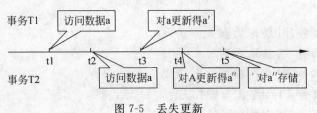

图 7-5　丢失更新

（4）时刻 t4,紧接着,B 继续执行事务 T2,售出一张机票,修改余额数 $a''=a-1$,此时 $a''=9$,将 a'' 写回数据库。

最后结果是售出两张机票,但在数据库中仅减去一张,从而造成错误。这里,事务 T1 与事务 T2 访问同一数据并进行更新,T2 提交的结果破坏了 T1 提交的结果,导致 T1 的更新丢失。

2) 读"脏"数据

所谓读"脏"数据(Dirty Read),就是指事务 T1 将数据 a 更新成数据 a',然后将其写入磁盘;此后事务 T2 读取该更新后的数据,即数据 a';接下来 T1 因故被撤销,使得数据 a' 恢复到了原值 a。这时,T2 得到的数据就与数据库内的数据不一致。这种不一致或者不存在的数据通常称为"脏"数据。

读"脏"数据是由于一个事务读取了另一个事务尚未提交的数据所引起,因而称之为读-写冲突(Read-Write Conflict)。这种情形如图 7-6 所示。

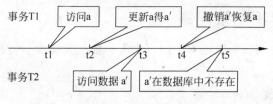

图 7-6　读"脏"数据

（1）时刻 t1,事务 T1 读取数据 $a=100$,通过运算 $a'=2\times a$,写回新的数据 $a'=200$。

（2）时刻 t2,此时事务 T2 读取已写入的数据 $a'=200$。

（3）时刻 t3,紧接着,撤销了事务 T1。

这样,T2 读取的就是数据库中不存在的数据 $a'=200$,即"脏"数据。

3) 不可重复读取

不可重复读(Non-repeatable Read)是指当事务 T1 读取数据 a 后,事务 T2 也对 a 进行读取并修改得到 a',当 T1 再读取 a 进行校验时,发现前后两次读取值发生了变化,无法再读取前一次读取的结果 a'。不可重复读也是由读写冲突引起的,这种情形可由图 7-7 进行说明。

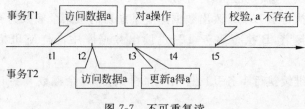

图 7-7　不可重复读

（1）时刻 t1,事务 T1 读取数据 a。

（2）时刻 t2,事务 T2 读取数据 a。

（3）时刻 t3,事务 T2 修改数据 a 为 a'。

（4）时刻 t4,事务 T1 对数据 a 操作。

（5）时刻 t5,事务 T1 对数据 a 校验,a 不存在。

这样，T2 读取的数据 a 在数据库中不可重复读。

数据更新包括数据插入、数据删除和数据修改三种情形。不可重复读是考虑数据修改。如果此时的数据更新是删除和插入，则通常就称为幻象读(image reading)。

(1) 事务 T1 按一定条件从数据库中读取数据 a 后，事务 T2 删除了 a 中部分记录，当事务 T1 再次按照相同条件读取该数据时，发现 a 中某些记录已经不存在了。

(2) 事务 T1 按一定条件从数据库中读取某些数据 a 后，事务 T2 在 a 中插入了一些记录，当事务 T1 再次按照同一条件读取数据，发现 a 中多出了某些记录。

不同于修改中数据的"变形"，删除是"再读"时"缺少"了数据，插入是"再读"时"多出"了数据，因此产生了"幻象"数据，这可以看做"幻象读"名称的来源。

缺少并发控制产生三类数据不一致性问题具体实例如图 7-8 所示。

(a) 丢失更新

t	T1	T2
1	Read:a=10	
2		Read:a=10
3	a←a-1 Write:a=9	
4		a←a-1 Write:a=9

(b) 读"脏"数据

t	T1	T2
1	Read:b=200 b←b*2 Write:b=20	
2		Read:b=200
3	ROLLBACK b恢复为100	

(c) 不可重复读取

t	T1	T2
1	Read:c=60 Read:d=100 e←c+d=160	
2		Read:d=100 d←d*2 Write:d=200
3	Read:c=60 Read:d=200 e←c+d=260 (校验不一致)	

图 7-8　并发执行产生的三类数据不一致问题

2. 不一致问题分析

从事务操作角度来看，并发执行过程中之所以出现丢失更新、读"脏"数据和不可重复读等问题，主要来自"写-写"冲突和"读-写"冲突，问题都与"写"操作密切相关，而并发执行中事务的读操作一般不会产生相应问题。由此可见，并发控制主要任务就是避免访问过程中由"写"冲突引发的数据不一致现象。

从事务 ACID 性质角度考虑，上述三类错误出现基本原因在于一个事务对某数据操作尚未完成，而另一个事务就加入了对同一数据的操作，从而违反了事务 ACID 性质。例如隔离性原则实际上要求一个正在执行的事务，在到达终点即被提交(COMMIT)之前，中间结果不可以被另外事务所引用；同时当一个事务引用了已被回滚(ROLLBACK)事务的中间结果，即使该事务的执行到达终点即被提交(COMMIT)，为了保证数据一致性，DBMS 也会将其撤销，由此产生的结果与持久性原则矛盾。

为了保证事务并发的正确执行，首先必须有一个并发正确与否的判定准则，其次，需要采取适当的控制手段，保障事务并发执行中一个事务的执行不受其他事务的影响，封锁(Locking)方法就是并发控制过程中常用的基本技术。

7.2.3　并发执行正确性准则概述

事务是由一些相关数据操作组成的独立工作整体或单元，多个事务并发执行控制实际

数据库系统教程(第 2 版)

上可以看做对各个事务组成集合中所有操作执行顺序的合理安排。怎样安排顺序才算合理正确呢？需要引入一个可以比较与遵循的正确性准则，这就是可串行化准则。为此先要对操作排序进行描述。这就是下面的"调度"概念。

1. 并发执行调度

在应用中，经常存在多个事务执行过程。由于每个事务都含有若干个有序的操作，当这些事务处于并发状态时，DBMS 就须对相关操作的执行顺序做出安排，即需要进行"调度"。

如果数据库系统在某一时刻存在一个并发执行的 n 个事务的集合，则对这 n 个事务中所有操作的一个顺序安排就称为对该并发执行事务集的一个调度(Schedule)。

在调度中，不同事务的操作可以交叉，但必须保持每个事务中的操作顺序不变。

对于同一事务集，可以有不同的调度。如果其中两个调度在数据库的任何初始状态下，当所有读出的数据都一样时，留给数据库的最终状态也一样，则称这两个调度是等价的。

应当注意，调度概念是针对事务集的并发执行而言，但是为了建立下面的并发控制正确性准则，还需要引入串行调度概念。

2. 并发操作正确性准则

当多个事务进行操作时，如果以事务为单位，多个事务按顺序依次执行，即一个事务执行完全结束之后，另一个事务才开始，则称这种执行方式为串行调度。

对于串行调度，各个事务操作时间上没有重叠，相互之间不会产生干扰，不会产生上述的并发问题。如前所述，事务对数据库的作用是将数据库从某种一致状态转变为另一种一致状态。多个事务串行执行后，数据库仍旧需要保持一致状态。一个并发调度如果与事务的某个串行执行结果相同，该调度也就保持了数据库的一致状态。

事务的并发调度不能自动保证数据库一致性，需要采用一定的技术，使得并发执行时像串行执行时一样正确。这可以作为并发执行"正确与否"或"合适与否"的一个标准。

对于一个并发事务集来说，如果一个调度与同一事务集中某个串行调度等价，则称该调度可串行化，这种执行称为并发事务的可串行化执行，而采用的技术称为并发控制(Concurrent Control)技术。在 DBMS 中，一般都以可串行化作为并发控制的正确性准则，而其中并发控制机构的任务就是调度事务的并发执行，使得这个事务等价于一个串行调度。

下面给出串行执行、并发执行(不正确)以及并发执行可以串行化(正确)的例子。

例 7-1 以银行转账为例。事务 T1 从账号 A(初值为 20 000)转 10 000 到账号 B(初值为 20 000)，事务 T2 从账号 A 转 10％的款项到账号 B，T1、T2 串行调度执行过程如图 7-9 所示。

在串行调度(1)中，执行 T1 后的数据 A＝10 000、B＝30 000。T2 读取这样的数据 A、B，得到 Temp＝A＊0.1＝1000，A：＝A－Temp＝9000，B：＝B＋Temp＝31 000。最终，数据库写入数据 A＝9000，B＝31 000。

在串行调度(2)中，执行 T2 后的数据 Temp＝A＊0.1＝2000，A：＝A－Temp＝18 000；B：＝B＋Temp＝22 000。T1 读取这样的数据 A 和 B，得到 A：＝A－10 000＝8000，B：＝B＋10 000＝32 000。最终数据库写入数据 A＝8000、B＝32 000。

t	T1	T2
1	Read(A)	
2	A：=A－10 000	
3	Write(A)	
4	Read(B)	
5	B：=B+10 000	
6	Write(B)	
7		Read(A)
8		Temp：=A * 0.1
9		A：=A－Temp
10		Write(A)
11		Read(B)
12		B：=B+Temp
13		Write(B)

（a）串行调度（1）

t	T1	T2
1		Read(A)
2		Temp：=A * 0.1
3		A：=A－Temp
4		Write(A)
5		Read(B)
6		B：=B+Temp
7		Write(B)
8	Read(A)	
9	A：=A－10 000	
10	Write(A)	
11	Read(B)	
12	B：=B+10 000	
13	Write(B)	

（b）串行调度（2）

图 7-9 两种串行调度

下面给出如图 7-10 所示的两种并发调度方案。

t	T1	T2
1	Read(A)	
2	A：=A－10 000	
3	Write(A)	
4		Read(A)
5		Temp：=A * 0.1
6		A：=A－Temp
7		Write(A)
8	Read(B)	
9	B：=B+10 000	
10	Write(B)	
11		Read(B)
12		B：=B+Temp
13		Write(B)

（a）可串行化调度——并发执行调度（1）

t	T1	T2
1	Read(A)	
2	A：=A－10 000	
3		Read(A)
4		Temp：=A * 0.1
5		A：=A－Temp
6		Wirte(A)
7		Read(B)
8	Write(A)	
9	Read(B)	
10	B：=B+10 000	
11	Write(B)	
12		B：=B+Temp
13		Write(B)

（b）非串行化调度——并发执行调度（2）

图 7-10 两种并发执行调度

通过并发执行调度（1），得到数据 A＝9000、B＝31 000，与先 T1 再 T2 结果相同，因此调度（1）是可串行化调度。通过并发执行调度（2），得到数据 A＝18 000、B＝32 000，与先 T1 再 T2 和先 T2 再 T1 的结果都不相同，因此调度（2）是非可串行化调度。

7.2.4 并发控制基本技术

事务的并发控制就是对多事务并发执行中的所有操作按照正确方式进行调度，使得一个用户事务的执行不受其他用户事务干扰，避免造成数据的不一致性。并发控制主要采用封锁技术。

1. 封锁概念

封锁是系统对事务并发执行的一种调度和控制技术,是保证系统对数据项的访问以互斥方式进行的一种手段。封锁技术的基本点在于对数据对象操作实行某种专有控制。在一段时间内,防止其他事务访问指定资源,禁止某些用户对数据对象做某些操作以避免不一致性,保证并发执行的事务之间相互隔离,互不干扰,从而保障并发事务的正确执行。

(1) 当一个事务 T 需要对数据对象 D 进行操作(读/写)时,必须向系统提出申请,对 D 加以封锁;在获得加锁成功之后,即具有对数据 D 一定操作权限与控制权限,此时,其他事务不能对加锁的数据 D 随意操作。

(2) 当事务 T 操作完成之后即释放锁,此后数据即可为其他事务操作服务。

基于封锁技术的事务的进程如图 7-11 所示。

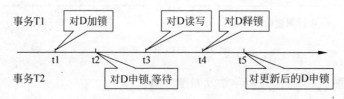

图 7-11 基于封锁技术的事务的进程

2. 封锁类型

通常采用两种数据粒度的封锁类型:表级封锁和元组级封锁。

1) 表级封锁

表级封锁可分为排他锁和共享锁两种形式。

(1) 排他锁。排他锁(eXclusive locks)又称为写锁或 X 锁。其含义是:事务 T 对数据对象 D 加 X 锁后,T 可以对加 X 锁的 D 进行读写,而其他事务只有等到 T 解除 X 锁之后,才能对 D 进行封锁和操作(包括读写)。

排他锁实质是保证事务对数据的独占性,排除了其他事务对它执行过程的干扰。换句话说,当一个事务 T 对数据对象 D 加上 X 锁之后,其他事务不能再对 D 对象施加任何锁和进行任何操作,在这种意义下,这样的锁是排他的。

(2) 共享锁。由于只容许一个事务独自封锁数据,其他申请封锁的事务只能排队等待,所以采用 X 锁的并发程度较低。基于这种情况,人们适当降低要求,引入共享锁的概念。

共享锁(Sharing Locks)又称为读锁或 S 锁。其含义是:事务 T 对数据 D 加 S 锁之后,T 可以读 D 但不能写 D;同时其他事务可以对 D 加 S 锁但不能加 X 锁。

共享锁的实质是保证多个事务可以同时读 A,但在施加共享封锁的事务 T 释放 D 上的 S 锁之前,其他各个事务(包括 T 本身)都不能写 D。

图 7-12 所示为 X 锁和 S 锁的示意图。

排他锁和共享锁的控制方式也可用表 7-1 所示的相容矩阵表示。

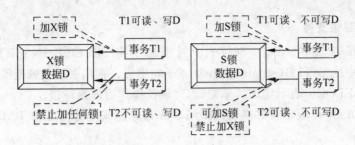

图 7-12 X 锁与 S 锁

表 7-1 S 锁和 X 锁的相容矩阵

T1 \ T2	X	S	no lock
S	×	√	√
X	×	×	√

在上述封锁类型的相容矩阵中,最左边一列表示事务 T1 在数据对象上已经获得锁的类型,其中 "no lock" 表示没有加锁。最上面一行表示另一事务 T2 对同一数据对象发出的封锁请求。T2 的封锁请求能否满足用√或者×表示,其中√表示 T2 的封锁请求与 T1 已有的相容,封锁请求可以满足;×表示 T2 的封锁请求与 T1 已持有的发生冲突,T2 请求被拒绝。

一个事务 T 在对数据对象 D 进行读写操作前必须申请加锁(X 或者 S 锁)。此时,D 如果已经被其他事务加锁,则 T 对 D 加锁不成功,需要等待,直至其他事务将锁释放后才可加锁并执行操作。T 对 D 操作完成后需要释放锁,此时 T 就称为合适(Well Formed)事务。合适事务是为保证正确的并发执行的基本条件。

2)元组级封锁

在实际应用中,很多更新操作通常只涉及个别元组或部分元组,此时,只需要对某个或某些元组集合进行封锁即可。这种基于更新的元组级封锁就称为更新封锁(Update Lock),也称为 U 锁或更新锁。U 锁实施过程可以描述如下。

(1)事务 T 申请对关系表 R 中元组或元组集合 P 施加 U 锁,系统对 P 添加 U 锁。

(2)系统将 P 的内容复制到内存,T 在内存中对 P 实行更新操作。

(3)在 T 未将更新结果写回 R 期间,其他事务都可以读 R 中的原有数据对象 P,并可施加 S 锁。

(4)当 T 需将更新后的 P′写回 R 时,T 再向系统申请将 U 锁升级为 X 锁。

U 锁的使用可以不必在事务执行的整个过程当中对元组级数据对象实施 X 封锁,能够进一步提高并发执行的效率。

S 锁、U 锁和 X 锁的相容矩阵如表 7-2 所示。

表 7-2 S 锁、U 锁和 X 锁的相容矩阵

T1 \ T2	S	U	X	no lock
S	√	√	×	√
U	√	×	×	√
X	×	×	×	√

3. SQL 对封锁支持

以 SQL Server 为例。SQL Server 中封锁命令由 SELECT、INSERT、UPDATE 和 DELETE 语句中的"WITH(<table_hint>)"子句完成。常用表示封锁范围的关键词如下。

(1) TABLELOCK 表示实施共享封锁,完成读操作后即刻释锁。

(2) HOLDLOCK 表示将共享锁保持到事务完成。该关键词需和 TABLELOCK 一起使用。

(3) NOLOCK 表示不实施封锁,仅用于 SELECT 语句当中。

(4) TABLELOCKX 表示实施排他封锁。

(5) UPDLOCK 表示对表中元组实施更新封锁,此时别的事务可以对同一关系表中其他元组实施更新封锁,但不能够对整个表实施任何封锁。

例如,当对课程表 C 实施共享封锁,但要保持到事务结束才释锁,其 SQL 命令语句为:

```
SELECT *
FROM S WITH(TABLELOCK HOLDLOCK);
```

7.2.5　封锁协议

利用封锁可使并发事务正确执行,但这仅是一个原则性方法,要真正做到正确执行,还需有多种具体考虑,其中包括:

(1) 事务申请锁的类型(X/S 锁);

(2) 事务保持锁的时间;

(3) 事务释放锁的时间。

因此,在运用 X 锁和 S 锁封锁机制时,还需根据上述情况约定一些规则。这些规则就是封锁协议(Locking Protocol)。由不同封锁方式出发可以组成各种不同的封锁协议;不同封锁协议又可以防止不同错误的发生,它们在不同程度上为并发操作的正确性提供了一定保证。封锁协议可以分为三级。

1. 三级封锁协议与数据一致性

三级封锁协议可以避免前述"丢失更新"、"读脏数据"和"不可重复读(幻象读)"问题,从而为数据一致性提供基本保证。

(1) 一级封锁协议:事务 T 在对数据 D 进行写操作之前,必须对 D 加 X 锁;保持加锁状态直到事务结束(包括 COMMIT 与 ROLLBACK)才可释放加在 D 上的 X 锁。

采用一级封锁协议之后,事务在对数据 D 进行写操作时必须申请 X 锁,以保证其他事务对 D 不能做任何操作,直至事务结束,此时 X 锁才能释放。由此看来,一级封锁协议可以防止"修改丢失"所产生的数据不一致性问题。以图 7-8(a)为例,对它做一级封锁后即可避免修改丢失,如表 7-3 所示。

(2) 二级封锁协议:事务 T 在读取数据 D 之前必须先对 D 加 S 锁,在读完之后即刻释放加在 D 上的 S 锁。此封锁方式与一级封锁协议一起构成二级封锁协议。

二级封锁协议包含一级封锁协议的内容。按照二级封锁协议,事务对数据 D 做写操作时使用 X 锁,从而防止了丢失数据;做读操作时使用 S 锁,从而防止了读脏数据。以图 7-8(b)为例,对它做二级封锁,即可防止读脏数据,如表 7-4 所示。

表 7-3　一级封锁协议防止丢失修改

t	T1	T2
01	Xlock a	
02	Read a＝10	
03	a←a－1	Xlock a
04	Write a＝9	Wait
05	Commit	Wait
06	UnXlock a	Wait
07		Get Xlock a
08		Read a＝9
09		a←a－1
10		Write a＝8
11		Commit
12		UnXlock a

表 7-4　使用二级封锁协议可以防止读脏数据

t	T1	T2
01	Xlock b	
02	Read b＝100	
03	b←b＊2	
04	Write b＝200	
05		Slock b
06	ROLLBACK(return to 100)	Wait
07	UnXlock b	Wait
08		Get Slock b
09		Read b＝100
10		Commit
11		UnSlock b

（3）三级封锁协议：事务 T 在对数据 D 读之前必须先对 D 加 S 锁，直到事务结束才能释放加在 D 上的 S 锁。这种封锁方式与一级封锁协议一起就构成三级封锁协议。

在三级封锁协议中，由于包含一级封锁协议，防止了丢失修改；由于包含二级封锁协议的基本内容，防止了读脏数据；另外由于在对数据 D 做"写"操作时加 X 锁封锁，做"读"操作时加 S 锁封锁，这两种锁都直到事务结束后才释放，由此防止不可重复读。三级封锁协议同时防止并发执行中的三类问题。以图 7-8(c)为例，执行三级封锁，防止了不可重复读，如表 7-5 所示。

表 7-5　使用三级协议防止不可重复读

t	T1	T2
01	Slock c	
02	Slock d	
03	Read c＝60	
04	Read d＝100	

数据库系统教程(第2版)

t	T1	T2
05	e=c+d=160	
06		Xlock d
07	Read c=60	Wait
08	Read d=100	Wait
09	c+d=160	Wait
10	Commit	Wait
11	UnSlock c	Wait
12	UnSlock d	Wait
13		Get Xlock d
14		Read d=100
15		d←d*2
16		Write d=200
17		Commit
18		UnXlock B

三级封锁协议机制总结如表7-6所示,其中,"+"表示具有该项特征,"-"表示不具有相应特征。

表7-6 三级封锁协议机制

协议 \ 类别	X锁		S锁		一致性保证		
	操作结束释锁	事务结束释锁	操作结束释锁	事务结束释锁	丢失修改	读脏数据	不可重复读
一级协议		+			—		
二级协议		+	+		—	—	
三级协议		+		+	—	—	—

2. 两段封锁协议与可串行化调度

由前述可知,实行三级封锁协议可防止事务并发执行过程中的三类错误发生,但不能保证并发调度是可串行化的。为保证并发调度等价于一个串行调度,必须使用其他附加规则来限制封锁的操作时机。

例7-2 设有两个事务T1和T2,其初始值为:x=20,y=50。表7-7表示T1和T2都遵循了二级封锁协议基本要求。

表7-7 满足封锁协议的事务T1和T2

T1	T2	T1	T2
Slock y	Slock x	Read x	Read y
Read y	Read x	x: =x+y;	y: =x+y
Unlock y	Unlock x	Write x	Write y
Xlock x	Xlock y	Unlock x	Unlock y

如果先执行 T1,得到 x＝70,y＝50。以此为新的初始值,再执行 T2,得到串行结果为 x＝70,y＝120。如果先执行 T2,得到串行调度结果 x＝20,y＝70。以此为新的初始值,再执行 T1,得到串行结果 x＝90,y＝70。

另外,如果按表 7-8 所示调度方式进行并发执行,不难验证此时的并发调度满足二级封锁协议。由此得到结果为 x＝70,y＝70,这与上述任何一种串行调度都不相同,说明这个并发调度不是可串行化的。

表 7-8　T1、T2 并发执行但非可串行化

t	T1	T2
1	Slock y	
2	Read:y＝50	
3	UnSlock y	
4		Slock x
5		Read x＝20
6		UnSlock x
7		Xlock y
8		Read y＝50
9		y:＝x＋y
10		Write y
11		UnXlock y
12	Xlock x	
13	Read x＝20	
14	x:＝x＋y	
15	Write x	
16	UnXlock x	

问题出在哪里呢? 按照二级封锁协议,所有在事务中申请的 X 锁在事务结束后才能释放,但其 S 锁却可较早解除。一个事务如果在解除一个封锁之后,继续获得另一个封锁,就可能出现错误,不能实现可串行化。但在三级封锁协议中,所有事务执行过程中申请的锁在事务结束后才能释放,即在事务执行过程中须将锁的申请和释放分为两个阶段:

(1) 扩展阶段:申请并获得各种类型的锁。在此阶段,事务可以申请其整个执行过程中所需要数据的锁,但不能释放所获得的任何锁,此时,事务持有锁的数量不断增加。

(2) 收缩阶段:释放所有申请并且获得的锁,但不能再申请任何类型的锁,此时,事务持有锁的数量不断减少。

上述封锁的两个阶段可以单独进行定义,即依照上述扩展阶段和收缩阶段设置封锁的方法称为两段封锁协议(Two-phase Locking Protocol)。在扩展阶段,可以加新锁,但不可释放锁;在收缩阶段,可以释放锁,但不可加新锁。由此可知,两段封锁协议实际上规定了在一个事务中所有的封锁操作必须出现在第一个释放锁的操作之前。遵守两阶段封锁协议的封锁示例可以表示如下。

T: Slock A　Slock B Xlock C　　　　　Unlock B　Unlock A　Unlock C
　|←扩展阶段→|　　　　　　　　　　|←收缩阶段→|

不遵守两个阶段封锁协议的封锁序列示例可以表示如下。

数据库系统教程(第2版)

T：Slock A　Unlock A　Slock B　Xlock C　Unlock C　Unlock B

下述定理已经得到了证明。

定理（可串行化充分条件）当一个并行调度中所有事务的封锁满足两段封锁协议，该并行调度就是可串行化的。

上述定理说明，在并发调度中，当一个事务遵守两段协议进行封锁时，它一定能正确执行，此时事务并发执行与事务串行执行具有相同效果，即事务在并发执行中如果按两段封锁协议执行，此时便是可串行化事务。需要注意，两段封锁协议是可串行化的充分条件，但不是可串行化的必要条件。

按照两段封锁协议，对于例 7-2 中的 T1 和 T2 事务中的操作进行适当调整，就得到如表 7-9 所示的封锁情形 T1′和 T2′。

表 7-9　遵守两段协议情形

T1′	T2′	T1′	T2′
Slock y	Slock x	Read x	Read y
Read y	Read x	x：＝x＋y	y：＝x＋y
Xlock x	Xlock y	Write x	Write y
UnSlock y	UnSlock x	UnXlock x	UnXlock y

此时，按照表 7-10 所示并发调度，就可得到 x＝70，y＝120，与先 T1 再 T2 的串行调度结果相同，因此，该并发调度是可串行化的。

表 7-10　遵守两段协议的并发调度

t	T1′	T2′
1	Slock y	
2	Read y＝50	
3	Xlock x	
4		Slock x
5		Wait
6	UnSlock y	
7	Read x＝20	
8	x：＝x＋y	
9	Write x＝70	
10	UnXlock x	
11		Read x＝70
12		Xlock y
13		UnSlock x
14		Read y＝50
15		y：＝x＋y
16		Write y
17		Write y＝120
18		UnXlock y

封锁过程由 DBMS 统一管理。DBMS 提供一个锁表,记载各个数据对象的加锁情况。事务如果需要对数据进行操作,首先应当向 DBMS 提交申请,DBMS 根据锁表中加锁状态和相应协议,同意其申请或要求其等待。作为 DBMS 运行时的公共资源,锁表通常放置在公共内存区域。锁表内容仅仅反映数据资源使用的暂时状态,系统运行失败时锁表内容也就随之失效。

7.2.6　活锁与死锁

在实际应用中,两段封锁协议也会限制事务的并发执行,也可能产生新的问题,例如下面将要讨论的活锁与死锁问题。也就是说,基于各种封锁协议的封锁技术在解决并发控制的各种问题的同时,也可能出现一些新的问题,必须深入进行讨论。

1. 活锁与死锁的产生

采用三级封锁协议可有效解决并发执行中发生错误,采用两段封锁协议可保证并发事务的可串行化。但封锁技术本身也会带来一些新问题,其中主要是封锁引起的活锁和死锁问题。

1) 活锁

活锁(Live Lock):在封锁过程中,系统可能使某个事务永远处于等待状态,得不到封锁机会。活锁的产生主要有下述两个方面原因。

(1) 当事务 T 对数据对象 D 施加 S 锁之后,另一事务 T1 如果需要对 D 施加 X 锁时,由于 S 锁和 X 锁的不相容性,T1 只能等待 T 释放 S 锁。但由于 S 锁和 S 锁相容,在 T1 等待过程中,另一事务 T2 可以再对 D 施加 S 锁。如果在 T1 等待过程中,不断由其他事务对 D 施加 S 锁,则 D 就会始终被 S 锁占用,而 T1 的 X 锁申请就迟迟难以被系统获准,从而对系统的并发控制功能产生不良影响。

(2) 在事务 T 对数据对象 D 施加 U 锁之后,由于 U 锁和 S 锁的相容性,其他事务可以源源不断地对 D 施加 S 锁,使得 T 在对 D 更新操作完成后难以及时将 U 锁升级为 X 锁。

2) 死锁

死锁(Dead Lock):若干个事务都处于等待状态,相互等待对方解除封锁,结果造成这些事务都无法进行,系统进入对锁的循环等待。具体而言,多个事务申请不同锁,申请者又都拥有一部分锁,而它们又都在等待另外事务所拥有的锁,这样相互等待,从而造成它们都无法继续执行。死锁概念解释如图 7-13 所示。

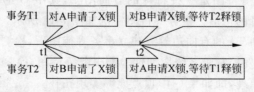

图 7-13　死锁概念

死锁实例如表 7-11 所示。在表 7-11 中,事务 T1 需要先访问数据 A,再访问数据 B;而事务 T2 需要先访问 B 再访问 A。当 T1 对 A 申请 X 锁后再对 B 申请 X 锁时,T2 已经对 B 申请了 X 锁,同时又在对 A 申请 X 锁。这样就出现无休止地相互等待的局面。

表 7-11　死锁实例

t	T1	T2
01	Xlock A	
02		Xlock B
03	Read：A	
04		Read：B
05	Xlock B	
06	Wait	
07	Wait	Xlock A
08	Wait	Wait
09	Wait	Wait

2．活锁与死锁的处理

数据库中难以完全避免活锁与死锁问题,因此需要讨论相应的解决方法。

1) 活锁的解除

解决活锁问题的最有效办法是严格采用"先来先执行"、"先到先服务"的控制策略,即简单排队方式。当多个事务请求封锁同一数据对象时,封锁子系统按照先后次序对这些事务请求排队;该数据对象上的锁一旦释放,首先批准申请队列中的第一个事务获得锁。

2) 死锁的解除

目前有多种解决死锁的办法。

(1) 预防死锁发生,即预先采用一定的操作模式以避免死锁出现,主要有以下两种途径。

① 顺序申请法:将封锁的对象按顺序编号,事务在申请封锁时按顺序编号(从小到大或者反之)申请,这样就可避免死锁发生。

② 一次申请法:事务在执行开始时将它需要的所有锁一次申请完成,并在操作完成后一次性归还所有的锁。

(2) 允许产生死锁,即在死锁产生后通过一定手段予以解除。这里的关键是如何及时发现死锁,通常可以采用下述方法。

① 定时法:对每个锁设置一个时限,当事务等待此锁超过时限后即认为已经产生死锁,此时调用解锁程序,以解除死锁。

② 等待图法:事务等待图是一种特殊的有向图 G,其中 G 的顶点表示正在运行的事务,G 的边表示事务等待的情形。事务等待图实例如图 7-14 所示。其中,如果事务 T2 等待事务 T1 就画出由 T2 到 T1 的有向边等。建立事务等待图后,检测死锁就转化为判断 G 中是否存在回路问题。并发控制子系统周期性检测事务等待图,检验方法可以基于"数据结构与算法"中的拓扑排序原理,即如果 G 中顶点能够实现拓扑排序,则其中没有回路,即无死锁存在,否则事务等待图中就存在死锁。

发现死锁后,通常选择一个处理死锁代价最小的事务即"年轻"(完成事务工作量少)事务予以撤销,释放该事务持有的所有锁,使"年老"(完成事务工作量大)的事务先行

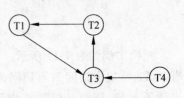

图 7-14　事务等待图

执行,待这些事务执行完成并释放封锁后,撤销的"年轻"事务再继续执行,即撤销的事务所执行的各种事务适时予以恢复。在图 7-14 中,可以根据情况,先行撤销 T1、T2 或 T3 中的一个就可使得其余并发事务继续执行。此时,DBMS 会自动平衡操作代价,以更优的代价实现所有事务的操作。

在 DBMS 运行时,死锁出现本身就相当棘手,人们自然不希望死锁现象发生。但是,如果采取严格措施,杜绝死锁发生,让事务任意并发地做下去,就有可能破坏数据库中的数据,或者使得用户读取错误的数据。从这个意义上讲,死锁的发生也有防止错误发生的作用。

7.2.7　多粒度封锁

数据库中的数据对象是一个广泛的概念,从逻辑上看,它可以是整个数据库中所有关系表,也可以是若干个关系表;它可以是一个关系表的所有元组,也可以是其中经过选择的元组子集合。从物理上看,它可以是涉及的整个存储块,也可以是其中的一个或若干个存储页面等。对数据对象进行封锁,需要对数据的单位和范围进行仔细分析。这就是封锁粒度(Locking Granularity)问题。如果一个系统能够提供多种数据对象的封锁方式,则该系统就具有实现多粒度封锁的机制。

1. 封锁粒度

在实行封锁时,需要考虑封锁对象或目标的"大小"。封锁对象不同将会导致封锁效果不同。实行事务封锁的数据目标的大小称为该封锁的封锁粒度(Granularity)。在关系数据库中封锁粒度一般分为逻辑单元和物理单元两种。

(1) 逻辑单元:包括单个属性(值)和属性(值)集合、单个元组和若干元组集合、单个关系表和若干关系表集合以及整个数据库等。

(2) 物理单元:包括存储块、存储页面和索引等。

事务对于数据的封锁粒度可大可小。一般而言,采用较小封锁粒度例如元组等,会提高并发操作性能,但较小的封锁粒度,也意味着需要创建和管理更多的锁,因此带来较大的系统开销。采用较大的封锁粒度例如表,就不需要更多的锁,系统需要控制和维护的锁也就较少,因此可以降低系统开销,但封锁粒度大也会限制其他事务对该表的访问,降低操作的并发程度。在实际应用中,综合平衡不同需求、合理选取封锁粒度是非常重要的。比较理想的情形是在一个系统中能同时存在不同大小的封锁粒度对象供不同事务选择使用。一般来说,对于只处理少量元组的事务,以元组作为封锁粒度比较合适;对于处理大量元组的事务,则以关系作为封锁粒度较为合理;而对于需要处理多个关系的事务,则应以数据库作为封锁粒度。

现有 DBMS 一般都具有多粒度锁定功能,允许一个事务锁定不同粒度的数据对象。

2. 意向锁

当采取多粒度封锁技术时,对于涉及的数据对象通常可能存在着两种封锁方式。

(1) 基于数据对象自身的封锁。此时系统按照相关事务的请求,直接对该数据对象进行封锁,此时由于封锁目标明确,也称为显式封锁(Explicit Locking)。

(2) 基于数据对象上级对象的封锁。此时系统按照相关事务的请求,对相对于该数据对象更高粒度的上级对象进行封锁。例如对于一个关系表 R 中的各个元组或属性来说,如果对 R 直接实施封锁,也就等价于对其进行间接封锁。这种由于对高层上级数据对象进行封锁而自动带来的对其中所有下级数据对象进行的封锁通常并不显而易见,可称为隐式封锁(Implicit Locking)。

这两种封锁的效果相同,但在处理封锁冲突时就需要统筹考虑。当一个事务对一个数据对象实施封锁后,如果另一个事务需要对该数据对象的下级对象进行操作而实行封锁时,不仅需要考虑该对象是否已经加有锁(显式锁),还要考虑该对象的所有上级对象是否已经加有锁(隐式锁)。为了提高封锁效率,简化封锁冲突与检查和处理,降低封锁的成本,提高并发的性能,在多粒度封锁的框架内,人们引入了意向锁(Intent Locks)技术。

意向锁表示一种封锁意向,当需要在某些底层粒度数据对象如元组上获取封锁时,可以先对高层粒度数据对象如关系表实施意向锁。举例来说,如果事务 T 在表粒度上实施共享意向锁,这就表明 T 意图对该表中元组实施共享锁,由此可以防止另一个事务 T1 随后在同样关系表上实施排他锁。此时,意向锁可以提高性能,因为系统仅需在表级检查意向锁来确定事务 T1 是否能够获取该表上的锁,而无须检查同一关系表中各个元组是否添加有锁,由此就可确定 T 能否对该关系表进行封锁。

意向锁可以分为共享意向锁、排他意向锁和共享排他意向锁三种情形。

1) 共享意向(IS)锁

当事务 T 对给定粒度数据对象实施 IS 锁时,则表明 T 的意向就是读取该粒度数据对象的部分(而不是全部)下级粒度数据对象。例如,事务 T 对关系表 R 实施 IS 锁就表明 T 要对 R 中某个(些)元组实施 S 锁。在多粒度环境中,事务 T 需要对关系表 R 中的某个(些)元组实施 S 锁时,T 首先应该对 R 施加 IS 封锁。

2) 排他意向(IX)锁

当事务 T 对给定粒度数据对象实施 IX 锁,则表明 T 的意向就是更新该粒度数据对象的部分(而不是全部)下级粒度数据对象。例如,事务 T 对关系表 R 实施 IX 锁,则意味着 T 要对 R 中的某个(些)元组实施 X 封锁。在多粒度环境中,事务 T 需要对关系表 R 中的某个(些)元组实施 X 锁时,T 首先应该对 R 施加 IX 封锁。

3) 共享排他意向(SIX)锁

当事务 T 对给定粒度数据对象实施 SIX 锁时,则表明 T 的意向就是读取该粒度数据对象的全部下级粒度数据对象并更新部分(而不是全部)下级粒度数据对象。SIX 锁等同于先施加 S 锁接着再施加 IX 锁。例如,事务 T 对关系表 R 实施 SIX 锁,则意味 T 要对 R 实施 S 锁,同时也要对 R 中某个(些)元组实施 X 锁。在多粒度环境中,事务 T 需要对关系表 R 实施 S 封锁,同时也需对 R 中某个(些)元组实施 X 封锁时,T 首先应该对 R 实施 SIX 封锁。

7.3 数据库故障恢复

现代数据库是一个相当复杂的大型或超大型的软件系统,尽管可以采取多种严格的防护措施,仍不能完全避免数据库遭受破坏。一个数据库管理系统除了要有良好的完整性、安全性保护措施及并发控制能力之外,还需要有基本的故障恢复机制。数据库恢复技术是一种被动的方法,而数据库安全性保护、完整性及并发控制则是一种主动的保护方法,这两种方法的有机结合才能使数据库系统得到有效保护。

数据库恢复原理也是建立在事务概念基础之上，而实现恢复的基本思想是使用有效存储的"冗余"数据以及事先建立起来的日志文件，重新构建数据库中已被损坏的部分，或者修复数据库中已不正确的数据。需要指出，数据库恢复的原理和思路虽然简单，但具体实现技术却相当复杂。数据库恢复需要有数据库管理系统中恢复子系统的支持。在一个大型数据库产品中，其恢复子系统的代码通常要占整个代码的 10% 以上。

7.3.1　数据恢复技术

数据库恢复就是在各种故障发生后，数据库中数据都能够从错误的、不一致状态恢复到某种逻辑的一致性状态。由于数据库恢复是从"不一致"到"一致"的过程，因此需要对什么是数据库中数据的"一致性"做出合适说明，并在此基础上展开相应讨论。事务是数据库工作的基本单位，由并发控制技术可以想见，从事务观点出发描述"一致性"是合适的。

事务概念的本质在于其中包含的操作要么全部完成，要么全部不做，这就意味着每个运行事务对数据库的影响要么都反映在数据库中，要么都不反映在数据库中，二者不可兼得。当数据库中只包含成功事务提交的结果时，就说该数据库中数据处于一致性状态。由事务的原子性质来看，这种意义上的数据一致性应当是对数据库的最基本要求。

反过来考虑，数据库系统在运行当中可能出现故障，有些故障会导致事务尚未完成而被迫中断，这就破坏了事务的原子性；有些故障会使事务对数据库更新结果丢失，这就破坏了事务的持久性；有些故障还会导致数据完全丢失。所有这些问题都可以认为是数据库处于某种不一致状态，需要根据故障类型采取相应的措施，将数据库恢复到一致状态。

事务是数据库基本操作逻辑单元，数据库故障具体表现为事务执行的成功与失败。从这种考虑出发，需要基于事务的观点对数据库故障进行描述和讨论。

1. 数据库故障

常见数据库故障主要可以分为事务级故障和介质级故障两类。

1) 事务级故障

导致事务中断，但没有损坏磁盘介质的故障称为事务级故障，也称为软故障。事务级故障又可以分为事务内部故障和多事务故障。

(1) 事务内部故障。事务内部故障的基本特征是故障产生的影响范围在一个事务之内。事务内部故障是由事务内部执行所产生的逻辑错误（数据输入错误、数据溢出和资源不足等）或系统错误（活锁与死锁、事务执行失败等）引起的，使得事务尚未运行到终点即告夭折。事务故障影响范围在事务之内，属于小型故障。

(2) 多事务故障。多事务故障涉及多个事务，主要有下述两种情形。

① 系统故障。此类故障由系统硬件例如 CPU 故障、操作系统、DBMS 以及应用程序代码错误所造成，它们可以导致整个系统停止工作、内存破坏、正在工作的事务全部非正常终止，但磁盘介质中数据不受影响，数据库不至于遭到破坏。此类故障属中型故障。

② 外部故障。此类故障主要由外部原因（如停电）所引起，它也造成系统停止工作、内存丢失、正在工作的事务全部非正常终止。

多事务故障的影响范围是一个事务的集合，某些事务要重做，某些事务要撤销，但是它不需要对整个数据库做全面的恢复，可以认为是中等级别的故障。

2)介质级故障

由于磁盘等存储介质损坏而造成数据库中数据大量丢失而引起的故障称为介质级故障,也称为硬故障。导致这类故障原因主要有下述几种。

(1)磁盘自身损坏。磁盘自身损坏包括磁盘表面受损和磁头损坏等,此时整个磁盘受到破坏,数据库受到严重影响。

(2)计算机病毒。计算机病毒是目前破坏数据库系统的主要根源之一,它不但对计算机主机产生破坏(包括内存),也对磁盘文件产生破坏。

(3)黑客入侵。黑客入侵可以造成主机、内存及磁盘数据的严重破坏。

介质级故障发生的可能性比事务级故障要小,但由于计算机的内存、磁盘受损,整个数据库遭到严重破坏,其危害性最大。此类故障属于大级别的故障。

从发生故障对数据库造成的破坏程度来看,事务级故障使得某些事务在运行时中断,数据库有可能包含未完成事务对数据库的修改,破坏了数据库正确性,使得数据库处于不一致状态,而数据库本身没有破坏;介质级故障由于是硬件的损坏,从而导致数据库本身的破坏。了解这一点十分必要,因为需要对不同的故障采取不同的恢复技术。

2.数据恢复技术途径

数据库恢复就是将数据库从被破坏、不正确和不一致的故障状态,恢复到最近一个正确的和一致的状态。数据库恢复基本原理是建立“冗余”数据,对数据进行某种意义上的重复存储。确定数据库是否可恢复的依据就是其包含的每一条信息是否都可以利用冗余的、存储在其他地方的信息进行重构。需要注意,这里所讲的“冗余”是物理级的,通常认为在逻辑级的层面上不存在冗余。另外,基于数据冗余的数据库恢复并不是简单的数据复制,而是建立在一系列相当复杂的技术之上,其中关键技术就是数据备份和建立日志文件。

数据恢复可能采取多种不同的数据备份方案和相应的恢复策略,为此,需要建立不同的数据恢复模型。常用的主要有简单恢复和完全恢复模型。

(1)简单恢复:对数据库只进行数据库备份。使用简单恢复模型,能将数据恢复到前次备份时间点,但不能将数据恢复到故障发生的时间点。

(2)完全恢复:对数据库既进行数据备份,又制作日志文件。使用完全恢复模型,可以将数据恢复到故障发生的即时点。完全恢复模型使用数据库备份和事务日志备份提供对介质故障的完全防范。完全恢复情形如图 7-15 所示,其中实线区域为备份恢复区,虚线区域为日志恢复区。

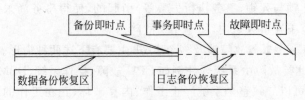

图 7-15　数据库的完全恢复

数据恢复技术通常可以分为下述三种类型。

1)基于备份的数据恢复

基于备份的数据恢复即定时将数据库进行备份,其基本特征是周期性地将数据转储到磁盘等脱机存放介质当中。这种方法的优点在于能够使备份数据脱离系统存在,因此可对介质级故障进行数据恢复。不足之处在于若数据库数据量较大,备份存取的时间开销也较大,因此,备份频率不能太高;同时数据库只能恢复到最近一次备份状态,无法恢复从最近备份到故障发生期间内的数据,属于部分备份情形。

在实际应用中,数据更新可能只发生在较小一部分数据之上,全部数据的更新并不多见。因此,可以仅备份更新的数据部分,即进行数据的增量式转储(increment dumping),从而减少备份数据量,适当加大备份频率,减少故障发生时由于更新而发生的数据丢失。

基于备份的数据恢复源自文件系统故障处理过程,技术实现简单,不会额外增加 DBMS 开销,但由于其上述不足,通常只适用于中小规模或并不太重要的数据库。

2) 基于备份和日志的数据恢复

数据备份是周期性的,不能进行实时操作,不能在故障发生后将数据恢复到故障发生的那一时刻。为了将数据恢复到最新状态,需要在备份基础上引入日志(log)技术。

日志实际上是一个关于数据更新的值班记录,它记录着事务对数据库进行的所有更新操作。当数据备份完成时系统会自动启用相应数据库日志。与备份不同,日志是实时的。当数据库故障发生时,通过备份恢复大部分数据,再通过运行日志,将最后一次备份到故障发生时刻之间的更新操作重新运行,从而实现数据的完全恢复。为了保证日志文件安全,需要将其存放在与数据库其他文件不同的存储设备上,以避免故障发生时,数据库与日志文件同时遭受破坏。

基于备份和日志的数据恢复是针对数据库本身的技术,在数据库中广泛应用,现有 DBMS 都具有这种数据恢复机制。该方法属于完全恢复模型,适用于大型数据库或重要性级别较高的数据库。

3) 基于独立失效备份的数据恢复

基于独立失效备份的数据恢复的要点是对数据库进行多副本备份,而这多个备份不会由于同一故障原因而一起失效。此时,多个副本存在环境需要彼此独立,例如不能共用相同的电源、磁盘和处理器等。近年来,在安全性要求较高的系统中,多采用双备份的镜像磁盘(mirrored disks)技术,即数据库同时存在于两个独立系统当中。为了实现“独立失效”功能,两个系统的磁盘都有独立的中央处理器。进行读操作时,任选其中之一读取;在实行写操作时,两个磁盘同时写入同一数据,当磁盘之一发生数据丢失时,可以使用另一磁盘进行数据恢复。

基于独立失效备份的数据恢复技术在网络环境下的分布式数据库系统应用较多,此时在不同物理节点上都具有独立备份,从而可以比较方便地实现“独立失效”功能。

7.3.2　数据备份

如前所述,数据备份是数据库恢复的基础,它虽然会引起数据冗余,但这对数据库故障后数据的修复却是必不可少的。当然,这种数据备份不是简单的数据冗余,而是基于各种相关技术处理之上的“有效冗余”。

1. 数据备份技术

实践证明,如果没有各种类型的数据备份就难以恢复介质级数据故障造成的数据丢失。数据备份实现技术可以分为下述基本情形。

1) 静态备份和动态备份

从备份运行状态考虑,数据备份可分为静态备份和动态备份。

(1) 静态备份,即离线或脱机备份,其要点是备份过程中无事务运行,此时不允许对数据执行任何操作(包括存取与修改操作),备份事务与应用事务不可并发执行。静态备份得到的是具有数据一致性的副本。

(2) 动态备份,即在线备份,其要点是备份过程中可以有事务并发运行,允许对数据库进行操作,备份事务与应用程序可以并发执行。

静态备份执行比较简单,但必须等到应用事务全部结束之后才能进行,常常降低数据库的可用性,并且带来一些麻烦。动态备份克服了静态备份的缺点,不用等待正在运行的用户事务结束,也不会影响正在进行事务的运行,可以随时进行备份业务。但备份业务与应用事务并发执行,容易带来动态过程中的数据不一致性,因此技术要求较高。例如,为了能够利用动态备份得到的后备副本进行故障恢复,需要将动态备份期间各事务对数据库进行的修改活动逐一登记下来,建立日志文件。通过后备副本,结合日志文件就可将数据库恢复到某一时刻的正确状态。

2) OS 备份与 DB 备份

从备份控制方式考虑,数据备份可以分为操作系统(OS)备份与数据库(DB)备份。

(1) 操作系统备份。操作系统备份即在操作系统的管理与协调之下,使得备份的数据在出现故障时可以及时切换至前台,从而保障系统正常与连续运行。OS 备份可以分为下述几种形式。

① 双机备份,即作为数据库服务器的两台机器同时运行、同步工作。当一台机器发生故障时,操作系统可以及时将工作切换到另一台机器上。

② 双工备份,即在一台机器上建立两个磁盘通道(双硬盘控制器和双硬盘)。机器工作时由操作系统对两硬盘同步更新,当其中之一出现故障,另一个通道可保障系统继续正常工作。

③ 磁盘镜像,即在一个硬盘控制器下两个磁盘以镜像方式工作,也就是两个磁盘具有同样的数据。一个磁盘出现故障另一个可以及时切入。

(2) 数据库备份。数据库备份就是将硬盘上的数据备份或备份到脱机的存储介质上,当硬盘发生故障时,修复或更换后,将备份数据恢复到硬盘中。

2. 日志文件

数据备份是定期的,但不是实时的,使用数据备份不能完全恢复数据库,而只能将数据库恢复到制作备份的那一时刻。为了避免备份之后对数据库所做更新的丢失,将数据库恢复到最新状态,还需要其他技术的支持,日志文件就是这样类型的支持。

1) 日志文件的概念

日志是系统为数据恢复采取的一种对数据备份的补充措施。日志作为一个文件,用以记录事务对数据库的每一次插入、删除和修改等更新操作,同时记录更新前后的值,使得以后在恢复时"有案可查"和"有据可依"。

2) 日志文件的类型

日志文件可分为以记录为单位和以数据块为单位两种日志格式。

(1) 以记录为单位的日志文件:此时日志文件称为日志记录(log record),其基本内容有：每个事务的开始标志（BEGIN TRANSACTION）、每个事务的结束标志（COMMIT 或 ROLLBACK）、每个事务的所有更新操作（插入、删除和修改）。

具体而言，每个日志记录应当包含：

① 事务标识——用以表示是哪一个事务；

② 操作类型——用以表示是插入、删除或修改操作；

③ 操作对象——数据更新前的数据值（对于插入操作，此项为空值），数据更新后的数据值（对于删除操作，此项为空值）。

（2）以数据块为单位的日志文件：只要某个数据块中存在数据更新，就需要将整个数据块更新前和更新后的内容放入日志文件中。

3）运行记录优先原则

日志以事务为单位，按执行时间次序进行记录，同时遵循"运行记录优先"原则。在恢复处理过程中，将对数据进行的修改写入数据库和将表示该修改的运行记录写入日志文件是两个不同的操作，这样就有一个"先记录后执行修改"还是"先执行修改再记录"的次序问题。如果在这两个操作之间出现故障，先写入的一个可能保留下来，另一个就可能丢失日志。如果保留下来的是数据库的修改，而在运行记录中没有记录下这个修改，以后就无法撤销这个修改。为了安全，运行记录应该先记录下来，这就是"运行记录优先"原则。其基本点有二：

（1）只有在相应运行记录已写入日志之后，才允许事务对数据库进行写入；

（2）只有在事务所有运行记录都写入运行日志后，才允许事务完成"提交"处理。

4）日志文件在恢复中的作用

日志文件在数据库恢复中有着重要作用，表现为以下几点。

（1）事务级故障的恢复需要使用日志文件。

（2）在动态备份方式中须建立日志文件，后备副本和日志文件结合才能有效恢复数据库。

（3）在静态备份方式中也可建立和使用日志文件。如果数据库遭到破坏，此时日志文件的使用过程为：通过重新装入后备副本将数据库恢复到备份结束时的正确状态；利用日志文件对已经完成的事务进行重新处理，对故障尚未完成的事务进行撤销处理。这样不必运行那些已经完成的事务程序就可以把数据库恢复到故障前某一时刻的正确状态。

3. 基于 SQL 的数据备份

数据备份是定期将数据库中内容复制到另一个存储设备，这些存储的副本称为后援副本或后备副本。一旦系统发生介质故障，数据库遭到破坏，就可通过后备文件的装入将大部分数据恢复。

在 SQL 中，通常使用 ALTER DATABASE 语句中的 RECOVERY 子句设置恢复模型。如下语句将教学数据库的恢复模型设置为完全恢复：

```
ALTER DATABASE 教学 SET RECOVERY FULL;
```

从备份所涉及的数据范围来看，数据备份可以分为下述类型。

1）数据库备份

数据库备份也称为完全备份，即每次备份数据库的全部数据。

数据库备份关键词是 BACKUP DATABASE,相应语句一般格式为:

```
BACKUP DATABASE database_name
TO {DISK | TAPE } = 'physical_backup_device_name; '
```

如下语句将教学数据库备份到 C:\dump\dump1.bak:

```
BACKUP DATABASE 教学
TO DISK = 'C:\dump\dumpfull.bak';
```

数据库备份不仅需要备份用户数据库,还需要备份系统数据库,例如 SQL Server 中的 master、model 和 msdb 等系统数据库。特别是 master 数据库,它负责整个数据库的管理,所有用户创建的数据库以及用户登录信息都存储在该数据库中,一旦该数据库损坏,整个系统的使用都将受到影响。

2) 增量备份

增量备份是指每次备份数据库中自上次备份以来产生变化的那些数据。如前所述,从数据库恢复角度考虑,使用完全备份得到后备副本进行恢复会十分方便;但从工作量角度出发,当数据库很大,事务处理又十分频繁时,完全备份的数据量就相当惊人,具体实现不易进行,因此增量备份往往更为实用和有效。

增量备份关键词也是 BACKUP DATABASE,相应语句一般格式为:

```
BACKUP DATABASE database_name
TO {DISK | TAPE } = 'physical_backup_device_name'
WITH DIFFERENTIAL;
```

如下命令将对教学数据库做增量备份(备份到 C:\dump\dump1.bak):

```
BACKUP DATABASE 教学
TO DISK = 'C:\dump\dump1.bak'
WITH DIFFERENTIAL;
```

3) 文件备份

在实际应用中,可以只备份数据库中的某些文件,当遇到介质故障时可以只恢复已损坏的文件,而不用恢复数据库其余部分,从而加快恢复速度,提高系统运行效率。对于超大型数据库,有时不可能完成完整数据库的备份,此时多使用文件备份。文件备份为数据库备份提供了一种灵活的手段。与数据库备份相比,文件备份的主要缺点是增加了管理的复杂性。必须注意维护完整的文件备份集和所覆盖的日志备份。

备份文件或文件组的一般命令格式是:

```
BACKUP DATABASE database_name
{FILE = logic_file_list | FILEGROUP = filegroup_list }
TO {DISK | TAPE } = 'physical_backup_device_name'
[ WITH DIFFERENTIAL ];
```

如下命令完成对教学数据库 SC 文件的备份:

```
BACKUP DATABASE 教学
FILE = 'SC'
TO DISK = 'C:\dump\file_1.bak';
```

如下命令完成对教学数据库文件组 Students 的备份：

```
BACKUP DATABASE 订货
FILEGROUP = 'Students'
TO DISK = 'C:\dump\file_g.bak';
```

4）日志备份

事务日志备份提供连续事务的信息链条，为完全备份、增量备份和文件备份提供重要支持。

备份事务日志的命令是 BACKUP LOG，一般格式是：

```
BACKUP LOG database_name
TO {DISK | TAPE } = 'physical_backup_device_name';
```

如下命令将备份教学数据库的日志（备份到 C:\dump\dumplog.bak）：

```
BACKUP LOG 教学
TO DISK = 'C:\dump\dumplog.bak';
```

截断日志的命令是：

```
BACKUP LOG database_name
WITH   TRUNCATE_ONLY;
```

在备份教学数据库或事务日志后，为截断教学数据库的事务日志可使用如下命令：

```
BACKUP LOG 教学
WITH   TRUNCATE_ONLY;
```

7.3.3　数据恢复

数据恢复是一个比数据备份更为复杂的过程，其中需要恢复原先的读写，也要初始化未使用空间等。数据恢复的时间开销通常是数据备份的数倍。数据库恢复功能是数据库的重要功能，每个数据库管理系统都有这样的功能。

下面分别讨论事务级和介质级故障恢复技术。

1. 事务级故障恢复

数据库故障恢复的基本单位是事务，事务级数据恢复主要使用事务撤销（UNDO）与事务重做（REDO）两个操作。

1）事务撤销操作

在一个事务执行中产生故障，为了进行恢复，首先必须撤销该事务，使事务恢复到开始处。其具体过程如下。

（1）查找应该撤销的事务。具体而言，就是查找故障发生时尚未完成的事务，这类事务只有 BEGIN TRANSACTION 记录，而没有相应的 COMMIT 记录。将这类事务的事务标识记入撤销事务队列。

（2）对撤销队列中的事务进行撤销处理，具体方法是反向扫描日志文件，对每个 REDO 事务查找其中的更新操作，对查找到的更新操作进行相应的"逆"操作，即如果是插入操作则做删除操作，如果是删除操作则用更新前的数据旧值做插入，如是修改操作则用修改前值替代修改后值。

（3）按上述过程反复进行，即反复做更新操作的逆操作，直到事务开始标志出现为止，此时事务撤销处理结束。

2）事务重做操作

当一个事务已经执行完成，它的更改数据也已写入数据库，但是由于数据库遭受破坏，为恢复数据需要重做。所谓事务重做实际上是仅对其更改操作重做。重做过程如下。

（1）查找重做事务，具体而言，就是查找故障发生前已经完成的事务，这类事务既具有 BEGIN TRANSACTION 记录，也具有 COMMIT 记录，将该类事务的事务标识记入重做事务队列。

（2）对重做队列中的事务进行重做处理，通常做法是，正向扫描日志文件，找到该事务的更新操作。对更新操作重做，如果是插入操作则将更改后新值插入至数据库；如果是删除操作，则将更改前的旧值删除；如果是修改则将更改前旧值修改成更新后新值。

（3）如此正向反复做更新操作，直到事务结束标志出现为止，此时事务的重做操作结束。

2. 介质级故障恢复

大型故障通常会造成整个磁盘和内存介质都遭到破坏，相应恢复更加复杂，一般可按照下述步骤进行。

（1）将后备副本复制到磁盘。

（2）检查日志文件，将复制后的所有执行完成的事务做 REDO。

（3）检查日志文件，将未执行完成（即事务非正常终止）的事务做 UNDO。

事务级和系统级故障恢复都是由系统重新启动后自动完成，不需要用户介入；而介质级故障恢复需要 DBA 介入，但 DBA 的基本工作只是需要重新装入最近存储的数据后备副本和有关日志文件副本，然后执行系统提供的恢复命令，具体恢复操作实施仍由 DBMS 自动完成。

下面以 SQL Server 为例，学习 SQL 中数据恢复机制。

1）基于数据库备份恢复

对于介质级故障通常需要先使用数据库备份进行恢复，然后再进行增量与日志恢复。数据库恢复关键词为 RESTORE DATABASE，语句一般格式为：

```
RESTORE DATABASE database_name
FROM {DISK | TAPE }
          = 'physical_backup_device_name'
[ WITH
[ [, ] { NORECOVERY | RECOVERY } ]
[ [, ] REPLACE ]
];
```

（1）NORECOVERY：恢复操作不能撤销备份中未提交的事务。

（2）RECOVERY：恢复操作撤销备份中未提交的事务，这是一个默认值。

（3）REPLACE：如果存在一个同名数据库，也创建指定数据库及相关文件，即删除现有数据库。当没有 REPLACE 时，系统进行安全检查，防止意外重写现有数据库。

2）基于增量备份恢复

在简单恢复模型和完全恢复模型中都可以选择增量备份，如果存在增量备份，则一般需要进行相应的恢复操作。

增量恢复数据库关键词也是 RESTORE DATABASE，但在基于增量备份进行继续恢复之前需要已使用 RESTORE DATABASE 完成了全备份恢复，同时指定了 NORECOVERY 子句。另外，在进行增量恢复时需要指定 RECOVERY 或 NORECOVERY 子句，同时，当存在多个增量备份时，需要按照备份时先后顺序进行恢复。

3）基于日志备份恢复

利用日志可以将数据库恢复到最新的一致状态或任意的事务点。需要注意，在恢复事务日志备份之前需要首先进行基于数据库备份或增量备份的恢复；另外，如果有多个日志备份，则按先后顺序进行恢复。

基于日志数据恢复关键词是 RESTORE LOG，相应语句一般格式为：

```
RESTORE LOG database_name
FROM {DISK | TAPE } = 'physical_backup_device_name'
[ WITH
    [ [, ] { NORECOVERY | RECOVERY} ]
    [ [, ] STOPAT = date_time
    | [ , ] STOPATMARK = 'mark_name' [AFTER datetime]
    | [ , ] STOPBEFOREMARK = 'mark_name' [AFTER datetime]  ]
];
```

（1）STOPAT = *date_time*：将数据库恢复到指定日期和时间状态。

（2）STOPATMARK = *'mark_name'* [AFTER *datetime*]：将数据恢复到指定标记，其中包括包含该标记的事务。

（3）STOPBEFOREMARK = *'mark_name'* [AFTER *datetime*]：将数据恢复到指定标记，但不包括包含该标记的事务。

4）基于文件备份恢复

当数据库中某个文件损坏，但存在相应文件或文件组备份，则可以考虑根据文件或文件组备份进行恢复。

当使用文件或文件组备份进行恢复时，最后一个文件或文件组恢复操作完成后，必须将事务日志应用于数据库文件，以便使之与数据库的其余部分保持一致。如果被恢复的文件自上次备份后没有做过任何修改操作，则不必应用事务日志，RESTORE 语句会报告这一情况。

基于文件备份恢复的关键词也是 RESTORE DATABASE，相应语句一般格式为：

```
RESTORE DATABASE database_name
{ FILE = logical_file_name
| FILEGROUP = logical_filegroup_name }
FROM{DISK | TAPE } = 'physical_backup_device_name'
```

（1）FILE = *logical_file_name*：包含在数据库恢复中的文件名称，允许同时指定多个文件。

（2）FILEGROUP = *logical_filegroup_name*：包含在数据库恢复中的文件组名称，

数据库系统教程(第 2 版)

允许同时指定多个文件组。

5）系统数据库恢复

备份系统数据库与备份用户数据库的方式相同,除 master 数据库之外其他系统数据库的恢复也与恢复用户数据库类似。

作为管理所有数据库的数据库,master 数据库是所有数据库的主数据库,恢复其他数据库都是在 SQL Server 能够正常运行的基础上进行的,而 master 数据库的损坏可能导致 SQL Server 根本不能运行,所以恢复 master 数据库是一项特殊的任务。

当 master 数据库只是轻微损坏或信息丢失,master 数据库内容至少部分可用,能够启动 SQL Server 实例,则可直接根据 master 数据库的完整备份恢复 master 数据库。

当 master 数据库严重损坏而无法启动 SQL Server 实例,则不能立即进行恢复,这是因为 SQL Server 实例需要处于运行状态才能恢复任何数据库。此时,需要首先使用重建 master 数据库实用工具 Rebuildm. exe(该程序位于 Program Files\Microsoft SQL Server\80\Tools\Binn 目录中)重建 master 数据库,然后才可以用普通方法利用备份恢复 master 数据库。

本章小结

1. 知识点回顾

（1）从数据库一致性要求角度考虑,在数据库实际运行当中,应当有一个在逻辑上不可再分的工作单位或粒度,这就引入了数据库中的事务概念。事务作为数据库的逻辑工作单元在数据库管理中具有十分重要的作用。如果数据库只包含成功事务提交的结果,就称数据库处于一致状态。保证数据的一致性是数据库的最基本要求。只要能够保证数据库系统一切事务的 ACID 性质,就可以保证数据库处于一致性状态。为了保证事务的隔离性和一致性,DBMS 需要对事务的并发操作进行控制;为了保证事务的原子性、持久性,DBMS 必须对事务故障、系统故障和介质故障进行恢复。事务既是并发控制的基本单位,也是数据库恢复的基本单位,因此数据库事务管理的主要内容就是事务操作的并发控制和数据库的故障恢复。

（2）事务并发控制的出发点是处理并发操作中出现的三类基本问题:修改丢失、读"脏"数据和不可重复读,并发控制的基本技术是实行事务封锁。为了解决三类基本问题,需要采用"三级封锁协议";为了达到可串行化调度的要求,需要采用"两段封锁协议";为了解决"活锁"与"死锁"问题,需要"先到先执行"和"预防法"等相应策略。

（3）数据库故障主要分为事务级和介质级故障两种基本类型。数据库恢复的基本技术的要点是数据的"有效冗余"——数据备份。数据备份可以有三种不同的基本方式:单纯的数据备份、数据与日志的备份和独立失效的多副本备份。对于事务级故障恢复,主要采取事务撤销与事务重做技术;对于介质级故障恢复,主要采用数据备份(数据库、增量、文件等基本备份和日志备份)和相应数据恢复技术。数据库故障恢复基本原理是使用适当存储在其他地方的后备副本和日志文件中的"冗余"数据重建数据库。

2. 知识点关联

（1）本章基本内容如图 7-16 所示。

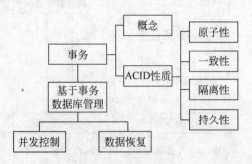

图 7-16　本章基本内容

（2）基于事务的并发执行的基本内容如图 7-17 所示。

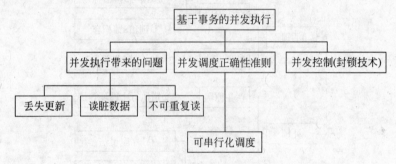

图 7-17　基于事务的并发执行的基本内容

（3）并发控制技术的基本内容如图 7-18 所示。

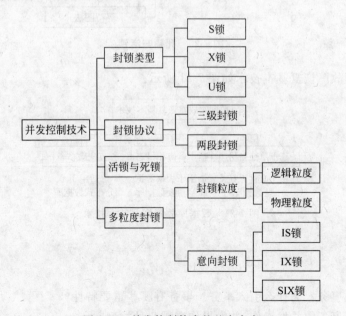

图 7-18　并发控制技术的基本内容

（4）三级封锁协议与并行执行中三类基本问题消除，两段封锁协议与可串行化调度如图 7-19 所示。

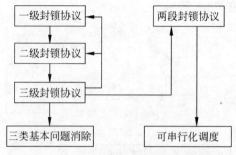

图 7-19　三级封锁协议与两段封锁协议

（5）封锁过程中的活锁与死锁基本内容如图 7-20 所示。

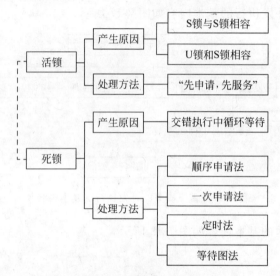

图 7-20　死锁与活锁

（6）数据库故障恢复基本技术如图 7-21 所示。

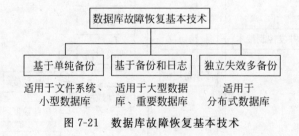

图 7-21　数据库故障恢复基本技术

习题 7

01. 什么是事务？为什么引入事务？事务有哪些重要特性？

02. 什么是事务的并发操作，并发操作有哪几种类型？

03. 并发操作会带来哪几种问题？这些问题的特征和根由是什么？

04. 什么是封锁？基本的封锁类型有几种？试述它们的含义。

05. 三级封锁协议着眼于解决什么问题？两段封锁协议着眼于解决什么问题？

06. 试述死锁和活锁的产生原因和解决方法。

07. 什么是意向锁，意向锁有哪些类型？为什么需要引入意向锁？

08. 什么是数据库故障恢复？

09. 什么是数据库中数据的一致性？

10. 为什么事务的非正常结束会影响数据库数据的一致性？试举一例说明。

11. 数据库故障有哪几种？哪些故障影响事务的正常运行？哪些故障破坏整个数据库？

12. 数据库恢复的基本原理和技术是什么？

13. 什么是日志文件？为什么要建立日志文件？

14. 什么是数据库的备份？存在哪些常用的数据备份类型？

15. 如何实现事务级故障恢复和介质级故障恢复？

第8章　　　　分布式数据库

随着数据库技术的日趋成熟和计算机网络通信技术的快速发展,传统集中式数据库系统逐步显现出一些自身的弱点和不足。同时由于物理上分散的公司、团体和组织对数据库更为广泛的应用需求,作为数据库技术和网络技术相互渗透、有机结合的分布计算和分布式数据库受到人们广泛关注,成为数据库发展一个重要方向。经过多年研究和开发,分布计算和分布式数据库技术已经发展得相当成熟。特别是近年来,基于 WWW 的开发应用(例如电子商务和电子政务等)日益增多,网络环境下数据库模式不仅成为 WWW上重要的数据源,而且也承担起管理 WWW 上半结构化数据例如 XML 文档的任务。

8.1　数据库体系结构

数据库系统结构主要是指在计算机环境中数据库系统的管理与应用结构。从数据库管理角度出发,就是已经过介绍的数据库模式结构(三级模式与两级映射结构);从数据库应用角度出发,就是将要介绍的数据库体系结构。数据库体系结构经历了由单机结构式系统到多机结构式系统的发展历程。

单机结构式系统的基本特征是将包括 DBMS、数据和应用程序在内的整个系统都配置在一个计算机平台当中,所有数据库资源为一个用户所拥有,不同计算机之间不能共享数据,只能通过复制或网络读取相关的数据文件。DBase、FoxBase 和 FoxPro 等早期桌面小型数据库系统即是此种类型的典型代表。

多机结构式系统就是整个数据库系统由多个计算机平台按照一定方式结合组成。按照结合方式不同,多机系统又可分为集中式体系结构和分布式体系结构两大类型。

8.1.1　集中式体系结构

集中式数据库基本特征是"单点"存取与数据处理。数据库管理系统、用户数据以及所有应用程序都安装和存储在同一个"中心"计算机系统当中。这个中心计算机通常是大型机,也称为主机。用户通过终端发出存取数据请求,由通信线路传输到"中心"计算机。"中心"计算机予以响应并加以相应处理,然后再通过通信线路将处理结果返回到用户终端。

集中式体系结构主要有主机/终端结构式数据库系统、C/S 结构式数据库系统和 B/S 结构式数据库系统等类型。

1. 主机/终端结构式数据库系统

主机/终端结构式数据库系统是一种一台主机附带多台终端机的多用户数据库系统,其基本特征是 DBMS 核心功能、数据和应用程序都集中配置在一台主机当中,终端仅仅作为一种人机交互的设备而不承担主机的任何功能,用户通过终端或远程终端分时访问主机数据库。主机/终端结构式系统能够对数据进行集中控制,具有处理大批量数据和支持多用户并发访问的功能,但所需主机一般是中型或大型计算机,资源开销太大,同时当用户增加或数据量骤增时,可能会形成数据传输与处理瓶颈,导致系统性能下降。

2. C/S 结构式数据库系统

C/S 结构式数据库系统即客户机/服务器(Client/Server)结构式系统,产生于 20 世纪 80 年代中期,其基本特征是使用微型计算机(PC)和相应的局域网络系统。

在 C/S 结构式系统中,基于 PC 的客户机和存储共享数据的服务器共同组成局域网,客户机负责用户界面、描述大部分事务逻辑,同时负责发送数据请求并处理服务器返回结果;服务器存储数据和处理部分事务逻辑例如存储过程,响应客户数据请求并返回相应处理结果。C/S 结构式系统将大量数据存放在服务器中,用户在客户机端使用 SQL 语句访问数据库而方便获取所需数据。

C/S 结构式系统由客户机、服务器和中间件即客户机与服务器之间的连接支持组成,并在局域网环境下得到广泛应用。

3. B/S 结构式数据库系统

B/S 结构式数据库系统即浏览器/服务器(Brower/Server)结构式系统,是一种基于 Internet 技术的新型结构式数据库体系系统,其基本特征是综合 Web 应用和信息服务技术,通过浏览器访问多个应用服务器,实现一点对多点和多点对多点的信息服务方式。

B/S 结构式系统分别由负责表示层的 Web 浏览器、负责功能层的具有应用扩展机制的 Web 服务器和负责数据层的数据库服务器组成。B/S 结构式系统是当前应用非常广泛的数据库体系结构。

主机/终端结构式数据库系统、C/S 结构式数据库系统和 B/S 结构式数据库系统三种集中式数据库系统共同的体系结构特征如图 8-1 所示。

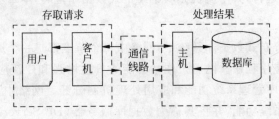

图 8-1 集中式数据库结构

8.1.2 分布式体系结构

进入 21 世纪,数据库技术和应用已经普遍建立在计算机网络基础之上,通常集中式数据库难以满足网络环境下数据存储与处理的基本需求。这主要表现在下述几个方面。

(1) 数据高度集中。不在同一地点的数据难以共享。

(2) 系统过于庞大。系统规模和处理配置不够灵活,整个系统可扩展性较差。

(3) 通信开销巨大。当数据按照实际需要在网络上分布存储时,集中式处理将会带来巨大的通信开销。

(4) 故障影响系统。应用程序在网络情况下集中在一台机器上运行,一旦发生故障,整个系统就受到影响。

为了解决上述问题,特别是为了适应网络时代的潮流和应用需求,分布式数据库系统应运而生。在分布式结构系统中,数据库在逻辑上是一个整体,而在物理上则分布在计算机网络的不同的节点中,各个节点能够独立完成本地数据库的管理与操作,执行局部应用,更能同时存取多个异地数据库中的数据,实现全局应用。本章将介绍分布式数据库的基本内容。

8.2 分布式数据库系统

分布式数据库是数据库技术与网络技术相结合的产物,其始于 20 世纪 70 年代中期。20 世纪 90 年代以来,分布式数据库进入到商品化应用阶段,传统关系数据库产品都已发展成以计算机网络和多任务操作系统为核心的分布式数据库产品。

8.2.1 分布式计算

为了解决集中式数据库不能适应网络环境的现实问题,人们引入了分布计算概念。分布计算先后经历了"处理分布"、"功能分布"和"数据分布"的演变过程。在"功能分布"过程中就产生了客户机/服务器结构应当遵循的基本原则,而在"数据分布"就引入了分布式数据库概念。

在网络环境下,"分布计算"具有下述三种主要含义。

1. 处理分布

处理分布的基本特征是数据集中,处理分布。网络中各个节点用户的应用程序向同一数据库存取数据,然后在相应的各自节点进行数据处理。处理分布作为一种单点数据、多点处理方式,只是在相当于智能终端的用户计算机上具有应用处理能力,同时增加了网络接口,能够在网络环境中运行,其本质仍然属于集中式数据库范畴,本章不讨论这种情形。

2. 功能分布

功能分布是指在分布式数据库系统中,网络中每个节点都是一个通用计算机,同时执行分布式数据库功能和应用程序。随着工作站功能的日益增强和广泛应用,为了解决计算机瓶颈问题,需要将数据库管理系统功能和应用处理机制分开。网络中某些节点上的计算机专门执行数据库管理系统功能,并将其称为数据库服务器(DB Server),例如在服务器上安装 Oracle 或 DB2,用于事务处理和数据访问的控制;另外一些节点上的计算机则专门处理用户应用程序,并称之为客户机(Client)。人们通常是在客户机上安装数据库系统应用开发工具,实现用户界面和前端处理。例如在客户机上安装 PowerBuild 或 Delphi,用以支持用户和运行应用程序。这种客户机和数据库服务器架构的技术就是功能分布。

3. 数据分布

数据分布的基本特征是数据物理分布在不同节点上,但在逻辑上构成一个整体,是一个逻辑数据库。网络中每个节点可以执行局部应用,具有独立处理本地数据库中的数据的能力;同时也可以执行全局应用,存取和处理其他站点数据库中的数据。数据分布的实现途径就是分布式数据库技术,这是本章讨论的重点部分。

8.2.2　分布式数据库基本概念

分布式数据库(Distributed DataBase,DDB)作为数据库技术与计算机网络技术相结合产物,本质上只是一种虚拟的数据库,整个系统由各个松散耦合的站点构成,系统中数据都物理地存储在不同地理站点的不同数据库站点中,系统中每个站点上运行的数据库系统之间实现着真正意义上的相互对立性。

在实际应用中,由于各个单位(例如一些大型企业和连锁店等)自身经常就是分布式的,在逻辑上分成公司、部门、工作组,在物理上也被分成诸如分公司、营业部和实验室等,这就意味着各种数据是分布式的。单位中各个部门都维护着自身的数据,单位的整个信息就被分解成了"信息孤岛",分布式数据库正是针对这种情形建立起来的"信息桥梁"。

DDB 的研制始于 20 世纪 70 年代中期。1976—1979 年,美国计算机公司(CCA)开发出第 1 个分布式数据库系统 SDD-1。进入 20 世纪 80 年代,DDB 技术成为数据库研究的主要方向并取得了显著成果。到了 20 世纪 90 年代,国内外一批 DDB 系统进入商品化应用阶段,传统关系数据库产品都已发展成为以计算机网络和多任务操作系统为核心的分布式数据库系统,同时 DDB 也逐步向客户机/服务器模式发展。

分布式数据库系统(Distributed DataBase Systems,DDBS)是由一组地理上分布在网络不同节点而在逻辑上属于同一系统的数据库子系统组成,这些数据库子系统分散在计算机网络的不同计算实体之中,网络中每个节点都具有独立处理数据的能力,即是站点自治的,它们可以执行局部应用,也可以通过网络通信系统执行全局应用。

按照上述概念,可以知道 DDB 具有如下基本特征。

(1)物理分布性。数据库中的数据存储在不同站点上,例如不同计算机的存储设备当中,而不是集中存储于一个节点上。这不同于数据存放在服务器上而由客户共享的网络数据库系统。

(2)逻辑整体性。尽管数据在物理上是分散存储的,但在逻辑上相互关联,构成整体,数据被所有用户(全局用户)共享,由一个 DDBMS 统一管理。这不同于仅由网络连接的多个独立的数据库。

(3)站点自治性。各个站点数据都有独立的计算实体(计算机系统)、数据库和数据库管理系统(局部数据库管理系统(Located DBMS,LDBMS)),具有自治处理能力,能够独立实现本站点数据库局部管理。

(4)站点协作性。各个站点高度自治但又相互协作,从而构成一个整体。站点数据库中的数据可以为本站点内用户使用,也可以通过提供给其他站点上的用户实现全局应用。

对于各站点用户来说,如同使用集中式数据库一样,可以在任何一个站点执行全局任务。

一个具有三个站点的分布式数据库系统如图 8-2 所示。

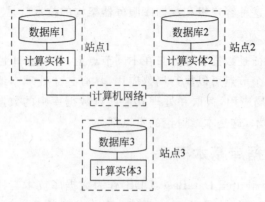

图 8-2　分布式数据库系统

8.2.3　分布式数据库模式结构

集中式数据库具有三层模式结构、两级映射和由此带来的数据逻辑与物理独立的性质。分布式数据库是基于网络连接的集中式数据库的逻辑集合,其模式结构呈现出既保留集中式数据库模式的特色,又有更为复杂结构的特色。

1. 六层模式结构

图 8-3 是一种分布式数据库的分层模式结构,这个结构可以从整体上分为两个部分,最底两层是集中式数据库原有模式结构部分,代表各个站点局部分布式数据库结构;其上四层是分布式数据库系统新增加的结构部分。

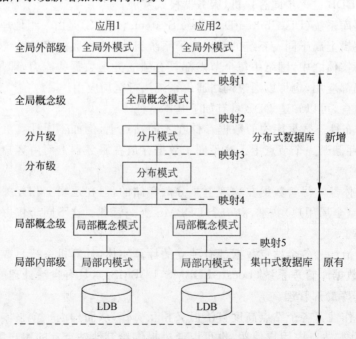

图 8-3　分布式数据库系统模式结构

由图 8-3 可以看出分布式数据库框架体系具有六层模式结构。

1) 全局外模式结构

全局外模式层是全局应用的用户视图，可以看做全局概念模式的一个子集。一个分布式数据库可以有多个全局外模式。

2) 基于分布的概念模式结构

该层是基于分布式数据库基本要求而构建的，其中包括三个结构层面。

(1) 全局概念层。全局概念模式类似于集中式数据库的概念模式，它定义分布式数据库中全体数据的逻辑结构，是整个分布式数据库所有全局关系的描述。全局概念模式提供了分布式系统中数据的物理独立性，而全局外模式提供了数据的逻辑独立性。

(2) 分片模式层。分片模式(Fragmentation Schema)描述了数据在逻辑上是怎样进行划分的。每个全局关系可以划分为若干个互不相交的片(Fragment)，片是全局关系的逻辑划分，在物理上位于网络的若干个节点上。全局关系和片之间的映射在分片模式中定义，这种映射通常是一对多的。一个全局关系可以对应多个片，而一个片只能来自一个全局关系。

(3) 分布模式层。分布模式(Allocation Schema)定义了片的存储节点，即定义了一个片位于哪一个节点或哪些节点。

3) 局部数据库模式结构

(1) 局部概念层。全局关系被逻辑划分成为一个或多个逻辑分片，每个逻辑分片被放置在一个或多个站点，称为逻辑分片在某站点的物理映像或分片。分配在同一站点的同一全局概念模式的若干片段(物理片段)构成该全局模式在该站点的一个物理映像。一个站点局部概念模式是该站点所有全局概念模式在该处物理映像的集合。全局概念模式与站点独立，局部概念模式与站点相关。

(2) 局部内模式层。局部内模式是 DDB 中关于物理数据库的描述，与集中式数据库内模式相似，但描述内容不仅包含局部本站点数据存储，也包含全局数据在本站点存储的描述。

2. 五级映射与分布透明

在集中式数据库中，数据独立性通过两级映射实现，其中外模式与概念模式之间映射实现逻辑独立性，概念模式与内模式之间映射实现物理独立性。

在 DDB 体系结构中，六层模式之间存在着五级映射，它们分别如下。

(1) 映射 1：全局外模式层到全局概念模式层之间的映射。

(2) 映射 2：局部概念模式层到分片层之间的映射。

(3) 映射 3：分片层到分布层之间的映射。

(4) 映射 4：分布层到局部概念模式层之间的映射。

(5) 映射 5：局部概念层到局部内模式层之间的映射。

这里映射 1 和映射 5 类似于集中式数据库中体现逻辑独立性与物理独立性的相应"两级映射"。而映射 2、映射 3 和映射 4 是 DDB 中所特有的。在 DDB 中，人们为了突出其基本特点，通常将数据独立性称为数据的"分布透明性"。映射 2、映射 3 和映射 4 体现的相应独立性分别称为数据的"分片透明性"、"分布(位置)透明性"和"模型透明性"，三者就组成了数据的"分布透明性"。分布透明性实际上属于物理独立性范畴。DDB 中映射和相应数据独立性如图 8-4 所示。

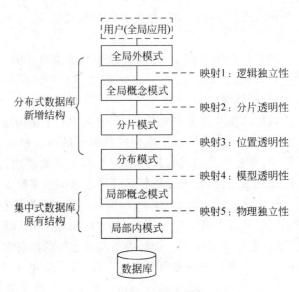

图 8-4　五级映射与数据独立性

1) 分片透明性

分片透明性(Fragmentation Transparency)是最高层面的分布透明性,由位于全局概念层和分片层之间的映射 2 实现。当 DDB 具有分片透明性时,应用程序只需要对全局关系操作,不必考虑数据分片及其存储站点。当分片模式改变时,只需改变映射 2 即可,不会影响全局概念模式和应用程序,从而完成分片透明性。

2) 位置透明性

位置透明性(Location Transparency)由位于分片层和分布层的映射 3 实现。当 DDB不具有分片透明性但具有位置透明性时,编写程序需要指明数据片段名称,但不必指明片段存储站点。当存储站点发生改变时,只需改变分片模式到分步模式之间的映射 3,而不会影响分片模式、全局概念模式和应用程序。

3) (局部数据)模型透明性

局部数据模型透明性(Local Data Transparency)也称为局部映像透明性或模型透明性,由位于分步模式和局部概念模式之间的映射 4 实现。当 DDB 不具有分片透明性和位置透明性只具有模型透明性时,用户编写的程序需要指明数据片段名称和片段存储站点,但不必指明站点使用的是何种数据模型,模型转换和查询语言转换都由映射 4 完成。

DDB 的分层、映射模式结构为 DDB 提供了一种通用的概念结构,这种框架具有较好的数据管理优势,其主要表现在下述几个方面。

(1) 数据分片与数据分配分离,形成了"数据分布独立性"的状态。

(2) 数据冗余的显式控制,以便能够更好地理解和把握在不同站点的再分布模式,进行有效的系统管理。

(3) 局部 DBMS 独立性,也就是上述所说"局部映射透明性",这就允许人们在不考虑局部 DBMS 专用数据模型情况下,研究 DDB 管理相关问题。

8.2.4 分布式数据库管理系统

分布式数据库管理系统(Distributed Database Management System,DDBMS)是一组负责管理分布式环境下逻辑集成数据存取、一致性和完备性的软件系统。由于数据上的分布性,DDBMS 在管理机制上还必须具有计算机网络通信协议的分布管理特性。

1. DDBMS 基本功能

分布式数据库管理系统基本功能表现在下述五个方面。

(1) 接受用户请求,并判定将其发送到何处,或必须访问哪些计算实体才能满足要求。

(2) 访问网络数据字典,了解如何请求和使用其中的信息。

(3) 如果目标数据存储在系统的多台计算机上,对其进行必需的分布式处理。

(4) 在用户、局部 DBMS 和其他计算实体的 DBMS 之间进行协调,发挥接口功能。

(5) 在异构分布式处理器环境中提供数据和进行移植的支持,其中异构是指各个站点的硬件、软件之间存在着差别。

2. DDBMS 组成模块

DDBMS 由本地 DBMS 模块、数据连接模块、全局系统目录模块和分布式 DBMS 模块四个基本模块组成。

1) 本地 DBMS 模块

本地 DBMS 模块(L-DBMS)是一个标准的 DBMS,负责管理本站点数据库中的数据,具有自身的系统目录表,其中存储的是本站点上数据的总体信息。在同构系统中,每个站点的 L-DBMS 是相同的,而在异构系统中则不相同。

2) 数据连接模块

数据连接(Data Communication,DC)模块作为一种可以让所有站点与其他站点相互连接的软件,包含了站点及其连接方面的信息。

3) 全局系统目录模块

全局系统目录(Global System Catalog,GSC)模块除了具有集中式数据库的数据目录(数据字典)内容之外,还包含数据分布信息,例如分片、复制和分配模式,其本身可以像关系一样被分片和复制分配到各个站点。一个全复制的 GSC 允许站点自治(Site Autonomy),但如果某个站点的 GSC 改动,其他站点的 GSC 也需要相应变动。

4) 分布式 DBMS 模块

分布式 DBMS(D-DBMS)模块是整个系统的控制中心,主要负责执行全局事务,协调各个局部 DBMS 以完成全局应用,保证数据库的全局一致性。

一类简化了的 DDBMS 组成模块如图 8-5 所示。

3. 同构系统与异构系统

分布式数据库可根据各个站点数据库管理系统是否相同划分为同构(Homogeneous)系统和异构(Heterogeneous)系统两种类型。

1) 同构系统

同构系统中所有站点都使用相同的数据库管理系统,相互之间彼此熟悉,合作处理客户需求。在同构系统中,各个站点都无法独自更改模式或数据库管理系统。为了保证涉及多

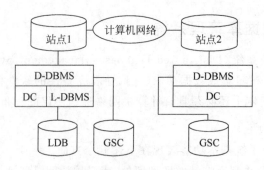

图 8-5　DDBMS 组成模块

个站点的事务顺利执行,数据库管理系统还需要和其他站点合作以交换事务信息。同构系统又可以分为两种情形。

(1) 同构同质系统:各站点采用同一数据模型(例如关系数据模型)和同一型号DBMS。

(2) 同构异质系统:各站点采用同一数据模型(例如关系数据模型),但采用不同型号DBMS。

2) 异构系统

异构系统中不同站点有不同模式和数据库管理系统,各个站点之间可能彼此并不熟悉,在事务处理过程中,它们仅仅提供有限功能。模式差别是查询处理中难以解决的问题,而软件的差别则成为全局应用的主要障碍。

本章主要介绍同构同质的分布式数据库系统。

8.2.5　分布式数据库系统概述

分布式数据库系统(Distributed DataBase System,DDBS)由 DDB 和 DDBMS组成,其要点是系统中的数据物理上分布存放在通过计算机网络连接的不同站点计算机中,这些数据在逻辑上是一个整体,由系统统一管理并被全体用户共享,每一个站点都有自治即独立处理能力以完成局部应用,而每一站点也参与至少一种全局应用,并且通过网络通信子系统执行全局应用。

1. DDBS 基本概念

集中式数据库系统由计算机系统(硬件和操作系统及应用软件系统)、数据库、数据库管理系统和用户(一般用户与数据库管理人员)组成。分布式数据库系统(DDBS)在此基础上结合自身特点进行了扩充。

(1) 分布式数据库分为局部数据库(LDB)和全局数据库(GDB)。

(2) 分布式数据库管理系统分为局部数据库管理系统(LDBMS)和全局数据库管理系统(GDBMS)。

(3) 分布式数据库用户分为局部用户和全局用户。

(4) 分布式数据库管理人员分为局部数据库管理人员(LDBA)和全局数据库管理人员(GDBA)。

DDBS 的基本组成框架示意图如图 8-6 所示。

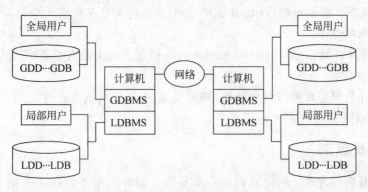

图 8-6　DDBS 组成示意图

2. DDBS 基本性质

由 DDBS 概念可以得到 DDBS 的一些基本性质。

(1) 数据分布透明。数据独立性是数据库技术需要实现的基本目标之一。在集中式数据库中，数据独立性主要分为数据的逻辑独立性和物理独立性，要求应用程序与数据逻辑结构和物理结构无关。在 DDBS 中，数据独立性包括数据的逻辑独立性、数据的物理独立性和数据的分布透明性，因而具有更广泛的含义。数据分布透明性要求用户或应用程序不必关心数据的逻辑分片、物理位置分配细节以及各个站点数据库使用何种数据模型，可以像使用集中式数据库一样对物理上分布的数据库进行数据操作。

(2) 集中与自治相结合控制机制。在 DDBS 中，数据共享有两个层面，一是局部共享，即每个站点上各个用户可以共享本站点上局部数据库中的数据，以完成局部应用；二是全局共享，即系统用户可以共享各个站点上存储的数据，以完成全局应用。相应控制机构也就分为两个层面：集中控制和自治控制。L-DBMS 独立管理局部数据库，具有自治功能，同时系统也设有集中控制机制，协调各个局部 DBMS 的工作，执行全局管理功能。

(3) 适度数据冗余。在集中式数据库中，由于冗余消耗存储空间，可能引起数据不一致等一系列问题，除非特别需要，总是追求尽量减少数据冗余。在 DDBS 中，数据冗余却可以作为提高系统可靠性、可用性和改善性能的技术手段。当一个站点出现故障时，通过数据冗余，系统可以对另一个站点相同副本进行操作，从而避免了因个别站点故障而使得整个系统瘫痪。同时，系统也可通过选择距用户最近的数据副本进行操作，减少通信代价，改善整个系统性能。当然，由于 DDBS 是集中式数据库的拓广，数据冗余也会带来各个冗余副本之间数据可能不一致的问题，设计时需要权衡利弊，优化选择。

(4) 事务管理分布。数据分布引发事务执行和管理的分布化，一个全局事务执行能够分解为在若干个站点上子事务(局部事务)的执行。事务的 ACID 性质和事务恢复具有分布性特点。

8.3　分布式数据存储

虽然 DDBS 中各个站点数据在逻辑上是一个整体，但是数据存放却是分散的。对于关系数据库中的关系表 R，通常使用"数据复制"和"数据分片"进行存储。

(1) 数据复制。数据复制(Data Replication)就是将关系 R 的若干个完全相同的副本分别存储在不同的站点中。

(2) 数据分片。数据分片(Data Fragmentation)就是将关系 R 分割成几个部分,每个部分存储在不同站点中。

数据复制和数据分片可以结合使用,即将关系表 R 分割成几个片之后,每个分片再拥有几个副本,分别存储在不同的站点之中。

8.3.1 数据复制

数据复制有两种方式:部分复制和全部复制。部分复制是指在某些站点存储一个副本,全部复制是在系统每个站点都存储一个副本。

1. 数据复制概述

DDBS 中数据分布在各个站点上,此时采用数据复制技术就显现出"连续操作性增强"和"本地自治性提高"的优势。

(1) 连续操作性。设某数据在不同站点存有副本,当一个全局事务在某一站点涉及此数据时,只要此站点存在数据副本,就能够"就地"读取和进行操作。也就是说,已运行到达的站点存有相应数据副本,就可保证全局事务的连续执行。

(2) 系统自治性。局部事务可以在本地副本上进行,不需要通过网络和远程的站点进行通信,从而提高系统自治性能,减少信息传输开销。

采用数据复制技术也会带来如下需要考虑的问题。

(1) 更新传播。由于存在多个副本,一旦某个副本发生更新操作,需要考虑如何进行操作以使所有副本保持一致,即如何传播更新。

(2) 冗余控制。数据复制就是数据冗余。数据冗余可以分为三类:完全冗余、部分冗余和非冗余分配,其中完全冗余和非冗余分配是极端的冗余方式。完全冗余是指每个站点上都配置一个完整的数据库,由于存在大量副本,因此可连续操作性强,同时由于查询操作所需要的数据如果均在本地则查询效率高,但这种冗余方式会导致传播更新困难。而非冗余分配是指每个片段只存在于一个唯一站点上,所有的片段都不相交(除垂直片段的关键字属性)。部分冗余是介于两者之间的一种方式,某些片段只存在于一个站点,没有冗余,有些片段存在于多个站点,至少有一个副本。采用什么样的冗余方式来平衡效率和传播更新的困难取决于系统的目标以及系统内全局事务的类型和一些频率特点。

(3) 数据独立性。复制数据独立性是指用户操作时感觉不到副本的存在,数据就好像没有复制过一样。

2. 更新传播

当数据存在大量的副本时,可能会出现的问题是:一个副本发生了更新,这种更新必须及时地传播到所有的副本上去,以保证数据的一致性。更新传播有两种方式。

(1) 一个数据对象更新时将更新内容传播到该对象所有副本。这种方法有两个缺陷:一是如果一个副本当时的状态是不可修改的(站点故障、站点关闭和通信故障等),则导致对此对象的修改宣告失败,涉及的对象修改的事务也相应宣告失败;二是如果所有副本的状态都可以修改,则整个修改的性能将取决于速度最慢的站点。从实际应用的角度来说,这种方法的可用性很差。另外,此方法也使得更新操作的开销大大增加。

（2）将对象的一个副本指定为主副本(Primary Copy),其他副本指定为从属副本。一旦完成了对主副本的更新,更新操作就认为是逻辑完成了,拥有主副本的站点要负责事务在提交的这段时间内将改变传播到所有的从属副本上去,此时各副本的修改不是同步进行的,是异步的,也就是说各副本不能保证在某一时刻数据库各副本之间的绝对一致性。

例如在银行系统中,每个人的账户可以同其开户站点联系起来,将其开户站点上的数据作为主副本。当用户异地存取资金时,首先更新其开户站点上的数据,再更新其他副本上的数据。这种方法可以应用于一些对数据一致性要求不是很高的应用中,而一些对数据一致性要求很高的应用则不适合采用这种方法。

8.3.2　数据分片

对于关系型数据来说,数据分片就是将给定的关系分割为若干个片段存储到不同物理位置的物理存储器上,其基本要点是如何使得用户感觉到他获取的仍是一个完整的数据视图。数据分片时需要注意关于数据的下述两个问题。

（1）重构完整性。在使用过程中,能够有效进行数据分片的重构,即分片存储后的数据重构为一个完整的视图。

（2）减少网络开销。分片数据存储在不同存储器上,数据传输需要付出网络开销,所以在分片时要根据用户需求组织数据分布,将常用数据放在本地存储,使得大部分的数据存储操作只在本地站点进行,减少网络传输开销。

数据分片有"水平分片"、"垂直分片"、"导出分片"和"混合分片"四种基本方式。这些分片技术都应当满足下述条件。

① 完备性条件：要求必须将全局关系的所有数据都映射到分片中,在划分片段时不允许存在这样的属性,其属于全局关系但不属于任何一个数据分片。

② 不相交条件：要求一个全局关系被分片后所得到的各个数据分片互不重叠,但对垂直分片的主键除外。

③ 可重构条件：要求划分后的数据分片可以通过一定的操作重新构建全局关系。对于水平分片可以通过合并操作重构全局关系；对于垂直分片可以通过连接操作构建全局关系。

1. 水平分片

水平分片是指按照一定条件把全局关系分成若干个不相交的元组子集,每个子集均为关系的一个片段,都有一定的逻辑意义。水平分片可以通过对关系进行选择运算实现。在行的方向(水平的方向)将关系分为若干个不相交的元组子集,每一个子集都有一定的逻辑意义。

例 8-1　设有如表 8-1 所示的学生信息关系表 S(S♯,Sn,Sa,Sd)

表 8-1　学生信息关系 S

S♯	Sn	Sa	Sd
110001	Jhon	18	CS
110002	Black	19	CS
110003	Mary	18	CS

S#	Sn	Sa	Sd
110004	Rose	18	IS
110005	White	19	IS

按照系别进行水平分片,将 S 关系水平分片为 S-CS 和 S-IS,如表 8-2 和表 8-3 所示。

图 8-2　学生信息关系 S-CS

S#	Sn	Sa	Sd
110001	Jhon	18	CS
110002	Black	19	CS
110003	Mary	18	CS

表 8-3　学生信息关系 S-IS

S#	Sn	Sa	Sd
110004	Rose	18	IS
110005	White	19	IS

2. 垂直分片

垂直分片是指按照列的方向(垂直的方向)将关系分为若干个子集,每一个子集保留了关系的某些属性。

例 8-2　将学生信息关系 S 按照垂直分片分解为 S-1(S#,Sn,Sa)和 S-2(S#,Sd),如表 8-4 和表 8-5 所示。

表 8-4　学生信息关系 S-1

S#	Sn	Sa
110001	Jhon	18
110002	Black	19
110003	Mary	18
110004	Rose	18
110005	White	19

表 8-5　学生信息关系 S-2

S#	Sd
110001	CS
110002	CS
110003	CS
110004	IS
110005	IS

3. 导出分片

导出分片是指导出水平分片,即定义水平分片的选择条件不是本身属性的条件而是其他关系属性的条件。设有如表 8-6 所示的学生选课关系 SC(S#,C#,G)。

表 8-6　学生课程关系 SC

S#	C#	G
110001	01	A
110002	01	A
110003	01	C
110004	01	B

如果不是按照 S♯ 或 C♯ 或 G 的某个条件分片,而是按照学生年龄小于 19 和大于等于 19 分片,此时由于 Sa 不是 SC 的属性,由此得到的水平分片就是导出分片。可以使用下述 SQL 语句表示上述两个数据分片。

学生年龄小于 19 的学生课程关系分片 SC-1(S♯,C♯,G)是下述查询的结果:

```
SELECT S♯,C♯,G
FROM S,SC
WHERE S.S♯ = SC.S♯ AND S.Sa < 19;
```

学生年龄大于或等于 19 的学生课程关系分片 SC-1(S♯,C♯,G)是下述查询的结果:

```
SELECT S♯,C♯,G
FROM S,SC
WHERE S.S♯ = SC.S♯ AND S.Sa >= 19;
```

4. 混合分片

混合分片就是交替使用水平分片和垂直分片,比如先用水平分片的方式得到某一个分片,再采用垂直分片的方式对这个分片进行再分片。这种分片方式由于在实际操作中具有较大的复杂性,因此很少使用。

例 8-3　图 8-7 表示先进行垂直分片(将 R 垂直分布为 R1 和 R2),再进行水平分片(将 R1 进行水平分片为 R11 和 R12)。

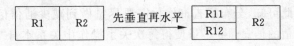

图 8-7　混合分片(1)

图 8-8 表示先进行水平分片(分片 R1 和 R2),再进行垂直分片(将 R2 进行垂直分片为 R21、R22 和 R23)。

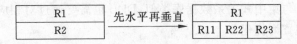

图 8-8　混合分片(2)

8.4　分布式数据查询

在 DDBS 中,全局数据(关系)是以分片形式存储在系统各个站点之上,因此 DDB 中数据查询相比集中式数据库更为复杂。

8.4.1　分布式查询处理

查询处理是用户与数据库之间的接口。在分布式环境下,查询可以分为"局部查询"、"远程查询"和"全局查询"三种类型。

局部查询和远程查询涉及单一站点上本地或远程的数据,仍可以采用集中式查询的方法来进行查询,集中查询的开销为数据的存取延迟时间。

　　全局查询涉及的数据分布在多个站点,其中包括站点之间数据交换,其还应当加上"存取延迟时间"和"传输的数据量/数据传输速度"。此时,数据传输速度是一个相对常量,其取决于通信场所之间的通信速度,但存取延迟时间和传输的数据量的值就取决于查询处理所采取的存取策略。采用不同的存取策略,处理时间的差别是很大的,这种差别可以高达几个数量级。好的查询存取策略能使存取延迟时间和传输的数据量这两个参数的值尽量小,从而减少查询所花费的时间。

　　当前绝大多数数据库系统都是关系型的。关系查询的语义级别较高,从而使得分布式查询优化成为可能。

　　在集中式关系数据库中,查询优化技术主要有下述两个要点。

　　(1)采用启发式规则将查询中的操作重新排序。

　　(2)根据查询开销比较不同查询策略,选择其中开销最小者。

　　在集中式数据库中,查询的主要开销由查询开销公式 I/O 代价＋CPU 代价进行计算。由于 CPU 代价以 ms 计算,可以忽略不计。在 I/O 代价中,磁盘的 I/O 代价比内存的 I/O 代价要大得多,因此,查询开销主要集中在磁盘的 I/O 代价中。

　　在分布式数据库中,需要考虑网络的速度。此时查询开销计算公式为:

$$查询开销 = I/O 代价 ＋ CPU 代价 ＋ 通信代价$$

　　在广域网(WAN)中,速度一般仅有每秒几千字节,此时,可以忽略其他所有开销,只考虑通信代价。局域网速度比广域网要快很多,但依然比磁盘速度要慢,相比之下,通信代价就显得十分重要。由此可知,分布式查询优化需要尽量做到减少通信信息量。一般可以按照下述途径来减少通信的信息量:尽量使得每次关系操作中关系本身"较小";尽量多使用一元关系操作,少用二元关系操作。

8.4.2　分布式查询优化

　　关系数据查询可由关系代数表达式等价表示,而关系代数表达式可以进行等价变换以达到查询优化目的。与集中式关系数据库类似,DDB 也需要通过对相应查询的关系代数表达式的相应变换实现查询优化。

1. 半连接优化策略

　　在网络中传送的数据通常都是以整个关系或关系片进行,这可能是一种冗余的方法。当将一个关系从 A 站点传送到 B 站点后,并非传输中每个数据都要参与连接操作或都有使用。这些不参与连接或没有使用到的数据完全不必在网络中进行传输。基于这样的考虑,就可以得到基于半连接的优化策略,其基本点是在网络中只传送参与连接的数据。

　　1) 半连接代数运算

　　关系 R 和关系 S 半连接(semi-join)运算记为 $R \triangleright < S$,其运算结果是先进行关系 R 和 S 的自然连接,再将连接结果在关系 R 的属性集上进行投影,也就是说

$$R \triangleright < S = \prod_R (R \bowtie S)$$

　　此时,关系 R 和 S 的半连接实质上是要从 R 中选出与 S 连接时可以匹配的元组。

　　关于半连接运算,需要注意以下两点。

　　(1) 一般来说,$R \triangleright < S \neq S \triangleright < R$。

（2）可以证明，$R \triangleright \!\!< S$ 还可以采取另外一种等价方法计算。即先求出 S 在 R 和 S 公共属性集合上的投影，再求出 R 和这个投影的自然连接，也就是 $R \triangleright \!\!< S = R \bowtie (\prod_{R \cap S}(S))$。

例 8-4　自然连接和半连接的例子如图 8-9 所示。

关系 R

A	B	C
a	b	c
d	b	c
b	d	f
c	a	d

关系 S

B	C	D
b	c	d
b	c	e
a	d	b

关系 $R \bowtie S$

A	B	C	D
a	b	c	d
a	b	c	e
d	b	c	d
d	b	c	e
c	a	d	b

关系 $R \triangleright \!\!< S$

A	B	C
a	b	c
d	b	c
c	a	d

关系 $S \triangleright \!\!< R$

B	C	D
b	c	d
b	c	e
a	d	b

图 8-9　关系 R 和 S 的自然连接与半连接运算

2）半连接计算策略

设有两个关系 R 和 S 分别存储在站点 1 和站点 2，而实际应用要求在站点 2 获得自然连接运算结果 $R \bowtie S$，直接进行操作的示意图如图 8-10 所示。

如果设 R 和 S 的公共属性集合为 T，此时可以按照如下步骤实现半连接计算策略。

（1）在站点 2 计算关系 S 在公共属性 T 上的投影 $\prod_T(S)$。

（2）将 $\prod_T(S)$ 由站点 2 传输到站点 1。

（3）在站点 1 进行连接运算 $R_1 = R \bowtie \prod_T(S)$。

（4）将 R_1 由站点 1 传输到站点 2。

（5）在站点 2 进行连接运算 $R_1 \bowtie S = (R \bowtie \prod_T(S)) \bowtie S$。

其中，步骤（1）、（3）和（5）不需要传输开销。

上述算法的示意图如图 8-11 所示。

图 8-10　直接进行运算

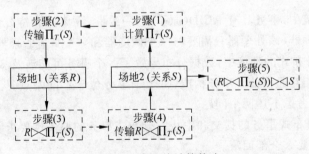

图 8-11　半连接计算策略

2．连接优化策略

事实上，也可以在常规连接基础上考虑查询处理策略，例如，对一个涉及存储在不同站点的三个关系 R_1、R_2 和 R_3 进行连接查询，首先将 R_1 传送到 R_2 所在站点进行连接运算；然后再将运算结果传送到 R_3 所在站点，计算它们的连接并产生查询结果。

连接优化策略可以分为两种情形。

1) 连接关系在同一站点

连接关系在同一站点时,优化算法与集中式相同。根据两个关系的扫描顺序,将其中之一看成外层关系(例如 R),将另外一个看成内层关系(例如 S)。外层关系可以看做前一个连接的结果。这里有两种策略可供选择。

(1) 嵌套循环。顺序扫描外层关系 R,对 R 的每一个元组扫描内层关系 S,查找在连接属性上一致的元组。将匹配的元组组合起来使之成为连接结果的一部分。这种方法要求扫描一次关系 R 和 $card(R)$ 次关系 S 以查找匹配的元组。由此可见,此时 S 的元组越少越好。

(2) 排序扫描。将两个关系按照连接属性进行排序,然后依照连接属性值的顺序扫描这两个关系,使匹配的元组成为连接结果的一个组成部分。此时,对两个关系只需扫描一次,但增加了排序代价。

2) 连接关系不在同一站点

对于存储在不同站点的关系 R 和关系 S 的连接,可以选择在 R 的站点或 S 的站点,也可以选择在第三站点进行。在确定的连接方法时,除了考虑局部代价外,还要考虑传送代价。通常系统支持两种传送方式供选择。

(1) 整体传送。如果在 R 与 S 连接运算中,R 为外层关系,S 为内层关系,那么当传送的是内层关系 S 时,在传送目的地不要将其存入一个临时关系当中,这主要是因为 S 将被多次扫描,而此时传送量较少。当传送的是外层关系 R 时,内层关系 S 可以直接使用依次到来的 R 元组,不必保存 R,但此时传送量较大。

(2) 按需传送。只传送所需要连接的元组,一次一个元组,不必使用临时存储器。每次提取都是只交换一次信息。此时传送代价较高,只有在高速网络中按需传送才较为合算。

上述两种策略可以配合使用。

8.5 分布式事务管理

在集中式的环境中,事务具有 ACID(原子性、一致性、隔离性和持久性)特性,事务是在单个站点上单个处理器(该处理器只需要与一个调度器和一个日志管理器进行通信)所执行的一段代码;而在分布式的环境中,数据分布导致了一个事务可能涉及多个站点的处理,事务可以看做由一些相互通信的子事务构成,每个子事务位于不同站点。为了继续保持事务的 ACID 特性,需要考虑下述两个问题。

(1) 如何管理分布式事务的提交和中止? 分布式事务的原子性要求组成事务的所有子事务要么全部提交,要么全部回滚。

(2) 在多用户的环境中,如何保证涉及多个站点的分布事务的可串行性?

以上两个问题就是分布式事务两个主要讨论的部分,即故障恢复控制和事务并发控制。

8.5.1 故障恢复控制

在集中式环境中,事务故障恢复是通过备份和日志文件来将数据库由故障恢复到正确的状态。在分布式环境中,问题要更加复杂。通常每个站点都有局部调度器和日志管理器用以管理子事务。为了保证分布式事务的原子性,即要求组成一个事务的所有子事务要么全部提交,要么全部回滚,因此,这些局部调度器之间还需要相互协调。分布式环境中通常采用的技术是两段提交协议(2-Phase-Commitment Protocol,2PC)。

在两段提交协议中,有一个称为协调者站点(这个站点有可能是事务发起的站点)来决定整个分布式事务是提交还是回滚,其他执行子事务的站点只是事务的参与者,每个站点负责管理子事务的执行并记录在该站点上发生动作的日志,此时,没有全局的日志。另外协调者负责和参与者的站点进行通信和消息的发送,每次发送信息,发送的站点都要将发送的消息记录到站点的日志中。

1. 第一阶段

第一阶段的工作步骤如下。

(1) 协调者将"准备(Prepare)"的信息写入所在站点的日志。

(2) 协调者将"准备"的信息发送给子事务所在的站点。

(3) 每个接收到消息的站点决定子事务是中止还是提交。

如果决定事务中止,将"不提交"(don't commit)写入日志记录中,然后向协调者发送"不提交"的消息。

如果决定提交事务,将所有子事务的相关操作的日志刷新到磁盘上(为了防止站点发生故障,可以不用取消整个事务,而是根据日志恢复子事务的状态),将"就绪"(Ready)的消息写入日志记录中,然后向协调者发送"就绪"的消息。

第一阶段的消息过程如图 8-12 所示。

2. 第二阶段

第二阶段是从协调者收到来自事务各参与者的消息开始的。如果没有收到来自某个参与者的消息,在超时后将这些节点视为发送了"中止"的消息。

(1) 收到的信息中只要有一个"不提交",则协调者在其站点的日志中记录"撤销(Abort)",同时协调者将"撤销"的信息发送给子事务所在的站点。如果收到的信息全部为"就绪",则协调者在其站点的日志中记录提交,同时协调者将"提交"的信息发送给子事务所在的站点。

(2) 如果节点收到提交的信息,则提交子事务上的所有操作,并在日志文件中记录提交。如果节点收到撤销的信息,则撤销子事务上的所有操作,并在日志文件中记录撤销。

第二阶段的消息过程如图 8-13 所示。

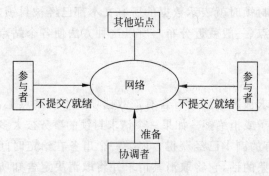

图 8-12 第一阶段的消息过程

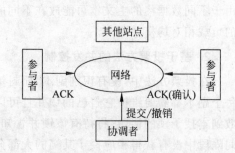

图 8-13 第二阶段的消息过程

8.5.2 事务并发控制

在分布式的环境中，可以通过实施并发操作来提高事务的执行效率。为了解决并发操作所带来的数据一致性的问题，无论在集中式的环境还是分布式的环境下，都采用了封锁的方法，但在分布式环境中，在封锁过程中的请求都成了消息。例如一个事务要修改一个数据对象，这个对象在 n 个站点上都有副本。如果采用最直接的实现方法最少也需要 $5n$ 条消息（n 条封锁请求，n 条封锁授权的消息，n 条修改的消息，n 条确认的消息，n 条解锁的消息）。所以在分布式的环境中，要将数据的一致性和减少消息开销综合起来考虑，以上的这种最直接实现方法是不太适宜于分布式环境的。一般来说，在 DDB 中，封锁需要遵循以下规则。

（1）对于读操作，有关事务必须对所读数据的至少一个副本获得共享性封锁。

（2）对于写操作，有关事务必须对所写数据的所有副本获得排他性封锁。

1. 基于数据项识别副本的并发控制

DDB 中数据项可以复制到多个站点，分布式并发控制技术的基本思路就是为每个数据项制定一个特定副本作为该数据项的识别副本（distinguished copy）。对于该数据项的封锁应与识别副本相联系，并且所有的封锁和解锁请求都被传送到包含那个副本的站点上。存储数据项识别副本的站点，称为该数据项的协调者站点（coordinator site）。基于这种考虑，可以有下述两种控制方法。

1）主站点封锁法

主站点封锁法是先确定一个主副本，处理程序只需要向此主副本提出封锁请求，再由主副本的站点去负责其他从属副本的封锁事宜。数据的更新也是采用 8.3.1 节中介绍的更新传播中主副本的更新方法。这种方法虽然提高了系统效率，但也有明显的缺点：因为所有操作都是通过主副本的站点来完成，主副本所在的站点成为整个系统的中心点，如果站点过于繁忙，会使此站点变为整个系统的瓶颈，整个系统的效率也会因此而降低，同时系统变得很脆弱，当主副本所在的站点发生故障，会导致整个系统瘫痪。

采用主站点封锁法，与读写操作有关的事务要申请对主副本的封锁。一旦获得封锁，在事务提交/撤销之前不能释放这个封锁。

2）主文本封锁法

主文本封锁法是对每个数据集指定一个文本为主文本。当对某个数据进行操作时，只要先对数据的主文本进行封锁，当主文本被封锁时就表示数据的所有文本都已经被封锁。由于不同数据集的主文本可能放在不同的站点（一般就近分布），所以这种方法使各个站点的负载相对均衡。

2. 基于投票方法的并发控制

在投票方法中，设有识别副本，而封锁请求被发送到所有含有该数据项副本的站点上，每个副本都需要维护它自己的锁并且可以授予或拒绝锁。如果一个请求封锁的事务被大多数副本授予锁的话，它将持有该锁并告知所有的副本已经获得。如果一个事务在给定时间间隔段中没有获得相应授予其锁的大部分投票的话，它将取消其请求并将取消决定告知所有站点。

投票方法被认为是真正的分布式并发控制技术，决策的职责驻留在所有涉及的站点上。

实验表明,投票方法在站点之间产生的信息通信量比识别副本方法产生的要高。如果算法需要考虑投票过程中可能的站点故障时,就可能变得比较复杂。

本章小结

1．知识点回顾

分布计算是一个非常基本的概念,它从两个方向推动了数据库系统发展,一是通过"功能分布"使得数据库系统走上客户机/服务器(C/S)道路,二是通过"数据分布"使得数据库系统走上分布式数据库道路。

C/S 系统通常使用局域网联结,客户机大多采用微型计算机,数据库服务器或是大型机及小型机,或是微型机及高档微型机。应用程序在客户机上处理,数据库管理系统和操作系统的数据管理置于数据库服务器上。

C/S 系统使得应用与用户更加贴近,为用户提供更好的性能和更友好的界面。

客户机与数据库服务器的工作任务如表 8-7 所示。

表 8-7　客户机与数据库服务器的工作任务

客　户　机	数据库服务器
管理用户界面	接收客户机数据库请求
接收用户数据	处理客户机数据库请求
处理应用程序	格式化处理结果并传送给客户机
构建数据库请求	完整性检查
向服务器发出数据库请求	数据字典和索引维护
由服务器接收数据库结果	数据故障恢复
格式化数据库结果	优化查询与数据更新

分布式数据库是在集中式系统基础上发展起来的。DDB 是数据库技术与网络技术结合的产物。DDB 具有数据分布性和逻辑整体性的特征。DDBS 能够支持涉及多个站点的全局应用。DDB 数据存储有数据分片和数据冗余两种策略。DDB 的模式结构为理解DDBS 提供了一种通用的概念结构。分布式透明性是 DDBS 的目标。DDBMS 负责管理在分布式环境中逻辑集成、数据存储、一致性、有效性和完备性。DDBS 数据分布在不同站点,系统最重要的性能指标是尽量减少网络传输信息的次数和数据量。分布式查询中基于半连接的优化策略是常用的技术。在并发控制和事务恢复过程中,分布式环境会出现集中式环境中难以出现的问题,需要认真对待和解决。分布式并发控制主要有主站点和主文本封锁方法。

分布式 DBMS 和集中式 DBMS 比较如表 8-8 所示。

表 8-8　分布式 DBMS 和集中式 DBMS 比较

比较项目	分布式 DBMS	集中式 DBMS
存取方式	用户→DDBMS→分布式网络 OS→网络通信→局部 DBMS→局部 OS→ DB	用户→DDBMS→ OS→DB
数据冗余性	有控制冗余	最小冗余

续表

比较项目	分布式 DBMS	集中式 DBMS
数据表示级别	(四级)用户视图,全局视图,分片视图,分布视图	(三级)外部视图,概念视图,内部视图
数据存储方式	复制在多个地点,模式和处理程序分散化	集中在同一场地
DBA	分布在不同场地	集中在同一场地
同步问题	由全局 DBMS 和网络 OS 组成	由 OS 完成
封锁	分散控制	集中控制
实际资源	多 CPU,多 DBMS	单个 CPU 和 DBMS
操作方式	当前方式与响应方式	当前方式
数据一致性	所有主场地逻辑结构一致,各个场地副本中数据可不一致	任何时候都需要保持数据一致

2．知识点关联

（1）数据库系统结构如图 8-14 所示。

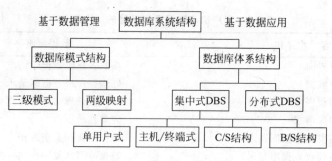

图 8-14　数据库系统结构

（2）分布式数据库基本技术如图 8-15 所示。

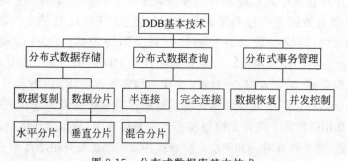

图 8-15　分布式数据库基本技术

习题 8

01. 试述数据库系统结构的基本内容。
02. 试述集中式数据库和分布式数据库的概念以及集中式数据库的基本分类。
03. 试述分布式数据库管理系统的基本功能。

04. 试述分布式数据库的模式结构及其特点。

05. 试述分布式数据库的优势与不足。

06. 分布数据独立性的基本含义是什么？

07. 什么是同构分布式系统，什么是异构分布式系统？

08. 试述分布透明性的内容。

09. 什么是数据分片？有哪几种分片方式？

10. 数据分片应当满足怎样的规则？

11. 试述分布式数据查询处理基本过程。

12. 分布式数据库中对查询影响最大的因素是什么？

13. 基于半连接的优化策略的基本原理是什么？

第 9 章　　　对象关系数据库

关系数据模型具有较高的抽象层次,因此数据结构相当简洁,只有一个核心概念即关系表,非常适合于一些常规的数据事务处理,如银行业务、票务办理、酒店预订、工资和人事管理系统等。随着计算机技术的发展,数据库进入到一个更为广阔的应用领域,例如多媒体数据、网络数据和移动对象数据管理。此时传统关系数据库的局限性就日渐显露。

(1) 关系模型不支持复杂数据类型,而复杂数据类型正是新型数据库应用中的基本对象。

(2) 复杂数据的处理需要高级程序设计语言的参与,而关系数据模型的限制使得像 C++ 或 Java 等编写的程序难以有效访问数据库中的数据。

由于提供了更好的程序组织形式和提高了程序的可靠性,面向对象方法和思想已为人们广泛接受,从 20 世纪 90 年代开始,人们就沿着两条途径探讨基于对象的数据库系统。

(1) 将面向对象程序语言例如 C++ 持久化,建立全新的数据库系统,这就是面向对象数据库系统,其着眼点是将应用操作引入到数据管理过程当中。

(2) 将面向对象的思想和方法引入关系数据库,对其进行基于对象的扩展,这就是对象关系数据库,其着眼点是将复杂类型数据引入到数据管理过程当中。

经过多年发展,相对于面向对象数据库,对象关系数据库已经成功商业化,其中可能有如下原因。

首先,数据库的现实状况并不要求大规模、全面性地应用面向对象技术,对关系数据库进行一些必要的面向对象扩充通常也可满足大部分实际应用过程。

其次,关系数据库语言 SQL 已经被人们广泛接受,正如人们所说,"SQL不管其好坏,仍然是星系间数据对话的语言",离开 SQL 风格的"纯"对象的数据库语言,还难以打开市场局面。

最后,由于面向对象数据库还没有成熟的产品,通过吸取面向对象技术基本概念,让面向对象方法搭载在关系数据库平台之上先期进入市场,也不失为一种明智选择。事实证明也确实如此。

对象关系数据库作为关系数据库的面向对象扩展,其本质上还是基于关系数据模型;其特征是通过引入复杂数据类型突破了 1NF 限制,同时通过引入"继承"和"引用"等技术增添了面向对象过程部分功能;其数据操纵语句是 SQL(SQL3 和 SQL 2003)。本章学习对象关系数据库基本技术。

9.1　对象关系数据模型

对象关系数据库系统采用对象关系数据模型,而对象关系数据模型是经典关系数据模型的扩充。传统关系模型中数据类型主要有整数、实数、字符串、时间型等简单(原子)数据类型,对现实中较为复杂的实体缺少必要的模拟和表现能力。因此,对象关系数据模型就以数据类型扩充为主线实现了关系数据模型的面向对象扩充,这种扩充主要有以下特征。

(1) 建立复杂数据类型(主要是结构类型和聚集类型)以扩充现有数据类型,突破了传统的 1NF 限制,提高了模型的描述能力。

(2) 刻画类型间内在关系(主要是类型之间的嵌套特别是继承机制),直观而清晰地描述类型之间的结构关系,改变了传统模型对数据实体"联系"表现力薄弱的情形。

(3) 引入数据对象操作方法。由于结构类型等具有丰富的应用背景,系统需要提供内置类型构造器和用户自定义的操作函数,对象关系模型就自然地需要包含"方法"或"操作"。

(4) 由于类型间的继承关系,需要通过继承机制实现方法重用性,通过对象标识实现了类型的引用,通过引用机制降低了数据的冗余,通过抽象数据类型实现了数据对象的封装。

9.1.1　结构类型与聚集类型

关系模型基本要求是其中关系模式满足第一范式即 1NF。1NF 对于银行、商店、酒店等的事务数据处理是必要的与合理的,但对于更为广泛的应用就限制过严,例如一名教师五年来所上课程取值通常就是元组(课程编号、课程名称、开课的学年与学期、开课的系与班级)的集合(关系表)。按照关系数据原子性要求,将相关数据分解成满足 1NF 的多个关系表,这在描述上并不符合人们的直觉观念,在实际操作中会增加许多连接运算并降低系统效率,在存储上会带来大量数据冗余而导致数据一致性问题。

在对象关系数据模型中,属性取值的非 1NF 性主要表现在两个方面:

(1) 属性取"结构"值即"元组"值,即属性值中各个数据项在不同数据类型中取值;

(2) 属性取"聚集"值即"同型"值,例如一个人的通信联系方式(办公电话,住宅电话,移动电话,传真),其中所有元素在同一数据类型中取值。

对象关系数据模式正是通过属性取结构值或聚集值的方式实现了对关系模型中属性取值 1NF 限制的突破。

1. 结构数据类型

与 C++ 中情况相同,对象关系数据模型中将元组形式称为结构数据类型(structural data type),也称为行数据类型(row data type)或元组数据类型(tuple data type)和对象数据类型(object data type)。对象关系数据模型允许数据属性取值结构数据类型,同时还允许多次交替出现,形成嵌套,以此突破 1NF 限制。

1）元组与结构类型

结构类型数据中各个元素具有不同的合法的数据类型值。例如,日期形式(1,April, 2006)就是由整型、字符型和整型构成的结构型数据。作为关系模型中元组概念的推广,结构数据类型基本要素是属性名称和相应属性域。需要注意,结构类型中给定元素属性域需要包含在某个确定的基本数据类型当中。

如下语句定义表示了由成分属性 firstname 和 lastname 组成结构型属性 Name：

```
Create type Name as
    ( firstname varchar(20),
      lastname varchar(20)),
      final;
```

如下语句定义了一个结构类型的属性 Address：

```
Create type Address as
    ( street varchar(20),
      city varchar(20),
      zipcode int),
      not final;
```

上述两个定义中,final 和 not final 与子类型有关,稍后将讨论。

2）结构类型与嵌套

元组的集合就是关系,结构类型中的属性也可取值于另外一个关系,此时整个关系称为嵌套关系(nested relation)。为了叙述方便,可将同型元组集合称为关系类型。嵌套关系通常具有"关系——属性值——元组(关系)——属性值——元组(关系)……"的链条形式。嵌套数据模型结构如图 9-1 所示。

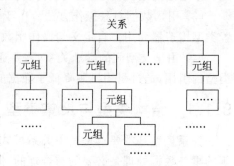

图 9-1　嵌套数据模型结构

例 9-1　在教育系统中,设有大学(University)与教师(Faculty)两个关系,可以将它们组成如下关系：

University(uno、uname、ucity、staff(fno, fname, fage))

其中属性 uno、uname、ucity、staff 分别表示学校编号、校名、所在城市和教师,属性 fno、fname、fage 分别表示教师编号、教师姓名和年龄。这里属性 staff 取值为一个结构类型数据集合即另一个关系表 Faculty,表示一所大学所有教师,如下所述,可以将相应(数据)类型记为 FacultyRel,由此 University 是一个嵌套关系。

可以用类似于程序设计语言中的类型定义和变量说明的方式描述这个嵌套关系结构,通常可以有下述三种方法。

（1）先定义关系类型,再定义嵌套关系。

```
type UniversityRel = relation(uno: string,
                              uname: string,
                              ucity: string,
                              staff: FacultyRel);
type FacultyRel = relation(fno: string,
```

```
                        fname: string,
                        age: integer);
    Persistent variant University: UniversityRel;
```

这里组合关系用持久变量(Persistent Variant)形式说明,供用户使用。

（2）先定义结构类型 UniversityTup 与 FacultyTup,然后再定义关系类型 UniversityRel 与 FacultyRel 分别作为 UniversityTup 与 FacultyTup 的集合,这种方法更显灵活。

```
type UniversityTup = tuple(uno: string,
                            uname: string,
                            ucity: string,
                            staff: FacultyRel);
type FacultyTup = tuple(fno: string,
                         fname: string,
                         fage: integer);
type UniversityRel = set(UniversityTup);
type FacultyRel = set(FacultyTup);
```

（3）不通过定义关系类型,直接使用集合 set 形式。

```
type UniversityTup = tuple(uno: string,
                            uname: string,
                            city: string,
                            staff: FacultyTup);
type FacultyTup = tuple(fno: string,
                         fname: string,
                         fage: integer);
Persitent varaint university: set(UniversityTup);
```

2. 聚集数据类型

对象关系模型还可通过聚集数据类型(collection type)实现非 1NF。聚集类型是由一组相同类型元素组成的满足一定要求的集合。聚集类型具体可以分为数组、列表、多集和集合四种情形。SQL3 中的聚集类型为数组,而 SQL 2003 中的聚集类型为多集(包)。

1) 数组数据类型

数组类型(array type)是相同类型元素的有序集合,数组大小需要预先设置。在实际应用中,如果属性值可排序的话,相同类型数据值通常需要进行排序。例如,一本出版物如果有多名作者,则第一作者、第二作者等的区分具有重要意义,这将可以区分各个作者在该书中的贡献和所担负的责任。

2) 多集数据类型

多集(multiset)类型是相同类型元素的无序集合,但允许一个元素出现多次。也称为包类型(bag type)。例如一个小组五名同学的数据库课程考试成绩就可以表示为一个多集类型数据{75,80,80,70,80},这里,数据中元素的顺序无关紧要,如果强调顺序,则就转变为数组。

3. 后关系数据模型

在关系模型中,允许元组的属性取值为结构数据类型或聚集数据类型,同时允许进行属性取值的嵌套,由此得到的关系模型的扩充就称为后关系数据模型。后关系数据模型结构如图 9-2 所示。

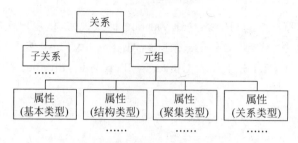

图 9-2　后关系数据模型结构

例 9-2　在例 9-1 中,如果大学中还需要校长(president)信息,则可有如下关系:

```
university(uno, uname, ucity, staff(fno, fname, age),
                    president[fno, fname, age]);
```

这里方括号"[　]"表示结构数据类型。上述关系就是一种后关系模式。在 University 关系中,属性 uno、uname、ucity 是基本类型,staff 是关系类型,president 是结构类型。

需要注意,后关系模型并没有真正给"前"关系模型即关系模型增加本质上的新义,只是在属性取值的类型上更加灵活,超越了"平面文件"的范围,定义出更为复杂的层次结构,同时也扩充了现有关系查询语言。例如,当关系中一个属性取值为关系类型时,可以把关系操作嵌套在 SELECT 子句(投影)当中。

例 9-3　在例 9-1 中,如果查询"各大学年龄大于 40 岁的教师姓名",就可以使用下面的 SELECT 语句嵌套 SELECT 语句方式实现:

```
SELECT uno,uname,(SELECT fname
                    FROM staff
                    WHERE age > 40)
FROM University;
```

9.1.2　类型继承与引用类型

继承是一种非常重要的层次机制,通过继承可以实现相应方法的联编和重用;上述嵌套机制通常会带来数据冗余和效率低下,引用机制就是解决此种问题的基本技术。完成继承与引用的技术实现,就需要引入对象标识即指针,通过指针实现数据操作的递归结构。

1. 类型继承

类型间的继承通常是针对结构类型而言,是一种重要的类型间的关联。

1) 数据泛化和细化

数据的泛化和细化(generalization and specialization)是对概念间联系进行抽象的一种方法。当较低层面上抽象表达了与之联系的较高层面上抽象的特殊情况时,则称较高层面上抽象是较低层面上抽象的"泛化",而较低层面上抽象是较高层面上抽象的"细化"。这种细化联系是一种"A is a B"的联系。

在具有泛化和细化的对象类型之间,较高层面上的类型是"超类型"(supertype),较低层面上的类型是"子类型"(subtype)。

2）继承与多重继承

子类型继承其超类型的基本特征，但子类型本身还应当具有超类型所不具有的其他特征。例如，设有"Person"类型。实际应用可能希望除了解"Person"的基本信息外，还对大学中的"Person"——Students 和 Teachers 的特定信息感兴趣。此时，Person 就是 Students 和 Teachers 的超类，而 Students 和 Teachers 是"Person"的子类，它们继承了"Person"的基本特征，也具有自身的特征。在高校中，助教作为教师，通常由研究生（学生）担任，因此，助教就同时作为学生和教师的子类，这就是多重继承(multiple inheritance)。继承与多重继承如图 9-3 所示。

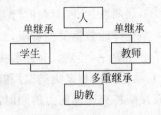

图 9-3 继承与多重继承

2. 引用类型

在对象方法中，引入"引用"技术主要是为了解决嵌套等过程中的数据冗余以及在递归过程中"无限循环"等问题。冗余问题比较好理解，下面的例子说明，如果直接将涉及的数据值用于递归结构，就可造成无穷嵌套，带来语义上的混乱，甚至成为不可知。

设有下面两个关系：

UniversityRel(uno, uname, ucity, staff(FacultyRel))
FacultyRel(fno, fname, fage, works - for(UniversityTup))

上述关系定义中分别涉及两个结构类型 UniversityTup 和 FacultyRel，即在关系类型 UniversityRel 的元组 UniversityTup 中包含关系类型 FacultyRel 的成分；而关系类型 FacultyRel 的结构类型 FacultyTup 中又包含了结构类型 UniversityTup 的成分，此时类型嵌套构造示意如图 9-4 所示。由于会引发无穷嵌套，这种递归类型构造通常禁止使用。

正是由于解决数据冗余和无穷递归的需要，引入了"引用"(reference)技术和"引用数据类型"概念。引用类型的意义在于将数据类型定义中的实例映射扩充到类型值域中的实例映射，从而提供有关细节的抽象。

上述结构类型 UniversityTup 中有一属性 staff 取值为关系类型 FacultyRel，在实现时可不采用"直接取值"方式而采用"引用方式"(指针方式)，即为 FacultyRel 中元组配置指针。无限循环来自直接取值，而直接取值引发"同名"循环取值。依据面向对象思想，对每个数据元组（对象）建立对象标识，以对象标识作为相应指针，而指针在全系统中具有唯一性，通过指针在需要时进行"异名"间接取值，从而避免了无穷循环。另外，元组 FacultyTup 中有一个属性是结构类型 UniversityTup，实现时也采用"引用方式"。图 9-5 是采用"引用"类型后的类型构造示意图。图中用虚线表示"引用"类型，实线表示类型与成分相连。

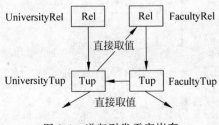

图 9-4 递归引发无穷嵌套

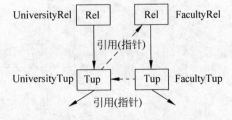

图 9-5 采用"引用"概念的类型构造

3. 对象关系数据模型

在后关系模型中，如果允许引入元组对象标识，并在此基础上引入类型继承和引用数据类型等基本机制，由此得到的关系模型扩充就称为对象关系数据模型（Object-Relational Data Model，ORDM）。

如前所述，面对新的计算机应用和数据管理需求，传统关系数据库具有两个明显弱势，一是支持的数据类型有限，二是不支持高级语言程序直接访问数据库。ORDM 较好地解决了上述第一个问题，部分解决了第二个问题。ORDM 提供了更为丰富的类型系统（基本类型、结构类型和聚集类型）和面向对象的基本机制（对象标识、类型继承和数据引用），在对关系模型扩充建模能力的同时注意保持了关系模型的最重要的基础——关系表格结构和非过程性访问。基于 ORDM 的对象关系数据库系统为需要使用面向对象特征的关系数据库用户提供了一个简单快捷的移植途径。

9.1.3 E-R 图扩充——对象联系图

实体联系图（E-R 图）可以扩充为对象联系图（OR 图）。

OR 图的基本成分可以描述如下。

（1）用椭圆表示对象类型（相当于实体类型）。

（2）用小圆表示属性是基本数据类型（整型、实型、字符串型）。

（3）用椭圆之间的边表示对象之间的嵌套或引用。

（4）用单箭头（→）表示属性值是单值（可以为基本数据类型，也可以是另一个对象数据类型，即结构数据类型）。

（5）用双箭头（→→）表示属性值是多值（属性值是基本数据类型，或者是另一个对象数据类型，即关系数据类型）。

（6）用双线箭头（⇨）表示对象类型之间的超类与子类类型（由子类指向超类）。

（7）用双向箭头（←→）表示两个属性之间的值的互逆联系。

例 9-4 图 9-6 是一个数据库模式的对象联系图，其中有大学、教师、上课教材等信息。

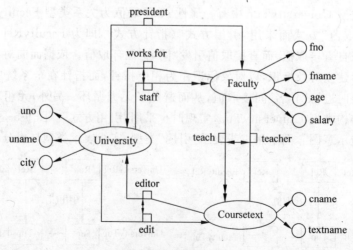

图 9-6 对象联系图

University 是有关大学信息的对象类型,共有六个数据类型,其中学校编号 uno、校名 uname 和学校所在城市 city 等是基本数据类型;属性校长 president、staff 和 edit 是复合数据类型,其中 president 是单值属性,表示学校中有一位教师是校长,staff 和 edit 是多值属性,分别表示学校有若干教师,属性 edit 表示学校编写了若干本教材。

Faculty 是有关教师信息的对象类型,有六个属性。其中教师工号 fno、姓名 fname、年龄 age 和工资 salary 是基本数据类型;works for 表示教师服务的学校,为单值属性,是复合数据类型;teach 也是复合数据类型,为多值属性,表示教师开了若干门课程。

Coursetext 是有关课程与教材信息的对象类型,有四个属性。其中两个是基本数据类型,即课程名 cname 和教材名 textname;还有两个数形是复杂数据类型,属性 teacher 表示开课的教师,editor 表示教材编写的学校。

类型定义中的成分现在用从类型定义到值域类型的属性表示,例如 teach 是一个从对象类型 Faculty 到对象集合(其成分是 coursetext 类型)的属性。属性之间的双向箭头(←→)表示两个属性之间的联系为互逆联系。例如 teach 和 teacher 是一对互逆的属性,此处,teach 是多值属性,teacher 是单值属性,实际上体现了 Faculty 与 Coursetext 之间对象的 $1:n$ 关系。

例 9-5 图 9-7 是一个带泛化/细化联系的对象联系图。对象类型 Person 是一个超类型,有属性 name(姓名)和 age(年龄)。对象类型 Faculty 是 Person 的一个子类型,自动具有 name 和 age 两个属性,表示"每个教师是一个人"的语义。但子类型 Faculty 还可以比超类型 Person 有更多的属性,例如 fno(工号)、salary(工资)等。

对象类型 Student 也是 Person 的一个子类型。自动具有 name 和 age 两个属性,同时,自己还有属性 sno(学号)。在图 9-7 中,泛化/细化联系用泛化边(双线箭头)表示,泛化边从子类型指向超类型。

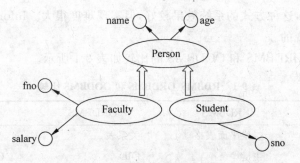

图 9-7 带泛化边的对象联系图

对象联系图是描述对象关系数据模型的基本工具,它不仅完整揭示了数据之间的联系,也把查询的层次观点表现得相当清楚。例如,一个查询可能是从 University 开始,把 Faculty 看成它的子对象(通过值为集合的函数 staff)。这样,查询形式就如同数据库中真有嵌套关系 University(…,staff(…)),这里的子关系 staff 包含了一所大学的所有教师信息。但是,另一个查询可能正好相反,那么就要用相反的层次观点解释。例如从 Faculty 开始查询,把 University 作为子对象,通过单值函数 works-for 来实现,如果数据库中有嵌套关系 Faculty(…,works for(uname,city,…)),任何形式的层次联系均被包含在对象联系图中,而且实现时不会有冗余现象。

9.2　对象关系数据库管理系统

基于对象关系数据模型建立的数据库系统称为对象关系数据库系统(Object Relation DataBase,ORDBS)。ORDBS 中对象关系数据库管理系统(Object Relation DataBase Management System,ORDBMS)具有关系数据库管理系统的功能,同时又支持面向对象的某些特性,主要是扩充基本类型、支持复杂对象、建立对象标识符和对象继承机制与引用机制。

9.2.1　ORDBMS 实现与比较

ORDBMS 是由传统的关系数据库加以扩展,增加面向对象的特性,把面向对象技术与关系数据库相结合。这种系统支持已被广泛使用的 SQL,具有良好的通用性能;同时具有面向对象特性,支持复杂对象和复杂对象的复杂行为,ORDBMS 是对象技术和传统关系数据库技术的最佳融合。

ORDBMS 可以分为弱耦合与强耦合两种实现方式。

弱耦合就是 ORDBMS 以 RDBMS 为基础,并在其上外加上一个面向对象的功能层。在这种结构中,ORDBMS 以关系表为基本数据结构,而在外层添加上复杂数据类型、引用数据类型和关系表之间的继承等功能。弱耦合结构如图 9-8 所示。

当前大多数 ORDBMS 都采用这种弱耦合实现结构。例如 Oracle 的 ORDBMS 就是如此。

图 9-8　弱耦合结构

强耦合方式是通过将关系数据模型与面向对象功能紧密结合来实现 ORDBMS,这种方式的系统效果较好,但实现难度很大。Informix 的 unidata 就是按照强耦合方式实现的。

关于 RDBMS、ORDBMS 和 OODBMS 的比较如表 9-1 所示。

表 9-1　RDBMS、ORDBMS 和 OODBMS 比较

比较内容	RDBMS	ORDBMS	OODBMS
基本数据结构	二维平面表格	关系表	类
数据对象标识	主键	OID	OID
数据静态特征	属性	属性	属性
数据动态行为	关系操作	关系操作	方法
复杂数据类型	无	有(弱)	有(强)
抽象数据类型	无	有	有
数据方法封装	无	无	有
数据相互联系	外键和数据依赖	继承、组合与引用	继承、组合与联系
模式演化能力	有(弱)	有(弱)	有(强)
多态以及联编	无	无	有

9.2.2　主要 ORDBMS 介绍

ORDBMS 是关系技术和对象技术珠联璧合的结果,具有既支持 SQL 又支持对象特性的双重优点,吸引着全球数据库厂商竞相研究开发。在实际用户中,他们大量而主要的应用都是基于传统数据类型,同时对于关系型计算环境已经进行了许多的投资和建设,只有能兼容及保护先前投资及应用的系统才会为这些用户所接纳。因此,世界主流数据库商家行动的一致性和大量用户的实际需求都表明,ORDBMS 在目前的数据库市场上占据绝对优势是必然的。典型的 ORDBMS 产品有 IBM 公司的 DB2 和 Oracle 公司的 Oracle 等。

1. IBM 公司的 DB2

基于 SQL 的 DB2 关系型数据库产品是 IBM 公司的主要数据库产品。DB2 起源于 IBM 研究中心的 System R 等项目,20 世纪 80 年代初,DB2 的发展重点都是基于大型的主机平台。从 80 年代中期开始,DB2 逐步发展到中型机、小型机以及微型机平台。1995 年 7 月,IBM 公司在其原有工作的基础上,开发出对象关系型数据库管理系统 DB2/V2。

DB2/V2 提供了一组广泛的新特征,这些特征组合起来可以支持集成的内容搜索。DB2 通过 SQL3 标准扩充实现了诸如用户自定义类型、用户自定义函数、大型对象以及触发器的约束之类的特征。

利用 DB2/V2 提供的对象关系特征,使基于内容的搜索能力可以扩展到诸如文本、图像、视频、音频等新的数据类型。为了使这一扩展不仅可行而且还易于实现,IBM 同其客户和独立的软件开发商通力合作,创建了关系数据库扩展程序,这是一个预先包装的、使用户能够自定义类型、函数、触发器、约束以及存储过程的集合,它可以很容易地装载到 DB2 的 SQL 核心中去,以支持集成内容搜索。使用关系数据库的这个扩展程序,用户可以把文本文档、图像、视频等数据同常规数据一样存储在 DB2 的表格中。

2. Oracle 公司的 Oracle

Oracle 允许用户以处理关系数据的方式来处理对象数据,同时还为处理对象数据设计了新的专门功能,这些功能向下兼容"纯"关系数据处理。对象关系和关系数据的无缝操作体现了 Oracle 已将对象技术的精髓渗透到 Oracle 的数据库服务器当中,而不是包裹在现有 RDBMS 外部的一层外壳,或者在关系数据库和客户端应用软件之间提供一个对象服务器网关。对象技术和关系型数据库的完美结合,使得用户现有的 Oracle 应用软件无须移植便可以在 Oracle 上使用,从而有效地保护了现有客户的先前投资和利益。

在为数据库服务器增加对象功能的过程中,Oracle 采取了一种非常实用的方式来将其中的对象功能分阶段提供给用户。首先是满足客户最重要和最迫切的需求,而在后续版本中逐步增加诸如继承、多态以及扩充性接口等对象功能。由于 Oracle 支持 SQL3、JSQL、JDBC 和 CORBA 等业界标准,为用户提供了更加开放的数据库开发平台,大大加快了应用软件的开发。

从 Oracle 8 数据库产品来看,它是业界一个可靠的、集成的对象型关系数据库产品。据 Oracle 公司称,Oracle 强调的是数据库可靠性和稳定性,用户还没有用到的对象功能暂时不加到数据库系统中。

从上述可知,各个主要数据库商家纷纷推出对象关系数据库产品,但其实现技术不尽相同,对于对象技术的支持程度也参差不齐,现有 ORDBMS 产品还远没有达到对象关系数据库的真正目标。究竟怎样去衡量一个对象关系数据库呢? 著名数据库专家美国加州大学伯克利分校的教授 Michael Stonebraker 提出了对象关系数据库系统的四个主要特征。

(1) SQL 环境中对基本类型的扩充的支持。

(2) 对复杂对象的支持。

(3) 对继承性的支持。

(4) 对产生式规则系统的支持以及完全支持这些特性所需满足的特殊要求。

通常认为,只有满足以上四个特性才可以算得上真正的对象关系数据库产品。数据库商家现在推出的 ORDBMS 产品都不完全具备这些主要特性,但为了占领市场,他们还是迫不及待地发布其不完备的 ORDBMS 产品。这从一个侧面反映出,对象关系数据库可能会成为市场上的主流产品或主流产品之一。

9.3 对象关系数据创建

20 世纪 80 年代中期,随着面向对象技术的兴起,人们在传统 SQL 基础上加入面向对象内容。早期对象关系系统 POSTGRES 是 1986 年由美国加州大学伯克利分校开发的,Illustra 是 POSTGRES 的商业化版本。惠普公司在 1990 年推出的 Iris 系统,支持一种称为Object SQL(OSQL)的语言。1992 年,Kifer 等人提出的 XSQL 也是 SQL 的面向对象扩充。在 SQL 1999 中,增加了对象关系扩展,而在 SQL 2003 中,引入增强了的对象关系标准。通常将包含对象关系功能的 SQL 称为 SQL3。

9.3.1 SQL3 简述

SQL3 标准包括下述四个主要部分。

1. 框架基础、绑定和对象

主要包括 SQL/框架基础、SQL/绑定和 SQL/对象。

(1) SQL/框架基础包括新的数据类型、新的谓词、关系操作、游标、规则和触发器、用户自定义类型、事务管理和存储例程。

(2) SQL/绑定包括嵌入式 SQL 和类似于 SQL2 中的直接调用。

(3) SQL/对象包括新的数据类型,例如二进制大数据对象(LOB)、大对象定位器、用户自定义数据类型、类型构造器、聚集类型、用户自定义函数和过程以及触发器。

SQL3 中对象主要有两类:结构类型或行类型,类似于常规"关系表"中的元组;抽象数据类型(ADT),其特征是任意通用类型,主要作用于元组分量。

2. 新部分寻址时序(SQL 事务管理)

其中的 SQL 时序用于处理历史数据、时间序列数据和其他时序扩展,其基本标准是由TSQL2 委员会提供的。SQL 事务管理说明规范化供 SQL 实现者使用的 XA 接口。

3. SQL/CLI(调用层接口)

其中的 SQL/CLI 提供某些规则,这些规则允许执行没有给出源代码的应用代码,并且避免了进行预处理的需要,同时还提供了一种新的类似于动态 SQL 的语言绑定类型。

4. SQL/PSM(永久存储模块)

SQL/PSM 指定在客户机和服务器之间划分应用的设施。其目的是通过最小化网络流量来增强性能。

由上述可知,增加了对象关系功能的 SQL3 标准具有下述特征。

(1) 具有传统关系数据库标准 SQL 的基本功能。

(2) 具有定义复杂数据类型与抽象数据类型的能力。

(3) 具有数据之间继承与引用的功能。

(4) 具有自定义函数和使用的功能。

SQL3 具有经典 SQL 的明显特征,又进行了必要的面向对象扩充,适应于对象关系数据库模式定义、数据操作和数据控制,所以成为对象关系数据库的基本语言。现有对象关系数据库基本都遵循相应 SQL3 的工业标准。

9.3.2　类型创建

SQL3 最重要的特色在于数据类型创建,这种创建通常分为内置基本数据类型、类型生成器和抽象数据类型(用户自定义类型)三个层面完成,如图 9-9 所示。

图 9-9　创建数据类型的三个层面

1. 基本类型创建

SQL3 保留了原有各种基本数据类型。以此为基础,可以创建结构(行)数据类型。同时,SQL3 还增加了 BOOLEAN、CLOB 和 BLOB 三种作为新的基本数据类型,以适应多媒体数据、网络数据等具有对象特征数据管理的需求。

(1) BOOLEAN 数据类型:这是一个 BOOLEAN 值类型,具有值域{True,False,Unkown},支持 not、and 和 or 三种逻辑操作。同时,SQL3 还增加了两个新操作:every 和 any。这两个操作的参数都是 BOOLEAN 数据类型,通常是由一个表达式得到。

(2) CLOB(Character Large Object)数据类型:这是一种长度不受限制的变长字符串,通常处理定位操作,主要用于存储长字符串数据。其功能类似于游标操作,可以将一般字符操作难以处理的字符串分别处理,同时支持"相等"与"通配 LIKE"操作。

(3) BLOB(Binary Large Object)数据类型:这是一种二进制串,通常处理初等算术操作,主要用来存储音频和图像数据。

例 9-6　BLOB 数据类型创建:

```
CREATE TABLE mail (origin  VARCHAR (20),
              address VARCHAR (20),
          arrival DATE,
          message BLOB(10M)
          );
```

说明：这里，属性 message 就是一个二进制的大数据对象类型。大数据对象通常用于外部应用，通过 SQL 对其进行全体搜索是毫无意义的。在应用程序中，一般只查询大对象的"定位器"，然后通过定位器从宿主语言中操作该数据对象。

2．结构类型创建

SQL3 中具有一个扩展类型系统，其中主要是结构类型。在 SQL3 中，结构数据类型采用行类型定义方式。行类型定义格式如下：

```
CREATE type_name ROW TYPE (< component declarations >)
```

例 9-7 创建行类型：

```
CREATE Emp ROW TYPE (name VARCHAR(35),
                     age INTEGER
                );

CREATE Comp ROW TYPE (compname VARCHAR(25),
                      Location VARCHAR(20)
                );
```

由此创建相应关系表：

```
CREATE TABLE Employee OF Emp
   VALUE FOR emp_id ARE SYSTEM GENERATION;

CREATE TABLE company OF Comp;
```

说明：这里，行类型的对象标识由系统生成，上述子句"VALUE FOR emp_id ARE SYSTEM GENERATION"就表明了这一点。

例 9-8 下面的例子也说明了行类型的生成：

```
CREATE TABLE CUST (CUST # CHAR(4),
                   ADDR ROW TYPE(STREET CHAR(50),
                                 CITY CHAR(25),
                                 STATE CHAR(2),
                                 ZIP CHAR(10))
                   PRIMARY KEY (CUST # )
                );
```

3．抽象类型创建

结构类型提供了将数据项属性值也看做对象的功能，并允许通过多层嵌套实现复杂对象类型构造，但没有提供对象的封装机制，而封装是对象模型的一个本质特征。在 SQL3 中，对象的封装机制由抽象数据类型实现。抽象数据类型(Abstract Data Type，ADT)也称为用户自定义数据类型，它是 SQL3 提供的类似于"类"的数据类型构造，通过 ADT，用户可以根据需要自行定义带有自身行为说明和内部构造的用户数据类型(数组和多集)。

ADT 定义包括下述基本内容。

(1) 关键字 CREATE。

(2) ADT 名称。

（3）关键字 AS。

（4）用"（）"括起来的并由逗号分隔的属性及其类型列表。

（5）用逗号分隔的方法列表，这些方法包括参数类型和返回类型。

由此，可以得到 ADT 的一般创建格式如下：

```
CREATE TYPE < type name > AS (属性名称及其类型,
                             EQUAL、LESS THAN 函数声明,
                             其他函数或方法声明
                             );
```

例 9-9　定义抽象数据类型 AddressType 和 StudentType 如下：

```
CREATE TYPE AddressType AS  (street CHAR(50),
                            city CHAR(20)
                            METHOD houseNumber() RETURN CHAR (10));

CREATE TYPE StudentType AS (name CHAR(30),
                            address AddressType
                            );
```

说明：在 SQL3 中，关键字 METHOD 需要后面紧跟该方法的名称和一个用括弧把参数和参数类型都括起来的列表。本例抽象类型 AddressType 中，方法没有参数，但括弧仍然必需。每个参数的表达形式是参数名称，参数类型，例如，(a INT，b CHAR(5))。在抽象类型 StudentType 中，元组的第二个元素本身还是一个抽象数据类型 AddressType。

SQL3 中方法（函数）主要有内置函数和用户自定义函数两种形式。

（1）内置函数。

在 SQL3 中，ADT 可以调用下述内置函数。

① 构造器函数（constructor function）：设 Type_T 是一个 ADT，Type_T()返回该类型的一个新的对象。在新对象中，每个属性都初始化其默认值。

② 观察器函数（observer function）：对于类型 T 的每个属性 A，观察器函数 T.A()的值就是读取 T 关于 A 上的值，即 T.A()返回 T 的属性 A 的值。

③ 变更器函数（mutator function）：主要用于变更属性，将某属性值设置成一个新的值。

需要注意，SQL3 允许这些内置函数锁定公共应用，应当使用 EXECUTE 特权访问。

（2）用户自定义函数。

对于 ADT，用户自定义函数的语法格式如下：

```
CREATE FUNCTION < func_name > (< argument_list >)
    RETURN < type_name > AS (< file_name or SQL_repression >);
```

用户定义好函数之后，就可以在相应抽象数据类型创建中进行调用。在上述语法格式中，AS 之后是函数体，可以分为下述两类。

① 如果函数体是由 SQL 计算完备的扩展版本编写，直接在 AS 后出现相应的 SQL 语句。例如一个计算某个教师与另一个教师 Wang 的工资差的函数定义如下：

```
CREATE FUNCTION salary_differ (float)
    RETURN float
    AS SELECT $ sal_salary
        FROM   teacher
        WHERE name = 'Wang';
```

② 如果函数体是由宿主语言编写,在 AS 后出现可执行代码的文件名称。

ADT 中的属性和函数可以分为三类。

a. PUBLIC:属于 ADT 接口可见。

b. PRIVATE:属于 ADT 接口不可见。

c. PROTECTED:属于仅在相应子类上可见。

在 SQL3 中,子类可重新定义任何在其超类中已经定义过的函数,但需要签名相同,这称为函数的重载。另外,对于函数的解而言,需要注意:

① 如果一个函数被调用,最好的匹配是基于所有变元类型的选择。

② 对于动态连接,需要考虑运行时间的类型参数。

4. 聚集类型创建

SQL3 主要通过抽象数据类型 ADT 生成聚集(数组和多集)数据类型。

例 9-10 一个记录有关图书的数据创建如下:

```
CREATE TYPE Publisher AS
  (name varchar (20),
    branch varchar (20))
CREATE TYPE Book AS
    (title varchar (20),
    author_array varchar(20)ARRAY[10],
    pub_date date,
    pulisher Publisher
    keywords_set varchar(20)MULTILSET)
CREATE TABLE books of Book;
```

说明:这里,首先创建了一个类型 Publisher,其中包括两个属性 name 和 branch;其次创建了结构类型 Book,其中,author_array 是数组类型(最多可以存储 10 个元素),keywords_set 是多集类型;最后,定义了由结构类型 Book 组成的关系表 books。

例 9-11 上述数组 author_array 和多集 keywords_set 数据值集创建如下:

```
ARRAY['Jhon', 'White','Black']
MULTISET['computer','db','ordb']
```

由此,结构类型 Book 的元组创建如下:

```
('compilers', array['Jhon', 'White', 'Black'], NEW Publisher('Springer','Berlin'),
MULTISET['computer','db','ordb'])
```

说明:上述元组创建中,通过适当参数调用 Pulisher 的构造函数 publisher 创建了一个数据值。这里 Pulisher 的构造函数 publisher 需要被显式创建,而不能使用默认值构造函数。

例 9-12　将上述创建的元组插入到关系表 books 中：

```
INSERT INTO books
VALUES
('compilers', array['Jhon', 'White', 'Black'], NEW Publisher('Springer', 'Berlin'),
MULTISET['computer','db','ordb']);
```

说明：在实际应用中，可通过指定相应指针如 author_array[1]完成对数据的访问和修改。

5. 引用类型创建

面向对象程序设计语言提供了对象引用的基本功能，即一个类型的属性可以是对另一个对象的引用。有鉴于此，SQL3 中提供了引用数据类型（参照数据类型）。在使用"引用类型"时，不是引用对象本身的值，而是引用对象标识符——对象的"指针"。"引用"可分为关于"类型"的引用和关于"元组"的引用。引用类型总是和某个特定的其他类型相关联，其值是相应对象的 OID。

1）单个对象引用

定义一个引用类型时，如果"属性"是关于指定类型中单个对象的引用，此时使用形式：属性名 REF(类型名)

例 9-13　定义一个 Class 类型如下：

```
CREATE TYPE Class AS (name varchar(20),
                      monitor REF (Person) SCOPE People
                      );

CREATE TABLE class of Class;
```

说明：例中创建的类型有属性 name 和 monitor，属性 monitor 引用 person 类型。这里，REF(Person)就是对 Person 类型中单个对象的引用。

2）对象集合引用

如果"属性"是对指定类型中对象集合的引用，此时使用形式：属性名 SETOF(REF(类型名))。这里，语句中的"SETOF"也可以换为"ARRAY"或"MULTISET"。

例 9-14　定义一个球队类型的语句为：

```
CREATE TYPE Class AS (name varchar(20),
                      team_list SETOF REF (Person)
                      );

CREATE TABLE class of Class;
```

说明：这里属性 team_list 对类型 Person 的引用就是对 Person 对象集合的引用。

3）引用范围

在定义关系表时，如果是对另一个关系表中的元组进行引用，需要指明被引用类型属性所引用的元组属于哪一个表，此时应对指向表中元组的引用范围（SCOPE）进行强制性限制，其使用方式与关系模型中的外键类似。限制如在类型定义中实现，则采用如下形式：

REF(类型名) SCOPE 表名。

例 9-13 就是这种情形。

限制还可以在表定义中实现,此时,在表定义中采用如下形式:

引用类型的属性名 WITH OPITIONS SCOPE 表名

例 9-15　将例 9-13 中定义语句改写如下:

```
CREATE TYPE Class AS (name varchar(20),
                Monitor REF(Person)
                );

CREATE TABLE classes OF Class(Monitor WITH OPTIONS SCOPE people);
```

说明:上述两个定义语句中,类型 Class 包含一个 name 属性和一个需要引用类型 Person 的 monitor 属性,而相应的"SCOPE people"或"monitor WITH OPTIONS SCOPE people"将"引用"限制在表 people 中的元组。

9.3.3　关系表创建

关系数据模型中基本元素是元组,关系表是同型元组集合。在对象关系模型中,关系仍是核心概念,但基本元素是对象类型,"关系"表看做对象的集合。SQL3 有行数据类型和抽象数据类型两类对象类型,因此,SQL3 中关系表可以看做行类型和抽象类型的集合。

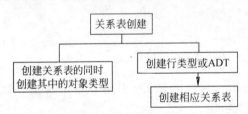

图 9-10　创建关系表的两种方式

在 SQL3 中,创建关系表有两条途径,一是在创建表时创建对象类型,二是先创建对象类型(行类型或 ADT),再通过对象类型的集合创建关系表。两种关系表创建方式如图 9-10 所示。

前述各例中出现过同时创建表和类型的方式,这可以看做常规关系表的定义方式。在对象关系数据库,由于类型结构复杂,这种方式有时难以清楚描述对象关系表的实际构造,一般多采用分别创建对象类型和关系表的方式。现将相关创建语句总结如下。

行类型(ROW TYPE)创建格式:

```
CREATE < row_type_name > ROW TYPE (< component declarations >
                              );
```

抽象类型(ADT)创建格式:

```
CREATE TYPE < ADT_name > AS (< component declarations >
                        );
```

基于对象类型关系表的创建格式:

```
CREATE TABLE < table name > OF < ROW_type_name or ADT_name >
```

创建对象类型后,通常都会即时创建一个相应关系表,并且认为被创建关系是相应对象类型的"类"扩展。但创建一个对象类型后,也可以此创建多个关系或者不创建关系。

例 9-16 创建大学与教师关系 Universities（uno,unname,city,staff(fno,fname,age)）：

```
CREATE Faculty ROW TYPE (fno varchar(10)
                         fname varchar(20),
                         age integer
                         );
                         / * 定义 Faculty 是行类型 * /

CREATE TYPE University AS(uno varchar(10),
                          uname varchar(20),
                          city varchar(20),
                          staff setof (Faculty)
                          );
                          / * 定义 University 是抽象类型 * /

CREATE TABLE universities OF University;
                    / * 定义 Universities 为表 * /
```

例 9-17 创建学生选课及成绩关系 SC（name,cg(course,grade,date)）,其中属性 name、course、grade 和 date 分别表示学生姓名、课程名、成绩和日期：

```
CREATE CourseGrade ROW TYPE(course VARCHAR(20),
                            grade INTEGER,
                            date date
                            );

CREATE TYPE StudentGrade AS setof (CourseGrade);
CREATE TYPE StudentCourseGrade AS (name VARCHAR(10),
                                   cg StudentGrade
                                   );
```

在上述基础上创建关系 SC：

```
CREATE TABLE SC OF StudentCourseGrade;
```

说明：类型与关系表分别创建实际上是"由里向外"逐层定义。

9.3.4 继承性创建

通过前面的讨论可以认为"类型"（结构类型、ADT）和"关系表"是对象关系数据创建中的"基本"元素,表由类型构成,类型之间有继承关系,创建继承性时需要分别考虑类型级和表级继承问题。

1. 类型级继承性

类型之间的继承性主要通过超类型和子类型定义实现。

例 9-18 考虑创建"Person"、"Student"和"Teacher"三个类型。

创建"Person"类型的语句如下：

```
CREATE Person ROW  TYPE (name VARCHAR(10),
                 social_number VARCHAR(18)
                 );
```

如果还需在数据库中存储 Student 和 Teacher 信息，就要创建"Student"类型和"Teacher"类型。从语义上讲，由于 Student 和 Teacher 类型也是"Person"类型，可以通过继承性定义 Student 类型和 Teacher 类型：

```
CREATE Student ROW TYPE UNDER Person (degree VARCHAR(10),
                           department VARCHAR(20)
                           );
```

```
CREATE Teacher ROW TYPE UNDER Person (salary INTEGER,
                           department VARCHAR(20)
                           );
```

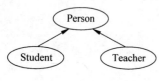

图 9-11　类型级继承

说明：上述 Student 和 Teacher 两个类型都继承了 Person 类型的属性：name 和 social_number，也分别有各自的属性"degree、department"和"salary、department"。这里 Student 和 Teacher 是 Person 的子类型，Person 是它们的超类型。其类型层次图可以用图 9-11 表示。图中箭头方向为超类型，箭尾方向为子类型。

2. 表级继承性

在表级继承性当中，允许将所涉及的关系表组成一个类型层次，这是一个有根无环的有向图，此时，子节点可以从一个或多个父节点中继承属性列和方法。

1) 子表与超表

在例 9-18 中，定义了 Person 类型之后就定义表 People：

```
CREATE TABLE people OF Person;
```

然后分别创建类型 Student 和 Teacher 如下：

```
CREATE ROW TYPE Student (degree VARCHAR(10),
                    department VARCHAR(20)
                    );
```

```
CREATE ROW TYPE Teacher (salary INTEGER,
                    department VARCHAR(20)
                    );
```

再用继承性创建 students 和 teachers 作为 people 的继承表：

```
CREATE TABLE students OF Student
                    UNDER people;
```

```
CREATE TABLE teachers OF Teacher
                    UNDER people;
```

这里 people 称为超表，students 和 teachers 称为子表，子表 students 和 teachers 继承了超表 people 的全部属性，其表级继承层次如图 9-12 所示。

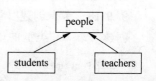

图 9-12　表级继承

2）约束条件

子表和超表需要满足下述约束性或一致性条件。

（1）超表中每个元组最多只能与每个子表中的一个元组对应。

例如超表 people 中每个人可以是一个 student，也可以是一个 teacher，可以既是一个 student 又是一个 teacher，也可以既不是一个 student 也不是一个 teacher。

（2）子表中的每个元组在超表中恰有一个元组与之对应，并且在继承属性上有相同的值。

在上述例子中，如果"子表中的每个元组在超表中恰有一个元组与之对应"不成立，则 students 表中就有可能有两个学生对应 people 表中同一个人；如果"在继承的属性上有相同的值"不成立，students 表中就有可能在 people 表中没有相对应的人。所有这些都与实际情况不符，因此必须避免。

3）表级继承的意义

表级继承可以采取有效方法存储子表。在子表中不必存放继承来的属性（超表中主键除外），这些属性值可以通过基于主键的链接从超表中导出。

有了表级继承性概念，对象关系数据模式定义将会更加符合实际，这是因为在没有表级继承情况下，模式设计者需要通过主键把子表对应的表和超表对应的表联系起来，还需定义表之间的参照完整性约束条件。在表级继承性情况下，可以将在超表上定义的属性和性质用到子表中的对象上，从而可以逐步对 DBS 进行扩充包含新的类型。

下面讨论一个创建对象关系数据库模式的综合实例。

例 9-19　对于图 9-6 所表示的数据库可用下述方式定义：

```
CREATE ROW TYPE Person (social_munber VARCHAR (18),
                        name VARCHAR (10),
                        age INTEGER
                        );

CREATE TYPE University AS(uno VARCHAR (10),
                        uname VARCHAR (20),
                        city  VARCHAR (20),
                        president REF (Faculty),
                        staff setof (REF (Faculty)),
                        edit setof (REF (Coursetext))
                        );

CREATE TYPE Faculty UNDER(Person) AS
                        (fno VARCHAR (10),
                        fname VARCHAR (20),
                        age INTEGER,
                        salary INTEGER,
                        work_for REF (University),
                        teach setof (ref (Coursetext))
                        );

CREATE TYPE Coursetext AS (cname VARCHAR (20),
                        textname VARCHAR (20),
                        teacher  REF (Faculty)
                        editor REF (University)
```

数据库系统教程(第 2 版)

```
                              );

CREATE TABLE people OF Person;

CREATE TABLE faculties OF Faculty
                  (works_for WITH OPINIONS SCOPE universities,
                  teach WITH OPINIONS SCOPE coursetexts
                  );

CREATE TABLE universities OF Faculty,
                  (president WITH OPINIONS SCOPE faculties,
                  staff WITH OPINIONS SCOPE faculties,
                  edit WITH OPINIONS SCOPE coursetexts
                  );

CREATE TABLE courstexts OF Coursetext
                  (teather WITH OPINIONS SCOPE faculties,
                  editor WITH OPINIONS SCOPE universities
                  );
```

说明：在本例中，类型"universities"中的 REF(Faculty)和 SETOF(REF(Faculty))中保留词 REF 起着重要作用，避免了"faculties"和"universities"两个表之间的递归嵌套，这是因为在 ref 词后，相互引用的是关系中元组的标识符（即元组的地址），如此就能实现递归结构。本例典型地说明了通过"引用"机制避免了循环嵌套问题。

9.4　对象关系数据操作

使用 SQL3 中相应语句就可完成对象关系数据操作。事实上，对传统 SELECT 语句加以适当修改就能处理带有结构类型、聚集类型和引用类型的对象关系数据查询。对于数据更新也是如此。这里的关键是允许用于计算关系的表达式出现在关系名能够出现的任何地方，例如 FROM 子句或 SELECT 子句，这种自由使用的子表达的能力使得描述嵌套关系结构成为可能。下面以图 9-6 所示的对象联系图和例 9-16 中定义的对象关系数据库为例，介绍 SQL3 中相关数据操作语句的基本使用。

9.4.1　元组变量与观察器函数

当一个关系是由 ADT 生成时，应当将其中元素——元组看做单独对象，而不看做以 ADT 属性为成员的列表。因此 SQL3 中明确地以关系表中的"元组"为操作变量。传统 SQL 语句"自然"地和"隐式"地将被个别操作的关系表看成"元组变量"，将这种元组变量直接与属性名联用以求出属性值，而这在 ORDB 中难以实施，其中原因在于 ORDB 中存在嵌套情况，属性值类型相当复杂，简单地隐式地将操作表当做变量进行求值会带来混乱。在 ORDB 中必须为每个操作表设置一个"元组变量"，然后才可进行有关数据操作。

如果需要深入到对象内部获取有关属性值信息，就要使用 9.3.2 节中介绍的观察器函数。具体方法是为关系表中对象类型（关系表中"元组"）设计一个变量，然后调用观察器函数完成相应查询。

例 9-20　在例 9-19 的 ORDB 中,查询讲授"DBS"课程,采用"An Introduction to Database System"教材的教师工号和姓名,可用下述语句表达:

```
SELECT F. no, F. fname
FROM faculties AS F
WHERE('DBS', 'An Introduction to Database System') IN F. teach;
```

说明:本例中,为对象 faculties 设置元组变量 F,然后分别使用观察器函数 F. no、F. fname 和 F. teach,这里省略了观察器函数后面的"()"。

例 9-21　查询每一位教师开设的课程:

```
SELECT F. no, C. cname
FROM faculties AS F, F. teach AS C;
```

说明:这里将新的元组 F. teach 设为变量 C。

例 9-22　查询广州地区各大学超过 45 岁的教师人数:

```
SELECT U. uname, count (SELECT *
                        FROM U. staff AS F
                        WHERE F. age > 45)
FROM universities AS U
WHERE U. city = 'guangzhou';
```

9.4.2　数据查询与路径表达式

对象关系数据中的嵌套带来了数据结构的复杂性。在 SQL3 中,为了实现有效查询,需要考虑查询的路径表达式。

1. 属性值为原子值或结构值

观察器函数 T. A() 中实际上就是当属性值为单值或结构值时,在对象和属性的层次之间通过添加圆点"."来表示路径层次。

例 9-23　在例 9-19 的 ORDB 中,查询广州地区的大学校长姓名:

```
SELECT U. uname, U. president. fname.
FROM universities AS U
WHERE U. city = 'guangzhou';
```

说明:当属性值为单值时,只有一个层次点,而当属性值为结构值时,层次点可以逐次进行下去。在本例中,为表名 universities 设置元组变量 U,但观察器函数 U. president 的返回值仍然是结构值——元组,因此校长姓名可用 U. president. fname 表示。

这种由层次点组成,形如"U. president. fname"的表达式称为"路径表达式"。需要特别指出的是,路径表达式中的属性值都应当是原子值或结构值。

2. 属性值为聚集值

当路径中某个属性值为聚集时,就不能连着写下去,需要设置观察器函数。例如,在某大学里查询教师姓名,不能写成 U. staff. fname,因为 staff 是集合值,不是原子值或结构值,路径表达式可能无意义。此时应为 staff 定义一个元组变量。

在例 9-20 中,为表 universities 设置元组变量为 U,其分量 U. staff 仍然是一个表(集合

数据库系统教程(第 2 版)

值),也要将其设置为一个元组变量"F."。

例 9-24　查询使用中山大学编写的教材上课的教师的教师工号、姓名和学校,可用下列语句表达:

```
SELECT U. uname, F. fno, F. fname
FROM university AS U, U. staff AS F, F. teach AS C
WHERE C. editor. uname = 'Sun Yat – Sen University';
```

例 9-25　例 9-24 中的查询也可以用如下形式表达:

```
SELECT F. works_for. uname, F. fno, F, fname
FROM faculties AS F, F. teach AS C
WHERE F. works_for. uname = 'Sun Yat – Sen University';
```

3. 属性值为引用值

例 9-26　查询由 Springer 出版社出版的书名:

```
SELECT bookname
FROM book
WHERE pulisher_ref. publi_name = 'Springer';
```

说明: publisher 的数据类型是引用类型,需要用路径表达式来表示引用对象的属性,如用 pulisher_ref. publi_name 表示 pulisher 中的属性 publ_name。

例 9-27　查询书名为 Publish house of Sun Yat-Sen University 的出版社:

```
SELECT defer(pulisher_ref)
FROM book
WHERE bookname = 'Publish house of Sun Yat – Sen University ';
```

说明: book 中属性 pulisher_ref 是引用类型,引用类型的值实际上是一个对象标识符 OID。在上述语句中,如果在 SELECT 中直接写 pulisher_ref,则查询结果返回一组 OID 的值,为了得到 OID 所表示的数据实例,使用函数 defer 返回参数所表示数据的具体值。

9.4.3　关系与对象关系转换

数据查询本质上可以看做将一种数据表达式转换为另一种数据表达式。对象关系数据库包含关系数据库,因此可以通过对象关系数据的查询实现同一数据实体的关系形式与对象关系形式的相互转换。由于关系具有原子性,对象关系具有嵌套性,由关系转换为对象关系可以称为"施加非 1NF",由对象关系转换为关系称为"解除非 1NF"。在使用 SELECT 语句时,可以要求查询结果以 1NF 形式或非 1NF 形式输出。

例 9-28　设有一个基于对象关系的图书数据表 books 如表 9-2 所示,其中 author_array 和 keyword_set 是聚集类型属性。

表 9-2　图书数据表(非 1NF)

title	author_array	Publisher(pub-name,pub-branch)	keyword_set
XML	(Jhon Whie)	(McGraw_Hill,New York)	(XPath,XQuery)
DB	(White,Smith)	(Springer,Berlin)	(Model,Form)

如果需要将其转换为一个满足 1NF 的平面关系 flat_books,可使用下述语句:

```
SELECT title, A. author, publisher. name as pub-name, publisherbranch as pub_branch, K. keyword
FROM books as B, unnest (B. author_array) as A (author),
Unnest (B. keyword_set) as K (keyword);
```

说明:上述语句中,FROM 子句中变量 B 被声明为以 books 为取值范围,变量 A 被声明为以 B 的 author_array 中 author 为取值范围。同时,K 被声明为以 B 中 keyword_set 中关键字为取值范围。转换后的平面关系表如表 9-3 所示。

表 9-3　平面关系表 flat_books

title	author	pub_name	pub_branch	keywords
XML	Jhon	McGraw_Hill	New York	XPath
XML	White	McGraw_Hill	New York	XPath
XML	Jhon	McGraw_Hill	New York	XQuery
XML	White	McGraw_Hill	New York	XQuery
DB	White	Springer	Berlin	Data Model
DB	Smith	Springer	Berlin	Data Model
DB	White	Springer	Berlin	Normal Form
DB	Smith	Springer	Berlin	Normal Form

例 9-29　如果要将表 9-3 所示的平面关系表 flat_books 转换为嵌套关系表,可执行如下查询语句:

```
SELECT tilte, auther, Pulisher(pub_name, pub_branch) AS publisher,
SELECT(keyword) AS keyword_set
FORM flat_books
GROUP BY title, auther, publisher, keyword_set;
```

执行后得到如表 9-4 所示的输出结果,这是一个非 1NF 关系结构。

表 9-4　非 1NF 关系表

title	author	Publisher(pub_name,pub_branch)	keyword_set
XML	Jhon	(McGraw_Hill, New York)	(XPath, XQuery)
XML	White	McGraw_Hill, New York	(XPath, XQuery)
DB	White	(Springer, Berlin)	(Model, Form)
DB	Smith	(Springer, Berlin)	(Model, Form)

说明:上述转换为非 1NF 过程通过对 SQL 分组机制的一个扩充来完成的。在 SQL 分组机制的常规使用中,需要对每个组(逻辑上)创建一个临时的多重集合关系,然后在这个临时关系上应用一个聚集函数。如果不应用聚集函数而只返回这个多重集合,就可比较容易地完成嵌套转换,创建一个嵌套关系。

例 9-30　在前例中,如果还需要将作者属性嵌套到多集当中,可以执行如下语句:

```
SELECT title, COLLECT(author) AS auther_set
Pulisher(pub_name, pub_branch)
SELECT (keyword) AS keyword_set
FROM flat_books
GROUP BY title, auther_set, publisher, keyword_set ;
```

此语句的查询结果就将平面关系表 flat_books 转换为前述的嵌套关系表 books。

说明：还可以通过查询语句嵌套(使用子查询)来实现 1NF 到非 1NF 的转换。这种基于查询嵌套的方法可以选择使用 order by 子句将查询结果按照需要顺序排列,从而可以用于创建数组。

```
SELECT title,
    ARRAY (SELECT author
            FROM authors AS A
            WHERE A.title = B.title
            ORDER by A.position) AS author_array
    Pulisher(pub_name,pub_branch) AS publisher
    MULTISET (SELECT keyword
            FROM keywords AS K
            WHERE K.title = B.title) AS kerword_set,
FROM books AS B;
```

上述语句中,关键字 ARRAY 和 MULTISET 说明数组和多集分别应用于查询结构创建。

9.4.4 数据更新

由于对象关系数据可以进行任意层次上的嵌套,相应数据更新就和通常情形有所不同。

例 9-31 在例 9-24 中,关系 SC(name,cg(course,grade,date))中一个元组可以写成下列形式:

```
('Mary',SETOF ('MATHS',95,(1,'July',2005)), ('DB',100,(1,'January',2006)));
```

上例中,为结构类型的属性 date 创建值的方法是将其各个属性(日、月、年)在圆括弧内列出;为聚集类型的属性 cg 创建值的方法是在圆括弧中列举其中元素并在圆括弧前面加关键字 set。如果需要将上面的元组插入到关系 SC 中,可用下面的语句实现:

```
INSERT INTO SC
VALUES ('Mary',setof ('MSTHS',95,(1,'JULY',2005)), ('DB',100,(1,'January',2006))));
```

例 9-32 删除在例 9-31 中插入的数据对象:

```
DELETE FROM SC WHERE name = 'Mary';
```

说明：执行此语句后,SC 中 Mary 的记录全被删除,但其 OID 不能重用。

例 9-33 设 Mary 的 DB 成绩为 98 分,则修改语句如下:

```
UPDATE SC
SET cg.grade = '98'
WHERE name = 'Mary'and cg.coures = 'DB';
```

说明：修改后 SC 中相应的 OID 不变。

也可以用通常的 UPDATE 语句完成复合对象关系的更新，与 1NF 关系的更新非常类似。

本章小结

1. 知识点回顾

第一代数据库系统为层次数据库系统和网状数据库系统；第二代数据库系统为关系数据库系统；第三代数据库系统称为新型数据库系统，对象数据库系统就是其基本代表之一。如果以传统关系数据库和关系查询语言 SQL 为基础，扩充关系数据模型到对象关系数据模型，就可建立对象关系数据库系统；如果以面向对象程序设计语言为基础，允许直接在面向对象程序设计语言中使用该语言原有类型访问数据库中的数据，就可建立面向对象数据库系统。

对象关系数据库不是严格意义上的对象数据库，但 SQL3 标准已经收入了相当多的面向对象内容，它为适应对象概念提供一个高级接口，从而打通了从关系世界到面向对象"真实世界"的一条前景广阔的路途。

（1）扩充传统关系数据类型：将传统关系数据类型扩充到结构数据类型和聚集数据类型，同时，引入扩展数据类型对象间的新的关系——嵌套关系和引用关系，由于引用关系，还需要对基本对象赋予对象标识。

（2）引入基本对象类型：SQL3 中有两类对象类型——行（结构）类型（row type）和抽象数据类型。行类型是对象关系模型中最基本的数据类型，但没有体现对象封装特征；ADT 类型提供了必要的封装功能，同时还可以由 SQL3 提供的类型构造器生成更为复杂的用户类型。ADT 类似于面向对象中的"类"概念。需要注意，在 SQL3 中，类型通常都指对象类型，因此，类型和数据类型有所不同。当然，数据类型可以看做对象类型，但按照 SQL3 标准，只将行数据类型和抽象数据类型看做对象类型，而基本数据类型、聚集和引用数据类型通常并不看做（对象）类型。

（3）类型继承和子表继承：借鉴面向对象方法中的对象和类型概念，引入类型之间的继承关系，解决了类的特化与泛化问题。

（4）元组变量与查询路径：在 SQL3 中，查询具有两个显著特点，一是查询子句可以嵌套在 SELECT 语句中的任何可以使用关系名的地方；二是数据操作的基本单元是元组，因此，需要每个关系表设置一个元组变量。如果需要查询元组中的属性值，则需要调用内置函数——观察器函数。由于嵌套原因，当属性值为原子值或结构值（元组值）时，可以将层次点逐次写下去，形成查询路径；当属性为集合值时，就需要再设置元组变量，进而再调用观察器函数。

2. 知识点关联

（1）由关系数据模型到对象关系数据模型的扩充过程如图 9-13 所示。

（2）SQL3 中数据基本数据类型和对象类型如图 9-14 所示。

（3）对象关系数据库与面向对象数据的比较如表 9-5 所示。

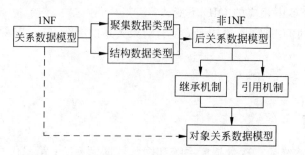

图 9-13　关系数据模型到对象关系数据模型扩充

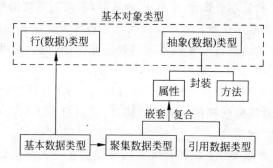

图 9-14　SQL3 中数据类型与对象类型

表 9-5　ORDB 与 OODB 比较

对象关系数据库	面向对象数据库
从 SQL 出发，引入复合数据类型、引用数据类型和继承性概念，形成 SQL3 标准	从 OOPL 和 C++ 出发，引入持久性数据概念，对数据库进行操作，形成持久化 C++ 系统
SQL3 数据定义语言 DDL	ODMG ODL（与 DDL 差异较大）
SQL3 数据查询语言 DQL	ODMG ODL（具有 SELECT 语句风格）
具有结构化和非过程性查询特征	具有导航式和非过程性查询特征
符合第四代语言	符合面向对象语言
隐式联系	显式联系
主键概念，对象标识概念	唯一对象标识符
能够表示"对象"	能够表示"关系"
关系是核心概念	对象是核心概念

习题 9

01. 数据库发展总体上已经经历了三代，简述这三代数据库系统。

02. 随着计算机应用领域的扩大，关系数据库不能适应哪些应用需要？

03. 在 OO 技术与 OB 技术相结合的过程中，采取了哪两条不同的途径？

04. 在对象关系数据库中，有哪些基本数据类型？有哪些复合数据类型？

05. 什么是后关系数据模型？什么是对象关系数据模型？

06. 什么是对象联系图,图中有哪些基本图形符号,各表示什么含义?

07. SQL3 中有哪些数据类型,有哪些基本对象类型?

08. 举例说明怎样创建行类型和抽象类型,怎样创建关系表。

09. 举例说明怎样创建聚集数据类型和引用数据类型。

10. 举例说明继承性表示了数据间怎样的联系。

11. 在对象关系数据模型中,继承可以在哪两个层面实现?

12. 表级继承的基本意义是什么,子表和超表应当满足哪些一致性要求?

13. 引用定义分为哪两种情形,怎样实现引用元组时的范围限制?

14. ORDB 的查询有哪两个显著特征,在查询中为什么需要对操作表设置元组变量?

15. 有关大学(university)和学生(student)信息的对象联系如图 9-15 所示。

(1) 试用对象关系数据库定义语言定义这个数据库。

(2) 试用对象关系数据库查询语言分别写出下列查询的 SELECT 语句:

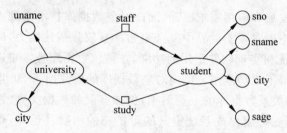

图 9-15　大学和学生对象联系

查询每所大学中籍贯为广州市的学生,要求显示大学名(uname)、城市(city)、学生身份证号(sno)和学生姓名(sname)。

第 10 章　　面向对象数据库

随着计算机技术发展和应用需求驱动,面向对象数据库技术受到人们广泛关注。面向对象数据库对现实世界中复杂事物具有较强描述能力,同时也具有高效开发应用系统和实现软件重用的功能,在传统数据库技术难以有效支持的应用领域中获得了成功应用。面向对象数据库的研究始于 20 世纪 80 年代,当时主要是针对关系数据库的一些弱项,例如有限的数据类型,没有基于系统的全局标识,不支持用户或系统定义的可扩充的函数及运算,难以处理复杂数据对象等。虽然人们在面向对象数据库技术的概念和原理上还没有取得完全一致的理解,但大都认为"对象"、"类"、"继承"和"封装"等应当是面向对象数据模型所具有的基本内涵。进入 20 世纪 90 年代,从事研制面向对象 DBMS 的厂商组成 ODMG 集团(Object Database Management Group,ODMG),开始制定面向对象数据系统标准,并于 1993 年 8 月公布了第一个面向对象 DBMS 工业化标准——ODMG-93。此后又相继有 ODMG 1.2、ODMG 2.0(1997)和 ODMG 3.0(2000)。本章首先介绍面向对象数据库系统基本概念,然后介绍 ODMG 3.0 中基本内容。

10.1　面向对象数据模型

面向对象数据库的基础是面向对象数据模型。按照面向对象程序设计方法对数据进行建模并做出语义解释,就得到面向对象数据模型。面向对象数据模型吸收了面向对象程序设计方法中的核心概念和基本方法,其要点是采用面向对象观点来描述现实世界中的实体(对象)逻辑结构和对象之间的联系与限制。

一般数据模型分为数据结构、数据操作和数据完整性约束,面向对象数据模型也不例外。

10.1.1　数据结构

对象与类是面向对象数据模型中的原语。

1. 对象

面向对象数据模型的基本结构组件是对象和类。

1）基本概念

一个对象可以认为是对应于 E-R 模型中一个实体。一般而言，对象可以描述为下述三个集合的组合体。

（1）变量集合。每个变量（variable）对应 E-R 模型中的属性，描述对象的状态、组成和特征等静态性质。对象的某个属性可以有比较复杂的结构，例如可以取单个值，也可以取多个值组成的集合，还可以取值为另外一个对象。

（2）方法集合。方法（method）描述了对象的行为特征，是对象的动态性质。方法是实现消息的一段代码，并且返回一个值作为对消息的响应。

（3）消息集合。消息（massage）是对象提供给外界的界面，由对象接收和响应。消息的意义在于对象修改变量和方法时不影响系统其余部分，这是面向对象方法的优势体现。

"（1）"称为对象的静态属性，"（2）"称为对象的动态属性。按照面向对象设计方法，静态属性和动态属性对于对象而言是封装（encapsulation）的，外界与对象的通信需要通过消息即"（3）"进行。外界将消息传送给对象，进而调用对象中的方法进行相应操作，然后再以消息形式返回操作结果。封装的意义在于：①方法的调用接口和具体实现分离，相应实现过程和对数据的更新不会对接口产生影响，有效地实现了数据独立性；②封装的对象是一个独立单元，任何对象只能接受自身已经定义的操作，非定义的程序不能直接访问对象中的属性，从而可避免各种不必要的副作用，有利于提高程序的可靠性。

2）对象标识符

每个对象在系统中具有唯一不变的标记符号，即对象标识符（Object Identifier，OID）。对象标识符 OID 具有下述特点。

（1）用户无关性：OID 由系统自动产生，用户不可见也不能进行更新，即具有用户无关性。

（2）属性无关性：两个对象的区分完全取决于其 OID 的不同，即使这两个对象的所有状态与操作等都全部相同，只要 OID 相异，就是两个不同的对象。这与关系表情形有所不同。

系统可以按照下述两种方式为对象产生 OID。

（1）逻辑对象标识符：此时 OID 具有形式 <类标识符，实例标识符>。"类标识符"表明对象所属的类，"实例标识符"表明对象本身。在应用中，逻辑对象标识符发生作用遵循如下路线：当消息传送到一个对象时，系统按照类标识符查找到对象所属的类，完成消息合法性检验后，获取方法所对应的操作过程。由于逻辑标识符不显含对象的地址信息，访问对象时，系统需要进行标识符与实际地址之间的映射，由此增加了系统的相应开销。

（2）物理对象标识符：此时 OID 与所标识对象的物理存储地址相关或直接包含有存储地址，按照物理对象标识符就可高效查找到相应对象。但当对象位置迁移时，也需要对其物理对象标识符进行相应变动，不能再通过原有 OID 访问对象，这对数据管理带来一定不便。

2. 类

类（Class）是对具有共同属性和方法的对象全体的抽象和概括的描述，类中对象也称为类实例。

1) 基本概念

在数据库中可能有许多相似的对象,它们具有相同名称和类型变量,这些变量可以响应相同的消息和调用相同的方法。如果对于此对象群体中每个成员分别进行单独属性定义和方法说明显然是不经济的与不合适的。为了处理此问题,也为了按照"相似性"对对象群体进行清晰的理论描述,就可将它们形成不同的类别,归结为"类",其中的对象称为"实例"(instance)。同类对象具有相同的属性与方法,这些属性与方法在"类"中统一定义,完全不必在各个对象上重复施行。面向对象数据库中类与对象的联系类似于关系数据库中关系模式和元组(关系实例)。关系数据库是由各种关系组成的集合,每个关系又由元组组成;面向对象数据库是由各种类组成的集合,每个类又由若干对象组成。

在实际应用中,类的定义和类实例分开处理。一个类实例通常簇集存放,而每个类都配置一个实例化机制(instantiation mechanism),并通过索引等技术提供访问实例的有效路径。实际上,当消息送到实例化机制后,用存取路径查找到所需实例对象,再通过类的定义搜索到相应的属性与方法,通过方法说明实现方法功能。

2) 类变量

同一类中对象的属性名相同,但相应属性取值可以按照对象不同而相异,此时的属性变量就称为"实例变量"。如果存在这样的变量,其取值在整个类中都相同,则就称其为"类变量"。类变量的取值对于类中所有对象都不改变,其值属于"类"的全体实例而不是个别对象,因而没有必要对各个对象重复定义。类变量大致可以分为下述三类。

(1) 应用值类变量。例如在某种计算机类中,每台机器的 CPU 和内存都是同一型号,而其他配置却可以不同。

(2) 默认值类变量。例如在学生类中,如果相应籍贯属性变量中没有取值,就取默认值"广东省"。

(3) 统计值类变量。例如某个属性变量所取的最大值、最小值和平均值等。

3) 类的层次结构

与面向对象方法中情形相同,在面向对象数据模型中,类是基本组成单元,在类之间可以考虑下述三种联系。

(1) 相似类之间的继承联系,即"A is B"联系。此时,A 称为子类,B 称为超类。超类和子类之间具有共享特征,子类可以共享超类中的属性特征和程序代码。另外,子类和超类之间也应存在着数据和功能差异,即子类中可以定义新的属性和方法,也可以屏蔽超类中的部分属性和方法。如果子类和超类完全相同,就失去子类存在的意义。继承关系从"一般与具体"层面上反映了类之间的一种层次关联。

(2) 不同类之间的组合联系,即"A has B"联系。此时,一个类由其他多个类组成,例如计算机类由主机类、键盘类、鼠标类、显示器类等组成。组合关系也称为合成关系,它从"整体与部分"层面上反映了类之间的嵌套关联,即一个类的属性值可以取做另外一个类。

继承联系和组合联系的基本作用是用一个或几个已知的类去定义一个或几个新的类。

(3) 一般类之间的通信联系,即消息联系。

由上述联系(特别是继承联系和组合联系)可以得到面向对象数据的概念模型,这种概念模型也称为基于类的层次结构模型。类似于 E-R 模型可以用 E-R 图描述,对象和类的概念模型可以用类层次结构图（UML）刻画。需要指出的是,在面向对象数据模型中,概念模型与结构模型常常是合二为一的。

4) 元类

在面向对象数据模型中,由于类具有层次结构,从语义上考虑,可以将某种层次上的类看做另一层次上类的"对象",这种将"类"也看做"对象"的观点能够统一"类"与"对象"的概念描述,有利于统一处理消息的传送和简化系统处理架构,也是计算机领域中常见的处理方式。类可以看做对象,自然就可以再组成更高层面上的"类"。当一个类的实例还是类时,就可以将其称为"元类"（metaclass）,元类的实例对象也称为类对象（class object）。实际上,元类概念引入并不仅仅基于理论考量,也是实际应用的需要。

(1) 消息接收者通常是对象,但当需要生成一个实例对象时,相应的消息应该发往何处呢? 此时,实例对象尚未产生,消息接收者只能是相应的"类"。

(2) 如果考虑是创建一个类,相应消息接收者就只能是其"元类",而元类通常是在数据库初始化时创建。

由上述可知,元类大致与关系数据库中的数据目录相当。

10.1.2　数据操作和数据完整性约束

在面向对象数据模型中,数据操作分为两部分,一部分是封装在类之中的实际操作,即"方法";另一部分是类之间相互沟通的操作,即"消息"。因此,面向对象数据模型上的数据操作就是方法和消息。

面向对象数据模型中通常使用方法或消息中的相应部分表示完整性约束条件,称为完整性约束方法或完整性约束消息,并在其之前标有特殊标识。

综上所述,面向对象数据模型的直观描述就是面向对象方法中的类层次结构图。面向对象数据模型中的对象由一组变量、一组方法和一组消息组成,其中描述对象自身特性的"属性"和描述对象间相互关联的"联系"也常常统称为"状态"（state）,"方法"就是施加到对象的操作。一个对象的属性可以就是另一个对象本身,并以此级联下去用以模拟现实世界中的复杂实体。在面向对象数据模型中,对象的操作主要是通过调用其自身封装的方法实现,由于这些操作都是限制在预先确定的范围,相对于关系数据操作,有时就显得不够灵活方便。

10.1.3　数据类型

在面向对象方法中,"类型"和"类"是两个相互联系的基本概念。数据类型是对对象属性值和方法中参数值作用域等的设定,而"类"可以看做拥有"方法"的"数据类型"。

面向对象系统通常提供的数据类型包括基本类型、复杂类型和引用类型。

(1) 基本类型:基本数据类型包括整型、浮点型、字符型、布尔型和枚举型。

(2) 复杂类型:复杂数据类型包括结构数据类型（也称为行类型或对象类型）与聚集数据类型（数组、列表、包、集合与字典数据类型）。

(3) 引用类型:引用数据类型相当于程序设计中的指针概念,在面向对象技术中称为"对象标识",引用类型实际涉及类型值域中的实例映射。在面向对象数据模型中,只要是"联系",都可看做引用方式。

需要说明,类(class)和类型(type)是两个有所区别又相互联系的基本概念。通常认为,一个类可以看做由一个类型构成,只不过同时可能还有一个或多个方法供类中的对象调用。在这种意义下,类中的对象可以是该类型的值,也可以是该类型的变量,而前者称为所涉及类的不变对象,后者称为可变对象。类也被称为"抽象数据类型",这是由于类中定义的方法可以直接修改类的对象,类实际上通过"封装"限制了对象的访问权限,保证了对类中对象的修改不会超出类设计者设计时所考虑的情形,使得对象始终处于"安全"状态。

10.2 面向对象数据库系统

自 20 世纪 80 年代以来,数据库在传统商业事务处理领域获得了巨大成功,随之带来了其他各种领域对数据库技术巨大的应用需求。这些领域主要包括计算机辅助设计、计算机辅助软件工程、计算机集成制造系统、办公室自动化系统、地理信息系统、知识库系统、数据仓库与知识发现、多媒体系统和计算机网络系统等。这些新领域所需要的数据管理功能相对于传统情形具有许多新的特点。

(1) 需要存储和处理复杂对象。数据对象内部结构复杂,相互联系具有多种语义,难以用关系结构描述与表达。

(2) 需要多样化的数据类型。数据项取值可以是抽象数据类型、无结构或半结构数据类型、超常数据类型、时态和版本数据类型以及各种用户自定义数据类型等。

(3) 需要常驻内存的数据管理以及对大量数据对象的存取和计算。

(4) 需要常规程序设计语言与数据库语言的高度无缝集成。

(5) 需要支持长事务和嵌套事务处理。

传统的关系数据库由于其数据类型简单、数据结构与行为分离和阻抗失配等难以满足上述新领域需求。为了支持新领域中的应用,经过实践对比,人们发现面向对象技术与数据库技术相结合而形成的对象数据库具有广阔的发展前景。

(1) 对象数据库在物理和逻辑两个层面上都面向实体数据记录的数据格式能够有效实现数据的复杂结构描述。

(2) 对象数据库能够以更为自然的方式在抽象层面上进行结构和行为封装的复杂对象建模,降低了用户使用数据的复杂度。

基于对象数据库技术研究始于 20 世纪 80 年代中期,现在已经取得了很大进展,成为数据库发展的一个重要方向。基于对象数据库技术需要解决两个基本课题。

(1) 建立能够适应现实需求的数据类型系统。

(2) 能够使用 C++或 Java 等程序设计语言编写的程序访问数据库中的数据。

沿着解决第一个课题的方向,人们建立了对象关系数据库系统;沿着第二个课题的方向,人们建立了面向对象数据库系统。

10.2.1 面向对象数据库管理系统

数据模型是对现实世界中实体本身及其约束的抽象描述和实体间相互联系的逻辑刻画。以面向对象方法为指导对数据模型做语义解释,就可构建面向对象数据模型(Object Oriented Data Model,OODM);按照 OODM 定义行为和联系的数据对象构成的数据库称为面向对象数据库(Object Oriented DataBase,OODB);对 OODB 进行有效管理的数据管理系统称为面向对象数据库管理系统(Object Oriented DataBase Management System,OODBMS);以 OODBMS 为核心构建的数据库系统就是面向对象数据库系统(Object Oriented DataBase System,OODBS)。

DBMS 是任何一个数据库的中枢系统,OODBMS 通常应当满足下述要求。

(1) 支持面向对象的数据模型。

(2) 提供面向对象的数据库语言。

(3) 提供面向对象数据库管理机制。

(4) 具有传统数据库的管理能力。

OODBMS 由类管理、对象管理和对象控制三个部分组成。

(1) 类管理用于对类定义和类操作进行管理,使用类来描述复杂的对象。

(2) 对象管理即类实例管理,主要完成对类中对象的操作管理,利用类中封装的方法来模拟对象的复杂行为。

(3) 对象控制具有传统数据库中数据控制功能,但也补充了一些新的内容,主要包括完整性约束条件及检验、安全性表示与检查、并发控制与事务处理、故障恢复、利用继承性来实现对象的结构和方法的重用等。

正是由于 OODBMS 具有上述特性,使得其在一些特定应用领域如 CAD(Computer Aided Design,计算机辅助设计)、GIS(Geographic Information System,地理信息系统)等能较好地满足其应用需求。但这种纯粹的面向对象数据库系统并不支持 SQL,在通用性方面失去了优势,因此应用领域也受到一定限制。

10.2.2　面向对象数据库系统概述

对于一个数据系统而言,通常认为满足如下最小需求才能看做一个数据库系统。

(1) 具有优化能力的高级查询语言。

(2) 具有支持持久化和自动性的事务并发控制和恢复机制。

(3) 具有支持复杂数据类型进行快速和有效的存储、索引和存取的功能。

按照上述考虑,一个数据库系统要成为 OODBS,下述两条基本要求必不可少。

(1) OODBS 首先是一个面向对象系统。系统出发点是针对面向对象程序设计语言的持久性对象存储管理,系统核心应当充分支持完整的面向对象概念和机制,如用户自定义数据类型、自定义函数和对象封装等必不可少的 OO 方法特征,与流行 OO 程序设计语言取得一致。

(2) OODBS 还需是一个数据库系统。系统借助扩充传统数据库语义,使之与 OO 数据模型协调,完全支持传统数据库系统中所有数据库的特征和功能,例如持久性、辅存管理、数据共享、事务管理、一致性控制及恢复等。

按照上述标准,可以将一个 OODBS 表达为"面向对象系统+数据库功能",即 OODBS 是一个将面向对象的程序设计语言中所建立的对象自动保存在磁盘上的文件系统。一旦程序终止,可以自动按另一个程序要求取出已经存入的对象。OODBS 作为一种系统数据库,主要用户是计算机应用软件和系统软件的开发人员,即专业程序员,而不是终端用户。这类系统的优势在于与面向对象程序设计语言一体化,使用者不需要学习新的数据库语言。

面向对象数据库系统突破传统数据库系统(包括关系数据库系统)的事务性应用限制,在非事务性应用中取得重大进展。

现在常见的 OODBMS 产品主要有 Object Store、Ontos 和 O2。

10.3 持久化程序设计语言

前面初步介绍了 OODBS 中的基本概念。为了在技术开发和实际应用中有效使用这些概念,还需要一种数据库语言进行必要的表述与刻画。OODBS 语言构建的基本思路是对现有面向对象程序设计语言如 C++、Smalltalk 等进行扩展,使之支持相应的数据库操作。这种面向对象数据库语言(Object Oriented Database Language,OODL)称为持久化程序设计语言。

10.3.1 阻抗失配与对象持久性

设计 OODL 首先需要解决阻抗失配问题。传统数据查询语言是由系统自动选择路径的非过程性语言。非过程性语言面向集合操作方式与高级程序设计语言面向单个数据的过程性操作方式之间会出现不协调现象,即出现所谓"阻抗失配"问题。阻抗失配根本原因在于数据库的数据模型和程序设计语言的基本格调之间的不一致性。对于所有嵌入式数据库语言来说,阻抗失配不可避免。面向对象数据模型中有关"对象"与"类"的概念都来自面向对象高级程序设计语言,因此,适当地选择一种高级程序设计语言并扩充其数据库功能,就有可能使其成为面向对象数据库语言,从而能较好地解决阻抗失配问题。

面向对象程序设计语言中已经存在对象、类的概念以及相应结构,但所涉及对象具有"瞬时"性,即对象只在程序执行期间才存在于非永久性存储器(缓冲区或主存)当中,执行完后即刻消失,就像 C++ 程序变量在程序执行结束后消失一样。数据库作为保存数据的电子容器,其基本要求就是数据具有"持久"性。在 OODB 中,对象作为数据应当是持久性对象,需要保存在永久存储器(磁盘)中,它不仅在程序执行过程中存在,程序结束后还必须存在。因此在扩充一种面向对象程序设计语言的数据库功能和解决阻抗失配的过程中,首要工作就是提供一种能够使得对象持久化的技术方法。

1. 对象持久化

对象持久性可以通过下述几种途径实现。

(1)按类持久。按类持久即直接声明一个类是持久的,此时该类所有对象实例在默认情况下都具有持久性,而非持久类的对象都是瞬时的。但这种方法在需要单个类中既有持久对象又有瞬时对象情况下显得不够灵活。

(2)按创建持久。按创建持久即通过扩展创建瞬时对象的语法,引入新的用于创建持久对象的语法。一个对象如果在创建时按照持久对象定义,则该对象就是持久对象,否则不是。

(3)按标志持久。按标志持久即所有对象都创建为瞬时对象,如果一个对象在程序结束后持久存在,就在程序结束前显式地标为持久,这样就将决定对象持久与否推迟到对象创建之后。

(4)按可达性持久。按可达性持久即将一个或多个对象声明为(根)持久对象,而对于其他对象,则根据其是否能从一个根持久对象直接或间接引用来决定持久与否。此时,所有从"根"持久对象引用的对象都是持久的,由这些持久对象的再次引用也是持久的,即持久对象到根持久对象是可达的。

2. 对象标识持久化

面向对象程序设计语言创建一个对象时,系统就返回一个瞬时对象标识符,该标识符只在程序执行过程中有效,程序结束,对象删除,相应标识符也就消失。因此,在创建持久对象时,需要赋予对象一个持久性的标识符。这里可分为下述四种情形。

(1) 过程内持久标识符(intraprocedure identity):标识符只在单个过程执行期间持久。例如,过程内一个局部变量的标识符就是如此。

(2) 程序内持久标识符(intraprogram identity):标识符只在程序或查询执行过程中持久。例如,一个程序中全局变量的标识只在该程序运行中有效。

(3) 程序间持久标识符(interprogram identity):标识符只在一个程序执行到另一个程序执行之间持久。

(4) 持久标识符(persistent identity):标识符不仅在各个程序执行期间,就是在数据结构重组期间都是持久的。面向对象数据库系统主要考虑持久标识符。

3. 持久对象访问

OODB 需要存储持久对象。持久对象进入数据库时,就要将其标识转换为一个永久的唯一 OID,以此保证该对象在数据库中真正"持久"。如果需要将该对象由数据库取到内存,则要执行相反操作,即当某个对象读入内存后将其相应 OID 类型指针所指向的逻辑磁盘地址转换为主存地址。

在面向对象数据库查询对象主要有下述三种途径。

(1) 根据对象名访问对象。具体实现时,每个对象有一个对象名(如同文件名一样)。该方法对于对象数量较小时有效,但当对象数量较大时就难以适用。

(2) 根据对象标识查找对象。此时对象标识通常存储在数据库之外。

(3) 将对象按照集合体形式存储。此时,使用程序循环搜索所需对象。集合体分为集合(Set)、多重集合(Multiset,具有相同集合值的集合)与列表(List)。类区间是集合体的一个特例,属于一个类的所有对象组成一个类区间。当创建一个对象时,该对象会被自动插入到类区间中,一旦对象删除,就自动从类区间移出。类区间允许像对待关系一样对待类,检查类中所有对象类似于检查一个关系中所有元组。

大多数 OODBMS 都支持上述三种数据库访问方法。

10.3.2　ODMG 数据建模

高级程序设计语言 C++是当前流行的面向对象程序设计语言,其自身的许多优势使得人们在获得必要持久性支持过程中无须过多改变 C++语言结构。例如,声明一个名为 President_Object 的类,使得它具有某些属性和联系来支撑持久性,而其他具有持久性的类都可以作为这个类的子类而生成,由此子类继承了父类对持久性的支持。因此,对 C++进行持久性扩充就成为构建 OODB 的基本考虑。

成立于 20 世纪 80 年代的 ODMG(Object Data Management Group),在 1993 年形成工

数据库系统教程(第 2 版)

业化的 OODB 标准——ODMG 1.0,完成了对 C++的数据库功能扩充。ODMG 1.0 标准对 ODBMS 的数据模型和数据库语言做了规定,其基本特征是将对象作为基本构件,而不是像 SQL3 中将表作为基本构件。1997 年又推出 ODMG 2.0,内容涉及对象模型、对象定义语言(Object Definition Language,ODL)、对象交换格式(Object Interchange Format,OIF)、对象查询语言(Object Query Language,OQL)以及这些内容与 C++、Smalltalk 以及 Java 之间绑定。2000 年再次推出 ODMG 3.0,对先前版本做了一些修改和补充,基本框架和概念系统未变。

ODMG 工业标准对 C++的扩展主要包括 C++对象定义语言(Object Definition Language,ODL)和 C++对象操作语言(Object Manipulate Language,OML)。OML 又分为对象查询语言(OQL)和对象控制语言(OCL)。

ODMG 标准中的对象数据模型主要包括下述 5 个核心概念。

(1) 对象和文字。对象和文字是面向对象数据建模的基本原语。每个对象有一个唯一标识符,文字(literal)没有标识符。对象标识符在对象整个生命周期中都有效,即无论对象是存储在外存中还是在内存中,标识符都始终有效。对象作为基本数据结构,是存储和操作的基础单元。

(2) 类型。对象和文字都被归结为类型(type),同一类型的对象或文字具有相同的状态,对象称为类型的实例。注意,在 ODMG 标准中,类型包括类与接口,这与常规面向对象方法中的描述有所不同。

(3) 状态。对象的状态(states)通过一组性质定义。性质(property)可分为对象属性(attribute)和对象间联系(relationship)两种情形。

(4) 操作。对象行为通过一组操作来定义。操作(operation)具有输入和输出参数,并且可以返回特定类型的结果。

(5) ODL。ODMG 标准通过 ODL 创建 OODBS 中的数据模式,OODBS 中存储对象都是相应模式中定义类型的实例对象,这些对象由多个应用程序所共享。

面向对象数据模型经过多年发展,已经日趋成熟。本节简要介绍基于 ODMG 标准的面向对象数据模型。注意,上一节是在一般观点下对面向对象数据模型的描述,本节则是侧重于应用实现层面的面向对象数据建模。

1. 类型概念及分类

ODMG 标准首先引入状态(state)和行为(behavior)两个概念。对象状态包括一元对象性质(属性)和二元对象性质(相互间联系);行为就是通常面向对象方法中的操作或方法。ODMG 标准将具有相同状态和行为的对象集合在一起,称为类型(Type)。类型是 ODMG 数据建模基础概念。

类型由一个外部声明(Specification)和一个或多个实现(Implementation)组成。类型的外部声明也称为类型声明,主要用于定义类型的外部特征,例如实体状态和操作方法等。外部特征对用户可见而与类型实现无关。类型实现包括操作的实现、操作方法的调用说明与实现以及类型的其他内部细节。类型实现与语言联编密切相关。

从实际应用角度考虑,ODMG 标准将类型分为接口、类和文字三种情形。

(1) 接口:仅能被子类型继承其抽象行为(操作)的类型称为接口(interface)。

(2) 文字:仅含有抽象状态的类型称为文字(literal)。

（3）类：能够被子类型同时继承其抽象行为与抽象状态（属性和联系）的类型称为类（class）。类也被称为对象类型。

接口的要点在于其操作，文字的要点在于其状态，而类的要点同时在于其状态和操作。

考虑下述类型的描述：

interface student｛…｝；—— 表示对象 student 的抽象行为。

class teacher｛…｝；—— 表示对象 teacher 的抽象状态和抽象行为。

stuct Complex{float re；float im}；—— 表示对象 Complex 的抽象状态。

从类型的状态与行为（操作）角度，接口、文字和类之间的关系描述如图 10-1 所示。

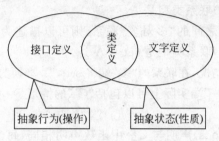

图 10-1　接口、类与文字说明

值得注意的是，C++、Java 等面向对象编程语言也都定义了类，但这是实现层面上的类，与这里面向对象数据模型中基于抽象意义上定义的类有所不同。实际上，相应的语言联编都需要定义这两种类之间的映射关系。

2. 类型声明

类型声明包括属性声明、联系声明和方法声明。

1）属性声明

属性（Attributes）将固定数据类型的值与一个对象实例相关联，从一定角度描述对象实例的性质。每个属性都可看做一个变量，在给定属性域中取值。属性取值具有下述特点。

（1）属性只能有文字类型取值，不能取值为接口或类。

（2）属性取值可以是基本数据类型，也可以是复杂数据类型，即由相同文字类型构成的聚集数据类型和由不同文字类型构成的结构数据类型。

（3）结构类型和聚集类型中枚举型都可以看做非平凡对象，通常都要给出命名以方便其他类型调用。

2）联系声明

属性可以通过一定侧面反映对象相关信息，但通常更为重要也更为复杂的信息可能需要通过对象与其他同类型或不同类型对象间的"关联"体现出来。ODMG 标准中"联系"就是描述这种"关联"的有效方式。在 ODMG 中，联系（Relationships）是指对象之间的引用或引用的聚集。ODMG 通过联系描述同类型或不同类型的文字、对象间关联。联系参与者为对象，联系取值只能是 OID 或其集合。联系声明就是要具体描述这种类型之间的关联。

考虑大学和大学中教师的情形。大学和教师都可以看做类，大学类中的一所大学（对象）可以关联教师类中的很多对象——教师，而教师类中每个对象又都关联大学类中一个对象（具体的大学）。此时，存在着两个联系："大学"类到"教师"类的联系 R1 和"教师"类到

"大学"类的联系 R2,通常称 R1 和 R2 互为逆联系,其中 R1 表达了"大学"与"教师"的 $1:n$ 联系;R2 表达了"教师"与"大学"的 $n:1$ 联系。这里需要明确两个问题。

(1) 两个类之间的联系常常是"双向"的,即"正"、"逆"两个方向上的联系同时存在。

(2) 两个类之间的联系可以分为"多对多"、"多对一"和"一对一"等情形。

设 R 是两个类 A 和 B 之间的联系。set< A >表示 A 中对象实例的集合。

(1) 如果 R 是 A 和 B 之间的"一对一"联系,则可以描述为:A 基于 R 的联系类型为 B,B 基于 R 的(逆)联系类型是 A。

(2) 如果 R 是 A 和 B 之间的"一对多"联系,则可以描述为:A 基于 R 的联系类型为 set< B >,B 基于 R 的(逆)联系类型是 A。

(3) 如果 R 是 A 和 B 之间的"多对多"联系,则可以描述为:A 基于 R 的联系类型为 set< B >,B 基于 R 的(逆)联系类型是 set< A >。

此时,还可以根据实际情况,在联系的"多"端将 set< . >换为 bag< . >或 list< . >。

与 E-R 模型中类似,"一"端实际上可以包括"零"的情形。

3) 方法声明

ODMG 中,方法(Methods)声明与 C++ 中函数声明相同,每个方法属于某个类型,并且由该类型的对象进行调用,类型中对象实例可以看做相应方法的隐含参数。在这种观点之下,调用方法的对象决定相应具体方法,从而可以使不同类型中的对象使用相同的方法名,此时即对方法进行了重载(Overloaded)。

在 ODMG 中,方法声明具有如下特征。

(1) 方法参数可以分为输入、输出和输入/输出三种类型,分别由 in、out 和 inout 表示。在实际应用中,in 参数通过"值"进行传递,而 out 和 inout 通过"引用"进行传递,因此,在方法中可以改变 out 和 inout 参数,但不能改变 in 参数。另外,方法还可以返回"值"。

(2) 方法可能会引发异常(exception),异常通常表示一种不正常或未曾预料到的情形,异常由方法中某个特定的方法进行处理,这种处理也许需要通过一系列间接调用。在 ODMG 中,可以在方法声明之后条件关键字 raise,再在其后添加由括号括起来的一个或多个由该方法括住的异常描述,例如,添加若方法表示是两个实数相除,其中的异常就可能是以零做分母。

3. 类型实现

类型实现主要是操作或方法的调用,而操作或方法就是作用到对象上的函数。ODMG 中操作是描述性操作,其作用对象就是操作调用说明。调用说明包含操作名、操作的参数名和可能发生的异常情况。如果有返回结果,还需要说明返回结果的类型。操作只有名称,没有 OID,需要同对象一起使用。

在 C/S 环境中,客户只知道对象接口,方法实现在服务器上。此时,对于同样的接口,可能有多种实现,一个操作在不同平台上,可以以不同的精度和性能实现,在调用操作时,系统可以根据客户要求或环境从中选取。

由上述可知,类型实现主要是对象和文字实现。

1) 对象实现

对象类型实现包括(一个)表示(Representation)和(一组)方法(Method)。

(1) "表示"就是语言联编后由类型抽象状态导出的数据结构,其中,抽象状态中每个性质都应有一个变量与之对应。

（2）"方法"是在语言联编后由类型抽象行为导出的过程体，对于抽象行为中每个操作都应有一个方法与之对应，以此用于实现对象类型的抽象行为。方法可以访问和修改对象的抽象状态，也可以调用其他对象类型的相关操作。方法的实现可以与抽象行为中任何操作没有对应关系，方法实现的内部细节对用户透明。

2）文字类型实现

文字类型的实现只是对文字的表示。对于不同文字，某些面向对象语言含有直接表示文字的数据结构，例如 C++ 语言有结构定义，可以直接表示文字；有些语言则没有相应数据结构，例如 Smalltalk 和 Java，此时只能通过定义类型来表示文字。文字类型实现中不包括抽象行为，其操作依赖于相应的面向对象语言，不同语言采用不同操作对文字进行访问。

10.4　ODL

ODMG 中类型创建实际上就是相应的类型声明。在 ODMG 2.0 标准中，数据定义语言称为对象数据语言（Object Data Language，ODL）。ODL 不是一种完全的编程语言，用户可以独立于任何编程语言在 ODL 中制定一种数据库模式，然后使用特定的语言绑定来指明如何将 ODL 结构映射到特定编程语言中的结构，例如 C++、Smalltalk 和 Java 等。接口和类是 ODMG 基本原语，OODB 模式被定义为一系列接口和类的集合。ODL 作为支持 ODMG 2.0 的对象模型数据定义语言，其主要目标在于创建对象类型即接口和类声明。

10.4.1　接口

接口实际上是没有定义相关范围（外延）即没有对象实例集合的类型。当相关的各个类具有相同操作而又具有不同的对象范围时，就可以将其共同特征（方法）集（方法）中起来形成一个接口，然后将相关类作为其子类型继承接口的操作。引入接口的背景可以类比于关系模式和关系实例。一个关系模式可以有多个不同的关系实例，但相关的关系实例都具有相同的属性结构（相同的属性名称和属性域）。在 OODB 中，一个类型也可以有多个不同类型实例，它们都具有相同的状态和操作。但不同的类型的实例也可能具有某些相同的操作，这些能够被不同类型中实例调用的操作可以组合起来形成一种特殊的类型——接口，其特征是只有操作调用而没有状态调用。作为一种类型，接口具有下述基本特征。

（1）具有显式定义的状态与方法，其所定义的操作可被其他接口或类所继承，但其中状态不能被继承。

（2）不能定义对象实例范围，即接口不存在对象实例，不可实例化。接口属于抽象类型，不能通过接口直接创建实例。

1. 接口声明

在 ODL 中，接口声明（创建）包括下述基本内容。

（1）关键字 interface ＋接口名称。

（2）用花括弧"{}"包含的可以按照任意顺序出现的类型状态和方法列表，其中需要对方法详细描述，用来指定操作名、参数类型和返回值的操作签名。

例 10-1　ODMG 中一个对象工厂接口声明语句如下：

```
interface ObjectFactory
  {
    Object new()
  };
```

说明：interface ObjectFactory 说明 ObjectFactory 接口的抽象行为，该行为包含一个方法 new()，它返回一个带有对象标识 OID 的新对象。通过继承该接口，用户可以为每个自定义的原子对象类型创建对象实例。

2. 接口继承

接口主要用于声明可以被类或其他接口继承的抽象行为(操作)，因此，接口继承可以看做"行为(操作)继承"。其创建格式如下：

class 子类型(接口或类)名称：超类型(接口)名称{…}

其中{…}表示相应子类型特有的类型声明，下同。注意，行为继承要求超类型必须是一个接口，而子类型可以是接口也可以是类。行为继承允许多重继承，即子类型可以从多个不同接口中继承行为。

例 10-2 下述语句表示了具有接口继承的类型声明：

```
interface DateFactory: ObjectFactory
{
    exception InvalidDate{};
    ……
    Date calendar – date ( in unsigned short year,
                           in unsigned short month,
                           in unsigned short day)
    Raises (InvalidDate);
    ……
    Date current();
};
```

说明：新创建的"DateFactory"接口继承工厂接口"ObjectFactory"生成函数"new()"，为用户定义的原子对象创建它们自己的工厂接口，并且用户还可以针对每种新对象实现不同的 new()操作。例如，可以定义一个 DateFactory 接口，它还可以有操作：calendar-date 用来创建一个新的日期，current 用来创建一个值为当前日期的对象等。

10.4.2 类和对象

为了有效组织信息，在面向对象方法中，将具有"相似性"的对象聚集成一个"类"。因此，类是"模式"相同的对象集合，对象是相应类中实例，在研究和分析问题时，需要彼此参照和相互关联。

1. 类

类是 ODMG 中最基本的一种类型。事实上，接口大致可以看做不能具有对象实例的类，文字则大致可以看做没有对象标识的类。类是 ODMG 中类型学习的重点和基础。

1) 类的外延与键

在关系数据库中，需要区分关系模式和关系实例；在面向对象数据库中，同样需要区分类和该类对象集合。"类"的对象实例集合称为"类"的外延(extension or extent)。实际上，可以大致将类"看做"关系模式，类外延"看做"关系实例(集合)。RDBMS 为每个关系模式维护一个关系实例(关系外延)，OODBMS 也允许用户进行选择是否需要为每个类维护一个类外延，而这种维护包括向外延集合中插入新创建的对象实例和从外延集合中移走已经删除的对象实例，或者建立并管理索引以提高外延集合中实例访问效率，但管理索引将使系统开销增大，用户需特别说明是否要为外延建立索引。

　　如果对象 O 是类 C 的实例，则 O 就是 C 外延中的元素。如果类 C0 是 C 的子类，则 C0 外延就是 T 外延的子集。类外延在逻辑上可看做类本身的组成部分，可以独立命名供用户访问。命名一个外延，就相当于创建了一个对象集合。类外延创建格式如下：

　　class 类名称 (extent 外延名称)…

　　注意，习惯做法是将类名称声明为一个单数名词，而将相应类外延声明为该名词的复数形式。

　　如果类具有确定的实例范围，不但可据此判断一个实例是否属于该类，从而为类的安全性提供保障，同时还可根据语义为实例定义键，在类外延范围内唯一识别一个对象实例，这就可能提升相关操作(例如查询)效率。如果类对象实例可以通过本身的某些取值进行唯一标识，则 ODL 就可将这种"对象取值"作为键(Key)。类外延中键由一个或多个(属性或联系)取值组成，由单个取值组成的键称为简单键(Simple Key)，由多个取值组成的键称为复合键(Compound Key)。带有类外延的类可拥有一个或多个键。

　　键的创建格式如下：

　　class 类名称 (extent 外延名称,key(取值 1,取值 2,…,取值 n))…

2) 类继承

类概念中的基本要素是状态和行为，子类关于超类的状态和行为的继承就称为类继承。继承可以避免重复定义和数据冗余，达到明确事项和提升效率的目标。类继承的创建格式如下：

　　class 子类型(类)名称 extends 超类型(类)名称{…}

注意，在类继承中，超类型和子类型都必须是类，并且不允许进行多重继承。

如前所述，类也可以继承接口中的方法，但不能继承接口中的状态。

子类关于超类中状态和行为的继承也称为扩展继承；类或接口关于接口中方法的继承也称为接口继承。接口继承和扩展继承如图 10-2 所示。

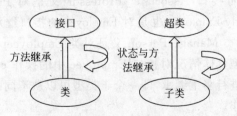

图 10-2　接口继承和扩展继承

数据库系统教程(第 2 版)

3) 类声明

考虑到类外延与键以及类继承,在 ODL 中,类声明(创建)包括下述基本内容。

(1) 关键字 class 和类名称。

(2) 紧接类名称后的 extends ＋ 超类名称,表明继承,此项为可选项。

(3) 用圆括弧"()"包含的类外延 extent ＋外延名称,可选项为类外延中键 key 和键属性。

(4) 用花括弧"{}"包含的可以按照任意顺序出现的类状态和方法列表。

例 10-3　具有外延和键的类声明 ODL 语句如下:

```
Class Person(extent persons key social - number)
  { attribute string social - number;
    attribute string name;
    attribute integer age;
  };
```

例 10-4　具有接口继承与扩展继承声明 ODL 语句如下:

```
Interface Employee{ ··· };
Interface Professor: Employee{ ··· };
Interface Associate_Professor: Professor { ··· };

Class Salaried_Employee: Employee{ ··· };
Class Hourly_Employee: Employee{ ··· };

Class Person{ attribute string name;
                        attribute date birthday;
                      };

class Employeeperson extends Person: Employee
  { attribute Date hireDate;
    attribute Currency payRate;
    relationship Manager boss inverse Manager::subordinates;
  };

class ManagerPerson extends EmployeePerson: Manager
  {
    relationship set < Employee > subordinates inverse Employee::boss;
  };
```

说明:假设在接口 Employee 中定义了操作 calculate-paycheck。接口 Professor 是对 Employee 的接口继承,而接口 Associate_Professor 又是对 Professor 的接口继承;类 Salaried-Employee 和 Hourly-Employee 也是对 Employee 的接口继承。类 Employeeperson 是对类 Person 的扩展继承,类 ManagerPerson 又是对类 Employeeperson 的类继承。在接口继承中,还可以根据子类型具体情况对接口 Employee 中的操作 calculate-paycheck 进行修改。另外,也允许对行为进行多重继承,即一个子类型可以从不同的超类型中继承多个具有相同名称、不同参数的操作。

例 10-5　创建一个大学的面向对象数据库模式,该模式包含有类"Course"、"Person"、"Student"和"Department"等。

（1）类 Course 声明：

```
class Course: Object
        /* Object 是 Course 的超类型,以下为类的公共性质,其取值不以实例而异 */
    (extent courses,key course_number)
        /* 外延名称为 courses, course_number 为键,以下为状态,包括属性和联系,其值以实例而异 */
    { attribute String course_number;              /* 课程号,字符串型 */
      attribute string name;                        /* 课程名称,字符串型 */
      attribute integer credit;                     /* 学分数,整数型 */
      attribute Enum{spring,fall} time_offered;
              /* 开课时间,枚举型,春季或秋季 */
      relationship Set < Course > has_prerequisites
                      inverse Course::is_prerequisite_for;
relationship Set < Course > is_prerequisite_for
                      inverse Course::has_prerequisites;
        /* has_prerequisites 表示本实例有哪些先修课程,is_prerequisite_for 表示本实例是
哪些先修课程的先修课程,这是 Course 中两个互逆遍历路径 */
      relationship Set < Student > taken_by inverse Student::take;
        /* taken_by 是个遍历路径,通过它可以查询本门课程的学生.在 Student 有遍历路径
take.以下是实例的操作 */
      Offer(in Enum{ spring,fall })raises < already_offered >;
        /* 本实例中 time_offered 属性为输入参数 in 所指定的学期,Enum{spring,fall}为输入参数
的类型.如果已经规定了开课时间,则此操作是重复设置,会引起"already_offered"异常情况 */
      drop()raises(not_offered);
        /* 清除本实例中 time_offered 属性,表示暂时不开此课.若已不开此课程,则没有必要执
行此操作,会引起"not_offered"异常情况 */
    };
```

（2）类 Person 声明：

```
class Person: Object
    { attribute String name;
      attribute String birthday;
      attribute String sex;
      age(in Person, birthday);
        /* 以 Person、birthday 为输入参数,计算当前的年龄 */
    };
```

（3）类 Student 声明：

```
class Student extends Person
      (extent students key student_number)/* 其他属性从超类型 Person 继承 */
    { attribute string    student_number;
      relationship Department department inverse   Department::student;
        /* department 是遍历路径,表示学生所在的系,在 Department 类型中,有遍历路径 student,
表示有哪些学生 */
      relationship Set < Course > take inverse Course::taken_by;
        /* 通过 take 遍历路径,可以查询本实例所选课程,Course 中的 taken_by 是其逆遍历路径 */
      Transfer_department(in Department) raises(department_full);
        /* 本实例中需要转系,in 是输入参数,表示要转入的系.如果该系学生已经满员,则引起
"department_full"异常情况 */
    };
```

（4）类 Department 声明：

```
class Department: Object(extent departments key department_number)
{attribute string department_name;                    /*系名称,字符串型,键*/
attribute Integer number_of_faculty;                  /*教师人数,整数型*/
relationship Set (Student) student inverse  Student:: Department;
add_a_student(in student);
        /*增加一个学生,in 为输入参数,表示新增的学生*/
drop_a_student(in Student);
        /*退掉一个学生,in 为输入参数,表示退掉的学生*/
};
```

说明：类的状态(静态特性)包括属性和联系,通过属性,人们可以知道类的基本信息,但在许多情况下,类的主要信息却是通过该类与其他相同或不同类之间联系表现出来。类间的联系是类定义中一个显著特色。

在上述"(1)"中定义了联系:

```
relationship Set < Student > taken_by inverse Student::take;
```

这里,"relationship"是关键字,"taken_by"是联系名,"Set<Student>"是相联系的类 Student 中的对象集合。事实上,如果将 taken_by 看做一个属性,其属性值就是 Set<Student>,即 Course 中每一个对象都和类 Student 中一组对象相联结。

另外,类 Student 中的每一个对象也会和类 Course 中的一组对象联系,其联系名称为 take。这样类 Course 和类 Student 中的对象就存在着一种"互逆"联系。联系语句片段 "inverse Student::take"就表示了这种"互逆"语义,即类 Student 中联系 take 是类 Course 中联系 taken_by 的"逆联系"。由于联系 take 在另一个类 Student 中定义,因此联系名称就加上了该类名称 Student 和类作用域符号::,这是由于引用定义在其他类中某些事物(例如特征和类姓名等)时通常都使用符号::。

这样,上述整个联系语句语义就是说明,类 Course 中每个对象(course)都联系类 Student 中一组对象(student),而且这组 student 中每一个也都通过类 Student 中的联系 take 和类 Course 中一组对象(course)联系。

上述联系是建立在不同类 Course 和 Student 之间。而"(1)"中下述联系语句是建立在同一类 Course 中的。其具体语义可以仿前述予以解释。

```
"relationship Set < Course > has_prerequisites  inverse Course::is_prerequisite_for;
relationship Set < Course > is_prerequisite_for  inverse Course::has_prerequisites; "
```

由上述讨论,设有两个类 C1 和 C2,其中的联系名称分别为 R1 和 R2,则相应联系语句可以表示如下。

在类 C1 中：`relationship Set<C2> T1  inverse C2::T2;`

在类 C2 中：`relationship Set<C1> T2  inverse C1::T1;`

如果 C1＝C2＝C,则相应语句还可以简写为：

```
relationship Set < C> T1  inverse T2;
relationship Set < C> T2  inverse T1;
```

例如,上述同类联系语句就可以照此简写。

对于"(2)~(4)"中的联系语句也可作相同的语义解释。

2. 对象

如前所述,对象是类型中的实例。ODMG 标准中只有"类"和文字类型才有实例。对象和文字就成为 ODMG 数据建模的基本原语。

在 ODMG 中,对象由变量(属性)、消息和操作(方法)三个部分组成。其中变量包含对象数据,相当于 ER 模型中的属性;作为论及对象所能响应的每个消息具有若干参数,对象接收消息后应当做出消息的响应;对象行为即操作是实现一个消息的代码,一个方法返回一个值作为对消息的反馈。

对象中包含的操作可以分为只读型和更新型。只读方法在操作过程中不改变变量的值,而更新型方法可能改变变量的实际取值。与此对应,对象所响应的消息也可以根据实现该消息的方法为只读型与读写型。

从理论上讲,ODMG 中任何属性都可以看做相应对象中的一个变量和一对消息:一个变量用以保存属性的值;一对消息中,一个消息用以读取属性值,另一个消息用以更新该属性值。例如,在职工对象中,工资属性表示为变量 salary,返回工资值的消息是 get-salary,接收新参数 new-salary 进行工资值更新的消息是 set-salary。在实际应用中,也有一些面向对象数据建模允许对变量实行直接读取和更新,而不用通过定义消息进行读写。

对象的状态和行为是封装起来的,对象之间相互作用都得通过发送消息和执行消息完成,用户只能看到对象封装界面上的信息,对象内部对使用者隐蔽,其目的在于将对象使用者和设计者分开。

1) 对象标识与生存期

下面介绍对象标识与生存期。

(1) 对象标识(OID)。IOD 是对象在系统范围中的唯一标识。每个对象都有一个对象标识符,根据它可以区分同一个存储区(Storage Domain)中的所有对象,通过对象标识符实现对对象的引用。对象标识符由系统产生,与具体应用无关。

对象还可以拥有名称(Name),应用程序可以使用对象名字来引用对象,系统将对象名映射到对象标识符,从而定位到相应对象。对象名并不等同于对象的键,不是对象所属类型的性质,在系统中不具有唯一性。一般而言,对象名用做数据库的入口点,系统可以通过对象的名称定位对象,但不必所有对象都有名称。

(2) 对象生存期(Lifetime)。生存期用以确定对象是持久型还是临时型。尽管 ODMG 中对象具有持久性,但还是需要考虑其生存期。对象生存期在创建对象时确定。在 ODMG 标准中,存在两种对象生存期:临时(Transient)和永久(Persistent)生存期。

对象生存期应该与对象类型无关。一个类型的对象实例可以是临时的,也可以是永久的,可以利用相同的操作对永久对象和临时对象进行处理。在关系模型中,使用 SQL 定义的关系实例都是永久的,而用高级编程语言定义的类型都是临时的。通常需要使用 SQL 定义和处理永久对象,而使用高级程序设计语言定义和处理临时对象。

2) 对象工厂和对象接口

ODMG 通过一个对象工厂接口(object factory)来创建对象。对象工厂中定义了一个与语言联编有关的生成函数 new()用以生成一个新的对象实例。如前所述,ODMG 中对象工厂接口可以声明如下:

数据库系统教程(第 2 版)

```
Interface ObjectFactory
  {
    Object new();
  };
```

对象工厂的意义在于系统中各种对象类型生成器或类型工厂(type factory)接口都是其子类型。

ODMG 对象模型中定义了如下的对象接口：

```
Interface Object
  { Enum   Lock_Type{read, write, update};
      void   lock (in Lock_Type mode) raise(LockNotGranted);
      boolean try_lock (in Lock_Type mode);
      Boolean same_as (in object anObject);
      Object copy();
      void delete();
  };
```

对象接口的意义在于系统中所有用户定义的接口都需要作为其子类型,也就是说,这个接口中的方法(例如数据读取和更新等)是所有对象的公共操作。对象接口中出现的函数解释如下。

(1) same_as 函数用于比较对象标识。

(2) copy 函数用于根据原对象复制一个新的对象,而复制前后的对象应当看做两个不同的对象。

(3) delete 函数用于删除对象。

(4) lock 函数用于为对象申请需要的锁,如果申请的锁与已有锁冲突,该方法操作被阻塞;如果等待时间超过一定阈值,将出现 LockNotGranted 异常;如果出现死锁,系统将出现事务死锁异常。

(5) try_lock 函数也用于为对象申请需要的锁,若成功,则返回 true;若需要的锁与对象已有锁冲突,返回 false。

3) 原子对象与聚集对象

ODMG 中所涉及实体都可看做"对象",对象的构成实际上非常复杂,有必要分离出一些基本的"对象"类型作为更为复杂对象的构建基础,这类似于 C++中的情形。

如果一个对象同时具有属性、方法和联系,则称其为结构对象,否则称为非结构对象。明确对象结构的目的是确定对象是如何用类型构造器构造出来的。

(1) 原子对象(Atom Object)。原子对象实际上可看做某种意义下"用户定义对象"。凡是由用户定义根据应用需要而定义的具有属性、方法和联系的非聚集对象都是"原子对象"。例如,Faculty 对象就是一个具有许多属性、联系以及操作的复杂结构的原子对象。用户定义的原子对象类型被定义为一个类时,需要指定其属性、联系与操作。例如用户可以为 Faculty 对象指定一个类。

原子对象主要是结构对象,ODMG 没有定义系统预置的原子对象。

(2) 聚集对象(Collection Object)。聚集对象实际上可看做带有参数的类型生成器,聚集对象本身可看做一个具有某些附加条件的集合,其中所有元素都应当属于同一类型,这些类型可以是原子对象类型、其他聚集类型或文字类型。聚集对象为非结构对象。

ODMG 支持如下五种聚集类型(聚集对象记为 T)。

① 数组(Array <T>):数组中元素有序,其大小需要事先确定。

② 列表(List <T>):列表中元素有序,元素可重复。在列表类型中,可从表头、表尾或者指定位置读取、替换、插入和删除元素。

③ 包(Bag <T>):包中元素无序,元素可重复。

④ 集合(Set <T>):集合中元素无序,元素不可重复。

⑤ 字典(Dictionary <T,S>):设 T,S 是任意类型,则字典类型 Dictionary<T,S>是表示 T,S 有序对的有限集合,其中,T 可称为键类型,S 可称为值域类型。字典类型 Dictionary <T,S>中的元素就是(键,值)二元组,其基本要求是不能有完全相同的二元组。字典类型允许关联查询,即给定键值,就可得到一个特定关联对,这与索引类似。

下面就是每个(键,值)二元组都是结构 Association 的实例:

```
struct Association{
    Object key;
    Object value;
};
```

ODMG 中分别定义了数组工厂、列表工厂、包工厂和集合工厂接口来创建聚集对象,它们都是前述对象工厂的子类型。这些聚集工厂接口的定义分别简写如下:

```
Interface ArrayFactory: ObjectFactory{
    ……
};
Interface ListFactory: ObjectFactory{
    ……
};
Interface BagFactory: ObjectFactory{
    ……
};
Interface SetFactory: ObjectFactory{
    ……
};
```

其中"……"为系统内置内容。

10.4.3　文字

如前所述,在面向对象数据模型中,现实世界中所有实体都可被建模为对象,例如,一个数字、一段字符串、一个人、一家企业和一个部门等都是对象。这里,有的对象比较简单,例如数字和字符串等,其本身取值就可以是其所有的特性与状态的完备描述,而相关操作在任何计算机系统中都有明确的规定。也就是说,这些对象并不需要进行状态和方法的重新定义。对象必须要有对象标识(OID)。创建和管理 OID 会带来很大的系统开销。对象标识的基本作用在于区分对象,而上述简单对象并不需要进行特别区分,因为本身的属性值就可充当标识而不至引发混淆。为了有效处理此类问题,减少系统开销和用户负担,ODMG 标准就将诸如此类"简单"对象定义为一种特殊的类型——文字,其含义是这些对象的"值"就完全确定该对象。

在 ODMG 标准中,"文字"是指没有对象标识的一个值,文字相当于常量。文字具有如下特性。

(1) 在给定范围内,文字直接由表示它的字符确定,"见其值而知其性",例如"10-01"至少在中国大陆范围内就直接可以知道中华人民共和国国庆纪念日。

(2) 文字的标识就是其本身值的表示,因此文字不必需要 OID,但可以为其命名。

(3) 对文字取值进行修改,实际也同时将其标识进行了修改,从而不再是原先文字,这相当于撤销原先文字而设置新的文字。从此意义上说,文字具有不可更改性(immutable)。文字可以分为下述三种情形。

1. 原子文字

原子文字(Atom Literal)是预定义的并且对应于基本数据类型的值。数字和字符都是典型的原子文字。在 ODMG 标准中,原子文字主要有以下种类:

long,	long long,	short,	unsigned long,
unsigned short,	float,	double,	boolean,
octet,	char,	string,	enum

其中,枚举类型(enum)实际上是一个类型生成器,定义枚举类型时需要说明取值范围。例如,当属性 gender 被定义为枚举类型时,取值范围是{male,female}:

```
attribute enum gender{male,female};
```

2. 结构文字

结构文字(Structure Literal)包含固定数据元素,元素取值可以是文字或聚集文字,每个元素都有一个变量名与之对应,通过变量名访问元素,例如 address = "Guangzhou"。ODMG 支持的结构文字包括以下四种:

Date(日期类型),Interval(时间间隔类型)

Time(时间类型),Timestamp(时间戳类型)

ODMG 提供上述类型的类型生成器 struct,允许应用程序自定义需要的结构文字类型。例如下面的 degree 就是应用程序自定义的结构文字:

```
struct Degree{
    string school_name;
    string degree_type;
    unsigned short degree_year;
};
```

3. 聚集文字

聚集文字(collection literal)对应于对象或值的聚集,但聚集本身没有对象标识。聚集文字包括 set<.>、bag<.>、list<.>、array<.>、dictionary<.>五种。

10.4.4 ODL 到 C++的映射

OODBS 中的数据操作需要通过 ODL 构造到 C++的映射才能最终完成,这种映射就是

C++语言的绑定(binding),它主要由 C++中的一个实现 ODL 构造的类与操作的类库完成。在此过程中,需要对象操纵语言(Object Manipulation Language,OML),以便指明如何使用 C++语法和语义在 C++程序中检验和操作数据库对象。

对于 C++语言绑定而言,数据库类需要添加前缀"d—"以表示该类来自数据库。对每个数据库类都定义一个类 d-ref<T>,使得 D-Ref<T>中的变量可以同时用来表示类 T 的持久对象和暂留对象。

上述类库还配置了各种抽象类和模板类,其作用在于能够方便地在 ODMG 模型中使用各种内置类型。其中,抽象类不可实例化,它们指定了可以被所有对象和聚集对象继承的操作。例如抽象类 d-object<T>指定了所有对象都可以继承的操作,抽象类 d-collection<T>指定了聚集的各种操作。模板类是为某类特定的聚集而指定的,如 d-set<T>、d-list<T>、d-bag<T>、d-array<T>和 d-dictionary<T>等。例如。可以创建 d-set<d-ref<university>>类。

C++语言绑定使得用户能够使用类库提供的构造指定所需要的数据库的模式类,还可使得用户能够使用 C++的构造指定所需要的数据库的模式类。

可通过类库使用基本类型以说明属性取值,如短整型(d-short)、无符号整型(d-Ushort)、长整型(d-long)和浮点型(d-float)等以及一些结构型文字取值例如字符串(d-string)、间隔(d-interval)、日期(d-date)、时间(d-time)和时间戳(d-timestamp)等。

通过 C++语言绑定,可以使用类库中库类 d-extent 创建类外延,例如通过语句 d-extent <person>allpersons(db8),可以在数据库 db8 中定义一个名为 allpersons 的聚集对象,其类型为 d-set<person>,包含 person 类型的持久性对象实例。需要指出,C++并不支持键的约束,关于键的检测都需要在类的方法中特别定义。

10.5　OQL

在 ODMG 2.0 标准中,与数据定义语言(ODL)(对象数据语言)对应,数据查询语言称为对象查询语言(Object Query Language, OQL)。ODL 与 SQL 中 DDL 作用相同,但具体写法各异,但 OQL 具有相当的 SQL 风格。本节主要介绍 OQL 基本知识。

10.5.1　数据查询

OQL 具有下述特点。

(1) 编程语言结合性。设计 OQL 的基本思路是要与编程语言密切配合,共同使用,这些编程语言有一个 ODMG 绑定的定义,主要是 C++、Java 等。这样,嵌入某种编程语言的一个 OQL 查询就可以返回与相应语言类型系统匹配的对象。

(2) 具有 SQL 风格。OQL 查询语法与关系型 SQL 语法相类似,采纳了 SQL 风格,同时增加了有关 ODMG 概念的特征,例如对象标识、复杂对象、操作、继承、多态和联系等。注意,OQL 与 SQL 只是风格相似,本质上并不兼容。由于特征"(1)",OQL 可以单独使用,也可以嵌入到相应面向对象程序设计语言中。

(3) 行为包含数据更新。OQL 并不提供显式的数据更新操作,例如插入、删除和修改等,它们都是由类型定义中的操作实现。也就是说,ODMG 模式中数据操作是通过类方法定义中面向对象编程语言编写相应代码实现，而不是由系统统一提供。

1. 基本查询语句

OQL 是以一种类 SQL 查询语言，允许使用具有传统 SQL 风格的 SELECT 查询语句来书写表达式。在聚集和结构数据类型中，如果其成员是由文字组成，则用"（）"表示；如果其成员是由"类"组成，则用"＜＞"表示。

OQL 中一个 SELECT 语句一般包含下述基本内容。

（1）SELECT 子句：关键字 SELECT ＋ 表达式列表

（2）FROM 子句：关键字 FROM ＋ 一个或多个变量声明。通常变量声明格式为：

值为聚集的表达式 ＋ AS(可选) ＋ 变量名称

注意，SELECT 语句本身就可以是一个聚集值表达式，因此 FROM 子句中可嵌入一个 SELECT 语句。

（3）WHERE 子句：关键字 WHERE ＋ 布尔表达式。如同传统 SQL，布尔表达式只能使用常量或在 FROM 子句中定义的变量。表达式中"不等"用＜＞表示，各种比较操作符和逻辑运算符与传统 SQL 相同。

例 10-6 在例 10-4 的数据库中，查询大学中授课门数超过 2 门的教师，要求显示学校名称和教师姓名，显示时属性名为 university_uname 和 faculty_name：

```
SELECT university_name: F.works_for.uname,faculty_name: F.name
FROM faculties F
WHERE F.num_teach()>2;
```

例 10-7 查询广州地区大学中教师开设课程的课程名：

```
SELECT DISTINCT C.cname
FROM universities U,U.staff F,F.teach C
WHERE U.city = 'guangzhou';
```

说明：关键字 DISTINCT 消除了结果中重复部分，此时查询结果为集合类型＜set＞，否则为包＜bag＞类型。

例 10-8 上述查询也可以用子查询表示，但子查询出现在 FROM 子句当中：

```
SELECT DISTINCT C.cname
FROM(SELECT U
        FROM universities U
        WHERE U.city = 'guangzhou') D1,
    (SELECT F
        FROM D1.staff  F) D2,
        D2.teach C;
```

说明：本例中语句并不比上例中语句简洁，但说明了可在 OQL 中使用新的查询形式。FROM 子句中存在三个并列的嵌套循环。在第一个循环中，变量 D1 覆盖了广州地区所有大学，这是 FROM 子句中第一个查询的结果；对于第二个嵌套循环，变量 D2 覆盖了大学 D1 的所有教师；对于第三个循环，变量 C 覆盖了该教师的所有任课，此语句不需要 WHERE 子句。

例 10-9　上例中语句也可使用 WHERE 子句中嵌有子查询的形式：

```
SELECT DISTINCT C.cname
FROM coursetexts C
WHERE C.teacher IN (SELECT F
                    FROM faculties  F
                    WHERE F.works_for IN  (SELECT U
                                          FROM universities U
                                          WHERE U.city = 'guangzhou'));
```

例 10-10　查询中山大学教师，要求按年龄降序排列，若年龄相同按工资降序排列：

```
SELECT F
FROM universities U,U.staff  F
WHERE U.uname = 'zhongshan university'
ORDER BY F.age DESC,F.salary;
```

说明：SELECT 语句中查询结果通常为集合(Set)或包(Bag)，但加上 ORDER BY 后，输出结构就为列表(List)。在集合或包中，元素无序；在列表中，元素有序。

例 10-11　如下查询返回列表而非集合或包：

```
(SELECT F.fno,F.name
  FROM faulties F
  ORDER BY F.age DESC)[0: 4];
```

说明：表达式[0：4]表示抽取年龄最大的 5 名教师。

例 10-12　查询广州地区各大学教师开课的课程名称，要求显示校名、教师名和课程名：

```
SELECT Struct (U.uname,set(F.uname,set (C.cname)))
FROM universities U,U.staff F,F.teach C
WHERE U.city = 'guangzhou';
```

说明：SELECT 子句中表达式可以是简单的变量，也可以是任何表达式，包括类型构造符构成的表达式。本查询使用了 struct 类型中的 set 类型构造符。SELECT 中的 struct 是一种显式定义结构类型的方式，在实际使用中可以省略。

2. 表达式

与 SQL 类似，OQL 也可使用表达式完成查询，查询结果就是表达式取值。同时，表达式还可以用来构成其他 OQL 语句。表达式可以是变量、文字、命名对象和查询语句以及它们通过聚集(平均、计数、求和、求最小值和最大值以及分组)、逻辑等运算(使用含有全称量词 FOR、ALL 和存在量词 EXISTS 的表达式)和集合运算(并集运算、交集运算和差集运算)得到的复合运算表达式

1) 聚集表达式

OQL 有五种聚集操作：AVG、COUNT、SUM、MIN 和 MAX。在 SQL 中，聚集运算只作用在关系表的指定列，而在 OQL 中可以作用于含有适当类型的集合之上。

(1) COUNT 可以用于任意聚集类型。

(2) SUM 和 AVG 可以用于基本类型(整型等)的聚集。

(3) MAX 和 MIN 可以用于任何可比较类型(整型和字符型)的聚集。

数据库系统教程(第2版)

例 10-13 在例 10-4 中的数据库中,查询每个年龄段教师平均授课门数:

```
SELECT F.age,avgNum: AVG(SELECT P.F.num_teach() FROM partition P)
FROM faculties F
GROUP BY F.age;
```

说明:对教师按年龄段分组,每一个分组用关键字 Partition 表示,这样在 SELECT 子句,就可以对每一个分组进行操作了。统计教师授课门数使用了函数 num-teach。

例 10-14 查询以 40 岁为界的两个年龄段的教师平均授课门数:

```
SELECT low,high,avgNum: AVG (SELECT P.F.num - teach()
                                FROM partition P)
FROM faculties F
GROUP BY   low: F.age < 40,high: F.age > = 40;
```

说明:本查询中,分组子句产生了两个分别称为"low"(age<40)和"high"(age>=40)的分组。Faculty 中教师根据年龄值放在两个分组中。在 SELECT 子句中,low 和 high 都是布尔变量,在输出的每个元组中,只有一个是 true 值。这个查询输出两个元组,其中一个元组的 low 值是 true,avgNum 值是小于 40 岁教师的平均授课门数;另一个元组的 high 值是 true,avgNum 值是大于或等于 40 岁教师的平均授课门数。

例 10-15 查询至少有一位教师年龄超过 65 岁的大学编号、校名和教师人数:

```
SELECT U.uno,U.uname,U.num - staff()
FROM universities U
GROUP BY   U.uno,U.uname
   HAVING MAX(
           SELECT F.age
           FROM patition P,P.staff F
       )> 65;
```

说明:上述查询根据大学分组,在 HAVING 子句中,挑选至少一位教师年龄超过 65 岁(即教师中最大年龄超过 65 岁)的那些组,然后再求每组中有多少教师。

2) 量词表达式

量词表达式用于检测一个集合所有成员或者至少存在一个成员是否满足给定条件。

(1) 所有成员满足给定条件的检测:OQL 通过表达式 FOR ALL x IN S: C(x)使用任意量词。该表达式用于检测集合 S 的所有成员 x 是否满足条件 C(x)。如果满足,结果为 true,否则为 false。

(2) 存在成员满足给定条件的检测:OQL 通过表达式 EXISTS x IN S: C(x)使用存在量词。该表达式表示如果 S 中至少有一个成员 x 满足 C(x),结果为 true,否则为 false。

例 10-16 在例 10-4 中,查询存在 60 岁以上教师的大学名称:

```
SELECT DISTINCT U.uname
FROM universities U
WHERE EXISTS F IN U.staff: F.age > = 60;
   /＊F 是元组变量,谓词 C(x)为 F.age > = 60＊/
```

例 10-17　查询教师年龄全在 50 岁以下的大学名称:

```
SELECT DISTINCT U.uname
FROM universities U
WHERE FOR ALL F IN U.staff: F.age < 50;
```

3) 集合运算表达式

集台运算表达式通过对各个子查询结果集合的"并"、"交"和"差"运算以得到最终结果集合。

例 10-18　在例 10-4 中,查询教师人数不超过 1000 人,但工资低于 4500 元的人数超过 300 人的那些大学的编号和校名:

```
(SELECT U.uno,U.uname
  FROM universities U
  GROUP BY U.uno,U.uname
      HAVING U.num - staff() < 4500)
  INTERSECT
(SELECT U.uno,U.uname
  FROM universities U,U.staff  F
  WHERE F.salary < 1500
  GROUP BY U.uno,U.uname
      HAVING  U.uno_staff() > 300);
```

4) 路径表达式

类似于 C++ 情形,OQL 通过一个点符号来访问对象或结构的相关成分。设 O 表示类 C 中的一个对象,P 表示类 C 中的某个属性、联系或方法,O.P 表示 P 作用于 O 上的结果。

(1) 如果 P 表示一个属性,则 O.P 表示对象 O 在 P 上的属性取值。

(2) 如果 P 表示一个联系,则 O.P 表示通过 P 与对象 O 相联系的对象集合。

(3) 如果 P 表示一个方法,则 O.P 表示方法 P 作用于对象 O 的结果。

在例 10-4 中,设 myStudent 是类 Student 中的对象实例,则

myStudent.age 表示对象 myStudent 的年龄;

myStudent.take 表示对象 myStudent 通过联系 take 与类 Course 中相关联的一组对象。

10.5.2　变量赋值与元素提取

对象赋值和运算结果中元素提取实际上就是 OQL 与宿主语言(C++)相互关联的问题。

1. 宿主语言变量赋值

嵌入式 SQL 需要在元组分量和宿主语言变量之间传递数据,在 OQL 中,可以自然地将查询表达式结果赋值给任何适当类型的宿主语言变量。

例 10-19　查询大于 60 岁的教师:

```
SELECT F
FROM faculties F
WHERE F.age > 60;
```

说明:查询结果是年龄大于 60 岁的教工集合,其数据类型是 set(faculty)。如果

数据库系统教程(第 2 版)

oldfaculties 是同类型的宿主语言变量,则可以使用经过 OQL 扩充的 C++ 写成如下形式:

```
oldfaculties = SELECT F
                FROM faculties F
                WHERE F.age > 60;
```

此时,oldfaculties 的值将成为这些 faculties 对象的集合。

2. 聚集中提取元素

SELECT 语句查询结果通常是聚集(集合、包或者列表),实际应用中,可根据需要从中提取某个或某些元素。此时分为下述两种情况。

(1) 聚集中只含有一个元素,即是单元素聚集。OQL 提供操作符 ELEMEMT 将单元素聚集转换成为单个元素。

(2) 聚集中含有多个元素。此时首先通过 ORDER BY 子句将集合或包转化为列表,然后对于获得的列表,不管是否排序,都可用原有序号访问其中每个元素。列表 L 的第 i 个元素可以用 L[i−1] 得到。与 C++ 相同,列表和数组的序号是从 0 开始。

例 10-20 查询大于 65 岁的教师,查询结果为按照工资、年龄降序的列表形式:

```
facultyList = SELECT F
                FROM faculties F
                WHERE F.age > 65
                ORDER BY F.salary DESC, F.age DESC;
```

说明:此语句将工资、年龄降序排列的所有 faculty 对象的列表赋予宿主语言变量 facultyList。

例 10-21 编写一个 C++ 函数打印每个教师的工资、年龄、姓名和工号:

```
facultyList = SELECT F
                    /* 对 faculties 进行排序,得到结果为方法变量 facultyList,它的类型是
List(faculty) */
                FROM faculties F
                WHERE F.age > 60
                ORDER BY F.salary DESC, F.age DESC;
                    /* 用 OQL 运算符 COUNT 计算教师的数量 */
                    /* 以下直到结束是 for 循环,在该循环中整数变量 i 覆盖了该列表的每个位置.
为了方便,把列表的第 i 个元素赋给变量 faculty,然后在第 1 行和第 n 行再打印教师的相关属性 */
numberOfFaculty = COUNT(facultyList):
    for(i = 0, 1 < numberOfFaculty, i++)
    {
        faculty = facultyList[i]
        cout << faculty.salary <<""<< faculty.age <<""
        << faculty.name <<""<< faculty.fno <<"/n";
    };
```

本章小结

1. 知识点回顾

(1) ODMG 标准致力于对 C++ 进行数据库功能的扩充,使之能够有效进行数据对象的

管理和应用,其结果就形成了持久化的 C++ 系统。ODMG 将数据库语言分为了 ODL 和 OQL 两个部分,在 OQL 中引入 SELECT 语句,并且能够与宿主语言融合使用,为 OODBS 的应用和推广拓展了道路。

(2) 基于 ODMG 标准的对象数据建模的基本原语是类型,而根据应用需要,类型就分成“接口”、“类”和“文字”。其中“类”是面向对象方法范畴的一个“完整体”,而“接口”和“文字”可以看做一定意义下“类”的特例。如果有操作为各个不同的类所公共需要,就可将这些操作组装成为“接口”,通过接口继承机制就可被相关类所“共享”,这样就可避免重复定义,提高运作效率。由上述接口引入的背景,就可以知道接口为什么不能实例化,其状态为什么不能被其他接口或类予以继承。如果类中的对象实例足够简单,例如整型、实型、字符型或时间日期型基本数据类型,其本身取值就可以完全确定其“状态”和“标识”,所有计算机平台都可以完成其行为操作,因此,没有必要对其进行基于一般类型的“状态”和“方法”描述,也没有必要为其配置“对象标识”,可以将其定义为没有特定状态和行为描述,也没有对象标识的“文字”,其唯一的特征就是其本身的“取值”或根据需要确定的“名称”。

(3) 类的外延限定了类实例的范围,这对类的创建非常重要。因为当类的范围确定之后,就可以根据有所限定的语义引入对象实例的“键”,而由关系数据库技术的学习可知,“键”作为实体的语义标识,在相应的数据操作过程当中可以发挥非同寻常的作用。给定了类的定义后,ODMG 中提供了对象工厂接口来在类外延范围内创建新的对象实例。

(4) 对象和文字是组成 ODMG 对象模型的基本成分。两者不同之处在于:对象既包含一个对象标识,又包含一个状态(state,或当前值)和操作;文字只是一个值,没有对象标识,不可更改,没有属性和联系以及操作说明,除了本身值和命名之外,一无所有。两者的相通之处在于:两者的值都可以有一个复杂的结构。但此时,给定一套初值,可以按照 Object 类型生成一个 collection 或 structure 类型对象,这些类型对象的状态随着初始值的修改而改变,是一个名副其实的对象;而文字也可能是一个复杂结构,可以有 Immutable-Collection 和 Immutable-Structure 类型文字,基本上是一个常量值。

(5) 在对象数据库发展进程中,有着 ORDB 和 OODB 两条不同的途径,而这两条途径极有可能是殊途同归,因此,对象数据库系统将是最有前途的新一代数据库系统。

2. 知识点关联

(1) 面向对象数据模型如图 10-3 所示。

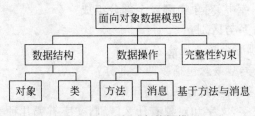

图 10-3　面向对象数据模型

数据库系统教程(第 2 版)

（2）面向对象数据结构如图 10-4 所示。

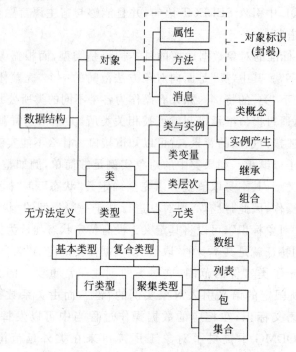

图 10-4　面向对象数据结构

（3）ODL 数据建模如图 10-5 所示。

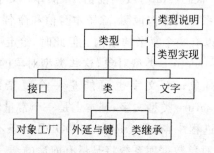

图 10-5　ODL 数据建模

习题 10

01. 在面向对象数据库中,对象由哪三个部分组成?

02. 类和类型有何联系与区别?

03. ODGM 标准有哪五个核心概念?

04. ODGM 标准中,类型概念包括哪两个部分?

05. ODGM 标准中,类型说明包括几个部分?

06. 为什么要引入文字,文字和对象有什么区别,文字有哪几种类型?

07. 为什么要引入接口,接口和类有什么联系与区别?

08. 对于接口和类,ODGM 对象模型有哪两种继承性?试加以解释。

09. 什么是类外延和键？试与关系模型中相应概念（例如关系模式、关系实例和主键等）进行对比。

10. 面向对象数据库和对象关系数据库有什么区别？

11. 按照 ODMG 中的 ODL 定义由图 10-6 所表示对象联系图的面向对象数据库模式。其中 sno、sname、scity 和 sage 分别表示学生身份证号码、姓名、籍贯和年龄，coursename、grade、ucity 和 university 分别表示课程名、成绩、学校所在地和学校名称。

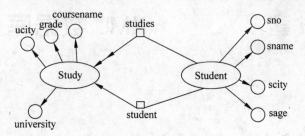

图 10-6　对象联系图

12. 试用 ODGM OQL 完成对例 10-4 数据库的下述查询。

（1）查询教师人数超过 1000 人的大学。要求显示大学校名及校长姓名。显示时，属性名为 univ_name 和 president_name。

（2）查询每个大学里的教师平均年龄。

（3）查询广州地区与非广州地区的教师平均年龄。

（4）查询年龄最小的 10 位校长姓名。

（5）查询开设课程的教材全部采用本校编写的教师工号与姓名。

（6）查询至少有 20 位教师年龄超过 80 岁的大学的编号、校名和超过 80 岁的人数。

13. 试给出例 10-4 中的联系语句的语义解释。

14. 试分析对比 OQL 中的 SELECT 语句和 SQL 中的 SELECT 语句。

第 11 章　　　　　　　XML 数据库

　　XML 是 eXtensible Markup Language(可扩展标记语言)的英文缩写。标记(Markup)通常是指一个文档中不需要实际打印输出的部分,主要用于告知文档编辑者(人或软件系统)文档格式的描述,即可以按照"标记"给出的"注解"进行文档格式的相应编排。现在广泛使用的 HTML(Hyper Text Markup Language)就是网页文档格式的标记化语言。现实应用中的最常见的"海量"数据主要来自网络,如何从这些网络数据中抽取人们所需要的内容就成为网络时代亟须解决的重要课题。为了有效完成信息抽取,就需要方便获得数据的语义。标记的意义在于进行某种注解,既然能够进行格式编排方面的注解,也应当能够进行语义刻画方面的注解。因此,通过标记进行文档的语义注解逐渐成为人们所关注研究的课题。从 20 世纪 80 年代开始人们研究开发了一种能够进行文档内容语义注解的语言形式:SGML(Standard General Markup Language)。SGML 为文档的语法和语义描述提供了有力工具,SGML 同时具有良好扩展性,在数据分类与数据索引过程中发挥着很好的作用。但 SGML 机制复杂,价格昂贵,难以有效满足网络时代的需求。SGML 可以看做 XML 的超集,而 XML 对 SGML 内容进行了必要精简,并对其中弱项进行了"改进",从而形成了一套定义文档内容和表现格式的标记规范。XML 现已经成为互联网上数据表示与交换的标准。XML 的核心在于对数据内容进行描述,使得系统能够根据标记对数据进行有效管理,因此产生相应 XML 数据库技术。

11.1　XML 数据模型

　　通常认为,从数据模型角度来看,XML 应当是一种半结构化数据。

11.1.1　半结构化数据

　　现有数据模型(概念模型和逻辑模型)大多都有两个核心概念:数据本身和数据的结构模式。例如,ER 模型中的实体集和联系,关系模型中的属性与关系,对象关系模型中的类型与联系等。常规数据模型中这两个核心概念至少在范畴层面上是分别提出和各自研究,其意义在于数据和结构模式相互分离,形成某种意义下的相对独立性,带来描述上的清晰和处理上的方便。如果将两个核心概念结合起来,则得到的数据模型就是半结构化数据。即半结构化数据中结构模式附着或相融于数据本身,数据自身就描述了其相应结构模式。具体来说,半结构化数据具有下述特征。

(1) 数据结构自描述性。结构与数据相互交融,在研究和应用中不需要区分"元数据"和"一般数据"(两者合二为一)。

(2) 数据结构描述的复杂性。结构难以纳入现有的各种描述框架,实际应用中不易进行清晰的理解与把握。

(3) 数据结构描述的动态性。数据变化通常会导致结构模式变化,整体上具有动态的结构模式。

常规的数据模型例如 E-R 模型、关系模型和对象模型恰恰与上述特点相反,因此可以称为结构型数据模型。相对于结构化数据,半结构化数据的构成更为复杂和不确定,从而也具有更高的灵活性,能够适应更为广泛的应用需求。

计算机网络技术带动着数据库技术的快速发展,随着各种数据模型相继引入和多样化数据库应用不断出现与深入,数据结构的灵活性、数据之间的交互性等问题日益引起人们关注,其显著表现就是数据集成和数据交换。

(1) 数据集成。在实际应用中可能有许多模式不同但又彼此关联的数据库系统,在网络时代,人们自然希望能够像在一个数据库中那样访问多个数据库中的数据。实际问题在于,各自开发的数据库可能具有各自不同的设计模式,同时还有各种各样不可避免的差异,例如同名异义、同义异名和同一个记录的不同格式等。因此需要进行必要的数据集成。数据集成需要有一个相对于原有模式更为宽泛和灵活的平台与环境,而半结构化数据就可提供这样一个包容现有各种数据模式的有效集成接口。

(2) 数据交换。信息集成的代价通常都比较高昂,在一般情况下,不同数据库之间可能多采用数据交换途径以达到数据共享和信息交互的目的。这时,同样需要一种可靠性和灵活性较高的交互"介质",双方都能识别、接受并能有效使用的"中间模式",而半结构化数据恰好具有这种特质。事实上,如果在不同数据库上安装一个适配器(adapter),就可以将数据源中的数据"翻译"为半结构化数据,经过传输后再翻译回来,就可完成不同数据库间的数据交换。

半结构化数据通常是一个由节点(node)集合和弧段集合组成的具根有向图结构。

有向图中节点集合元素分为三类。

(1) 叶节点: 此类节点没有由其出发的弧段,其语义表示与实际数据相关,相应数据取值类型可以是任意原子类型(数值型或字符串型)。

(2) 内部节点: 此类节点既有由其出发又有由其终止的弧段。

(3) 根节点: 此节点唯一,其特征是只作为一个或多个弧段的始点,其语义是表示整个数据文件。

有向图中弧段集合内每条弧段都有一个标签(lable),用于指明弧段开始处节点与终止处节点的联系。弧段标签具有下述语义。

(1) 如果节点 u 表示一个对象,节点 v 表示 u 的属性,则弧段<u,v>的标签表示属性

数据库系统教程(第 2 版)

或相应属性域的名称。

(2) 如果节点 u 和 v 都是对象,则弧段<u,v>的标签表示由 u 到 v 的一个联系的名称。

按照上述约定可知,半结构化数据的关键点就是其自描述(self-describing)特质,结构模式与数据结合在一起,弧段标签说明末端节点在始端节点中的角色。在结构化数据中,结构模式与数据分离并基本固定,数据成分元素的角色信息隐含在"独立"展示的结构模式当中。结构化数据例如关系型数据基本优势在于其较高的数据操作效率,半结构化数据例如 XML 型数据的基本优势在于数据集成与交换方面的高度灵活方便。

事实上,由于其灵活性,半结构化数据特别适合于描述具有多个不同结构模式但具有模型相似性的数据,即数据集成和数据交换。

同时,由于其模式与数据的结合性,半结构数据还特别适合于文档性数据的描述,例如 Web 上的共享信息。本章将要讨论的 XML 就是如此的重要实例。

注意,一个半结构化数据一般是具根有向图而不一定是树。

11.1.2 XML 文档

XML 是一种定义文档标记的规范,这些标记对文档进行基本划分并对划分后的部件进行合理标识。文档(document)是一个包含许多字符的文件;标记(Markup)是一种用来给文档添加标签的语言。与 HTML 不同,XML 标记具有确切的语义但在文档显示时却不被展示出来。XML 是一种允许根据规则"自由"并指定各种所需标记的源置标语言,同时还是一种自描述语言。

1. XML 序言与实例

编写 XML 文档需要遵循一系列规范要求,这些规范要求构成 XML 文档基本结构描述。

一个 XML 文档由 XML 序言和 XML 实例两部分组成。XML 序言包括一个 XML 说明和一个文档类型声明,而 XML 实例就是文档的具体内容部分。

例 11-1　下面就是一个表现 XML 文档结构的具体实例并将其记为 book、xlml:

```
<?xml version = "1.0" encoding = "GB2312" standalone = "yes"?>
< bool year = "2006">
    < bookname > XML Database </bookname >
    < author >
        < firstauthorname > Jhon </firstauthorname >
        < secondauthorname > White </secondauthorname >
    </author >
    < price > $ 32 </price >
    < Publisher > Springer Valag Berlin </Publisher >
</book >
```

说明:在本例中,第一行表示 XML 声明(XML declaration),它是对文档处理环境和要求的表述与解释,不涉及文档本身内容。XML 说明置于标记"<?"和"? >"之间,其中包含三个属性。

(1) 版本(version)属性:表明当前文档以 XML.1.0 标准编写,告知 XML 解析器文档使用的版本。

（2）编码（encoding）属性：表明当前文档使用字符集 GB 2312 进行编码。

（3）独立与否（standalone）属性：表明当前文档是否引用其他文档内容，"yes"表示无引用，文档独立。

XML 标准规定，任何 XML 文档都必须冠以 XML 文档说明，但 version、encoding 和 standalone 当中只有 version 是必需的，其余两个可选。如果三个属性都使用，则顺序是 version 在前，然后 encoding，最后 standalone。

在本例中，第二行以后部分为文档实例，它构成 XML 的主体。这里，首先定义了一个根元素 book，book 元素又包含有三个子元素 bookname、author 和 price。

XML 文档实例使用的各类标记都需要遵循一定规范要求。这些规范主要是：

（1）标记必须以"＜"开始，以"＞"结束。

（2）标记名须以字母或下划线开始，而其后字符可以是字母、数字、下划线、短横和圆点。

（3）标记名中不使用空格。

（4）标记名中需要区分大小写。

（5）需要使用关闭标记，例如，如果以＜author＞开始，就应当以＜/author＞结束。

（6）没有内容的元素称为空元素。空元素以"＜"开始，以"/＞"结束。

（7）标记可以嵌套，但不可以重叠。例如下述是正确的嵌套：

```
< author > …< first author >…</ first author > …</ author >
```

而下述是不正确的嵌套：

```
< author > …< first author > …</ author >…</ first author >
```

满足以下三个条件的 XML 文档称为合式（well formed）XML 文档。

（1）文档开头有 XML 说明。

（2）文档具有唯一一个根元素。

（3）开标记与闭标记正确匹配，即如果存在标记嵌套，则必须是正确的嵌套。

2．XML 基本成分

XML 文档组成的基本成分主要有"元素与属性"、"引用与注释"和"命名空间"等。

1）元素

由前所述，XML 文档标记必须成对出现，即以开标签＜标记名＞开始，以闭标签＜/标记名＞结束。每组成对的标记就称为 XML 中的元素（Element）。元素是 XML 文档中基本的语法成分，元素具有如下结构：

```
< Element Name > 元素内容 </Element Name >
```

这里 Element Name 是标记名，即元素名通称。＜ Element Name ＞为开标签，＜/Element Name＞为闭标签，两者之间是元素内容，元素内容通常为文本。在 XML 文档中，如果一个文本是一个元素的内容，即在开标签与闭标签之间出现，则称该文本出现在相应元素的上下文当中（in the context of）。

每个 XML 文档需要有一个根元素（Root Element），其他元素和文档内容都包含在根元素起始标记和结束标记之间。另外，元素可以嵌套包含子元素，嵌套层数不受限制。最外层元素就是根元素。

在例 11-1 中,根元素是"book",子元素分别为"bookname"、"author"、"price"和"publisher",而"author"也有两个子元素"firstauthorname"和"secondauthorname"。

2) 属性

属性(Attribute)是元素属性,其中包括属性名和属性值。属性名也是一个标记,属性值用引号括起,单双引号均可,但必须配对一致。属性名和属性值以等号相连接。在 XML 文档中,属性放置在开标签当中。属性在开标签中只能出现一次,不能像子元素那样进行重复。

在 XML 文档中引入属性有着两方面的意义。

(1) 一般属性体现半结构数据特征。属性将数据(元素)的取值与元素的标签联系起来,而元素标签的组织体现着数据文件的结构,因此,属性也可以看做结构模式与数据结合的一个基本实现环节,即体现了 XML 文档的半结构数据特征。

(2) ID 属性实现 XML 和半结构数据对应。对于 XML 文档中的每一个元素,可以赋予数值 ID,用于唯一标识该元素开标签和闭标签所包含的段。ID 可以看做该元素基本的属性值,而从半结构化数据观点来看,ID 就为每个节点提供了唯一名称,通过 ID 属性,XML 文档就具有了半结构化数据(文件)的特质。

在某些情况之下,子元素可以用属性表示。例如上例中的 Author 和 Price 改用属性表示,则 Book 可表示为:

```
< Book Author = "Jhon and White"Price = " $ 32">
    < bookame > XML database </bookame >
    < Publisher > Springer Valag Berlin </Publisher >
</Book >
```

应当注意,不是在任何情况下都可用属性代替子元素,属性与子元素毕竟有别,例如:

(1) 在同一元素中,属性不能重名,但子元素可重名;

(2) 属性在书写上有先后之分,次序无关紧要,但子元素需要按照其书写次序排序。

一般而言,在元素与属性都能表示的场合,可有下述参考:

(1) 元素组成部分宜用子元素表示;

(2) 元素性质内容宜用属性表示;

(3) 简短内容宜用属性表示;

(4) 嵌套或者较长内容宜用子元素表示。

元素可以没有内容只有属性,这样的元素称为空元素(empty element)。

3) 引用

在标写 XML 文档时,经常需要引用本文档或者其他文档的内容,为了减少工作量,可以将需要重复引用的内容定义为实体(Entity)。实体定义格式为:

```
<!Entity 引用名"引用内容">
```

<!···>是 XML 的定义语句格式,<!Entity···>是一条定义 Entity 的语句,引用名(Entity Name)是引用内容的名称。在引用时,只需在引用处填置"& 引用名称;"即可。引用内容可以包括 HTML、文档、图形、声音和影视等任意情形,但如果含有 XML 文档中特

定内容的符号,例如<,>,& 等,就需要加以区分。为此,引用内容可以包装为:

```
<![CDATA[ 引用内容 ]]>
```

其中"<![CDATA["可以看做开标记,"]]>"可以看做闭标记,这两个标记表示对其间的内容增加了新的语法内涵,不做语法分析而原样引用。如此处理的 Entity 定义可以表示为:

```
<!Entity 引用名"<![CDATA[引用内容]]>">
```

4) 注释

XML 文档在需要处可以添加上注释(comments)以增加可读性。注释的格式为:

```
<!--　注释-- >
```

注释仅供人阅读,机器在处理时予以忽略。注释可以是任意内容,但不能有"－－"字符串。

一个带有注释的 XML 文档如下:

```
<?xml version = "1.0" encoding = "GB2312" standalone = "yes"?>
    <!-- Jhon 的个人资料-->
    < person ID = "F44010219760708453">
    < name > Jhon </name >
    < sex > male </sex >
    < birthday > 1976 - 07 - 08 </birthday >
    < phone >(04)56892379 </phone >
    < occupation > student </occupation >
<!-- The markup is important because it records the structures of the document-->
</person >
```

5) 名空间

在实际应用中,相同类型的 XML 文档中标签有可能重复。例如,中山大学和四川大学有关 XML 文档中可能使用相同标签。注意到 XML 文档主要是用于应用程序之间的数据交换,为了避免相关标签重复以引起混淆,XML 通常使用 URI(Uniform Resource Identifier,统一资源标识符)进行区别。此时,如果中山大学和四川大学需要在数据库研究方面进行数据交流,就需要在中山大学相关 XML 文档中每个标签前面添加相应的 URI 标识符:http://sysu.edu.cn。URI 在网络中唯一,使用 URI 标识符的 XML 中的置标也就唯一。

Web 中 URI 标识符可能具有较多字符,使用起来可能不够简单方便,此时,人们就将某个特殊领域 XML 文档中使用的所有标记做成一个集合,并且给出一个简单方便的名称作为该集合标识,这样的集合就是该领域中 XML"名空间"(name space,ns)。名空间一般定义格式为:

```
<标记名 xmlns: 名空间名称 = "URI">
```

这里,"标记名"是用户在文档中定义的标记,"xmlns"名空间的固定前缀;"名空间名称"是用户为名空间定义的在文档中具有唯一性的名称;"URI"是名空间的唯一标识符。

名空间的意义在于使得用户能够方便定义所需要的标记集合而不必担心使用过程中出

现的标记混淆,同时特定的名空间内容也能够通过公开网址在互联网上公布以实现共享。在 XML 文档前可以注明所使用名空间的网址。用户在收到 XML 文档之后,如果需要,就可到相应的网址上去查询某些标记的含义。

名空间之间可以进行"嵌套",即名空间之下还可有子名空间。子名空间是对上级名空间的"继承",即具有上级名空间的所有标记,同时也有自己特殊的标记;如果标记含义发生冲突,以子名空间含义为准。

最常用的名空间为 xmlns,它提供公共的常用标记,其他名空间通常都是其子名空间。在不注明名空间情况下,通常表示名空间默认为 xmlns。

例 11-2 例 11-1 中,如果需要限定 book 元素及其子元素命名作用范围,可使用下述语句:

```
<?xml version = "1.0" encoding = "GB2312" standalone = "yes"?>
< bool year = "2006"xmlns：Sun Yat - Sen = "http：//www. sysu. edu. cn">
    < Sun Yat - Sen book name > XML Database </Sun Yat - Sen book name >
    < Sun Yat - Sen author >
        < first author name > Jhon </first author name >
        < second author name > Jhon </second author name >
    </Sun Yat - Sen author >
    < Sun Yat - Sen price > $ 32 </price >
</book >
```

说明：在例 11-2 中,名空间"Sun Yat-Sen"绑定于 URI"http：//www. sysu. edu. cn"; book 标记中的子元素 book name、author 和 price 都被"Sun Yat-Sen"所限制。需要指出, 在 XML 中,如果子元素没有使用名空间,则默认受其父元素名空间的约束。

11.1.3 XML 数据模型

XML 可以看做一种半结构化数据的描述语言。事实上,如果对于文档中标签二元组 <E1></E1>创建一个节点 n1,再对其中紧接嵌套的下层标签二元组<E2></E2>创建节点 n2,接着引入一条连接 n1 和 n2 的弧段,由此就得到一个从 XML 文档集合到半结构化数据集合的映射,即一个 XML 文档对应着一个半结构化数据。作为这种思想的规范化和标准化,W3C(World Wide Web Consortium)在 2003 年为 XML 数据模型发布了工作草案"XQuery 1.0 和 XPath 2.0 Data Model",其中提出基于 XQuery 的 XML 查询数据模型 (XML Query Data Model)概念,该模型实际上就是一种半结构化数据的有向树,也称为 XML 有向树。

XML 查询数据模型或者说 XML 有向树 T 定义为如下形式的五元组:

$$T = (V, ch1, lab, val, Vr)$$

V 为节点和边标记集合,Vr 为根节点。除了根节点外,XML 的节点由两类节点和一类边组成。两类节点即属性节点(属性-值)和文本节点(元素的文本内容);边就是节点之间的连线,如果在节点的连线上出现边标记,则该标记就是其下(终)端节点(属性节点或文本节点)的元素名称。分别设 E 表示元素名称集合,S 表示可解析的字符串即 ♯PCDATA 的指代集合,A 表示属性名称集合,则 T 中 chl、lab 和 val 分别表示下述三个函数。

(1) chl 函数为子节点函数,用于计算子节点,例如给定一个节点 n,chl(n)表示 n 的所有子节点集合。

（2）lab 函数表示由 V 到 ESA 上的映射函数，即对于每个节点 n，lab(n)表示为 n 赋予的一个标签：元素节点的标签为该元素名称，属性节点的标签为该属性名称，可解析字符串 ♯PCDATA 类型节点的标签为 S 中元素。

（3）val 函数为类型值函数，即对于元素类型，Val 返回其 ID 值；对于属性节点，Val 返回节点的属性值；对于文本节点，Val 返回节点的字符串值。

一个 XML 查询模型的实例如图 11-1 所示。

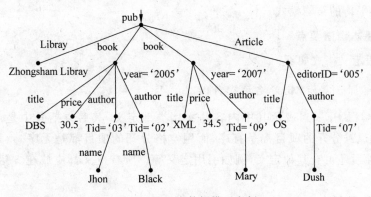

图 11-1　查询数据模型实例

11.1.4　文档类型定义

结构化数据和半结构化数据区别在于数据和模式分离与否。XML 可以作为半结构化数据处理，本质上可以不需要任何相关模式而自由创建。但 XML 通常是作为应用程序的组成部分由计算机自动处理，此时就需要建立一定的模式结构，否则计算机系统就难以自动地进行有效处理；另外，在数据集成与数据共享过程中须将大量数据进行格式化处理，此时，基本的设计模式信息还是必需的，例如，哪些标签可以出现在文档当中，标签如何被嵌套等。实际上，XML 文档根据其应用目的可有两种表现形式。

（1）合式 XML 文档。如前所述，它允许用户根据需要自由定义标签，充分体现半结构化数据的基本特征：没有结构模式，文档标签设计任意。这主要出现在无须自动化管理 XML 文档的环境当中。

（2）合法 XML 文档。合法（valid）XML 文档需要有一个设计模式，其特征是定义了允许使用的标签和使用标签的语法（例如嵌套的方式等）约定，但其中数据的语义取值却具有较大灵活性，例如具有可选的数据值域等。合法 XML 文档可以看做结构化数据（具有严格结构模式）与半结构化数据（没有设计模式）之间的一种折中和平衡。正是这种折中和平衡才使得机器能够自动高效地管理 XML 文档，使得 XML 文档进入数据管理的范畴。

合法 XML 文档中的设计模式就是 DTD 和 Schema。Schema 比较复杂，下面只介绍 DTD。

1．DTD 概念与特征

XML 允许用户自行定义所需要的标记。在实际应用中，对于同一个文件内容，不同人可能会写出不同 XML 文档（标记不同，特别是标记使用结构的不同）。如果无事先的协议

来约束,基于计算机的 XML 文档交换和处理就难以进行。为此,需要设计出统一格式的
XML 文件,这个统一格式可以由文档类型定义(Document Type Definition,DTD)给出。与
数据库模式类似,DTD 着眼于限定元素和属性的出现即文档中一个元素是否有子元素和属
性,这些限定主要是通过一系列彼此相关的声明予以实现,其中包括元素名称、元素出现顺
序、元素数据类型、元素出现次数、可以选择的元素、元素的属性、注释以及实体声明等;与
数据库模式不同,DTD 的着重点并不在于限制基本类型(如整型、实型或字符串型等)意义
上的类型。DTD 实际上可以看做一个定义元素嵌套的具体清单,是一种在结构化与半结构
之间取得某种平衡的结构模式。

2. DTD 基本语法要点

DTD 一般定义格式如下:

<!DOCTYPE 根标记[各元素定义,各元素属性定义,…]>

其中,<! DOCTYPE…>表示其中内容是文档类型定义,其后方括号中是定义内容。在
XML 中,凡用逗号分开的项目都是有序,而用空格分开的项目都是无序,元素定义在属性
定义之前,属性后还可有其他定义,例如引用定义等。所有定义都应放在方括号内,并冠以
根标记。

1) DTD 中元素定义

在 DTD 中,通过关键词标记 ELEMENT 来声明元素,其基本格式为:

<!ELEMENT 元素名称 元素内容描述>

按照其所包含内容,元素通常分为下述四种类型。

(1) 空元素类型。定义格式为:

<!ELEMENT 元素名称 EMPTY>

这种类型在 XML 中使用空元素标记,元素当中没有内容。

(2) ANY 元素类型。定义格式为:

<!ELEMENT 元素名称 ANY>

这种类型在 XML 中可以包含任意内容,但通常只将 XML 中的根元素定义为此种
类型。

(3) 父元素类型。定义格式为:

<!ELEMENT 元素名称 (|子元素名称 1|子元素名称 2|…)>

这种类型的特征是元素中可以包含子元素。

在 DTD 中通过正则表达式规定子元素出现的顺序和出现的次数。在 DTD 正则表达
式中,子元素"顺序"和"次数"由下述符号表示。

① 子元素顺序符号:

a. 子元素名称 1 子元素名称 2 … 子元素名称 n——表示子元素列表,不需要遵照顺序
要求。

b. 子元素名称 1,子元素名称 2,…,子元素名称 n——表示"并(AND)"语义,需要严格

遵循顺序要求。

　　② 子元素次数符号：如果同名数据对象例如同名子元素需要出现多次，则在相应数据对象标记右上角或者后面添加上以下三类符号。

　　a.　＊表示 0 次或者多次。

　　b.　＋表示 1 次或者多次。

　　c.　？表示 0 次或者 1 次。

　　需要说明的是，如果数据对象右上角或后面无符号，则表示取且仅取 1 次。

　　(4) 混合元素类型。定义格式为：

<! ELEMENT 元素名称 (＃PCDATA|子元素名称 1|子元素名称 2|…)>

　　这种类型特征是元素中可以同时包含文本内容和子元素，但其中文本内容必须是 ＃PCDATA 类型，即可进行解析的字符文本，不能在其中拥有自己的子元素。

　　2) DTD 中属性定义

　　在 DTD 中，属性定义格式如下：

<! ATTLIST 所属元素名称{属性名称 属性值类型 属性可选性} >

其中"{.}"表示一个元素可以定义多个属性。在多个属性情形，通常是每个属性定义单独占据一行以增加可读性。

　　在 DTD 属性定义中，根据对属性取值与否或怎样取值，可以将属性类型分为四种。

　　(1) ＃DEFAULT value：表示属性值有默认值 value。

　　(2) ＃REQUIRED：表示属性值是必需的，若缺少属性值，则取默认值（default value），而默认值无须在定义中标明。

　　(3) ＃FIXED：表示该属性值是必需的，若缺少属性值，则取其默认值，但默认值须在定义中标明。

　　(4) ＃IMPLIED：表示属性值是可选的，既可以选用，也可以不选用。

　　3) DTD 中文本数据类型

　　在 XML 中，元素内容和属性取值都是文本，都需要考虑相应数据类型。在 DTD 中，元素内容和属性取值可看做字符串，因此，字符串是 DTD 中最基本的数据类型。按照是否需要解析即语法分析，可以将字符串类型分为 PCDATA 类型和 CDATA 类型两种。文本定义主要是对文本数据类型的定义。

　　(1) PCDATA 类型和 CDATA 类型。

　　① PCDATA 类型。PCDATA(Parsed Character Data)这种类型前已提及，其特征是需要通过解析器的语法分析，字符串不能含有 XML 中有特定意义的符号，或者对这些符号进行了替换。

　　② CDATA 类型。CDATA(Character Data)类型中字符串可能含有 XML 中具有特定意义的字符串，其特征是经不起语法分析。因此 CDATA 类型数据不需要通过解析器的解析。

　　(2) 其他数据类型。从数值取舍或其他技术角度考虑，DTD 中还引入如下数据类型。

　　① ID：识别元素的标识符。类型为 ID 类型的属性提供了相应元素的唯一标识，出现在一个元素中的 ID 不能出现在另一个元素当中，同时，一个元素只能有一个属性具有 ID

类型。

② IDREF(IDREFS)：属性值是其他元素或本元素的 ID。即类型为 IDREF 的属性是对另一个元素的引用,该属性必须包含一个文档中某个元素的 ID 类型属性中出现过的值。IDREF 类型的属性值可以是多值的,此时,用关键词 IDREFS 标识,同时值与值之间用空格分开。

ID 和 IDREF 类型的作用类似于对象关系数据库中的引用机制。

③ ENTITY(ENTITIES)：属性值引用其他数据实体的名称,可以是多值,值与值之间以空格分开。

④ 枚举类型：在所列举的属性值中选取其一。

需要说明,在 DTD 中,在表示元素或属性数据取值类型时,通常需要以 ♯ 置于 PCDATA 或者 CDATA 之前,以避免与子元素名或属性名混淆。

例 11-3　对于例 11-1 中 XML 文档,其 DTD 文档如下：

```
<!ELEMENT book(bookname,author * ,price)>
<!ATTLIST book year ♯CDATA,REQUIRED>
<!ELEMENT bookname( ♯PCDATA)>
<!ELEMENT author(firstauthorname,secondauthorname)>
<!ELEMENT firstauthorname( ♯PCDATA)>
<!ELEMENT secondauthorname( ♯PCDATA)>
<!ELEMENT price( ♯PCDATA)>
<!ELEMENT publisher( ♯PCDATA)>
```

11.2　XML 数据管理

传统数据库应用领域主要在于商业与事务处理。随着 Internet 时代的到来,Web 信息在人们整个信息世界的比重日益增加,由此也给数据库技术提出了一个如何有效地存储和管理 Web 信息的基本课题,其基本点就是如何既高效地操作和维护 Web 信息,又能在 Web 自身平台上方便地进行表示与交换。传统数据库技术并不能很好担当起此项工作。

(1) 将传统数据库中的数据转换成适于 Web 发布的形式,需要相当的工作量。时至今日,虽然从 CGI、Server API、Scripts 到 Java 等出现了许多解决方法,并且已在实际应用中取得了效果,但问题依然没有从根本上解决。

(2) 传统数据库中的数据以二进制码的形式存储,不同数据库管理系统又有各自的专有格式,由此带来表示上的困难,更是进行数据交换的一大障碍。随着网络的发展,数据交换的能力已成为数据库应用系统的一个至关重要的指标。

由于 XML 的半结构数据特征,使得 XML 具有数据表示的灵活性和数据集成的可用性。因此基于 XML 的数据库技术随之产生和发展起来。对 XML 通常存在两种审视维度：以文档为中心和以数据为中心,由此就产生了两种 XML 数据库技术——使能 XML 数据库和原生 XML 数据库。

11.2.1　XML 审视维度

在理论研究和实际应用中,人们按照各种对象结合的粒度、相互间组织的耦合程度及同构性特征,将 XML 信息分为以文档为中心的非结构化信息和以数据为中心的结构化信息两种类型。

1．以文档为中心

以文档为中心的观点认为,XML 不是一种编程语言,不能创建二进制可执行文件,但使用者可以简单地定义标签和标签相互间关系。其技术出发点如下。

(1) 使用 XML 编码:XML 结构编码使得对于文档的跟踪、格式化和操纵都相当容易。

(2) 应用嵌套结构:XML 文档具有分层结构,元素可嵌套在另一个元素中,且只有唯一一个顶层元素即根元素,它包含所有其他元素。因此容易使用 XML 定义和处理具有分层结构的文档。

在这种观点之下,XML 通常应用于对大型复杂文档的处理。

作为文档的 XML,XML 信息在结构上无规则可循,在内容基本上是异构零散,数据结合粒度粗大,具有较多的混合性内容,常用来在网页上发布描述性信息及产品性能介绍等。对于大粒度的非结构化 XML 文档,人们主要关心文档本身整体信息,而不是其中个别的数据内容,所以不必从中提取个别的数据项进行操纵处理,而是将整个 XML 文档作为单个数据项进行存储和操纵。在以文档为中心的 XML 观点之下,可以通过对传统数据库进行扩展来存储和处理 XML,例如在关系数据库中,将整个 XML 文档作为一个大数据项(属性值)处理。

2．以数据为中心

以数据为中心,就是将整个 XML 文件看做一个数据文件,其着眼点在于同时处理 XML 的全局信息和局部信息。按照这种观点,XML 具有下述基本特征。

(1) 复杂数据描述能力。在 XML 中数据与表达相互分离。XML 标记表示文档结构和意义而不描述页面元素的格式化,而是通过样式单为文档增加格式化信息。文档本身只表明文档包括什么标记即语义注解,而不说明文档看起来是什么样式。数据内容与表现格式分别处理使得 XML 具有很强的数据描述能力,能够相当方便地表达各种复杂数据。

(2) 数据自我扩展能力。在 XML 中,数据约束非常基本,约束范围相对很小,例如对数据类型的选择等,因而数据自我扩展范围比较宽广,这种灵活的扩展能力能够适应各种应用情形。

(3) 数据自我描述能力。XML Schema 本身就是一种结构良好(Well formed)合式的 XML 文档,因此 XML 具有元语言特性,能够自我描述,能够通过标签组成了解文档结构,并通过标签名称推断数据含义,极大方便了数据集成与交换。

(4) 数据格式具有共性。由于 XML 体现了各种数据表示格式的共同特点,可作为一种通用的数据表示格式。事实上,如果忽略诸如元素次序、元素与属性的区别、元素中内容与子元素的混合以及评注和处理指令等一系列"文档"特性,XML 可作为一种半结构化数据的串行化表示语法而用于数据交换。

如果将 XML 看做数据,则可认为 XML 信息在结构上都是同构的,并且信息对象结合的粒度较低。此时,如果 XML 具有较少的混合内容和数据嵌套层次,用其来进行 Web 数据的存储和传输将十分便利。对作为数据的结构化 XML 文档,人们主要关心文档中数据项的个别信息。此时,也可通过对传统数据库进行扩展来完成 XML 的管理,但只有将

XML 中数据进行重新组织、挖掘，并且通过 XML 数据模型与关系数据模型间的系列映射关系，才能提取、存储、综合和分析 XML 文档内容，才能把 XML 文档内容真正表示在关系数据模型中，才能让成熟的关系数据库系统实现对 XML 文档内容的操纵处理，从而真正做到把 XML 与关系数据库技术结合起来。

11.2.2 XML 数据库

数据库可以看做相互关联的数据文件集合，XML 数据库是一种 XML 数据文件集合，这些文档是持久的和可操作的。如前所述，按照以数据或以文档为中心与否，XML 文档分为面向文档处理和面向数据处理两种类型。

面向文档处理方式涉及的数据对象主要是那些需要通过 XML 来获取自然（人类）语言表述的普通文档，如用户手册等。这些文档以复杂无规则结构和混合内容为特征。此时，文档的物理结构非常重要，文档的处理侧重于给用户提供信息的最终表示，可被称做面向表示的 XML 文档。

面向数据处理涉及的数据对象主要是那些需要通过 XML 来传送数据的基本文档，如销售订单、病人记录和科学数据等。面向数据处理的 XML 文档的物理组织，如元素实际顺序、数据被存储为属性还是子元素等，通常都不是很重要，而侧重点是其中高度有序的逻辑结构和同时带有相同数据结构的多个副本（这类似于关系数据库系统中的多条记录）。这些文档的处理通常侧重于应用程序间的数据交换，可被称做面向消息的文档。

面向文档处理和面向数据处理的 XML 文档本身之间的逻辑区别并不很大，然而相应处理技术却有重要差异。在面向文档处理 XML 文档中，需要执行的操作包括检索整个文档、搜索关键词、修改或重排其中部分；在面向数据处理 XML 文档中，需要执行的操作包括检索文档的一个指定部分、搜索元素和数据的一个特定组合、修改或删除一个简单元素或一块简单数据、给文档添加一个新元素。正是这种 XML 处理要求和方式的不同，可以将 XML 数据库分为三种类型。

1. XML 使能数据库

XML 使能数据库（Enabled XML Database，EXDB），即能处理 XML 的数据库，其特点是在传统数据库系统上扩充对 XML 数据的处理功能，使之能适应 XML 数据存储和查询的需要。一般做法是在数据库系统之上增加 XML 映射层，这可以由数据库供应商提供，也可以由第三方厂商提供。映射层管理 XML 数据的存储和检索，但原始的 XML 元数据和结构可能会丢失，而且数据检索的结果不能保证是原始的 XML 形式。EXDB 的基本存储单位与具体的实现紧密相关。

EXDB 主要是在关系数据库（RDB）或对象关系数据库（ORDB）基础上增加 CLOB 类型，通过 CLOB 对 XML 文档进行整体存储和输入输出，但不能直接操纵文档中的节点片段。用 RDB 或 ORDB 存储 XML 文档时，可将文档（重点是文档中的数据）拆分到若干个表中，这样虽可直接查询文档的片段，但难以获得完整的、不变形的原始文档，即难以提供"往返车票"（round-trip）。EXDB 也不支持完全的 XPath 规范，访问数据要通过公开标准的 API 如 ODBC。

2. XML 原生数据库

XML 原生数据库（Native XML Database，NXDB）是以自然方式处理 XML 数据。它以

XML 文档作为基本逻辑存储单位,针对 XML 的数据存储和查询特点专门设计适用的数据模型和处理方法。

NXDB 作为专门用于管理 XML 文档的数据库,底层的 DBMS 以 XML 自身形式存储 XML 文档、检索 XML 结构的数据。NXDB 通过 XML 标准处理数据和模型,其主要方式有:

(1) 把文档作为存储的基本单位。

(2) 使用 DTD 或 schemas 作为"数据定义语言"定义文档的属性。

(3) 使用 XPath 或其他 XML 规范查询语言。

(4) 自身的服务引擎可以使用 SAX、DOM、XSLT 来处理数据。

(5) 由于内部模型是基于 XML 文档格式的,也支持事务、安全、多用户访问等。

典型的 NXDB 如 Software AG 的 Tamino,它的产品 Taminio XML Server 提供了 XML 文档的存储、维护、发布和交换,可以原生地存储 XML 和非 XML 数据,可以使用 Web 和 XML 的规范和界面查询和转换数据,很适合于内容管理和应用集成系统使用。

3. XML 混成数据库

XML 混成数据库(Hybrid XML DataBase,HXDB)的特征是可以根据应用的需求,可以视其为 XEDB 或 NXDB。HXDB 是介于 EXDB 和 NXDB 两种系统之间的数据库,根据具体的要求和应用,既可以做 NXDB,又可以做 EXDB。HXDB 的一个实例是 Ozone。

Oracle 9i/ 10g 采用的 XML DB 技术可以看做 HXDB 的典型代表。目前 Oracle 9i/ 10g 支持 XPath、DOM、SAX、XSL T、XMLschema 等 XML 规范,它的数据类型 XML Type 支持原生的 XML 内容存储,Oracle XMLDB 消除了传统的结构化、半结构化和无结构化的界限,其 SQL 操作可以在 XML 内容上执行,XML 操作也可在关系型数据上执行。

11.3　XML 数据查询语言

进入 21 世纪,在以文档为中心和以数据为中心的环境中,XML 作为表述信息的一种格式化语言,得到了广泛的使用。随着数据量爆炸性增长,迅速高效存取 XML 信息变得十分重要和迫切。为了充分发挥 XML 的潜能,需要强大的 XML 查询语言。当前主要有下述三种语言。

(1) XPath:用于路径表达式基本构件的语言,也是以下两种语言的基础。

(2) XQery:用于 XML 数据查询的标准语言,具有某些与 SQL 类似的风格。

(3) XSLT:用于 XML 数据转换的语言。作为 XSL 样式系统的一个部分,XSLT 主要用来控制 XML 数据格式化 HTML 和其他出版或实现语言。XSLT 功能虽用于格式化数据,但却可生成 XML 文档进行输出。由于 XML 查询本身就是一种由 XML 文档到 XML 文档之间的变换,因此 XSLT 可以用于表达许多有意义的查询,也可用来操纵 XML 数据。

上述三种查询语言都使用 XML 数据的树形模型。本节主要介绍 XPath 和 XQuery 技术要点。

11.3.1　XPath

XML 树模型是一种层次结构,需要使用路径表达式定位数据对象。在 XML 树模型中,元素表示为一个节点,在其之下可以有子元素、元素属性和文本内容等作为其子节点,在实际应用中,常常需要区分元素的子节点是上述哪种情形。基于 XML 树形结构查询的主要基础是一种寻址查询和路径查询。XML 路径查询语言 XPath(XML Path Language)就是完成这样查询的基本语言。常规路径表达式(例如面向对象或对象关系中的简单路径表达式)只能进行导航式访问,查询功能有限。XPath 在常规路径表达式基础上,增加了路径操作符、谓词和函数等,形成相当强大的查询功能,从而成为其他 XML 查询语言的基础。XPath 在 1999 年 11 月 16 日由 W3C 推出成为正式标准,并于 2007 年 1 月 23 日推出了 XPath 2.0 版本"TR/xpath20/XML Path Language (XPath) 2.0"。

XPath 技术基础是在逻辑上将 XML 文档看做一个由下述七类节点构成的 XML 树(注意与前述 XML 数据模型有所不同),但这种概念上的树形结构并不要求进行特定实现。涉及的七类节点如下所述,其中每类节点都被映射为一个字符串值。

(1) 根节点类型:映射值为所有子孙文本节点的串联。

(2) 元素节点类型:映射值为所有子孙文本节点的串联。

(3) 属性节点类型:映射值为格式化的属性值。

(4) 文本节点类型:映射值为字符串数据值。

(5) 处理指令节点类型:映射值为处理指令目标后的字符串数据值。

(6) 注释节点类型:映射值为注释标记内的字符串数据值。

(7) 名空间节点类型:映射值为名空间 URI。

XPath 主要语法构件是基本表达式。XPath 表达式求值结果为一个数据对象,该数据对象可以是节点集合、布尔值、数值或字符串。也就是说,XPath 输出的数据具有下述四种类型。

(1) 节点集类型:无重复的节点之集。

(2) 布尔值类型:true 或者 false。

(3) 数值类型:浮点型。

(4) 字符串类型:UCS 字符序列。

XPath 中基本表达式主要有下述四种。

(1) 地址路径(location path)表达式:操作符主要有 /、//、|。

(2) 布尔(boolean)表达式:操作符主要有 or、and。

(3) 关系(relation)表达式:操作符主要有 = 、! = 、<= 、< 、>= 、>。

(4) 数值(number)表达式:操作符主要有 + 、- 、div、mod、* 、-(unary)。

1. 地址路径表达式

XPath 通过地址路径表达式对 XML 文档各个部分内容进行定位,这可看做面向对象数据库和对象关系数据库中常规简单路径表达式的扩展。

1) 地址步进与地址路径

地址路径与节点集合密切关联,需要引入相关概念进行准确描述。

(1) 上下文节点(context nodes):表达式中当前正在处理的节点。

(2) 上下文节点集合(context node-set):相应表达式当前正在处理节点(上下文节点)所确定的当前节点集合。例如,若当前节点 A 存在父节点、子节点和兄弟节点,则所有这些节点就构成了 A 的上下文节点集合。注意 A 也属于 A 的上下文节点集合。

（3）地址步进（location step）：确定一个与上下文节点集合相关的新节点集合的相应操作。

（4）地址路径（location path）：由一个或多个地址步进组成，每个地址步进之间由"/"分隔。地址路径分为绝对地址路径和相对地址路径两种类型。绝对地址路径以"/"开始，初始上下文节点集合包含根节点；而相对地址路径以非根节点的上下文节点开始，初始上下文节点集合不包含根节点而包含当前上下文节点，相对地址路径依赖于表达式中节点使用的位置。另外，A/B 表示由 A"单个步进"到 B，A//B 表示由 A"多个步进"到 B。

（5）XPath 地址路径表达式：一个由符号"/"分隔的地址步进操作的序列。地址路径表达式查询的结果通常是其最后一个节点确定的上下文节点集合。

2）谓词

在路径表达式中，可在适当位置添加谓词。谓词操作符以方括号"[ ]"表示并置于相应节点之后，表示节点集合的选取条件。对于上下文节点集合中每个节点，谓词表达式将其作为上下文节点进行求值。结果转换为布尔值。如果为 true，则该节点被保留；如果为 false，则该节点被删除。常用谓词形式有以下几种。

（1）顺序类型。

例 11-4　查询学生名册中第一个学生的姓名：

`/students/student[1]/Name`

说明：第一个"/"代表根元素，[1]是限制谓词，表示只取第一个学生，如果无此谓词，则将依次列出所有学生的 Name 子元素（其中包含标记）。

（2）属性值类型。

例 11-5　查询 CS-201 课程在哪个学期开出：

`/Courses/Course[ @CourseNo = "CS201" ]/Semester`

说明：在查询时，先根据谓词找出课程号为 CS201 的 Course 元素，再访问它的子元素 Semester。

3）地址路径操作

地址步进是地址路径操作的基本单元。地址步进按照从左到右的顺序相继求值。每一个地址步进都需要对照上下文节点集合中的节点进行求值。其具体操作过程首先是由第一个地址步进对其上下文节点集合中每个节点进行求值，所得到的节点组成为一个新的节点集合而成为下一个地址步进的上下文节点集合。如此处理在地址路径表达式中每一个地址步进中持续进行，最后一个地址步进产生的节点集合就是整个表达式的求值结果。

作为地址路径的基本操作，地址步进可以看做由一个"轴"、一个"节点测试"以及零个或零个以上的放置在方括弧中的谓词组成，即具有下述的语法格式：

`axis::node test [谓词 1][谓词 2]…[谓词 n]`

其中轴是一个与上下文节点相关的节点序列。节点测试用于确定轴上的节点是否满足相应要求。如果测试结果为 true，则保留，否则就从轴中删除。

4）简化操作符

在实际应用中，XPath 表达式操作符可以对 XPath 表达式中相关操作符进行简约表达,这样有利于表达式简化,方便在 URI 片段中或 XML 属性值中使用。

(1) 当前节点操作符"self::node()"可以被简写为". "。

(2) 子节点操作符"child ::"可以被省略。

例如,child::site/child::regions 可简化为 site/regions。

(3) 双亲节点操作符"parent::node()"可以被简写为".."。

例如,parent::node()/child::closed_auction[position()=2]可简化为../ closed_auction[2]。

(4) 属性节点操作符"attribute::"可以被简写为"@"。

例如,africa/item/attribute::id 可简化为 africa/item/@id。

(5) 子孙节点或当前节点操作符"descendant-or-self::node()"可以被简写为"//"。

例如,self::node()/ descendant-or-self::node()/child::seller 可简化为//seller。

同时,为增强路径表达式的表现能力,XPath 还提供了起辅助作用的操作符。

(6) 子节点通配符" * ":用在"/"或"//"之后表示当前节点的所有子节点;用在"@"之后表示当前节点的所有属性子节点。

(7) 路径合并操作符"|":表示多个路径可以用分隔符 | 合并在一起。

例 11-6 对于路径表达式/Students/Student[@StudentNo="0309119"]/ * 而言,其查询结果为:

```
< Name > Li Wei
        < BirthDate > 1986 - 08 - 11 </BirthDate>
        < CourseTaken > CS - 110 < CourseTaken >
        < CourseTaken > CS - 201 < CourseTaken >
</ Name >
```

2. 其他基本表达式

1) 布尔表达式

布尔表达式将每个操作数强制转换为布尔值(类似常规的布尔函数)进行求值。

例如,child::closed_auction[seller and buyer]表达式确定具有 seller 和 buyer 子元素的 closed_auction 子元素。

2) 关系表达式

关系表达式用于实现两个数据对象的比较。关系表达式是通过两个操作数转换为数值后进行比较求得结果。

例如,price<=100:至少存在一个 price 元素的数值小于等于 100 则为真。

3) 代数表达式

数值表达式用于实现数值的基本数学操作。每一个操作数转换为数值后进行求值。

例如 2+5 * 2 返回值为 12;2+4.5 * 2 返回值为 11.0;10mod(3)返回值为 1 等。

3. XPath 函数

在 XPath 中,可以使用多种函数来表达复杂语义,并且作为谓词的一部分使用。

(1) 文本内容的返回函数。函数 text()表示返回的内容。

例 11-7 查询选修 CS-110 课程的所有学生姓名：

```
/Students/Student[text(CourseTaking) = "CS-110"]/Name
```

说明：该查询返回选修 CS-110 课程的所有学生的 Name 子元素。需要注意的是，一般而言，XML 查询语言要求查询输出结果以 XML 文档形式表示，所以 XPath 查询返回的结果都是带有标记的 XML 子元素。而函数 text() 的作用却仅仅返回子元素的内容，例如返回学生姓名只需在谓词中加上 text(Name)。

(2) 最先和最后函数。函数 first() 和函数 last()，表示从查到的结果对象中选取第一个或者最后一个。

例 11-8 查询注册表中最后一名学生选修的最后一门课程：

```
/Students/Student/text(CourseTaken)[last()]/Name
```

说明：在查询时，先依次列出所有 CourseTaken，其中最后一个是需要的 CourseTaken。经 text() 函数作用后，可以得到结果 CS-201。

(3) 计数函数。函数 count() 表示查询对象的个数。

例 11-9 查询选修两门以上课程的学生名单：

```
/Students/Student[count(CourseTaking)&gt: = 2]/Name
```

说明：这里，"&gt：="表示"大于等于"，查询结果为满足条件的学生的 Name 子元素。

11.3.2 XQuery

XQuery 是 W3C 开发的 XML 数据查询语言，具有比较显著的特点。

(1) 与 SQL 风格接近，查询功能较强。XQuery 是数据库业界比较乐意接受的一种查询语言。

(2) 与 XPath 相比，XQuery 是一种非过程语言，其中引进变量，具有较为广阔的应用范围。

XQuery 当前版本是 XML Query and XPath Full-Text(2004 年 7 月 9 日)(http：//www.w3c.org/TR/xquery/)。

1. XQuery 基本表达式

XQuery 基础是 XQuery 表达式。XQuery 表达式由关键字、符号以及操作数组成。表达式中的操作数也可以是表达式。XQuery 作为一种强结构化语言，表达式中操作数、算子和函数需要遵循已经定义的模式。XQuery 中所有查询都由表达式标出，同时还允许多个表达式进行嵌套。作为一种函数化的语言，XQuery 主要有路径表达式、FLWOR 表达式等基本表达式，它们能够按照顺序或嵌套使用。XQuery 表达式具有以下特性，从而为开发人员带来极大便利。

(1) 设计精练，操作简易。

(2) 可以灵活地应用于多领域 XML 信息源的查询，包括数据库和文档。

(3) 编程人员可以容易地理解 XQuery 语法。

(4) 结构性极强，任何查询都按照语法定义的表达式执行。

(5) 查询都由表达式来完成，功能强大。

（6）查询表达式像 SQL 语句那样实现任意嵌套。

（7）通过规范选择的对象和规定输出的格式，XQuery 表达式增强了 XML 的功能。

1）路径表达式

XQuery 路径表达式与 XPath 地址路径相同。路径表达式可以返回单个数据值或元素，也可以返回一个由数据值或元素构成的序列。

XQuery 中常用符号主要有"＄"和"－－"。在 XQuery 中，如果一个字母符号之前放置符号"＄"，则表示该字母为变量；注释之前放置符号"－－"。

下面先给出一个 XML 实例，然后结合实例分别介绍 XQuery 的七种基本表达式。

例 11-10　一个有关 XML book 的 XML 文档 bib. xml 实例：

```
< bib >
    < book year = "2005">
        < title > XML introduction </title>
        < author >
            < last name > White </last name >
            < first name > R. </first name >
        </author >
        < publisher > New York Publishers </publisher >
        < price > 30. 78 </price >
    </book >
    < book year = "2006">
        < title > introduction of XML Databases </title>
        < author >
            < last name > Black </last name >
            < first name > W. </first name >
        </author >
        < publisher > New Zealand Publishers </publisher >
        < price > 43. 38 </price >
    </book >
    < book year = "2007">
        < title > Native XML Databases </title>
        < author >
            < last name > Raul </last name >
            < first name > H. </first name >
        </author >
        < publisher > London Publishers </publisher >
        < price > 33. 89 </price >
    </book >
    < book year = "2008">
        < title > Temporal XML concepts </title>
        < author >
            < last name > Stevens </last name >
            < first name > K. </first name >
        </author >
        < publisher > London Publishers </publisher >
        < price > 53. 89 </price >
    </book >
< bib >
```

2) FLWOR 表达式

XQuery 中最引人关注的是 FLWOR 表达式。FLWOR(发音为 flower) 是 for、let、where、order 和 return 的首字母缩略词。FLWOR 表达式类似于 SQL 中 SELECT、FROM、WHERE 结构并且构成 XQuery 表达式主体,它可以完成很多在 XSTL 样式表中所不能完成的任务。

FLWOR 的一般语句格式如下:

(1) for 变量 1 in 表达式 1,变量 2 in 表达式 2,变量 3 in 表达式 3,……

(2) let 变量 1:=值 1,变量 2:=值 2,变量 3:=值 3,……

(3) where 条件

(4) order 排序

(5) return 返回内容

FLWOR 中各个语句分别介绍如下。

(1) for 子句。for 子句将一个或多个变量同 XPath 表达式结合在一起说明查询范围并予以表示,其中以变量表示 XPath 表达式中所界定的对象。for 子句的功能是指定一个笛卡儿元组,表达式中其余部分将对该元组求值,并通过为笛卡儿元组选定次序来控制求值的次序。for 语句与 SQL 中 FROM 语句类似。

例 11-11　在 bib.xml 中完成以下包含 for 子句的查询:

```
<results>
{
    for   $ book in document("bib.xml") /bib/book
    return
        <bookinfo>{ $ book/title}</bookinfo>
}
</results>
```

则可能的一种查询结果为:

```
<results>
    <bookinfo>
        <title> XML introduction </title>
    </bookinfo>
    <bookinfo>
        <title> introduction of XML Databases </title>
    </bookinfo>
    <bookinfo>
        <title> Native XML Databases </title>
    </bookinfo>
    <bookinfo>
        <title> Temporal XML concepts </title>
    </bookinfo>
</results>
```

说明:对于序列中每个/bib/book 节点,都返回一个 bookinfo 元素。因此,有多少/bib/title 节点,就会返回多少个 bookinfo 元素。

(2) let 子句。let 子句为查询中整个表达式或另外一个查询式定义一个变量名,可以类比于 SQL 中的嵌套查询。与 for 子句循环遍历节点序列中每个节点不同,let 子句将变量赋予整个节点序列。子句作为一种有用的简写,let 子句在 where 或 return 子句中使用相当广泛与方便。

例 11-12　设有如下查询语句:

```
< results >
{
     let   $ book: = document("bib.xml") /bib/book
     return
          < bookinfo >{ $ book/title}</bookinfo >
}
</results >
```

则可能的一种查询结果为:

```
< results >
     < bookinfo >
          < title > XML introduction </title>
          < title > introduction of XML Databases </title>
          < title > Native XML Databases </title>
          < title > Temporal XML concepts </title>
     </bookinfo >
</results >
```

说明:对比于上例,本例中 let 子句将 bib/book 返回的四个节点组成的序列绑定到变量 $ book,因此只返回一个数据集合。无论有多少个 bib/book,都将其作为一个数据集合进行返回。

(3) where 子句。where 子句说明查询结果应当满足的条件(包括连接条件),即按照给定谓词条件对绑定变量进行过滤,其功能与 SQL 中的 WHERE 子句类似,即如果特定的节点(集)不能满足谓词条件,那么 where 子句命令程序废弃节点(集)。

例 11-13　设有如下查询语句:

```
< results >
     {
          for  $ book in document("bib.xml") /bib/book

          let  $ t: =  $ book/title, $ p: = $ book/publisher
          where  $ book/@year > 2005
          return
               < bookinfo >{ $ t}{ $ p}</bookinfo >
     }
     </results >
```

则可能的一种查询结果为:

```
< results >
     < bookinfo >
          < title > introduction of XML Databases </title>
          < publisher > New Zealand Publishers </publisher >
     </bookinfo >
```

```
        < bookinfo >
            < title > Native XML Databases </title>
            < publisher > London Publishers </publisher >
        </bookinfo>
        < bookinfo >
            < title > Temporal XML concepts </title>
            < publisher > London Publishers </publisher >
        </bookinfo>
    </results >
```

说明：查询语句需要返回结果数据时，where 子句使用当前绑定 $ book 值检查表达式。当结果为 true，则 return 子句输出结果；当表达式值为 false，则不输出结果。本例中，由于 let 子句绑定多个变量，就会有多个数据分别输出。

（4）order 子句。order 子句的基本功能是将输出结果进行排序，类似于 SQL 中的 order by 子句。

例 11-14　设有如下查询语句：

```
< bib >
    {
        for $ b in document("bib.xml") //book
        where $ b/publisher = "London publishers"and $ b/ @year > 2006
        order by $ b/title
        return
            < book >
                { $ b/ @year }
                { $ b/title}
            </book >
    }
    </bib >
```

则查询结果为：

```
    < bib >
        < book year = "2007">
            < title > Native XML Databases </title>
        </book >
        < book year = "2008">
            < title > Temporal XML concepts </title>
        </book >
    </bib >
```

说明：order by 子句要求返回结果按照 title 的顺序进行排列。

（5）return 子句。return 子句将查询结果以 XML 文档形式返回，如果结果需要排序，也可在此语句中说明。return 子句在功能上类似于的 SQL 中的 SELECT 语句，即 return 子句用来构造 FLWOR 表达式执行结果。

需要说明，FLWOR 语句并不要求必须按照 for、let、where、order 和 return 的顺序进行子句排列。如同 SQL 情形，for 子句和 let 子句能够以任何顺序出现，因此 XQuery 中查询语句可以进行必要的嵌套。另外，FLWOR 中所有子句也不需要在查询中全部出现：

例 11-15 下面的查询语句中,for 子句和 let 子句就以不同顺序出现:

```
< books >
    {
        let $ doc: = document("bib. xml")//book
        for $ book in $ doc
        let $ title: = $ book/title
        let $ author: = $ book/author
        where $ book/@ year > 2006
        return
            < bookinfo >
                { $ book/ @ year }
                { $ title}
                { $ author}
            </bookinfo>
    }
</books>
```

说明:在上述语句中,首先将所有 book 元素序列绑定到 $ doc 变量。然后,按照这些节点在序列中出现的顺序将 $ book 绑定到这些节点。每次将 $ book 绑定到新的节点时,它都会将 $ title 绑定到当前 $ book 的所有 title 子元素,将 $ author 绑定到当前 $ book 的所有 author 子元素。最后,检查当前 year 属性,若 where 条件为真,则返回带规定子元素和属性的 bookinfo 元素。

3) 条件表达式

XQuery 允许使用 IF…THEN…ELSE 形式的条件(Conditional)表达式,用于测试 IF 后面的表达式的值,如果为真返回 THEN 后的表达式的值,否则返回 ELSE 后的值。

例 11-16 在例 11-1 定义过的文档 book. xml 中,返回书名,如果 PRICE 项是空的,返回 0,否则返回 PRICE 项的值:

```
< bib >
{
    for $ b in document("www. book. com/bib. xml") //book
    where count( $ b/author)> 0
    return
        < book >
            { $ b/ @ year }
            {for $ a in $ b/author[position()< = 2]
             return $ a
            }
            {if(count( $ b/author)> 2)
            then < et - al >
            else()
            }
        </book >
}
</bib >
```

说明:本例中,if-then-else 作用与通常编程语言中相同。条件表达式取值为布尔型。本例输出需要首先找到两个作者,如果某书有两个以上作者,还需要输出 et-al 元素。

4）序列表达式

序列是 XQuery 中的一个基本概念。

（1）序列构造：构造序列表达式的基本方法是使用逗号操作符，通过其将每个操作数串接起来形成一个序列。序列可使用范围进行表示。例如序列{1,2,3,4,5}可以写为{1to5}。

（2）序列一元运算：可以对给定序列进行过滤操作，即给定过滤谓词，将原序列中使得谓词为真的操作数按照原有顺序保留下来，其余过滤掉。例如表达式(1to100)[30to35]返回原序列中第 30 项到第 35 项的元素，即{30,31,32,33,34,35}。

（3）序列二元运算：序列还可进行多种二元运算。通过操作符 union 或|返回两个序列的并序列；通过操作符 intersect 返回两个序列的交序列；通过操作符 except 返回两个序列的差序列。

5）量词表达式

量词表达式支持存在和全称量词，其取值通常为真或假。XQuery 提供存在量词 some 和全称量词 every。XQuery 中量词表达式起始于这两个量词，其后连接一个或多个子句用来约束变元，最后再接关键字 satisfies 和一个测试表达式。SOME 表达式的意义是至少有一条记录满足假设条件，every 表达式用来测试是否所有的记录都满足假设条件。

Query 中量词表达式的一般语句格式如下：

(some|every)变量 in 序列(,变量 in 序列) * satisfies 条件

上述一般语句格式用来判断变量是否满足条件，满足则返回值为真，否则为假，其中序列用以限制变量范围。some 表示如果序列中存在元素满足条件则结果为真，而 every 表示如果所有变量都为真，结果方可为真。

例 11-17　量词表达式实例如下：

```
EVERY $ part in //part satisfies $ part/@discounted
SOME $ emp in//employee SATISFIES ( $ emp/bonus > 0.25 * $ emp/salary)
```

说明：第一个语句的语义为：如果每一个节点 part 都有一个属性 discounted，不管其值是多少，则为真。第二个语句的语义为：只要有一个节点 employee 满足其的 bonus 大于其 salary 的 1/4，则为真。

例 11-18　下面的语句也都带有量词：

```
SOME $ b in document ("bib. xml")//book SATISFIES $ b[ @year > "19912"]
EVERY $ b in document ("bib. xml")//book SATISFIES $ b[ @year > "19912"]
```

6）比较表达式

XQuery 中比较表达式分为三种类型。

（1）值比较表达式。值比较表达式使用操作符 eq、ne、lt、le、gt 和 ge 对数据值进行比较。比较原理是先将操作数原子化，得到的比较结果是布尔值或出错显示。

（2）一般比较表达式。一般比较表达式使用操作符＝、!＝、＜、=＜、＞和＞＝对两个序列进行比较，比较结果是布尔值。

（3）节点比较表达式。节点比较表达式使用操作符 is、＞＞和＜＜按照节点的 id 或文

档顺序进行比较,比较结果需要符合下列规则。

① 如果存在一个操作数是空序列,则比较结果为空序列。

② 如果两个操作数具有相同的 id,则 is 操作符比较结果为 true。

③ 如果第一个操作数按照文档顺序在第二个操作数之前,则<<操作符返回 true。

④ 如果第一个操作数按照文档顺序在第二个操作数之后,则>>操作符返回 true。

7) 检查和修改数据类型表达式

XQuery 支持标准数据类型和用户自定义的数据类型。typeswitchpcase 表达式用来测试一个实例是否一个确定的数据类型。typeswitch 表达式根据输入类型的不同执行不同的操作。紧接 typeswitch 的是一个括号,里面有操作数表达式,其后还会有一个或多个 CASE 子句和一个默认子句。typeswitch 一般语句格式为:

```
typeswitch(表达式)(as variable?)
case 类型 return 值
case 类型 return 值
…
```

这里,as variable 是把表达式的值同时赋予某个变量,用以在各个 return 语句中引用表达式本身。

例 11-19　对于不同动物返回不同声音:

```
typeswitch ( $ animal)
case element duck return quack( $ animal)
case element dog return woof ( $ animal)
default return"no sound"
```

8) 构造器表达式

应用中,某些查询通常会需要创建新的元素。XQuery 提供了查询中的构造器(constructor)来创建 XML 结构的文件。构造器可生成元素(element)、属性(attributes)、CDATA 段、过程说明和注释。一个元素构造器可以构造生成一个 XML 格式的元素。如果新元素的名字、属性和内容都是常量,那么元素构造器就可以使用标准的 XML 格式标记。

(1) 直接构造器。直接构造器(direct constructor)用来构造所需要元素。

例 11-20　下述语句就是一个直接构造器,它生成一个<book> 元素,具有属性"year"并且取值为书名:

```
< book >
{ $ b/@year }
{ $ b/title }
</book >
```

假设变量 $ b 已经限定在查询的另一部分。当完整的查询语句运行后,以上的 element constructor 将会产生以下结果:

```
< book year = "2005">
        < title > XML introduction </title>
</book >
```

说明：上述构造器是动态的，即其中含有变量，通过动态计算得到其值。

（2）计算构造器。计算构造器（computed constructor）表达式由节点类型、命名表达式和内容表达式构成。计算构造器也可以是动态的，但不同的是，计算构造器还可以动态指定节点名称，即在命名表达式中包含变量。

例 11-21　下述语句表示一个计算构造器：

```
element book{
    attribute isbn{"isbn = 0060229357"},
    element title{"Harold and the purple Crayon"}
    element author{
        lement first{"crockett"},
        element last{"Johnson"}
    }
}
```

说明：这个例子构造了一个 book 元素，它有一个 isbn 属性、一个 title 元素和一个 author 元素。其中，element 和 attribute 是节点类型，book 和 isbn 是节点名称。

例 11-22　下述语句表示一个动态计算构造器：

```
element{ $ computed - name}
{
namespace{"http://example.org/nsl"}.
Namespace apace2{"http://example.org/ns2"},
 $ content
}
```

2. XQuery 函数

XQuery 中函数在 XML 查询中有着非常重要的作用，它们使得 XQuery 的功能更为强大。

1）内置函数

XQuery 包含 XPath 中所有定义的核心函数，同时还提供了其他内置函数。

（1）函数 document()——返回参数的根元素。

（2）函数 distinct()——消除参数中的重复项。

（3）函数 empty ——判断参数是否为空，如果为空，则返回 true，否则返回 false。

（4）函数 filter()——可以消除文档中不需要的部分，相当于过滤器，其作用与关系数据库中的投影操作有些近似。

例 11-23　一个 filter() 的实例如下：

```
filter(//Student, //Student|//Student/@StudentNo|//Student/Name|//Student/CourseTaking)
```

说明：filter 函数有两个参数，用“,”分开。第一个参数表示将被过滤的文档名称，在本例中，是所有以 Student 元素为根的子树。第二个参数表示要保留的部分，这些部分以 union 相连，即出现在第二个参数中的部分保留，不出现的都予以删除。在第二个参数中，每个项只代表自身，不包含其子孙元素。例如//Student 与第一个元素中的//Student 虽然形式一样，但含义完全不同。前者只是代表 Student 元素本身，即命名的空元素。经 filter 函数作用后，以 Student 为根的子树就变为：

```
< Student StudentNo = "0108235">
        < Name > Hans </Name >
        < CourseTaking > CE－210 </CourseTaking >
        < CourseTaking > CE－250 </CourseTaking >
< /Student >
```

由此可知，使用 filter()函数抽取部分文档十分方便。

2）用户定义函数

除内置函数外，XQuery 还支持用户自定义函数。下面是计算 $e 元素子孙元素个数的函数：

```
Define function countElements(AnyElement $ e)returns integer
    {Return
        IF empty( $ e/ * )then 0
        ELSE sum(count( $ e/ * ) + countElement( $ e/ * ))
    }
```

第一行是调用函数的说明，其中 countElements 是函数名，括弧中是其参数 $e，AnyElement 是参数的类型，返回结果为整数。大括弧中内容是函数体。$ e/ * 表示 $ e 的所有子元素。如 $ e 无子元素，则返回零。ELSE 后面是 $ e/ * 的个数与 $ e/ * 的后代元素个数之和。这是一个递归表达式，直至 empty($ e/ *)为 true 终止。

本章小结

1. 知识点回顾

（1）作为一种文档标记语言，XML 具有很高的灵活性，而这在信息爆炸的网络时代显得尤为珍贵。XML 的这种灵活性主要来源于三个方面。

① 结构模式描述与具体数据表示的一致性，即数据的元语言与数据本身的通用性，这在 XMLSchema 中体现得非常明显，即 XML Schema 本身就是一个普通的 XML 文档。这种语义层次上的"有意混用"符合人们的实际操作过程，在技术实现方面非常灵活，具有突出的优势。

② 标记的用户自主性。XML 允许在其规定的框架内由各个不同用户自行开发与颁布各自领域感兴趣的标记系统，只要辅之以相应的名空间即可，这使得处于某特定领域的人们可以自由地交换数据和信息，而不用考虑接受人是否有充足的软件系统来创建和识别数据。

③ 标记的动态性。创建的 XML 模式可以随着时间推移而不断进行修改、增加或删除，同时各个 XML 文档及其中部分可以相互引用。

（2）XML 的灵活性为数据集成、数据交换和数据保值与共享带来极大便利。例如自使用计算机进行信息处理的半个多世纪以来，大多数的计算机数据都已经丢失。这里的根本原因并不在于数据的自然损坏和存储介质的年久磨损，而在于没有能够写出读取这些相关数据介质和数据格式的基本文档。大量的信息以不常用的格式通过二进制方式进行保存，势必导致相应数据逐渐消失。XML 在相当底层（文档）的水平上使用非常简单的格式（纯 ASCII 码）记录数据，同时也可使用其他良好定义的格式，而 ASCII 是几乎"永远"不会磨损的。同时，XML 以纯文本格式保存数据，这就导致 XML 必然要提供一套与计算机软件与硬件关联不大的共享数据方法，从而创建一种能够被不同用户和应用程序有效读取的数据文件。

（3）通过 XML 进行数据内容的描述，可以使得信息的机器处理和数据库的应用与查询更加有效。现在 XML 已经成为互联网上数据表示与交换的标准。XML 文档可以使用 DTD 或者 Schema 来表示该文档具有哪些元素，元素之间具有怎样的层次（嵌套），每个元素具有怎样的属性等。DTD 具有较多局限性，Schema 本身具有 XML 文档风格，具有更强的表现能力，但相对比较复杂。XML 的查询语言主要有 XPath、XSLT 和 XQuery。其中，XPath 是路径表达式的一种新标准，允许使用类似于文件系统中的路径表达式来指定所需要的元素；XSLT 提供了强大的数据查询和样式表转换功能，应用相当广泛；XQuery 是 W3C 开发的 XML 查询语言，其风格与 SQL 相近，有人预言 XQuery 将可能成为 XML 数据库中的 SQL。

（4）XML 数据库是在 XML 数据处理基础上发展起来的。XML 数据库有两个研究途径，一是通过研究 XML 数据与传统数据（关系数据或对象数据）之间的相互映射关系，拓展关系数据库系统或面向对象数据库的相应功能，使其能够进行 XML 数据的管理与查询，这就是使能 XML 数据库；再就是原生 XML 数据库，它纯粹从 XML 本身状况出发，充分考虑到 XML 数据的特点，以一种自然顺畅的风格与方式处理 XML 数据，从各个方面较好地支持 XML 数据的存储与查询。

（5）关于使能 XML 数据库系统的研究主要集中在下述几个方面。

① XML 数据的关系存储模式、查询技术与实现算法。

② 基于中间件的关系数据的 XML 查询技术和查询语言。

③ 查询优化技术及其异构数据源的信息集成技术。

关于原生 XML 数据库系统的研究主要集中在下述几个方面。

① 建立 XML 查询数据模型、查询语言和查询代数。

② 设计 XML 数据编码方案和索引结构。

③ 研究 XML 数据的存储结构、查询技术和优化管理。

2．知识点关联

（1）结构化与半结构化数据如图 11-2 所示。

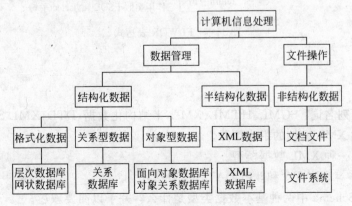

图 11-2　结构化与半结构化数据

（2）XML 审视维度和相应的 XML 数据库如图 11-3 所示。

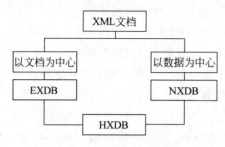

图 11-3　XML 数据库

（3）XSL、XSLT、XPath 和 XQuery 之间的关系如图 11-4 所示。

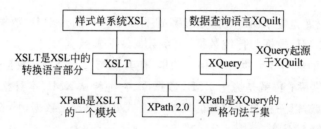

图 11-4　XSL、XSLT、XPath 和 XQuery 关系

（4）XQuery 中的 FLWOR 表达式如图 11-5 所示。

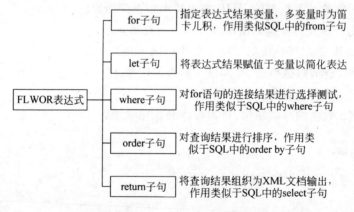

图 11-5　FLWOR 表达式

习题 11

01. 解释下列名词：SGML、HTML、XML，半结构化数据、DTD、XML Schema。

02. 试叙述 XML 文档的组成部分。

03. 试叙述一种 XML 数据模型。

04. DTD 中♯CDATA 和♯PCDATA 有什么不同？

05. XML Schema 中两种基本数据类型是什么？并予以简要叙述。

06. 试叙述常用的 XML 数据查询语言，并简述相互间关系。

07. 什么是 XML Schema 中简单类型的派生机制？

08. 什么是 XML Schema 中全局元素定义和局部元素定义？

09. 试简述看待 XML 的两种观点。

10. XML 数据库分为哪几种类型，各有怎样的特征？

11. 试叙述 XPath 中的地址路径表达式，并简要解释地址路径表达式中的主要操作符。

12. 什么是 XPath 中地址步进的轴、主要类型节点和测试？

13. 什么是 XQuery 中的 FLWOR 语句，其中 for 子句和 let 子句有什么不同？

14. 什么是 XQuery 中的序列表达式的构造、一元运算和二元运算？

15. 假设 XML 文档 actor. xml 对应的 DTD 如下：

```
<?xml encoding = "ISO - 8859 - 1"?>
<! ELEMENT W4F_DOC(Actor) * >
<! ELEMENT Actor(Name,Filmgraphy) >
<! ELEMENT Name(FirstName,lastName) >
<! ELEMENT FirstName( # PCDATA) >
<! ELEMENT LastName( # PCDATA) >
<! ELEMENT Filmgraphy (Movie) >
<! ELEMENT Movie(Title,Year) >
<! ELEMENT Title( # PCDATA) >
<! ELEMENT Year( # PCDATA) >
```

完成下述的基于 XQery 的查询语句。

(1) 查询某个演员（自定）参演的所有电影的名称和发行年份。

(2) 查询至少演出 5 部以上电影的演员的名字（Name）及其参演的所有电影的名称。

(3) 查询参演过电影《铁面人》的所有演员的名字（Name），结果按照名字降序排列。

附录 A　国外数据库系统与技术相关教材

1.《Database System Concepts》(Fifth Edition)

作者	Avi Silberschatz, Henry F. Korth, S. Sudarshan
出版社	McGraw-Hill
ISBN	0-07-295886-3
出版日期	2005 年 5 月
参考网站	http://codex.cs.yale.edu/avi/db-book

《Database System Concepts》(Fifth Edition)一书由数据库领域的著名学者 Avi Silberschatz, Henry F. Korth 和 S. Sudarshan 等共同编写。Avi Silberschatz 目前任教于耶鲁大学并任计算机科学系主任。本书已被国际上许多著名大学采用,包括斯坦福大学、德克萨斯大学、印度理工学院等。目前国内也能找到相应的英文影印版本和中文译本。本书通过银行应用为主线,辅以大量例子和图表,详细介绍了数据库系统的基本概念和主要技术,可读性很强。本书内容比较丰富,通过不同的主题介绍了当前国际上数据库研究和发展的一些新理论和新方法,如数据库和数据仓库、空间数据库和移动计算等;也比较详细地介绍了当前主流的数据库管理系统,如 Oracle、DB2 和 SQL Server 等。对这些丰富的内容,作者针对不同学时要求提供了参考的教学计划。此外,本书提供了比较全面的辅助学习资料包括习题和数据库系统项目以及相关的学习网站,适合作为数据库课程教材或教学研究的参考。

2.《Introduction to Database Systems》(Eighth Edition)

作者	C. J. Date
出版社	Addison-Wesley
ISBN	ISBN-10：0321197844；ISBN-13：9780321197849
出版日期	2003 年 7 月
参考网站	http://www. aw-bc. com/catalog/academic/product/0，1144，0321197844-NTE,00. html

《Introduction to Database Systems》(Eighth Edition)一书由数据库领域的著名学者 C. J. Date 编写。Dr. C. J. Date 理论功底深厚，在英国剑桥大学获得数学学士、硕士学位，对关系数据模型有自己独到的见解。本书用了较大篇幅对关系数据模型进行了深入的探讨，提出了很多具有新意的观点，比如书中有关类型（域）、关系值和关系变量、完整性、谓词和视图的部分都有大量的新观点。基于新的解释，作者对视图更新这一传统难题给予了更为清晰的解释，在教与学两个环节上都更便于把握。除了介绍数据库的基本概念和技术之外，作者在第 8 版中增加了一些新的内容，比如将 SQL 语言描述提升到了 SQL：1999 标准，专门增加了一章用来介绍关系数据库和 XML，有些内容如关系模型和事务管理进行了重写等。由于本书具有一定的深度，因此不适合初学者，另外，本书的辅助资料也比较少，可作为一本较好的数据库教学和研究的参考书。目前，国内可以找到本书的英文影印版本和中文译本。

3.《Database Management Systems》(Third Edition)

作者	Raghu Ramakrishnan，Johannes Gehrke
出版社	McGraw-Hill Science/Engineering/Math
ISBN	ISBN-10：0072465638；ISBN-13：978-0072465631
出版日期	2002 年 8 月
参考网站	http://pages. cs. wisc. edu/~dbbook/index. html

《Database Management Systems》(Third Edition)一书由数据库领域的著名学者 Raghu Ramakrishnan 和 Johannes Gehrke 共同编写。本书除了详细介绍数据库的基本概念和原理之外，花了较大篇幅介绍数据库应用，尤其是 Internet 应用，增加了 JDBC、XML 和三层应用程序体系结构等内容。本书也介绍了 SQL：1999 标准中的很多新内容，比如多媒体数据、对象关系数据库、OLAP、递归查询、空间数据及 SQL-J 等。在第三版本中，本书的组织结构有了较大调整，在每个主题前增加了"概述"部分用于介绍每个主题的主要内容，因此组织结构更加具有弹性，便于读者对相关内容进行选择。本书提供了比较全面的辅助学习资料包括习题和数据库系统项目以及相关的学习网站，适合作为数据库课程教材或教学研究的参考。目前，国内可以找到本书的英文影印版本和中文译本。

4.《A First Course in Database Systems》(Second Edition)

作者　　　Jeffrey D. Ullman，Jennifer D. Widom
出版社　　Prentice Hall

ISBN　　　ISBN-10：0130353000；ISBN-13：978-0130353009
出版日期　2001 年 10 月

参考网站　http://infolab. stanford. edu/～ullman/fcdb. html

《A First Course in Database Systems》(Second Edition)一书由数据库领域的著名学者
Jeffrey D. Ullman 和 Jennifer D. Widom 共同编写。Jeffrey D. Ullman 是美国斯坦福大学
教授,本书作为数据库的重要教材在世界上很多高校(如斯坦福大学等)被采用。本书通俗
易懂地介绍了数据库系统的主要内容,尤其是数据库的设计和使用。和其他相关书籍相比,
本书对数据库的查询处理技术进行了更加广泛深入的探讨。本书从数据库设计者、数据库
使用者和应用程序开发者的不同角度出发,系统而深入地介绍了数据库的相关内容。本书
也介绍了最新数据库标准的主要内容,包括 SQL/PSM、SQL/CLI、JDBC、ODL 以及 XML
等。在第二版中,作者增加了一些新的内容,比如对象关系模型的相关素材,组织结构也进
行了一些调整,比如将面向对象设计方法从 E/R 设计中分离出来,并将 ODL 作为单独部分
进行介绍等。本书提供了比较全面的辅助学习资料包括习题、勘误表以及相关的学习网站,
适合作为数据库课程教材或教学研究的参考。目前,国内可以找到本书的英文影印版本和
中文译本。

5.《Database Processing：Fundamentals，Design，and Implementation》(Tenth Edition)

作者　　　David M. Kroenke
出版社　　Prentice Hall

ISBN　　　ISBN-10：0131672673；ISBN-13：978-0131672673
出版日期　2005 年 2 月

参考网站　http://wps. prenhall. com/bp_kroenke_database_10

《Database Processing：Fundamentals，Design，and Implementation》(Tenth Edition)
一书由 David M. Kroenke 编写。David M. Kroenke 是一位多产的计算机畅销书作家。本
书从基础、设计和实现三个层面介绍数据库处理技术,内容全面翔实,既包括数据库设计、数
据库实现、多用户数据处理、数据访问标准等经典理论,也包括商务智能、XML
和. NET 等最新技术。本书在内容编排和写作风格上新颖,强调学习过程中的乐趣,围绕两
个贯穿全书的项目练习,让读者从一开始就能把所学的知识用于解决具体的应用实例。本
书每章都有丰富的习题,适合作为数据库课程教材,同时也是很好的专业参考书籍。这是本
书的第十版,对数据库基础理论和技术的讲述已经非常成熟。但作者为了适应教学环境的

新变化,这一版本对全书的结构和内容做了很多重大改变。其中最重要的改变就是突破了传统数据库教材"从数据模型教数据库设计"的陈规,强调学习过程中的乐趣,让读者从一开始就能把所学的知识用于解决具体的应用实例。目前,国内可以找到本书的英文影印版本和中文译本。

6.《Database:Principles,Programming and Performance》(Second Edition)

作者	Patrick E. O'Neil,Elizabeth J. O'Neil
出版社	Morgan Kaufmann
ISBN	ISBN-10:1558604383;ISBN-13:978-1558604384
出版日期	2000 年 4 月

参考网站　http://www.cs.umb.edu/~poneil/dbppp

　　《Database:Principles,Programming and Performance》(Second Edition)一书由数据库领域的著名学者 Patrick E. O'Neil 和 Elizabeth J. O'Neil 共同编写。本书是在波士顿马萨诸塞大学数据库入门和提高等一系列教材的基础上编写而成,从理论和实际两方面详细介绍了数据库的设计和实现。本书把重点放在对象-关系模型上,介绍了 Oracle、DB2 和 Informix 系统中普遍采用的新概念,并在结合数据库的基本原理和主要的商业数据库产品的基础上介绍了 SQL:1999 标准。本书涵盖了关系数据库理论、SQL、数据库设计以及数据库完整性、视图、安全性、索引、事务管理等各个方面的内容。本书适合作为数据库课程教材,同时对于数据库设计者和实现者也是一本优秀的参考书。本书提供了比较全面的辅助学习资料包括习题以及相关的学习网站。目前,国内可以找到本书的英文影印版本和中文译本。

附录 B　　国内外数据库相关网站

1. 中国计算机学会数据库专业委员会

网址为 http://www.ccf-dbs.org.cn

该网站是官方网站,其中包含有关国内外数据库领域中有关组织和学术活动的各种信息。其中,关于国际最主要数据库刊物(ACM SIGMOD、EDBT Endowment、TCDE、SIGKDD、PODS、VLDB Foundation 等)以及国内外相关计算机和数据库组织(中国计算机学会、Hong Kong Web Society、VLDB Database School (China)、The Database Society of Japan、SIGMOD China Chapter 等)的链接,具有较高的参考价值。该网站的主页面如图 B-1 所示。

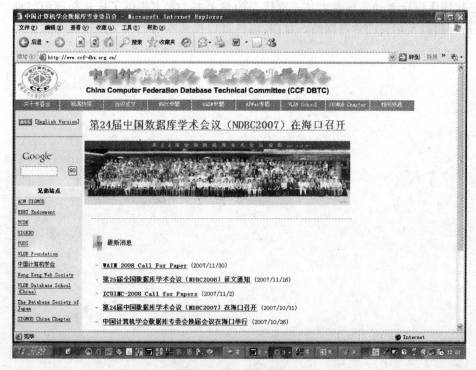

图 B-1　中国计算机学会数据库专业委员会网站

2. 中国人民大学信息学院 数据库系统概论（2005 年国家精品课程）教学网站

网址：http://www.chinadb.org

教学网站有教学重点和难点分析、部分内容的视频教学、实验动画和考试平台等基本教学资源，同时还设有资料搜索等教学互动平台。该网站的主页面如图 B-2 所示。

图 B-2　中国人民大学数据库系统概论教学网站

3. 中山大学信息科学与技术学院 数据库系统与应用（2006 年教育部-微软精品课程）教学网站

网址：http://www.cs.sysu.edu.cn/dbselectcourse

教学网站有教学资源、课件讲义、重要实验演示、学术前沿等基本教学栏目，并且还有教材推荐、习题在线、重点难点辅导等师生互动平台。该网站的主页面如图 B-3 所示。

4. 斯坦福大学（Standford University）数据库系统第一课程教学网站

网址：http://www-db.stanford.edu/~ullman/fcdb.html

这是一个基于数据库教材"databases system: the complete book"的数据库教学网站。其中包括关于该书的基本教学参考资料，具有比较充分的教学参考作用。网站主页面如图 B-4 所示。该网站包括如下主要内容。

- Sample Database Projects
- Solutions to Selected Exercises
- Errata
- Slides and Lecture Notes

数据库系统教程（第 2 版）

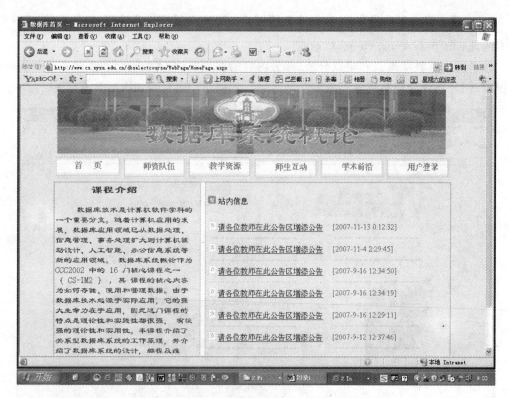

图 B-3　中山大学数据库系统与应用教学网站

- Oracle Guide
- Exams and Homework from Stanford Courses
- Course Materials From Elsewhere
- Book-Ordering Information

该网站的页面参见图 B-4。

5. 哈佛大学（Harvard University）数据库第一课程网站

网址：http://www.courses.fas.harvard.edu/~cs165

这是一个基于数据库经典教材"Database System Concepts(Fifth Edition)"的数据库教学网站。网站主页面如图 B-5 所示。该网站包括如下主要内容。

- Table of Contents
- Slides
- Solutions to Practice Exercises
- Material for Instructors
  - ◆ Instructors Manual
  - ◆ Laboratory Material
  - ◆ Model Course Syllabi
- Appendices
  - ◆ Network Model

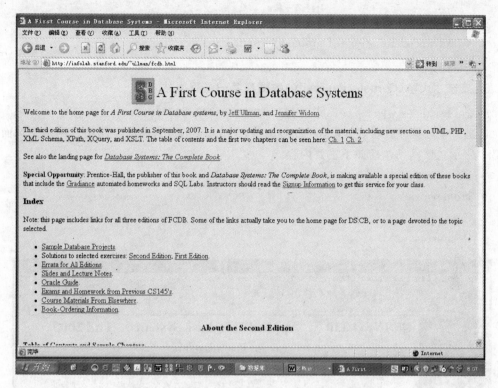

图 B-4　斯坦福大学数据库系统第一教程教学网站

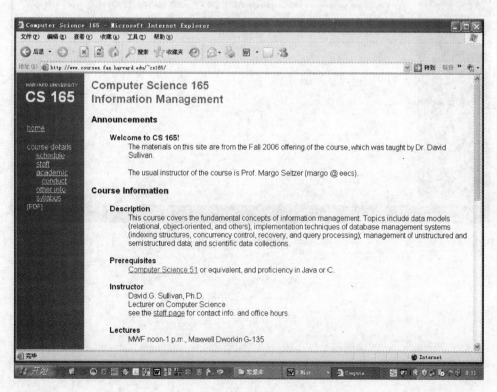

图 B-5　哈佛大学数据库网站

◆ Hierarchical Model

◆ Advanced Relational Database Design

• Errata

6. 康奈尔大学(Cornell University)数据库第一课程网站

网址：http://www.cs.cornell.edu/courses/cs330/2005fa

这是关于数据库教材，"Applied Database Systems"的数据库教学网站。网站主页面如图 B-6 所示。该网站包括如下主要内容。

• Lectures

• Homeworks

• Course InfoCourse Flier

• Resources。

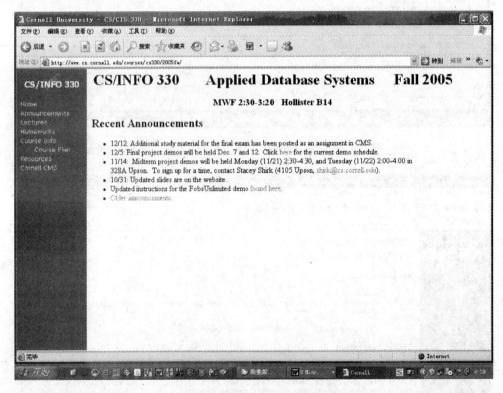

图 B-6　康奈尔大学数据库网站

参 考 文 献

[1] 王珊,萨师煊.数据库系统概论.第4版.北京:高等教育出版社,2006.

[2] 施伯乐,丁宝康,汪卫.数据库系统教程.北京:高等教育出版社,2003.

[3] 王能斌.数据库系统教程(上册).第2版.北京:电子工业出版社,2010.

[4] 王能斌.数据库系统教程(下册).北京:电子工业出版社,2002.

[5] 徐洁磐,柏文阳,刘奇志.数据库系统实用教程.北京:高等教育出版社,2006.

[6] 徐洁磐.现代数据库系统教程.北京:希望电子出版社,2002.

[7] 崔巍.数据库系统及应用.第2版.北京:高等教育出版社,2006.

[8] 尹为民,李石君,曾慧 等.现代数据库系统及应用.武汉:武汉大学出版社,2005.

[9] 黄德才.数据库原理及其应用教程.北京:科学出版社,2002.

[10] 郑若忠,宁洪 等.数据库原理.北京:国防工业出版社,1998.

[11] 刘卫国,严辉.数据库技术与应用——SQL Server.北京:清华大学出版社,2007.

[12] Abraham Silberschatz, Henry F. Korth, S. Sudarshan.数据库系统概念.第5版.杨冬青,唐世渭 等译.北京:机械工业出版社,2006.

[13] C J Date.数据库系统导论.孟小峰,王珊 等译.北京:机械工业出版社,2000.

[14] J D Ullman, J Widom.数据库系统基础教程.岳丽华,龚育昌 等译.北京:机械工业出版社,2006.

[15] Ramez Elmasri, Shamkant B Navathe.数据库系统基础.邵佩英,张坤龙 译.北京:人民邮电出版社,2002.

[16] Philip J Pratt, Joseph J Adamski.数据库管理系统基础.陆洪毅 译.北京:机械工业出版社,1999.

[17] C J Date.深度探索关系数据库.熊建国 译.北京:电子工业出版社,2007.

[18] C J Date.SQL和关系数据库理论.周同兴 译.北京:清华大学出版社,2010.

[19] 王珊.数据库与信息系统.北京:高等教育出版社,2005(内部交流).

[20] 周志逵,江涛.数据库理论与新技术.北京:北京理工大学出版社,2001.

[21] 李昭原.数据库技术新进展.北京:清华大学出版社,2007.

[22] 数据库百科全书编委会.数据库百科全书.上海:上海交通大学出版社,2009.

[23] 刘云生.现代数据库技术.北京:国防工业出版社,2001.

[24] 何新贵,唐常杰,李霖,刘云生.特种数据库技术.北京:科学出版社,2000.

[25] 刘国华,张忠平,岳晓丽.数据库新理论、方法及技术导论.北京:电子工业出版社,2009.

[26] 汤庸,叶小平,汤娜.高级数据库技术.北京:高等教育出版社,2005.

[27] 汤庸,叶小平,汤娜.高级数据库技术及应用.北京:高等教育出版社,2008.

[28] 徐洁磐.面向对象数据库系统及其应用.北京:科学出版社,2003.

[29] 王意洁.面向对象的数据库技术.北京:电子工业出版社,2003.

[30] 孟晓峰.XML数据管理概念与技术.北京:清华大学出版社,2009.

[31] 万常选.XML数据库技术.第2版.北京:清华大学出版社,2008.

[32] 汤庸.时态数据库.北京:北京大学出版社,2004.

[33] Akmal B. Chaudhri, Awais Rashid Roberto Zicari XML数据管理.邢春晓,张志强 译.北京:清华大学出版社,2007.

[34] Tony Greening.21世纪计算机科学教育.麦中凡 译.北京:高等教育出版社,2001.

数据库系统教程(第 2 版)

［35］　　CC2005,http://www.acm.org/education/curricula.html.

［36］　中国计算机学会,全国高校计算机教育研究会.中国计算机科学与技术学科教程 2002(ccc2002).北京:清华大学出版社,2002.

［37］　教育部高等学校计算机科学与技术教学指导委员会.高等学校计算机科学与技术专业公共核心知识体系与课程.北京:清华大学出版社,2007.

［38］　中国高等院校计算机基础教育改革课题研究组.中国高等院校计算机基础教育课程体系 2004.北京:清华大学出版社,2004.